建筑电气设计要点丛书

建筑电气节能设计

全国智能建筑电气技术情报网
中国建筑节能协会建筑电气与智能化节能专业委员会　组织编写
中国建筑设计研究院（集团）

中国建筑工业出版社

图书在版编目(CIP)数据

建筑电气节能设计/全国智能建筑电气技术情报网，
中国建筑节能协会建筑电气与智能化节能专业委员会，
中国建筑设计研究院（集团）组织编写. —北京：中
国建筑工业出版社，2013.10
（建筑电气设计要点丛书）
ISBN 978-7-112-16007-5

Ⅰ.①建… Ⅱ.①全… ②中…③中… Ⅲ.①房屋
建筑设备—电气设备—节能设计 Ⅳ.①TU85

中国版本图书馆 CIP 数据核字(2013)第 250463 号

本书是建筑电气设计要点丛书之一，主要讲解电气节能设计的要点。全书由四部分内容和附录构成：
第一篇，专家电气节能设计问答，由全国知名专家对电气节能设计的疑难点进行讲解；第二篇，电气节
能设计技术论文，精选了多篇论文对电气节能设计中的要点进行讲解；第三篇，电气节能设计工程案例，
讲解了一些国内外典型的电气节能设计案例；第四篇，iopeNet 节能体验中心，讲解了 iopeNet 技术的相
关内容。

本书适合于从事电气节能设计的相关人员参考使用。

＊　　＊　　＊

责任编辑：刘　江　张　磊
责任设计：董建平
责任校对：陈晶晶　赵　颖

建筑电气设计要点丛书

建筑电气节能设计

全国智能建筑电气技术情报网
中国建筑节能协会建筑电气与智能化节能专业委员会　组织编写
中国建筑设计研究院（集团）

＊

中国建筑工业出版社出版、发行（北京西郊百万庄）
各地新华书店、建筑书店经销
北京科地亚盟排版公司制版
北京富生印刷厂印刷

＊

开本：880×1230毫米　1/16　印张：20¾　插页：6　字数：650 千字
2014 年 7 月第一版　2014 年 7 月第一次印刷
定价：51.00 元
<u>ISBN 978 - 7 - 112 - 16007 - 5</u>
(24785)

本书编委会

主　　编：欧阳东　全国智能建筑技术情报网　　　　　　　常务副理事长
　　　　　　　　　　中国建筑节能协会建筑电气与智能化节能专业委员会　副主任
　　　　　　　　　　中国建筑设计研究院（集团）　　　院长助理　教授级高工
　　　　　　　　　　国务院特殊津贴专家

副 主 编：吕　丽　全国智能建筑技术情报网　　　　　　　秘书长　研究员

主要编委：徐　华　教授级高工　清华大学建筑设计研究院有限公司　总工
　　　　　　王东林　教授级高工　天津市建筑设计院　总工
　　　　　　邵民杰　教授级高工　华东建筑设计研究院　副总工
　　　　　　李　蔚　教授级高工　中信建筑设计研究总院有限公司　总工
　　　　　　王　健　教授级高工　中国建筑设计研究院机电院　副总工
　　　　　　王玉卿　教授级高工　中国建筑设计研究院机电院　副总工
　　　　　　张文才　教授级高工　中国建筑设计研究院　顾问总工
　　　　　　马名东　教授级高工　中国建筑设计研究院智能建筑工程中心　副主任
　　　　　　赵建平　研究员　　　中国建筑科学研究院建筑环境与节能研究院　副院长
　　　　　　朱立彤　高工　　　　中国五洲工程设计集团有限公司　副总工
　　　　　　陈众励　教授级高工　上海建筑设计研究院有限公司　副总工
　　　　　　王苏阳　教授级高工　中国建筑设计研究院机电院　副主任
　　　　　　熊　江　教授级高工　中南建筑设计研究院有限公司　总工
　　　　　　孙成群　教授级高工　北京市建筑设计研究院有限公司　总工
　　　　　　王素英　教授级高工　中国五洲工程设计集团有限公司　总工
　　　　　　黄吉文　博士　　　　日本松下（中国）研究所　所长
　　　　　　周名嘉　教授级高工　广州市设计院　副总工
　　　　　　张绍纲　教授级高工　中国建筑科学研究院　总工

其他编委：

蔡聪耀　曹　云　曹　磊　陈国荣　陈蓝志　程培新　董维华　董　青　都治强　段　军
冯　涛　冯菊梅　高晋峰　宫周鼎　韩京京　韩全胜　黄鹏洲　华锡锋　胡　琦　阚　璇
李卫军　李　楠　李建波　李秀芳　李鹏飞　李倩娱　李玉街　李兆臣　吕景惠　卢　洁
刘莉馨　刘宇辉　刘云兵　刘　炜　刘瑞岳　马鸿雁　马　鑫　满容妍　皮雁南　瞿　斌
卿晓霞　任　英　孙　玲　童自刚　吴建云　吴闻婧　吴婧华　吴　磅　王浩然　王　滨
王亚东　王世平　王　娟　王　波　王文章　王琪玮　俞　俪　杨　泓　杨世忠　徐　乾
徐　挺　徐世宇　胥正祥　邢丽娟　肖昕宇　阴　恺　张建平　张绍纲　张　强　张振勇
张　亮　朱立泉　朱泽国　钟　新　曾　卓　周有娣　福永雅一　山本和幸　天野昌幸
藤村英树　中尾敏章　佐藤俊孝

序

我国建筑能耗约占全社会总能耗的 27％，位居能耗首位。预计到 2020 年，全国新增建筑面积将达约 200 亿 m²，建筑能耗将占社会总能耗的 35％以上。而在整个建筑能耗当中，电气能耗所占的比重较大。如何降低电能损耗，高效利用；如何将电气节能技术合理应用到工程项目当中，已成为建筑电气设计必须面对的问题。节约电能已成为民用建筑电气设计的焦点。

全国智能建筑技术情报网、中国建筑节能协会建筑电气与智能化节能专业委员会、中国建筑设计研究院（集团）联合中国建筑工业出版社联合出版建筑电气设计要点系列丛书之一《建筑电气节能设计》一书。本书涉及电气专家答疑、技术论文、经典案例、解决方案、标准规范板块，将结合企业实践案例和前沿理论，为一线技术人员、相关产业从业人员以及各大高校、设计院研究人员提供电气节能设计领域权威参考，让学术界、设计院、系统集成商、企业等之间实现完美对接。

本书邀请行业内知名单位的专家作为编委，总结了大量电气节能设计工程实例的设计经验，广泛听取了行业专家的意见、结合前沿理论和实践案例，深入探讨了电气节能设计方面的相关国家政策标准、技术、产品及设计要点，进行了科学、综合的阐述。

本书内容丰富，重点突出，既有理论要点，又有工程实例，具有较强的参考性和实用性，为全国各大建筑设计院、系统集成商、弱电系统工程承包商、建设单位、房地产开发商、建设工程招投标代理、建设监理公司等相关单位的相关技术人员提供一个技术交流、产品推广、工程案例展示等宽广平台；为一线技术人员、相关产业从业人员以及各大高校、设计院研究人员提供了电气节能设计领域权威参考。

对于书中可能出现的疏漏之处，敬请广大专家、读者指正。以后我们将陆续推出关于建筑电气设计其他方面的专题出版物，与 2011 年出版的《医院建筑电气设计》（ISBN：978-7-112-12971-3）、2012 年出版的《数据中心电气设计》（ISBN：978-7-112-14665-9）以及此次出版的《建筑电气节能设计》，形成建筑电气设计要点丛书系列，以飨读者，敬请继续关注。

全国智能建筑技术情报网 常务副理事长
中国建筑节能协会建筑电气与智能化节能专业委员会 常务副主任
中国建筑设计研究院（集团）院长助理 教授级高工
国务院特殊津贴专家

2013 年 4 月 9 日

目　　录

第一篇　专家电气节能设计问答

第二篇　电气节能设计技术论文

第三篇　电气节能设计工程案例

第四篇　iopeNet 节能体验中心

附录　建筑电气和智能化及建筑节能标准目录

第一篇　专家电气节能设计问答

1 电气节能设计问答

1.1 在大型建筑工程项目中进行电力规划，是否有助于配变电系统的节能？

大型建筑工程项目的电力规划是保证供配变电系统节能的基础。像一些新建的大学校园、大型工厂、城市交通枢纽等功能明确、占地上千亩的建筑工程项目，其电力规划是十分必要的。

大型建筑工程项目电力规划的主要内容有：用户需求分析、负荷预测、高中低压电网规划、电力平衡与变电站选址以及线路走廊规划等。其规划原则是要求具有前瞻性、针对性、整体性和可靠性等。工程项目的电力规划通常是一次规划、分期实施。

在大型建筑工程项目的电力规划中，与电气节能最直接相关的就是负荷预测和变电站的选址。合理的负荷预测，可以使变压器的效率趋于最大，损耗趋于最小。变压器正确选址，深入到负荷中心，可以减少低压侧线缆的长度，降低线路的损耗。

1）负荷预测

负荷预测通常采用负荷密度指标法，其计算结果通过与实际案例的比对进行校核。例如：对于大专院校，通过负荷密度指标法计算，可以得到校园负荷密度在 $30VA/m^2$ 左右（变压器负载率约为 70% 时）。如果不进行电力规划，直接进行建筑设计和负荷计算，其计算结果与校园实际负荷相比往往会大很多。最终造成变压器设计容量偏大，损耗过高，不利于节能。

2）变电站站址选择

变电站站址选择方式通常有：地上变电站单独建设、地下变电站单独建设、地上变电站与建筑物合建、地下变电站与建筑物合建等。对于民用建筑的大型工程项目，其变电站总站有可能与工程项目的附属设施建在一起，成为与建筑物合建的地上变电站。其他变电站分站通常是与建筑物合建为地下变电站。变电站总站与分站设置位置不仅要考虑电力的可靠性、经济性，还需要与建筑的总体规划、单体建筑物的功能要求相吻合。因此，在电力规划阶段完成变电站站址选择，有利于将变压器深入到负荷中心。

1.2 配变电系统的电压等级与节能是否有关？

合理确定配变电系统的电压等级有利于节能，具体如下：

1）选用较高电压等级的配变电电压深入到负荷中心，设置相应的配变电站，可以有效地降低低压线路的损耗。

2）对于大容量的用电设备（如制冷机组），采用 10kV（或 6kV）电压等级供电，不仅可以减少变压器数量，还降低了供电线路的损耗。

3）建筑物内配变电系统的电压等级不宜过多，应根据工程项目的具体情况和当地电力部门的要求，合理确定相应的电压等级。如果建筑物的供电电压等级为 110kV，建筑物内部的配电电压宜采用 10kV；如果建筑物的供电电压等级为 35kV，建筑物内部宜采用 35/0.4kV 两个变压层次（但对于像大学新校区的工程项目，采用 35/10/0.4kV 三个变压层次，更有利于变电站深入到负荷中心）。

1.3 电能质量的含义是什么？

目前，电能质量还没有一个被普遍认可的技术含义，国际电工委员会（IEC）给出的定义是：给敏感设备提供的电力和设置的接地系统均应是适合于该设备正常工作的。其主要指标包括：频率偏差、电压偏差、三相电压不平衡、电压波动和闪变、谐波、暂时过电压和瞬态过电压等。对于各个指标国家先后颁布有相应的电能质量标准。

1.4 供电电压偏差与节能的关系是什么？

电压偏差就是实际运行电压对系统标称电压的偏差相对值，以百分数表示。在民用建筑中常用的标称电压有：35kV、10kV、6kV、380V、220V 等。电压偏差超过一定范围时，用电设备会由于过电压或过电流而损坏，其有功功率和无功功率会不同程度地提高，也使线路的损耗增加。通过合理选择变压器电压的分接头、调整电容补偿装置的接入容量以及采用有载调压变压器等方式都可有效地改善电压偏差。

1.5 三相不平衡是否会造成用电能耗的增加？

当配变电系统三相不平衡超过允许值，并长期运行时，会造成以下危害：

1）使电动机产生振动力矩和发热，降低其绝缘寿命；

2）会使变压器局部过热，增加损耗，降低寿命；

3）引起电容器损坏，加速其老化；

4）会使继电保护误动；

5）使中性导体中存在电流，有时甚至超过相导体的电流值，造成线路损耗高于三相平衡时的线路损耗。

造成民用建筑三相不平衡的主要原因有：配变电系统出现断线、短路故障，建筑中大量使用的单相用电设备等。

1.6 配变电系统中谐波治理方法有哪些？

配变电系统的谐波治理应优先考虑对谐波源（如：变频器、电力电子设备、发电机、电弧炉、气体放电类照明设备、日用电器等）本身或在其附近采取适当的技术措施，主要有：

1）选用谐波含量低的产品，减少单个谐波源的谐波含量；

2）在谐波源附近，加装交流滤波装置；

3）电力电容器组串联电抗器；

4）加装静止无功补偿装置（或称动态无功补偿装置）；

5）采用新型抑制谐波的产品，如谐波吸收装置（包括：有源滤波器、无源滤波器、有源无源复合型滤波器等）。

1.7 变压器选择时需要注意的问题是什么？

变压器的损耗约占整个线路损耗的50%以上，通过合理选择变压器可有效降低配变电系统的损耗。常用的变压器有：油浸变压器、气体绝缘变压器、干式变压器等，不同变压器适用范围不同，其损耗也不一样。近年来，一些新型的节能变压器已经在不同工程中采用，从S9到S11、S13、非晶合金变压器等，其节能和环保效果也越来越显著。尽管损耗低、性能好的产品会更多地被关注，但在实际选用时，还是需要进行技术经济评价，综合考虑变压器的价格、损耗、负荷特点、电价等因素。

1.8 变压器的功率损耗有哪些？

变压器功率损耗包括有功功率损耗和无功功率损耗。有功功率损耗是由空载损耗和负载损耗两部分组成，即：

1）空载损耗，即铁损，磁滞损耗和涡流损耗，在电压不变时，它是稳定的且与负载无关。许多新型变压器通过改变其结构和材料，有效降低空载损耗；

2）负载损耗，即铜损，又称短路损耗，它是负载电流通过变压器绕组时引起的损耗，它与变压器负载率的平方成正比。

无功功率损耗是由空载时的无功损耗和变压器绕组电抗上产生的无功损耗两部分组成。

1.9 变压器的负载率与节能的关系？

从变压器的功率损耗中可以看出，负载率的大小与空载损耗无关，而与负载损耗有关。理论上讲，变压器负载率 $\beta=50\%$ 时能耗最小，效率最高，此时运行最经济。但在民用建筑工程中，计算负荷与实际负荷的差距往往较大，造成的主要原因有：

1）北方寒冷地区建筑物具有季节性负荷的特征，夏季采用电制冷空调设备时，用电量较大；冬季则利用城市集中供热系统采暖，变压器负载率会很低；

2）一些对外出租或销售的建筑工程项目，由于市场定位等原因，有时会造成建筑物的入住率较低，使得变压器长期低负荷运行；

3）对于一些重要建筑物（如电视台），供电可靠性要求高，变压器负载率通常不超过50%，以保证一台变压器出现故障或检修时，同组的另一台变压器可以带全部负荷；

4）对于展演建筑、体育建筑具有间歇性负荷的特征，在非活动期间，如果变压器仍全部工作，则负载率会很低。

1.10　变压器的防护等级与节能是否有关？

有关。按照规范规定，当变压器具有符合 IP3X 防护等级的金属外壳时，如果环境条件允许，高低压柜与变压器可以贴邻布置。这在民用建筑中经常采用，可以减少变电站的占用面积。但是，防护等级的提高必定会带来变压器散热条件的恶化。由于变压器的负载损耗与其工作温度有关，当温度升高时，变压器损耗会相应增加，同时还会使变压器绝缘老化，影响其寿命。

1.11　负荷计算与配变电系统的节能关系？

负荷计算是选择变压器的基础，负荷计算通常采用 30min 最大平均负荷，计算时需要考虑设备的同时系数和用电设备组的需用系数，同时，还要考虑建筑物的负荷特点以及各种控制和节能措施带来的建筑物能耗的降低，这些都会影响到负荷计算的准确性和变压器选择的合理性。如果负荷计算偏大，不仅会造成配变电系统的能耗增加，还会增大设备的投资。

1.12　采用无功功率补偿的方式有哪些？

合理配置无功补偿装置，可以提高配变电系统的功率因数，降低损耗，在提高自然功率因数措施达不到要求时，通常采用并联电力电容器作为无功补偿装置。高压电气设备的无功功率在低压电容器补偿不能达到要求时，应采用高压电容器补偿；低压电气设备的无功功率应采用低压电容器补偿；容量较大、负荷稳定且长期运行的用电设备的无功功率宜就地补偿；补偿基本无功功率的高低压电容器组应在配变电所内集中补偿；在环境条件允许时，低压电容器可以分散设置；当补偿电容器所在线路上谐波较严重时，应串联适当参数的电抗器。

1.13　会展建筑配变电系统的节能特点是什么？

国内会展建筑的全年使用率大多在 30% 以下，会展建筑负荷属于典型的间歇性负荷，一方面在展览期间用电量急剧增加，另一方面在非展览期间用电量非常小，如果变压器都处于工作状态，则空载损耗会明显增加。因此，会展建筑的配变电系统应具备可调节变压器运转台数的功能，实现变压器高效、节能的运行效果。

1.14　大型商业综合体建筑配变电系统的节能特点是什么？

大型商业综合体建筑通常建筑面积较大（十几万甚至几十万平方米），业态较多（商业、办公、酒店、公寓等），这种建筑的各种业态用电峰值时段并不一致，如办公用电高峰在白天，而公寓用电高峰在晚上，具有明显的错峰特性，在计算建筑物总用电负荷时，可按用电高峰时段较大的一组选取，不仅可以减少投资，也可更好地实现节能。

1.15　教育建筑的供配电系统节能特点是什么？

教育建筑一个明显特点就是学校每个学年都有寒暑假，而且，寒暑假基本上是在一年的最冷和最热时段，空调制冷和采暖设备（如地源热泵机组）通常都不会运行到设计的最大值，即用电设备的需用系数相对较低；另一个特点就是学校的教室、实验室、宿舍等场所不会在同一个时间段同时使用，即各种用电负荷同时系数较低。两方面的原因使得学校的实际用电负荷较计算负荷低许多。不合理的负荷计算会造成变压器能耗的增加。

1.16　从节能角度考虑，对建筑电气供配电系统的节能措施应考虑哪些因素？

1）供配电系统电压等级的确定，应选用较高配电电压，且变配电装置深入负荷中心，用电设备的设备容量在 100kW 及以下或变压器容量在 50kVA 及以下者，可采用 220/380V 供电；特殊情况也可采用 10kV 或更高电压等级电压供电；对于大容量用电设备宜采用 10kV 供电。

2）合理选定供电中心：将变电所设置在负荷中心，可减少低压侧线路长度，降低线路损耗。

3）合理选择变压器：选用高效低耗变压器。力求使变压器的实际负荷接近设计的最佳负荷，提高变压器技术经济效益，减少变压器的损耗。

4）优化变压器经济运行方式：对于季节性负荷如空调机等可考虑设专用变压器，以降低变压器的损耗。

5）合理选择线缆路径：使供、配电线路尽量短，以降低线路损耗。

1.17　评价用户合理用电应考虑的因素有哪些？

1）应根据用电性质、用电容量，合理选择供电电压和供电方式。

2）用户变电所位置应接近负荷中心，减少变压器级数，缩短供电半径。按经济电流密度选择导线截面。

3）根据受电端至用电设备的变压级数，其总线损率分别应不超过以下指标：一级 3.5%；二级 5.5%；三级 7%。

4）用户受电端电压在额定允许偏差范围内，用电设备的供电电压不应超过额定电压的±5%。

5）调整用户的用电设备的工作状态，合理分配与平衡负荷，使用户用电均衡化，提高用户负荷率。

6）当有单相负荷时，应均匀接在三相网络上，以降低三相电压不平衡度，供电网络电压不平衡度应小于 2%。

7）合理配备功率因数补偿装置，在最大负荷时，功率因数高压侧不低于 0.95（国家电网公司要求）。

8）用户用电设备的非线性负荷产生的高层谐波，引起电网电压电流畸变，应采取抑制高次谐波的措施。

9）有冲击负荷时，引起电压波动、闪变，应采取限制其负荷措施。

1.18　简述非晶合金变压器的节能优势

1）非晶合金材料特点

非晶合金材料是一种新型铁芯导磁材料，其主要成分是以铁（Fe）、钴（Co）、硅（Si）、硼（B）、碳（C）等元素依一定的配比合成，在通常条件下，金属材料从高温熔化成液体，然后凝固成固体时，其原子会从液态中无序排列转变成有序排列，即为晶体。如将上述合金材料采用特殊工艺，在熔融状态下经过冷却速度为 $10^6℃/s$ 的超急速冷却喷在冷却轮上，在原子来不及进行有序排列即冷却凝固而成的非晶合金带。这种带状金属的原子结构无序排列，而没有通常金属所表征的晶体结构，故称其为"非晶合金"。

2）非晶合金材料具有保磁能力小，约为硅钢片的 1/3；磁滞损耗小，片材薄，约为硅钢片的 1/10；电阻系数高，约为硅钢片的 3 倍，涡流损耗小等特点，特别适合用作配电变压器的铁芯，以减少其空载损耗。

3）非晶合金变压器最显著特点是空载损耗低，节能效果明显，可节省大量的电厂投资，减少发电燃料的消耗，从而减少对大气环境的污染。由于损耗低、发热少、温升低等特点，使得非晶合金变压器的运行性能也非常稳定。

4）非晶合金干式变压器与普通干式变压器损耗值比较见表 1。

10kV 级非晶合金与常规干变损耗比较　　表 1

容量（kVA）	空载损耗（W）		负载损耗（W）（145℃）	
	非晶干变	普通干变	非晶干变	普通干变
315	280	880	3730	3730
400	310	980	4280	4280
500	360	1160	5230	5230
630	420	1300	6290	6290
800	480	1520	6400	6400
1000	550	1770	7460	7460
1250	650	2090	8760	8760
1600	760	2450	12580	12580
2000	1000	3320	15560	15560
2500	1200	4000	18450	18450

可见非晶合金变压器的空载损耗是普通干式变压器的约三分之一，节能优势明显。

1.19　何为变压器的能效限定值，节能评价值？如何衡量变压器的能效等级？

配电变压器能效限定值是指在规定测试条件下，配电变压器空载损耗和负载损耗的标准值。

配电变压器节能评价值是指在规定测试条件下，评价节能配电变压器的空载损耗和负载损耗的标准值。有关数据见《三相配电变压器能效限定值及能效等级》（GB 20052—2013）。

在节能评价值基础上，变压器在制造工艺、铁芯材料等进一步改进，变压器能耗整体进一步降低，国家出台相应能效等级标准《电力变压器能效限定值及能效等级》（GB 24790—2009），即对变压器能效分为1级、2级、3级。原标准中达能耗现限定值产品为3级能效产品，为"入围"级，达节能评价值产品为2级能效产品，更节能指标产品为1级能效产品。

1.20　目前已发布的变压器、电机、灯具等电气产品能效标准有数项，请选列5～6项。

《三相配电变压器能效限定值及能效等级》（GB 20052—2013）；《电力变压器能效限定值及能效等级》（GB 24790—2009）；《中小型三相异步电动机能效限定值及能效等级》（GB 18613—2012）；《金属卤化物灯用镇流器能效限定值及能效等级》（GB 20053—2006）；《金属卤化物灯能效限定值及能效等级》（GB 20054—2006）；《高压钠灯能效限定值及能效等级》（GB 19573—2004）；《高压钠灯用镇流器能效限定值及节能评价值》（GB 19574—2004）。

1.21　电力当量值折标准煤系数是多少？何时计算中用此数据？

电力当量值折标准煤系数为 $1.229t_{ce}$（吨标煤）/万 kWh，该值用于在项目统计年能源消费量时采用当量值进行计算。

1.22　电力等价值折标准煤系数是多少？何种计算中用此数据？

电力等价值折标准煤系数为 $3.3t_{ce}$（吨标煤）/万 kWh（2011 年数据），目前，统计部门在统计地区能源消费总量、万元 GDP 能耗等数据时采用等价值计算。

1.23　提高用电设备的自然功率因数有哪些措施？

一般工程项目无功功率消耗，异步电动机约占 70%，变压器占 20%，线路占 10%，因此正确选择电动机、变压器容量，减少线路感抗。有条件的可采用同步电动机以及选用带空载切除的间隙工作制设备等措施，以提高用电部门配电系统的功率因数，一般考虑电动机的经常负荷不低于额定容量的 40%；变压器负荷率宜在 80% 左右，且不低于 60%，（特殊行业除外）。

1.24　简述谐波对旋转电机、变压器节能的影响。

旋转电动机定子中的正序和负序谐波电流分别形成正向、反向旋转磁场，使旋转电动机产生固定数的振动力矩和转速的周期变化，因此使电动机效率降低，发热增加，增加了损耗。

对于同步电动机的转子，又分别感应出正序和负序谐波电流。由于集肤效应，其主要部分不在转子绕组中流动，而在转子表面形成环流，造成局部发热，增加了损耗，减少使用寿命。

谐波电流同样使变压器产生附加损耗，不利于节能。

1.25　简述谐波对并联电容器节能的影响。

并联电容器为容性阻抗，且阻抗与频率成反比的特性，使得电容器容易吸收谐波电流，从而引起过载发热增加能耗，当其容性阻抗与系统中感性阻抗相匹配时，可构成谐波谐振，使电容器发热，导致击穿故障，谐波电压与基波峰值叠加电压，可使电容器介质发生局部放电；且由于两波形叠加使电压波形增加了起伏，增多了每个周期中局部放电次数，相应增加了每个周期中局放功率，增加了损耗。

1.26　举例说明减小谐波影响的技术措施。

加装交流滤波装置，在谐波源附近安装单调谐或高通滤波支路，吸收谐波电流；可加装串联电抗器，减小谐波对地区电网的影响；从电源电压、线路阻抗、负载特性中消除不平衡度，改善三相负荷不平衡度；加动态无功补偿装置，可有效抑制和减少谐波源谐波含量；采用有源滤波装置，可有效抑制谐波。

1.27　简述不平衡负荷产生对节能有哪些影响？

1）引起电机附加发热；

2）电压不平衡使半导体变流设备产生附加谐波电流；

3）电压不平衡使发电机容量利用率下降；由于不平衡时最大相电流不能超过额定值，在极端情况下，只带单相负荷时，设备利用率仅为 0.577；

4）变压器三相不平衡，使负荷较大的一相绕组过热，寿命缩短，且由于磁路不平衡，大量漏磁通经箱壁、夹件等使其严重发热，造成附加损耗；

5）三相负荷不平衡时，引起电网损耗增加；

6）使某些电热设备效率降低。

1.28　降低三相低压配电系统不平衡度有哪些措施？

1）单相用电设备接入 220/380V 三相系统时，尽量使三相负荷平衡。

2）由地区公共低压电网供电的 220V 照明负荷，当线路电流不超过 30A 时，可用单相供电，否则应用 220/380V 三相四线制供电。

3）将不对称负荷接到更高的电压等级电网，以使连接点的短路容量足够大，如短路容量大于 50 倍负荷容量时，即可保证连接点电压不平衡度小于 2%。

4）可采用平衡装置。

1.29　电力计量器具配备有哪些原则？

1）应满足能源分类计量的要求；

2）应满足用能单位实现能源分级分项考核的要求；

3）重点用能单位应配备必要的便携式能源检测仪表，以满足自检自查的要求。

1.30　电力计量器具配备有哪些具体要求？

1）电力计量器具配备率应按表 2 配置。

能源计量配备率要求（单位：%）　　　　　　　　　　　　表 2

能源种类	进出用能单位	进出主要次级用能单位	主要用能设备
电力	100	100	95

2）用电单位能源计量器具准确度等级要求如表 3 所示。

用电单位能源计量器具准确度等级要求　　　　　　　　　　表 3

计量器具类别	计量目的		准确度等级要求
电能表	进出用能单位有功交流电能计量	Ⅰ类用户	0.5s
		Ⅱ类用户	0.5s
		Ⅲ类用户	1.0s
		Ⅳ类用户	2.0s
		Ⅴ类用户	2.0s
	进出用能单位的直流电能计量		2.0s

注：Ⅰ类用户为月平均用电量 500 万 kWh 及以上或变压器容量为 10000kVA 及以上的高压计费用户；Ⅱ类用户为小于Ⅰ类用户用电量（或变压器容量）但月平均用电量 100 万 kWh 及以上或变压器容量为 2000kVA 及以上的高压计费用户；Ⅲ类用户为小于Ⅱ类用户用电量（或变压器容量）但月平均用电量 10 万 kWh 及以上或变压器容量为 315kVA 及以上的计费用户；Ⅳ类用户为负荷容量 315kVA 以下的计费用户；Ⅴ类用户为单相供电的计费用户。

1.31　用电单位供配电系统节能监测项目主要有哪些？

1）日负荷率；

2）变压器负荷系数；

3）线路损耗率；

4）用户用电体系功率因数。

1.32　节能的照明系统应考虑哪些主要因素？

1）根据使用场所和周围环境对照明的要求及不同电光源的特点，选择合理的照明方式。在保证照明质量的前提下，选用光效高、显色性好的光源及配光合理、安全高效的灯具。

2）各种工作场所照度标准值符合《建筑照明设计标准》GB 50034—2013 的规定。

3）选用气体放电光源时，应装设就地补偿电容器，补偿后的功率因数不低于 0.9。

2　电气设备的节能设计专家问答

2.1　为什么采取对空调冷冻水系统的控制，可以对空调系统节能产生明显的效果？

当气候条件或空调末端负荷发生变化时，空调主机负荷率将随之变化，主机的效率也随之变化。

由于主机效率与冷却水温度有关，在一定范围内冷却水温度降低，有利于提高主机效率、降低主机能耗。但冷却水温度降低，将导致冷却水泵和冷却塔的能耗升高。因此，只有将主机能耗、冷却水泵能耗、冷却塔风机能耗三者统一考虑，在各种负荷条件下找到一个能保持系统效率（系统 COP）最高所对应的冷却水温度，即找到一个系统效率最佳点，才能使整个系统能效比最高。

冷却水温度与室外环境温度、室外环境湿度、冷却水泵特性、冷却塔排热能力、主机排热负荷等诸多因素有关，但由于气候条件和排热负荷的时变性，以及冷却塔、冷却水泵和主机冷凝器等特性的变化，因此，传统的控制方式或简易的变频器控制方式都不可能达到系统运行效率优化的控制目标。

系统对空调冷却水系统采用自适应模糊优化算法实现系统效率最佳控制。当室外气候条件或空调末端负荷发生变化时，模糊控制器在动态预测系统负荷的前提下，依据所采集的实时数据及系统的历史运行数据，根据气候条件、系统特性和自适应模糊优化算法模型，通过推理计算出所需的冷却水温度最佳值，并与检测到的实际温度进行比较，根据其偏差值，动态调节冷却水的流量和冷却塔风量，使冷却水温度趋近于模糊控制器给出的最优值，从而保证整个空调系统始终处于最佳效率状态下运行，系统整体能耗最低，从而最大限度地降低空调系统能耗，实现系统综合节能 20%～40%。

2.2　为什么照明控制中，采用近窗和远窗处可分别开关能达到较好的节能效果？

在《建筑照明设计标准》GB 50034—2004 第 8.3.7 条中的后一句话："在有天然采光时，近窗和远窗处可分别开关。"应引起我们的重视。例如我们设计的办公楼，大部分是大开间方式，由于进深的原因，即使是在阳光明媚的日子里，靠窗边的工作区域由于室外阳光，照度能达到几百甚至上千勒克斯，而在内区还必须采用人工照明。这种情况，对于照明设计来说，如果将靠近窗户的外区照明和内区的照明分开控制，则可以达到很好的节能效果。为了更直观地看到节能的效果，以一栋长 84m（8.4m 一跨），宽 25m，20 层的办公建筑为例。

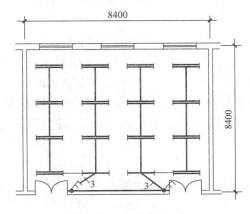

图 1　荧光灯控制方式 1

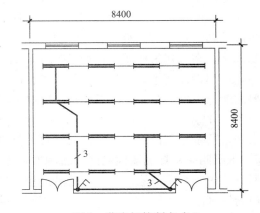

图 2　荧光灯控制方式 2

在每一跨（8.4m×8.4m）设置 16 个双管荧光灯，若以图 1 的方式进行控制，在正常的 8h 工作时间内，这些灯始终需要点亮。而若以图 2 的方式进行控制，在正常的天气情况下，一跨中就有 4 个灯可以不点亮，初步估算时，按每个灯具（2×40W）计算，一跨中就节省 320W。按照整栋建筑的周边计算，约有 26 跨，则每一层可不点亮的灯具为 100 个，其功率合计为 8kW，8h 用电量约为 64kWh，整栋建筑 20 层，总计则为 1280kWh。从上面的简单分析可以看出，同样是布置了这么多的灯，仅仅由于控制方式的改变，就达到了可观的节能效果。

2.3 在照明设计中，选用哪种镇流器更节能？

照明设计当选用气体放电灯时，该类光源需配备镇流器。对于镇流器的功率取值，应注意所选用的镇流器的类别和等级。北京市地方标准《公共建筑节能设计标准》DB 11/687—2009 中对于 36W 灯管当采用相当于欧标 A2、A3、B1、B2 能效等级的镇流器时，如表 4 所示。

36W 灯管当采用欧标 A2、A3、B1、B2 能效等级的镇流器时的功率 表 4

镇流器能效等级	A2	A3	B1	B2
	低损耗电子镇流器	普通电子镇流器	超低损耗电感镇流器	低损耗电感镇流器
对应 36W 灯管光源＋镇流器总输入功率	≤36W	≤38W	≤41W	≤43W
灯管实际功率	32W（高频）	32W（高频）	36W（50Hz）	36W（50Hz）
η 电下限	≥0.889	≥0.842	≥0.878	≥0.837

表 4 仅仅是针对 36W 的 T8 荧光灯管的情况，对于 T5 灯管，情况则不一样。

因为 T8 灯管可以采用电子镇流器，也可以采用电感式镇流器；而对于 T5 灯管而言，只有电子式镇流器。因此对于 28W 的 T5 灯管，镇流器的功耗按照 4W 考虑（28＋4＝32W）。

当选用 36W 荧光灯光源时，选用低损耗电子镇流器时，从表 4 中可以看出光源＋镇流器总输入功率仍为 36W，相当于镇流器不耗电一样。所以设计一定要以文字的方式说明采用的是何种镇流器。

2.4 为什么直管型气体放电灯，大功率的比小功率的更节能？

对于 14W 的 T5 灯管和 18W 的 T8 灯管，其光效（输出流明）从各生产厂家给出的资料中可以看出要比 28W 的 T5 灯管和 36W 的 T8 灯管小很多，因此在正常的设计中建议尽量少用。

T8-18W 灯管比 36W 灯管，要达到同等的照度，多耗电约 30%（采用电子镇流器）～45%（采用节能型电感镇流器），而建设费用要增加 30%～40%。

T5 灯管：28W—90lm/W、35W—104lm/W，另外小功率的光源所配的镇流器，其谐波分量严重超标，因为 IEC 标准和国家相关标准中，对小功率光源配用的镇流器其谐波分量的限制没有严格的要求，而是对功率为 25W 及以上的镇流器有明确要求。

2.5 为什么照明控制在照明节能中起到重要作用？

在电气照明中，照明的控制方式对于照明节能，同样起到了重要的作用，是照明节能中关键环节之一。在《建筑照明设计标准》中，列出了多条照明控制的条文。现有的照明控制方式很多，例如：单灯控制、多灯控制、双控开关控制、楼宇自控系统控制、智能控制（总线控制）、其他控制方式（采用探测器控制）等。在《建筑照明设计标准》中第 7.4.5 条指出："每个照明开关所控光源数不宜太多"。这告诉我们，照明设计要考虑当仅有少数人工作时，可按需要开一部分灯，而不必点亮更多的灯，以免造成不必要的能源浪费。第 7.4.6 条指出："房间或场所装设有两列或多列灯具时，宜按下列方式分组控制：1 所控灯列与侧窗平行"。上述两条的做法，对于照明节能来说，起到了相当重要的作用，应引起我们的重视，这也是我们工程设计人员往往容易忽视的方面。

2.6 当照明采用探测器控制时，哪种方式更优？

照明设计中，为了节能，往往采用感应控制方式，确实起到了较好的节能效果。一般来说住宅建筑中采用声光控制的方式较多，办公建筑采用红外感应较多。声光控制成本较低，但遇有外部声音时，即使没有人也会动作，开启照明灯。例如夜间雷声、春节期间的燃放爆竹等，都会亮灯，造成不必要的能源浪费。而感应控制则不会出现此类现象。

2.7 照明设计中为什么不能简单地用功率密度值来套用照明设计？

在《建筑照明设计标准》GB 50034—2004 中给出了常用场所照明单位面积功率密度值指标，其中有相对应的平均照度值。在这种对应关系中，我们认为，若选择的光源和灯具效率较高时，其单位面积的功率密度值指标在达到相同照度值的情况下可以降低。

在当前的照明设计中，设计人员不是进行合适的照度计算而得出相应的功率密度值，而是简单地按照标准中规定的功率密度值乘上房间面积，得出该房间总的照明功率值，再除以每个灯具的功率，得出灯具的数量。这样做虽然功率密度值不超标，但实际的照度值却往往比设计要求的照度值高出许多，不符合照度值允许有±10%的偏差的规定。

2.8　如何选用变压器以及应用更节能？

在电力系统设计中，应首先考虑选用高效节能的产品，以期降低系统自身的能耗。如对电力变压器的选择，应综合考虑其铜损和铁损，选择损耗小的变压器，将节能变压器作为工程设计时产品选型的首选。一般来说，同一型号的变压器，其序列号越往后的，其比前一序列号的要节能10%左右。例如SCB系列变压器，SCB10就比SCB9节能10%左右。而SCB11则又比SCB10节能约10%左右。对于变压器自身的损耗，最小的当属非晶合金变压器。另外在变配电系统设计时需要认真考虑不同负荷时，变压器有可能投入和切除的方法和手段。例如有的建筑，夏天采用集中空调，设置了由电制冷的冷冻机，而冬季采暖则利用市政热源，对于这样的系统，变压器在冬季时负荷率很低。为了能有效减少不必要的损耗，可以将相关的变压器停止运行，这样将可以节省可观的能源。

2.9　新建建筑电气设计的节能措施主要有哪些？

1）合理地进行变配电系统设计，采用节能型变压器，进一步减少变压器的损耗；

2）合理选择电机启动及控制装置，达到节能的目的；

3）注重抑制配电系统中的谐波，使配电系统中的谐波分量控制在规定的范围之内，降低无功损耗，确保电子信息系统正常运行；

4）合理地选择合适的电线电缆截面，减小线路的损耗；

5）采用建筑设备监控系统，采用最佳控制方式，达到节能效果；

6）在可能的情况下采用太阳能光伏发电产品，利用可再生的清洁能源；

7）采用高效、节能照明光源、高效灯具和附件，严格控制电位功率密度值，合理进行灯光控制；充分利用自然采光和人工照明相结合的方式，以利于节能。

2.10　既有建筑的节能改造主要需进行哪些工作？

既有建筑（政府机构）的节能改造电气节能诊断一般需要进行以下工作：

1）基本资料调查；

2）电耗宏观、微观调查及测量分析；

3）照明节能诊断；

4）电力照明配电系统诊断；

5）变配电系统诊断；

6）设备控制节能诊断；

7）用电设备节能诊断。

既有建筑的节能包括建筑物围护结构，供暖、通风、空调、供水、供电、照明及其他设备等各个专业的相关内容，对它们的改造必须各方面相互协调。对任何一个改造项目，必须进行深入研究，并进行方案论证。对采用的节能技术措施、产品和设备进行投资估算，进行节能效果分析和投资效益分析。整体而言，应该结合我们的国情和经济支付能力，在满足正常使用的前提下，实事求是，通盘考虑，分清主次，制定出近期、中期、远期计划，逐步实现。

2.11　为什么电开水器节能是不容忽视的问题？

在我国大量的公共建筑中设有电开水器，这与我国饮茶的习俗有关。然而对于电开水器提供开水沏茶，其用电能耗值得密切关注。一般按楼层集中供应开水的电开水器，其功率一般根据人员的多少在3kW、6kW或者9kW。这些电开水器的运行，如果不加以良好的控制，其能耗将会十分惊人。因为电开水器将水加热到沸点后停止加热，随着水温下降，又将继续加热。例如一台3kW的电开水器，按照每天运行10h，每周5d来计算，一年约250d的耗电将达7500度。尤其是一些单位的电开水器，在周末假日也无人管理，这样，一年 365d 常年运行，这样其年耗电将达到 10950 度。可见其耗电若不加以管理，浪费将是十分惊人的，因此必须对其进行必要的时间控制，使其最大限度地节约电力能耗。

2.12 变配电所电力监测与常规的电力计量节能具有哪些优势？

变配电所计算机监控系统是多专业综合技术，是变配电所设计和运行管理的一次革命，以计算机为基础，实现变配电所管理自动化，从而改变了传统变配电所的主体结构和值班维护方式，充分体现了现代化管理的特点，是当代供配电网络发展的必然趋势。随着计算机技术的发展，变配电所微机化、智能化进程越来越快，变配电所计算机监控管理、无人值守已成为当今变配电所设计的一种趋势，被越来越多的建筑变配电系统采用。

变配电所计算机监控系统，充分运用了现代电子技术、计算机技术、网络技术、控制技术及现场总线技术的最新发展。对变配电系统进行集中监控管理和分散数据采集，对传统供配电系统中变配电所内二次设备（继电保护、安全自动装置、测量仪表、操作控制、信号系统）的功能进行重新组合，进行系统保护、控制测量、信号采集、故障录波、谐波分析、电能量管理、负荷控制和运行管理等，取消了常规的仪表盘、操作控制屏和中央信号系统等二次设备。通过计算机和通信网络，将各个变配电所相互关联的部分连接为一个有机的整体，可以实现电网的安全控制运行状态和电量参数实时采集和显示，对设备参数实现自动调整，电能自动分时统计，事故、跳闸过程参数自动记录，事件按时排序，事故处理提示并快速处理事故等，提高供电质量，避峰填谷，做到供电安全、可靠、方便、灵活并完成遥信、遥测、遥控、遥调及继电保护等功能，提高综合效益。

2.13 为什么对于一般场所普通用电负荷固定安装的大规格配电母线或电缆，采用铝或合金导体有利于节能？

一般场所普通用电负荷固定安装的大规格配电母线或电缆，首先从资源上讲，我国铝资源比铜资源更为丰富。铝的熔点为 660℃，铜的熔点为 1083℃。冶炼 1t 铜所需的能耗比冶炼 1t 铝所需的能耗要大得多。另外铝的密度为 2.7g/cm³，而铜的密度为 8.96g/cm³，铝的密度还不到铜的 1/3。将它们制造成电缆，以同一载流量来比较，1t 铝或铝合金能制造出的电缆比 1t 铜所制造出来的电缆要长得多，所以从总体上看，采用铝或合金材料制造的电缆，能耗要小得多，这表明其具有较好的节能效果。

2.14 为什么减少或杜绝待机损耗行为节能大有潜力？

人们每天都要使用电器设备，无论是电视、计算机、空调还是家庭中的洗衣机及厨房用电设备，这些设备为人们带来了诸多的好处，同时也在不断消耗电力。正常运行时的耗电这是必需的，然而当这些设备处于不用的时候，有多少人想到了要彻底关闭其电源。例如一台电视机，当人们操作遥控器上的开关，电视机屏幕没有图像了，但是电视机的待机功能还依然存在，一台电视机的待机功耗仍有 8W 左右。作为一台电视机待机功耗 8W 左右没什么，但是全国有数亿台电视机，其总量则是相当可观的。对于其他的电子电器设备而言，同样存在大小不同的待机损耗，而且也是数量巨大。对于各种待机损耗，如若任其存在，其每年消耗的电力能耗将是一个巨大和惊人的数字，也将是数个大型发电站的总发电量。为此国家相关部门已经将待机损耗列入了节能的一个重要方面，同时也从人们的行为上提出了行为节能的要求。只要人人都注意，能在使用电器和电子设备后，彻底将电源断开，避免不必要的待机损耗，将会有巨大的节能效果。

3 配电线路及变配电所的节能设计专家问答

3.1 各工程的变配电所位置选择为何要深入负荷中心？

将变配电所建在靠近负荷中心的位置，可以节省封闭母线、电缆、导线、电缆桥架、槽盒的材料用量，降低电能损耗，提高电压质量。尤其要尽量接近容量较大的电动机类负荷及用电负荷较集中的区域。

3.2 何种类型的变压器其空载损耗、负载损耗都能符合国家现行标准《三相配电变压器能效限定值及节能评价值》GB 20052？

根据《三相配电变压器能效限定值及节能评价值》GB 20052 要求，选用 SCB11、SCB10 型方能满足干式变压器目标能效限定值，满足此标准。

3.3 提高系统的功率因数对电气节能有何意义？

功率因数（cosφ）有有功功率（P）和无功功率（Q），图 3 所示（cos$\varphi 1 = P/S_1$、cos$\varphi 2 = P/S_2$）分别表示补偿之前和补偿之后的功率因数，一目了然变压器的实际输出功率与功率因数呈线性递减关系，由此可见提高功率因数对节能有着重要意义。

3.4 满足节能认证要求的交流接触器须达到什么规定？

根据国家现行标准《交流接触器能效限定值及能效等级》GB 21518 第 4.4 条：接触器节能评价值——接触器吸持功率应不大于表 5 中 2 级的规定。

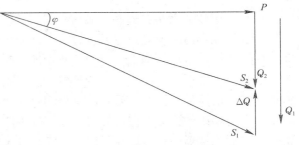

图 3 补偿之前和补偿之后的功率因数

接触器能效等级 表 5

额定工作电流 I_e（A）	吸持功率（V·A）		
	1 级	2 级	3 级
9<I_e≤12	0.5	5.0	8.3
12<I_e≤22	0.5	5.1	8.5
22<I_e≤32	0.5	8.3	13.9
32<I_e≤40	0.5	11.4	19.0
40<I_e≤63	0.5	34.2	57.0
63<I_e≤100	1.0	36.6	61.0
100<I_e≤160	1.0	51.3	85.5
160<I_e≤250	1.0	91.2	152.0
250<I_e≤400	1.0	150.0	250.0
400<I_e≤630	1.0	150.0	250.0

3.5 使用变频器是如何达到节能目的的？

根据风机、水泵的负载特性，其轴功率与其转速的三次方成正比。因此，从节能角度考虑，采用改变电动机转速的方法调节流量，可以达到节能的目的。变频调试装置通常采用变频器对频率实施连续调节，同时改变输出频率与电压，达到调压、调频、稳压、调速等基本功能。

3.6 三相负荷不平衡对系统运行有何危害？

如果三相负荷不平衡，偏差过大，将产生中性点电压偏移，电压波形畸变。其危害之一：对有中性线引出的低压系统，不平衡电流除在相线上产生损耗外，还会在中性线上产生损耗，从而增加了低压电网总的线路损耗。所以在进线配电设计时要尽量做到三相负荷平衡。

3.7 降低线路损耗的手段有哪些？

1）尽量选用电阻率 ρ 较小的线缆。铜芯线缆较好，铝芯线缆则较差，铜的电阻率仅为铝的 60%，故一般首选铜芯线缆。

2）尽量减少线缆长度。室外照明配电箱尽可能地设在负荷中心，以减小供电半径。设计中尽量让配电线路走直线，少走弯路、回头路。

3）在满足载流量、热稳定、保护配合及电压降要求的前提下，适当加大线缆的截面积。

3.8 如何控制电梯能达到节能的目的？

同一建筑中，多部电梯集中排列时，设置电梯群控功能；通过合理的电梯调度算法减少每部电梯的平均工作时间，从而实现电梯调度优化节能。

3.9 旅馆、酒店客房的节能措施？

采用客房插卡取电节能配电箱，通过插卡取电开关实现对客房这一特殊场合的通/断电管理。通过设备的自动运行，实现房内无人自动断电，避免不必要的用电浪费。

3.10 电开水器的节能措施？

设置时间控制模式，实现夜间无人上班工作时自动断电，避免不必要的反复加热频率，减少用电浪费。

3.11 谐波的危害有哪些？如何抑制谐波？

谐波电流容易造成导体过载、过热，从而导致导体绝缘破坏而烧毁。导体对高频谐波电流会产生集肤效应，使额定载流量降低。电力线路中的谐波还会产生感应电磁场，对临近的通信系统产生干扰，轻者引起噪声、降低通信质量，重者导致信息丢失。谐波电流会增加变压器铜损，谐波电压会增加变压器铁损。抑制谐波的方法之一是在电容器回路中接入电抗器而达到滤波的目的。采用有源滤波器，根据检查到的电力系统的谐波电流，实时的向系统中注入大小相等、方向相反的谐波，"中和"电力系统中的谐波。有源滤波器一般装设在低压配电柜系统无功补偿柜之后。

3.12 大型舞台可控硅调光设备产生的谐波危害如何治理？

舞台用电设备为了满足演出功能的需要，通常要使用大量的可控硅调光设备，而可控硅又会产生多次谐波，为满足现行国家标准《电能质量公用电网谐波》GB/T 14549 中的相关规定，可就地安装谐波抑制装置——有源滤波器。

3.13 分项计量是如何达到节能目的的？

分项计量系统具有以下特性：1）强制性和权威性；2）准确性和完整性；3）可比性；4）经济性。

楼宇电力分项计量系统的应用，不但提高了节能工作中发现漏洞、解决问题的效率，更给予了我们一个分析问题的手段。由于通过分项计量系统收集到严密、科学的计量数据，我们可以在节能工作的方方面面对其加以应用，其效果主要体现在：

1）政府监控效应。

2）企业管理效应。

3）社会应用效应。

4）能耗监测数据中心的作用及效应：

（1）基于分项计量数据的公正、客观，为实施合同能源管理提供第三方公正数据；

（2）为政府宏观管理、为企业微观节能措施提供准确、权威的数据参考；

（3）为相关能源监管部门依法检查、监督提供行政执法依据；

（4）节能职能部门根据分析数据，引导用能单位节能方向；

（5）目前的电力分项计量监测信息系统是个开放式系统，随着今后水、气、油等各类能源被纳入能耗数据采集范围，形成综合能耗监测信息中心，使所有能耗（水、电、气、油）得到综合监测和有效管理。

3.14 建筑电气节能设计应着重把握哪些原则？

电气节能设计既不能以牺牲建筑功能、损害使用需求为代价，也不能盲目增加投资、为节能而节能。因此，笔者认为，建筑电气节能设计应着重把握以下原则：

1）满足建筑物的功能

这主要包括：满足建筑物不同场所和部位对照度、照度均匀度、统一眩光值、相关色温、显色指数等的不同要求；满足舒适性空调所需要的温度、湿度及新风量等；满足特殊工艺要求，如体育场馆、医疗建筑、酒店、餐饮娱乐等场所一些必需的电气设施用电，展厅、多功能厅等的工艺照明及电力用电等。

2）考虑实际经济效益

节能应考虑国情，计及实际经济效益，不能因为追求节能而过高地消耗投资，增加运行费用，而是应该通过比较分析，合理选用节能设备及材料，使增加的节能方面的投资，能在几年或较短的时间内用节能减少下来的运行费用进行回收。

3）节省无谓消耗的能量

节能的着眼点，应是节省无谓消耗的能量。设计时首先找出哪些方面的能量消耗是与发挥建筑物功能无关的，再考虑采取什么措施节能。如变压器的功率损耗、电能传输线路上的有功损耗，都是无用的能量损耗；又如量大面广的照明容量，宜采用先进的调光技术、控制技术使其能耗降低。

总之，笔者认为节能设计应把握"满足功能、经济合理、技术先进"的原则。

3.15 变压器节能的实质是什么？有哪些节能型变压器可选？

变压器节能的实质就是：降低其有功功率损耗、提高其运行效率。

变压器的有功功率损耗如下式表示：$\Delta P_b = P_0 + P_k \beta^2$

其中：

ΔP_b——变压器有功损耗（kW）；

P_0——变压器的空载损耗（kW）；

P_k——变压器的有载损耗（kW）；

β——变压器的负载率。

式中 P_0 为空载损耗又称铁损，它由铁芯的涡流损耗及漏磁损耗组成，其值与硅钢片的性能及铁芯制造工艺有关，而与负荷大小无关，是基本不变的部分。

因此，变压器应选用 SCB11（10）、SGB11（10）、SCR11（10）等节能型变压器，其中的 11 型又比 10 型节能 10% 左右。它们都是选用高导磁的优质冷轧晶粒取向硅钢片和先进工艺制造的新系列节能变压器。由于"取向"处理，使硅钢片的磁场方向接近一致，以减少铁芯的涡流损耗；45°全斜接缝结构，使接缝密合性好，可减少漏磁损耗。

目前，一种新型的节能变压器：非晶合金变压器应运而生，它采用非晶合金带材替代传统硅钢片铁芯，更可使变压器的空载损耗降低 60%～80%，具有很好的节能效果。其初次投资增加的成本 5 年就可以回收，经济性非常显著，同时，非晶合金变压器本身也是一种环保型产品。

以上节能型变压器因具有损耗低、质量轻、效率高、抗冲击、节能显著等优点，而在近年得到了广泛的应用，所以，设计应首选这些低损耗的节能变压器。

3.16 变压器负载率 β 应控制在什么范围为宜？

上式中，P_k 是传输功率的损耗，即变压器的线损，它取决于变压器绕组的电阻及流过绕组电流的大小。因此，应选用阻值较小的铜芯绕组变压器。对 $P_k \beta^2$，用微分求它的极值，可知当 $\beta = 50\%$ 时，变压器的能耗最小。但这仅仅是从变压器节能的单一角度出发，而没有考虑综合经济效益。

因为 $\beta = 50\%$ 的负载率仅减少了变压器的线损，并没有减少变压器的铁损，因此节能效果有限；且在此低负载率下，由于需加大变压器容量而多付的变压器价格，或变压器增大而使出线开关、母联开关容量增大引起的设备购置费，再计及设备运行、折旧、维护等费用，累积起来就是一笔不小的投资。由此可见，取变压器负载率为 50% 是得不偿失的。

综合考虑以上各种费用因素，且使变压器在使用期内预留适当的容量，笔者认为，变压器的负载率 β 应选择在 75%～85% 为宜。这样既经济合理，又物尽其用。另一方面，因为变压器在满负荷运行时，其绝缘层的使用年限一般为 20 年，20 年后通常会有性能更优的变压器问世，这样就可有机会更换新的设备，从而使变压器总处于技术领先水平。

3.17 如何合理选择变压器容量和台数，以有效减小变压器总损耗？

设计时，合理分配用电负荷、合理选择变压器容量和台数，使其工作在高效区内，可有效减小变压器总损耗。

当负荷率低于 30% 时，应按实际负荷换小容量变压器；当负荷率超过 80% 并通过计算不利于经济运行时，可放大一级容量选择变压器。

当容量大而需要选用多台变压器时，在合理分配负荷的情况下，尽可能减少变压器的台数，选用大容量的变压器。例如需要装机容量为 2000kVA，可选 2 台 1000kVA，不选 4 台 500kVA。因为前者总损耗比后者小，且综合经济效益优于后者。

对分期实施的项目，宜采用多台变压器方案，避免轻载运行而增大损耗；内部多个变电所之间宜敷设联络线，根据负荷情况，可切除部分变压器，从而减少损耗；对可靠性要求高、不能受影响的负荷，宜设置专用变压器。

在变压器设计选择中，如能掌握好上述原则及措施，则既可达到节能目的，又符合经济合理的要求。

3.18　怎样合理设计供配电系统及线路，以实现节能目的？

1) 根据负荷容量及分布、供电距离、用电设备特点等因素，合理设计供配电系统和选择供电电压，可达到节能目的。供配电系统应尽量简单可靠，同一电压供电系统变配电级数不宜多于两级。

2) 按经济电流密度合理选择导线截面，一般按年综合运行费用最小原则确定单位面积经济电流密度。

3) 由于一般工程的干线、支线等线路总长度动辄数万米，线路上的总有功损耗相当可观，所以，减少线路上的损耗必须引起设计足够重视。由于线路损耗 $\Delta P \propto R$，而 $R = p \cdot L/S$，则线路损耗 ΔP 与其电导率 p、长度 L 成正比，与其截面 S 成反比。为此，应从以下几方面入手：

(1) 选用电导率 p 较小的材质做导线。铜芯最佳，但又要贯彻节约用铜的原则。因此，在负荷较大的一类、二类建筑中采用铜导线，在三类或负荷量较小的建筑中可采用铝芯导

(2) 减小导线长度 L。主要措施有：

a. 变配电所应尽量靠近负荷中心，以缩短线路供电距离，减少线路损失。低压线路的供电半径一般不超过 200m，当建筑物每层面积不少于 10000m² 时，至少要设两个变配电所，以减少干线的长度。

b. 在高层建筑中，低压配电室应靠近强电竖井，而且由低压配电室提供给每个竖井的干线，不应产生"支线沿着干线倒送电能"的现象，尽可能减少回头输送电能的支线。

c. 线路尽可能走直线，少走弯路，以减少导线长度；其次，低压线路应不走或少走回头线，以减少来回线路上的电能损失。

(3) 增大线缆截面 S

a. 对于比较长的线路，在满足载流量、动热稳定、保护配合、电压损失等条件下，可根据情况再加大一级线缆截面。假定加大线缆截面所增加的费用为 M，由于节约能耗而减少的年运行费用为 m，则 M/m 为回收年限，若回收年限为几个月或一、二年，则应加大一级导线截面。一般来说，当线缆截面小于 70mm²，线路长度超过 100m 时，增加一级线缆截面可达到经济合理的节能效果。

b. 合理调剂季节性负荷、充分利用供电线路。如将空调风机、风机盘管与一般照明、电开水等计费相同的负荷，集中在一起，采用同一干线供电，既可便于用一个火警命令切除非消防用电，又可在春、秋两季空调不用时，以同样大的干线截面传输较小的负荷电流，从而减小了线路损耗。

在供配电系统的设计中，积极采取上述各项技术措施，就可有效减少线路上的电能损耗，达到线路节能的目的。

3.19　为什么提高系统功率因数可节能？

设输电线路导线每相电阻为 R（Ω），则三相输电线路的功率损耗为

$$\Delta P = 3I^2R \times 10^{-3} = \frac{P^2R}{U^2\cos^2\varphi} \times 10^3$$

式中：

ΔP——三相输电线路的功率损耗，kW；

P——电力线路输送的有功功率，kW；

U——线电压，V；

I——线电流，A；

$\cos\varphi$——电力线路输送负荷的功率因素。

由上式可以看出，在系统有功功率 P 一定的情况下，$\cos\varphi$ 越高（即减少系统无功功率 Q），功率损

耗 ΔP 将越小，所以，提高系统功率因素、减少无功功率在线路上传输，可减少线路损耗，达到节能的目的。

在线路的电压 U 和有功功率 P 不变的情况下，改善前的功率因素为 $\cos\varphi_1$，改善后的功率因素为 $\cos\varphi_2$，则三相回路实际减少的功率损耗可按下式计算：

$$\Delta P = \left(\frac{P}{U}\right)^2 R\left(\frac{1}{\cos^2\varphi_1} - \frac{1}{\cos^2\varphi_2}\right) \times 10^3$$

另外，提高变压器二次侧的功率因素，由于可使总的负荷电流减少，故可减少变压器的铜损，并能减少线路及变压器的电压损失。当然，另一方面，提高系统功率因素，使负荷电流减少，相当于增大了发配电设备的供电能力。

3.20 提高功率因数的主要措施有哪些？

减少供用电设备无功消耗，提高自然功率因素，其主要措施有：

1）正确设计和选用变流装置，对直流设备的供电和励磁，应采用硅整流或晶闸管整流装置，取代变流机组、汞弧整流器等直流电源设备。

2）限制电动机和电焊机的空载运转。设计中对空载率大于 50% 的电动机和电焊机，可安装空载断电装置；对大、中型连续运行的胶带运输系统，可采用空载自停控制装置；对大型非连续运转的异步笼型风机、泵类电动机，宜采用电动调节风量、流量的自动控制方式，以节省电能。

3）条件允许时，采用功率因数较高的等容量同步电动机代替异步电动机，在经济合算的前提下，也可采用异步电机同步化运行。

4）荧光灯选用高次谐波系数低于 15% 的电子镇流器；气体放电灯的电感镇流器，单灯安装电容器就地补偿等，都可使自然功率因数提高到 $0.85\sim0.95$。

5）用静电电容器进行无功补偿：

按全国供用电规则规定，高压供电的用户和高压供电装有带负荷调整电压装置的电力用户，在当地供电局规定的电网高峰负荷时功率因素应不低于 0.9。

当自然功率因素达不到上述要求时，应采用电容器人工补偿的方法，以满足规定的功率因素要求。实践表明，每千乏补偿电容每年可节电 $150\sim200$kWh，是一项值得推广的节电技术。特别是对于下列运行条件的电动机要首先应用：

1）远离电源的水源泵站电动机；

2）距离供电点 200m 以上的连续运行电动机；

3）轻载或空载运行时间较长的电动机；

4）YZR、YZ 系列电动机；

5）高负载率变压器供电的电动机。

3.21 无功补偿设计原则是什么？

无功补偿设计原则为：

1）高、低压电容器补偿相结合，即变压器和高压用电设备的无功功率由高压电容器来补偿，其余的无功功率则需按经济合理的原则对高、低压电容器容量进行分配；

2）固定与自动补偿相结合，即最小运行方式下的无功功率采用固定补偿，经常变动的负荷采用自动补偿；

3）分散与集中补偿相结合，对无功容量较大、负荷较平稳、距供电点较远的用电设备，采用单独就地补偿；对用电设备集中的地方采用成组补偿，其他的无功功率则在变电所内集中补偿。

有必要指出的是，就地安装无功补偿装置，可有效减少线路上的无功负荷传输，其节能效果比集中安装、异地补偿要好。

还有一点，对于电梯、自动扶梯、自动步行道等不平稳的断续负载，不应在电动机端加装补偿电容器。因为负荷变动时，电机端电压也变化，使补偿电容器没有放完电又充电，这时电容器会产生无功浪涌电流，使电机易产生过电压而损坏。

另外，如星三角启动的异步电动机也不能在电动机端加装补偿电容器，因为它启动过程中有开路、闭路瞬时转换，使电容器在放电瞬间又充电，也会使电机过电压而损坏。

3.22　试述智能照明控制系统的功能特点。

智能照明控制系统总线，可采用非屏蔽六类 4 对对绞电缆（CAT6 UTP），将各种开关模块 R、调光模块 D、场景控制模块 M、时间管理模块 MT 等连成网络，构成总线型拓扑结构。可根据预设时间、场景，采用红外感应、移动探测传感、感光光敏元件等方式，自动开启或关闭相关区域照明，并自动调整照度，以满足不同时段、不同场合的需求，达到舒适、节能目的。示例如下：

1）高级办公室：采用智能照明控制系统后，可使照明系统工作在全自动状态。通过配置的"智能时钟管理器"MT，可预先设置若干基本工作状态，通常为"白天"、"晚上"、"清扫"、"安全"、"周末"、"午饭"等，根据预设定的时间自动在各种状态之间转换。办公室配有手动场景控制面板 M，可以随时调节房间的工作状态以及满意的灯光效果。系统能保证每间办公室内的办公区域和公共区域协调地工作。

2）会议室、报告厅：采用智能照明控制系统后，可预先设置多种灯光效果，以适应不同场合的灯光需求，供工作人员任意选择。如会议准备阶段只有部分或全部筒灯点亮；在准备阶段为保护价格昂贵的水晶吊灯，系统将限制工作人员启用吊灯。当贵宾开始入场时，灯槽中隐光的带灯逐渐点亮。只有在会议开始时，才调亮所有灯光，使报告厅灯火辉煌。

在会议进行过程中，工作人员通过可编程控制面板，只需按一个键即可调用所需的某一灯光场景，还可配备遥控器，远距离控制灯光效果。

3）地下停车库：在车库入口管理处内安装面板控制开关，用于车库灯光照明的手动控制。平时在系统中央控制主机的作用下，车库照明处于自动控制状态。

在停车区域采用智能移动探测传感器 HS，当有人或车移动时开启相应的局部照明，车停好后或人、车离开后延时控制关闭。当有车移动时可以通过主机显示出来，方便保安和管理人员的管理。

根据车辆停车的实际使用情况，可将一天的照明分成几个时段，比如上午、中午、下午、晚上、深夜五个时段，通过定时控制软件的设置，在这些时段内，自动控制灯具开闭的数量，以控制相关区域不同时段的不同照度，从而使灯光照明得到有效利用，大大减少了电能的浪费，且保护了灯具、延长了灯具的使用寿命。

智能照明控制系统通过开放的 TCP/IP 协议，可以方便地与楼宇设备监控系统 BA 集成。

3.23　谈谈电动机的节能设计要点。

1）选用高效率电动机

提高电动机的效率和功率因素，是减少电动机的电能损耗的主要途径。与普通电动机相比，高效电动机的效率要高 3％～6％，平均功率因数高 7％～9％，总损耗减少 20％～30％，因而具有较好的节电效果。所以在设计和技术改造中，应选用 Y、YZ、YZR 等新系列高效率电动机，以节省电能。

另一方面要看到，高效电机价格比普通电机要高 20％～30％，故采用时要考虑资金回收期，即能在短期内靠节电费用收回多付的设备费用。一般符合下列条件时可选用高效电机：

（1）负载率在 0.6 以上；

（2）每年连续运行时间在 3000h 以上；

（3）电机运行时无频繁启动、制动（最好是轻载启动，如风机、水泵类负载）；

（4）单机容量较大。

2）交流变频调速装置

推广交流电机调速节电技术，是当前我国节约电能的措施之一。采用变频调速装置，使电机在负载下降时，自动调节转速，从而与负载的变化相适应，即提高了电机在轻载时的效率，达到节能的目的。

目前，用普通晶闸管、GTR、GTO、IGBT 等电力电子器件组成的静止变频器对异步电动机进行调速已广泛应用。在设计中，根据变频的种类和需调速的电机设备，选用适合的变频调速装置。

3）选用软启动器设备

比变频器价格便宜的另一种节能措施是采用软启动器。软启动器设备是按启动时间逐步调节可控硅的导通角，以控制电压的变化。由于电压可连续调节，因此启动平稳，启动完毕，则全压投入运行。软启动器也可采用测速反馈、电压负反馈或电流正反馈，利用反馈信息控制可控硅导通角，以达到转速随负载的变化而变化。

软启动器通常用在电机容量较大、又需要频繁启动的水泵设备中，以及附近用电设备对电压的稳定要求较高的场合。因为它从启动到运行，其电流变化不超过三倍，可保证电网电压的波动在所要求的范围内。但由于它是采用可控硅调压，正弦波未导通部分的电能全部消耗在可控硅上，不会返回电网。因此，它要求散热条件较好、通风措施完善。

3.24 中央空调水系统的智能化节能控制装置，为何能收到良好的节能效果？

对中央空调水系统，设置智能化变频调速节能控制装置，可最大限度地提高整个空调水系统的运行效率，收到良好的节能效果。

这种智能化节能控制技术的控制算法，采用了当代先进的"模糊控制技术"或"模糊控制与改进的PID复合控制技术"以取代传统的PID控制技术，从而较好克服了传统的PID控制不适应中央空调系统时变、大滞后、多参量、强耦合的工况特点，能够实现空调水系统安全、高效的运行。同时，在充分满足空调末端制冷（热）量需求的前提下，通常可使水泵的节能率达到60%～80%；通过对空调水系统的自动寻优控制，可使空调主机的节能率达到5%～30%，为用户实现较显著的节能收益。其节能效果，优于传统分散式变频调速节能控制装置（变频器＋动力柜），更是工频动力柜无可比拟。

3.25 何谓谐波？其产生源有哪些？

在电力系统中，通常总是希望交流电压和交流电流呈正弦波形。当正弦波电压施加在线性无源元件电阻、电感和电容上时，仍为同频率的正弦波。但当正弦波电压施加在非线性电路上时，电流就变为非正弦波，非正弦电流在电网阻抗上产生压降，会使电压波形也变为非正弦波。

对于非正弦周期电压、电流，可分解为傅里叶级数，其中频率与工频（50/60Hz）相同的分量称为基波，频率为大于基波频率的任一周期性分量称为谐波，谐波次数为谐波频率与基波频率的整数比。

谐波产生源包括铁磁性设备（发电机、电动机、变压器等）、电弧性设备（电弧炉、点焊机等）、电子式电力转换器、整流换流设备（整流器 AC/DC、逆变器 DC/AC）；变频器（变频空调、变频水泵）、软启动器；气体放电灯镇流器；可控硅调光设备；UPS、EPS、计算机等。

3.26 谐波的危害体现在哪些方面？

谐波对公用电网是一种污染，其危害主要体现在：

1）谐波使公用电网中的元件产生了附加的谐波损耗，降低了发电、输电及用电设备的使用效率，大量的3次谐波电流流过中线时，会使线路过热甚至发生火灾（气体放电灯镇流器主要产生3次谐波）。

2）谐波影响各种电气设备的正常工作。引起电动机附加损耗、产生机械振动、噪声和过电压，使变压器局部严重过热；使电容器、电缆等设备过热、绝缘老化、寿命缩短。

3）谐波会引起公用电网中局部的并联谐振和串联谐振，从而使谐波放大，这就使上述危害大大增加，甚至引起严重事故。

4）谐波会导致继电保护和自动装置的误动作，并会使电气测量仪表计量不正确。

5）谐波会对临近的通信系统产生干扰，引起噪声、降低通信质量，甚至导致信息丢失，使通信系统无法正常工作。

3.27 怎样抑制、治理谐波？

抑制、治理谐波的措施包括：在电力系统内设置高低压调谐滤波器、谐波滤波器（无源式、有源式Maxsine）、中性线3次谐波滤波器、TSC 晶闸管控制的调谐滤波器等。其应用条件与场所为：

1）调谐滤波器：适用于谐波负载容量小于 200kVA 情况，电容器加串接电抗器组成调谐滤波器，不可使用单纯电容器作无功补偿。

2）无源谐波滤波器：适用于配电系统中具有相对集中的大容量（200kVA 或以上）非线型、长期稳定运行的负载情况。

3）有源谐波滤波器：适用于配电系统中具有大容量（200kVA 或以上）非线型、变化较大负载（如断续工作的设备等），用无源滤波器不能有效工作的情况。

4）有源、无源组合型谐波滤波器：适用于配电系统中既有相对集中、长期稳定运行的大容量（200kVA 或以上）非线型负载，又有较大容量的、经常变化的非线型负载情况。还可选用 D,yn11 变压器供电，为三次谐波提供环流通路。

目前，采用有源谐波滤波器（APF）是一个重要趋势。APF 也是一种电力电子装置，其基本原理是：从补偿对象中检测出谐波电流，由补偿装置产生一个与该谐波电流大小相等而极性相反的补偿电流，从而使电网电流只含基波分量。这种滤波器能对频率和幅值都变化的谐波进行跟踪补偿，且补偿特性不受电网阻抗的影响。

此外，设置机电设备监控管理系统（BAS）、变电所电能监控管理系统（PMS），亦为电气节能设计内容。BAS 对大楼内的机电设备如空调、采暖、通风、给水排水、电梯及扶梯、变配电系统和照明系统设备的运行工况及状态进行实时的监测，进行运算后的调节与优化控制，可有效降低能耗，达到节能目的。PMS 由微机综合保护单元、后台总线监控系统、网络仪表等组成，数字显示仪表具备通信接口，可实现合理用电、节能管理。

总之，建筑电气的节能潜力很大，应在设计中精心考虑各种可行的技术措施。同时，在选用节能的新设备时，应具体了解其原理、性能、效果，从技术、经济上进行比较后，再合理选定节能设备，以真正达到有效节能的目的。

3.28　请简介冷、热、电三联供系统的节能技术特点。

三联供系统（CCHP——Combined Cooling，Heating and Power）属于分布式能源，是在热电联产基础上，为了进一步开发利用夏季多余的热力，利用发电后产生的低品位余热制取冷量，自 20 世纪 80 年代后期发展起来的冷、热、电联产系统。三联供系统的一次能源可以来自燃煤、柴油或天然气等，对于铁路、城市建筑而言，以天然气为主要一次能源是最有应用价值的一种形式。

天然气冷热电三联供系统，是指以天然气为燃料，带动燃气轮发电机或内燃发电机等发电设备运行，其中一小半的能源转换为电力；而系统排出的占据更多比例的废热，通过余热锅炉或者余热直燃机等余热回收利用设备，向用户供热；通过吸收式制冷机（常用溴化锂制冷机组）制冷供冷。

经过能源的梯级利用，使能源利用效率从常规发电系统的 40% 左右可提高到 80% 左右，当系统配置合理时，既可节省一次能源，又可使发电成本低于电网电价，综合经济效益显著。

而且，以天然气为一次能源的三联供系统相对于燃煤、燃油发电，是一种清洁的发电方式，可取得有害物质减排效果，有着非常积极的环保意义。它还对夏季空调用电、冬季采暖用气造成的电力和燃气需求的不均衡具有双重削峰填谷作用。

三联供系统按照供应范围，大致可分为区域型（DCHP）和楼宇型（BCHP）两种。区域型系统主要是针对各种成片的负荷区所建设的独立的冷热电能源供应中心，采用容量较大的机组，并考虑冷热电供应的外网设备；楼宇型系统则是附设在主体建筑物内，一般仅需要容量较小的机组，不需要考虑外网建设。

三联供系统按电气方案可分为独立型和并网型。独立型系统不与外部电源配网相并列，自成一个体系，呈独立运行特性；并网型系统与外部电源配网并列，相互之间存在联络、并联、连锁等关系，共同向负荷供电。

3.29　如何选择合适的变压器负载率以利于节能？

变压器的损耗包括空载损耗和负载损耗两部分。空载损耗用于在变压器原边和副边之间建立交变磁场，不随变压器的负载率变化而变化；负载损耗负责在变压器原边和副边之间传递能量，与负载电流的平方成正比，因而与变压器的负载率的平方也成正比。

变压器有功功率损耗 ΔP 和损耗率 $\Delta P\%$ 可按下式计算：

$$\Delta P = P_0 + \beta^2 P_K$$

$$\Delta P\% = \frac{\Delta P}{P_1} = \frac{P_0 + \beta^2 P_K}{\beta S_e \cos\varphi + P_0 + \beta^2 P_K}$$

式中 P_0，P_K 分别为变压器的空载损耗和短路损耗。

由上式可见，变压器的有功损耗和损耗率是负载率 β 的函数，并随着负载率 β 的增大而增大。其中，负载系数 β 可用下边公式计算：

$$\beta = \frac{P_2}{S_e \cos\varphi}$$

变压器的效率公式可由下式表达：

$$\eta = \frac{P_2}{P_1} = \frac{\beta S_e \cos\varphi}{\beta S_e \cos\varphi + P_0 + \beta^2 P_K}$$

式中　P_1——变压器一次侧输入功率（kW）；

P_2——变压器负载侧输出功率（kW）；

$\cos\varphi$——负荷功率因数；

S_e——为变压器的额定容量（kVA）。

理论上，对上式求极值，即对 β 求导数，这样可得到一个最佳的负载系数，在此用 β_0 来表示，即认为在 $\beta_0 = \sqrt{P_0/P_K}$ 时，变压器的效率最高，此时变压器的铜损等于铁损。β_0 是最小损失率 $\Delta P\%$ 时的负载系数，一般称为有功经济负载系数。按此 β_0 来选择变压器容量认为变压器的损耗将达到最小，此时运行最经济。

但是，在实际工程中选择变压器负载率并不能按 β_0 来选择，特别是现在新型变压器 SH11 系列的应用，其空载损耗很低，如果按 β_0 来选择变压器容量，将极易造成"大马拉小车"的局面，造成变压器的不经济运行。这是因为其一没有考虑负荷的实际运行时间；其二没有考虑到无功的价格问题；其三没有考虑到变压器的资金回收；其四没有考虑到现行的电价政策，即基本电价的收取问题。变压器的实际负载率，应主要考虑以下因素，逐步复核，最后综合选取。

1）考虑到负荷的实际运行情况下 β' 的求取负荷是时变的，当考虑到负荷的实际运行情况时，必须对上式进行修正，此时可用下式来表达：

$$\eta = \frac{\beta T_{\max} S_e \cos\varphi}{\beta T_{\max} S_e \cos\varphi + T P_0 + \beta^2 P_K \tau_{\max}}$$

式中 $T_{\max}$ 为最大年负荷使用小时数，$\tau_{\max}$ 为最大负荷损耗小时数，T 为全年使用小时数，为 8760h。

对上式求极值，得到的经济负载率公式为：

$$\beta' = \sqrt{\frac{T P_0}{\tau_{\max} P_K}}$$

由上式可见，β' 的值和最大负荷利用小时数密切相关，且随着年最大负荷使用小时数的增大，经济负载率将减小。这就意味着最大负荷利用小时数较高时，应该选择容量较大的变压器。

2）考虑到无功电价时 β'_z 的求取，当变压器计及无功损耗时，变压器无功消耗率可用下式表达：

$$\Delta Q = Q_0 + \beta^2 Q_K$$

$$\Delta Q\% = \frac{Q_0 + \beta^2 Q_K}{\beta S_e \cos\varphi + P_0 + \beta^2 P_k}$$

式中，无功空载损耗 $Q_0 = I_0\% \times S_e$，

无功短路损耗 $Q_K = U_k\% \times S_e$。

目前多数对无功损耗的计算主要用无功经济当量 k 来表示，一般取 0.1，其意义是由于无功功率的流动引起有功损耗。但在电力市场下，无功应当有合理的定价。目前对无功电价的确定正在研究中，在此我们取无功电价同有功电价的比值为 k'，在本文中，取 0.1 元/kvar，即相当于无功经济当量取 0.2。

考虑到无功功率损耗后的经济效率时，变压器的效率公式可写成下式：

$$\eta = \frac{\beta \tau_{max} S_e \cos\varphi}{\beta T_{max} S_e \cos\varphi + TP_0 + \beta^2 P_K \tau_{max} + k'(TQ_0 + \beta^2 Q_K \tau_{max})}$$

对上式求极值，可得到考虑到无功损耗的负载率 β'_z 为：

$$\beta'_z = \sqrt{\frac{TP_0 + k'TQ_0}{\tau_{max} P_K + k' \tau_{max} Q_K}}$$

3）考虑到投资回收的最佳经济负载率 β_{opt} 的求取

按上式得到的最佳负载率就比较完整，但它仍然没有考虑到变压器的投资折现率问题。毫无疑问，用户在选择变压器时将以年运行支出费用最小为目标进行选择，在变压器的使用年限内，综合投资最小。在这里为了公式的统一，我们将每年的投资折现值等值为功率损耗的费用，这样统一式可用下式表达：

$$\eta = \frac{\beta \tau_{max} S_e \cos\varphi}{\beta T_{max} S_e \cos\varphi + TP_0 + \beta^2 P_K \tau_{max} + k'(TQ_0 + \beta^2 Q_K \tau_{max}) + K_1 k_F F_S}$$

式中的 F_S 为变压器的价格，K_1 表示由价格折算为功率的系数（当每度电价取 0.5 元/kW·h，此时 K_1 为 2），k_F 为折算的现值系数，可用下式表达：

$$k_F = \frac{[1 - 1/(1+i)^R]}{i}$$

式中，i 为年利率，n 为变压器的使用年限。在此取年利率为 5%，变压器的使用年限为 20 年，求得的 k_F 为 0.125，同理对上式进行求导，可得到的最佳负载率为：

$$\beta_{opt} = \sqrt{\frac{TP_0 + k'TQ_0 + k_F JS_e}{\tau_{max} P_K + k' \tau_{max} Q_K}}$$

按上式求出的最佳负载率 β_{opt} 才是最经济的运行方式。

3.30　如何优化变配电所的布置达到节能效果？

变配电所的布置应按照深入或接近负荷中心的原则设置，结合供配电系统的电源电压等级及负荷类型，合理布置变电站、开闭所、用户中心变配电所、用户分区变配电所及配电间的位置，以缩短低压（220/380V）线路长度，节省线材、降低电能损耗，提高电源质量，且节约土地资源的占用。优化变配电所（间）的布置是指将缩短低压线路长度与减少变配电所设置个数的有机结合，通过经济比较，将节材与节地兼顾，以构成最优节能效果。优化变配电所布置的主要方法如下：

1）依据负荷状况及用电容量确定电源电压的等级：选择供电电源进线的电压等级是提高节能效果的第一步，按照负荷要求及容量确定进线电压等级，总体而言，负荷容量大，输送距离远，应提高供电电压等级；从理论上来看，电压等级越高，越降低线路损耗，高压电源越能靠近负荷中心，越能有效减少变电站和线路布点密度，可节约土地资源占用；例如，在一定负荷密度的条件下，以采用相同导线输送相同功率电能，20kV 供电线路比 10kV 电网的有色金属耗量可减少 50%，节约建设投资约 40%，降低电能损耗 50% 以上。

2）依据电源进线方向确定变电站、开闭所的初步方位：变电站、开闭所的初步方位应靠近电源进线方向，以缩短电源线路，减少线路损耗，为合理选择用户中心变配电所的位置提供条件，有利于电能的整体传输。

3）依据负荷分布及地理位置，确定用户中心变配电所、用户分区变配电所及配电间的初步位置：用户中心变配电所、用户分区变配电所及配电间设定的位置及个数，直接影响土地资源占用和低压供电线路的路径长度，变配电所个数越多，土地资源占用就越多，负荷供电线路越短；负荷供电线路越短，线路损耗越低；供电电缆用量越大，电能损耗越多；因而其位置的设置应按照负荷分布大小及地理分区，结合供配电系统方案，将变配电所个数及位置统筹考虑，以提高电能质量及降低电能损耗为最终标准，使负荷供电线路最短、建筑空间资源占用最少。

4）通过经济比较验算变配电所布置的节能效果：通过对变配电所布置的多个方案作动态投资计算，

从综合投资、年运行费用、最小年费用、最小单位负荷年费用四个方面来看，得出达到最优节能效果的变配电所布置。

3.31 电动机采用软启动器能节能吗？

软启动器采用的是晶闸管移相的交流调压原理，晶闸管移相式交流调压技术多年来广泛应用于白炽灯类光源调光、电热器调温、交直调压以及电焊等多类设备上，这类设备直接利用交流电电压的有效值，可等效为纯电阻类的负荷。但对交流异步电机而言，产生有用功率的只能是正弦交流电，忽略各类损耗的前提下，移相调压输出的交流电电压的有效值（均方根值）也并不能等同于电机输出功率值。

各种资料介绍软启动器的节能原理时，一般有以下两种解释：第一种解释是，软启动器是按启动时间逐步调节可控硅的导通角，以控制电压的变化；由于电压可连续调节，因此启动平稳，避免了冲击，起到节能效果。第二种解释是，大容量交流异步电动机全压启动的启动电流很大，为满足启动要求，变压器的容量需足够大，选大变压器使用铜量、矽钢片量增大，也是能量的浪费；对于大容量电动机采用恒频变压控制的双向晶闸管调整电压的软启动器，启动平滑，能减少变压器的安装容量，因而是节能的。

1）双向晶闸管调整电压的软启动器方式本身是节能的吗？对于第一种解释所采用的理由，回答是否定的。

以民用建筑常用的鼠笼感应电动机为例，根据三相异步电动机的工作原理，其有功输出是电磁功率提供的，而电磁功率是旋转磁场产生的。只有三相正弦电流才能产生旋转磁场，只有三相正弦电流和三相正弦电压相互作用才能产生电磁功率，只有定子绕组输入的50Hz的三相正弦电流和三相正弦电压才能产生有效的电磁功率。而软启动器的双向晶闸管移相调压所产生的电流和电压波形如图4所示。

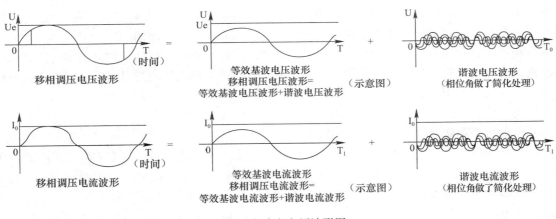

图4　电流和电压波形图

从图4中可以看出，移相调压除了50Hz的基波电压和50Hz的基波电流外，还产生了大量的谐波电压和谐波电流。当三相异步电机的定子绕组是星形连接且无中性线引出时，输入线电流和定子绕组电流中都不存在3及3的倍数次谐波；当三相异步电机的定子绕组是三角形连接时（大多数配软启动的三相异步电极都是这种接线形式），输入线电流中不存在3及3的倍数次谐波，但谐波磁场在三相绕组中产生的3及3的倍数次谐波电流却能流通，且阻抗较小，对谐波磁场的限制力弱，发热效应明显。

除3及3的倍数次谐波外，谐波磁场与其对应的谐波电流间产生的是脉动转矩，旋转电动机定子中的正序和负序谐波电流，分别形成正向和反向的旋转磁场。其中，反向的旋转磁场阻碍电机的启动（阻碍加速），直接以热能的方式消耗在电机的电子绕组和转子中。而对产生正向的旋转磁场的谐波而言，其能起到一定的促进电机的启动（促进加速）的作用，但由于谐波的频率高于基波的频率，偏离了电机设计的电磁环境的最佳点（区域），因此其高频所引起的损耗也是远高于基波的。

对双向晶闸管移相调压而言，其触发角越大、导通角越小，电压调整的幅度就越大，其所产生的谐波含量就越大，实际产生的有效电磁功率和有效电磁转矩就越小，效率就越低，越不节能。

2）启动、电机效率与节能。

如果单纯考虑电机启动时的效率这一个指标，按转差率 S 折算，异步电机的效率 η 为输出功率 P_2 与输入功率 P_1 之比。在忽略了电机电子与转子的损耗后，亦可用电机输出机械功率 P_m 与电磁功率 P_d 之比。

$$\eta = \frac{P_2}{P_1} \approx \frac{P_m}{P_d} = 1 - S = \frac{N}{N_s} \qquad （N \text{ 为电动机实际转速}，N_s \text{ 为电动机同步转速}）$$

因为电动机的同步转速 N_s 是一定的，因此电动机的效率 η 与电动机实际转速 N 成正比，在电动机启动的过程中，电动机转速低时其效率也低，电动机转速升高时其效率也相应成线性正比升高。

对应图 5 所示，其有功损耗应是效率曲线（外侧）对启动时间的积分。

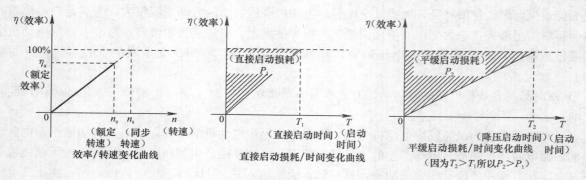

图 5 效率、启动时间、启动损耗关系图

从图 5 中可以看出，启动时间越长，有功损耗就越大。因此任何使启动方式平缓（延长启动时间）的启动方式都会在启动过程中要耗费更多的能量，其启动本身并不是节能的。

而软启动器用于普通异步电机的启动，由于其谐波的产生，总的效率低，加之启动时间延长，总的有功损耗更大，因此电机启动时总发热量大，温升高。当超过电机设计的绕组温升极限时，会导致绕组损坏的事故，这也是使用软启动器需注意的一个问题。

综上所述，软启动器并不能节能，如果应用不当还有较大的安全隐患。

3.32 电动机采用变频控制就一定节能吗？

风机、泵类等设备采用变频调速技术实现节能运行是我国节能的一项重点推广技术，受到国家的普遍重视，《中华人民共和国节约能源法》第 39 条就把它列为通用技术加以推广。实践证明，变频器用于风机、泵类设备驱动控制场合取得了显著的节电效果，是一种理想的调速控制方式，既提高了设备效率，又满足了生产工艺要求，并且因此而大大减少了设备维护、维修费用，还降低了停产周期。直接和间接经济效益十分明显，比采用阀门、挡板调节更为节能经济，设备运行工况也将得到明显改善。

变频器节能理想的使用环境，是用在负载变化频繁且变化幅度比较大的自动运行设备上，利用安装在管道或其他部位的传感部件，测得的如温度、密度、压力、流量的变化，检测到变化后，传感部件向变频控制器发出模拟信号，然后通过变频控制器调整电动机的频率，使电动机的转速达到一个合理的转速，达到节能的效果。

民用建筑常用的无水箱变频供水，通过流体力学的基本定律可知，风机、泵类设备均属平方转矩负载，其转速 n 与流量 Q，扬程 H 以及轴功率 P 具有如下关系：

$$Q \propto n,$$
$$H \propto n^2,$$
$$P \propto n^3;$$

即，水泵的流量与转速成正比，水泵的扬程压力与转速的平方成正比，水泵的轴功率与转速的立方成正比。由于生活给水的用水流量是频繁变化的，当用户对水泵流量的需求从 100% 降至 50% 时，采用变频调速水泵，与原来定频水泵加挡板、阀门调节流量相比节能率在 75% 以上。

但应注意到，变频调速并不是调速的唯一方式，因此采用变频调速技术应注意其效率系数（P_{PX}），如果变频调速实际的效率系数，低于其他方式调速的效率系数（例如变极调速效率系数 P_{JX}），贸然采用变频调速就是不节能的了。

以地下车库排风为例：

$$P_{PX} = P_{PP} \times P_{PD} \times P_{PT};$$
$$P_{JX} = P_{JP} \times P_{JD} \times P_{JT};$$

P_{PP}、P_{PD}、P_{PT} 分别为变频调速的电源效率系数、电机效率系数、传动机械系数；变频调速电源的效率一般在 $0.85 \sim 0.95$（低频时效率更低）；由于变频后电动机不工作在额定转速点，其电/磁/动的转换效率也会降低，50% 工频时会达到 0.8；由于变频调速没采用机械调速装置，其传动机械系数可考虑不折减即为 1.0。P_{JP}、P_{JD}、P_{JT} 分别为变频调速的电源效率折减系数、电机效率折减系数、传动机械效率系数；变极调速没有额外的电源装置，其传电源效率系数可考虑不折减即为 1.0；由于电机绕组变极后，电动机仍工作在额定转速点，其电/磁/动的转换效率也不会降低即为 1.0；同样，由于变极调速没采用机械调速装置，其传动机械系数可考虑不折减即为 1.0。

由于地下车库通风是以小时换气次数为衡量指标的，系统的惯性很大，如果通风量要求减少 50% 时，当采用变频调速或者变极调速，实际的控制效果没有多少差别，但变频调速的效率却低得多、不节能。

$$P_{PX} = 0.85 \times 0.8 \times 1.0 = 0.68$$
$$P_{JX} = 1.0 \times 1.0 \times 1.0 = 1.0$$
$$P_{PX} < P_{JX}$$

因此，对惯性大的控制对象，如果从用电效率上考虑，采用变频控制并不节能。

3.33 民用建筑如何通过"错峰填谷"以达到节能的目的？

对供电系统而言，负荷变动越小，则导体的传输损耗越接近于恒定负荷时的最低损耗。因此，通过削峰填谷使负荷曲线平坦对于降低损耗具有非常重要的意义。此外，削峰填谷节能的作用是多方面的，不仅可有效降低建筑中设置的变压器容量以提高设备利用率降低损耗，还能削减电网调峰压力、提高供电可靠性等。

民用建筑一般通过以下方式实现"错峰填谷"。

1）利用楼宇自动化系统（BAS）对楼中的机电设备进行科学管理，其运行特性与传统的建筑负荷特性相比，电力负荷的合理调度会使得负荷曲线变得比较平坦。

BAS 系统中常见的错峰填谷措施有：

（1）限制电力高峰，能源管理程序根据预设算法，分析出该建筑的电力需求趋势，如果在未来的异常时间中，电力需求将超过限值，系统会自动关掉或推迟运行一些不重要的设备；

（2）控制优化，以最佳的组合方式控制各类用电设备的启停，合理设定冷冻水温度、优化设备启停，定期关掉部分设备，交替运行、使负荷曲线较平坦。

2）应用可再生能源实现错峰填谷，可再生能源主要包括光伏系统、风电系统及风光互补发电系统等。

光伏系统在用电波谷时期，逆变储能柜将来自电网的能量转换为直流，给磷酸铁锂电池堆充电储能。在用电波峰时期，光伏逆变储能柜将来自 PV 板和电池堆的能量同时转换为交流，向建筑内用电设备供电。

风电系统是利用小型风力发电机，将风能转换成电能，然后通过控制器对蓄电池充电，最后通过逆变器对用电负荷供电的。风电系统在用电波谷时期，将风能转换为直流，给蓄电池充电储能。在用电波峰时期，向用电设备供电。

风光互补发电系统，由于太阳能与风能的互补性强，风光互补发电系统在资源上弥补了风电和光电独立系统在资源上的缺陷。同时，风电和光电系统在蓄电池组和逆变环节是可以通用的，所以风光互补发电系统的造价可以降低，系统成本趋于合理。

微网新能源储能系统将收集来的太阳能和风能等新能源存储在智能储能系统中，再通过储能系统平滑电能质量，将电能稳定地供应给需要电能的设备。微网智能储能系统可安装于企业、住宅区，系统可以监控社区内电能的使用情况，平滑电能质量，计算用电的波峰和波谷，从而调节储能系统内的电能分配，实现错峰填谷。

3）选用合适的中央空调系统实现错峰填谷，中央空调系统采用的形式不同，其用电负荷特性也不同。据有关资料统计，设有中央集中空调系统的高层建筑，其空调系统的电力负荷占整座大厦总电力负荷的 $1/3\sim1/2$。如果空调系统采用蓄冷、蓄热方式，在用电谷段制备好冷热源、在用电峰段释放出来，就会有较好的错峰填谷效果。

3.34 什么是"虚拟电厂"？

虚拟电厂（Virtual Power Plants，简称 VPP）是由能量管理系统监督和控制的小型和超小型分布式发电机组、可控负荷以及能量储备的集合。虚拟电厂的拥有者和操作者可以通过由电脑运算的操作规划（称为分散能源管理系统）来获得技术、经济和生态方面的益处。

在电力系统领域，虚拟发电厂的概念是以交易电能或者提供系统的支持服务为目的，聚合了一定数量连接到配电网各节点的、使用不同技术并且拥有丰富的操作模式和可用性的分布式电源。VPP 是由能够使它们可以连接到配电网的不同节点的大量拥有各种操作模式和可用性的技术的集合，是对分布式电源投资组合的一种灵活表述。建筑物分布式能源系统，例如三联供、光伏发电、风冷发电、预热发电等，都是 VPP 的表现形式。

为了达到虚拟发电厂技术、经济和生态的效益，一台虚拟发电厂至少需要以下一些设备：

1）电力管理系统：用于监视、计划和优化分散电力机组的操作。

2）负荷预测系统：可以计算很短时间（1h）和短时间（至 7d）的负荷预测。

3）可再生能源机组的发电预测：这个预测必须能够根据天气预报来预测风力发电和光伏发电。

4）电力数据管理系统：用来收集、保存、优化和预测所需的数据，如发电量和负荷的情况以及用户需求的合约数据。

5）强大的前端平台：用于有分散电力机组的电力管理系统内的通信。

首先，虚拟电厂需要介于分散电力机组和电力管理系统控制中心之间的双向通信。

然后，所有计划和调度操作都需要有足够精确度的预测。只有精确的预测才能得到虚拟发电厂所需要的最优化策略。虚拟发电厂的影响因素有天气、负荷的变化、机组的变化等等，这些都需要拥有足够准确的预测。

根据预测算法的结果和虚拟电厂的实际情况，负荷需要可以通过调用分散电力机组和存在的电力交易合同来满足。这是个复杂的并且是反复的工作，因此，大多使用基于计算机的操作研究方法。这是虚拟电厂中最重要的部分，因为它实现并使用最优化的余量。

虚拟发电厂结构的特殊和机组的复杂性导致了进行最优化计算的困难，需要足够精确的预测和准确的模型，因为稍有差池就无法得出最优化结果。虚拟电厂必须提供一个分散机组在线控制的自动化方式，例如，补偿不平衡电能，没有操作者能检查和改正结果。而且，只有在此优化方法在所定的时间段中能确定解决方案时，才能使用最优化的余量。

据此，可以使用一个称为分散电力管理系统（Decentralized Energy Management System，简称 DEMS）的软件包进行虚拟发电厂的管理。它包括了规划和控制两大功能，规划功能包括天气预测、负荷预测、发电预测和机组组合，用于对各影响因子进行预测，最终得出最优化的方案。控制功能包括发电管理功能、负荷管理功能、交换监视功能以及在线优化和协调功能，分别用于对机组、负荷的控制和监督、计算当前计算时间段（15min、30min 或 60min）内同意的电力交换计划的预期离差和用于保证交换的电能校正值并将整体的功率校正值分配给在控制方式中运行的所有的单独的发电机组、储能机组和柔性负荷，分配算法需要考虑各机组的实际情况、所需要的时间以及经济考量。

使用 DEMS 管理虚拟发电厂,用户可以很方便地解决预测和监控等技术上的关键,从而获得可观的效益。

总的来说虚拟发电厂聚合了拥有丰富操作模式和可实现性的、连接到配电网各节点的各种分布式电源,是分布式发电技术的一种实际应用。通过 DEMS 分散电力管理系统进行管理,用户可以很容易通过调整用电峰谷时间和平衡电能获得经济上的收益,同时也减少了发电的费用和造成的污染,是一种很好、具有商业效益的新型电力市场商业节能模式。

3.35 "虚拟电厂"是如何节能的?

虚拟电厂是通过投资项目的方式,形成某地区、行业或企业对电力需求进行节约的一种方案。

虚拟电厂通过鼓励用户对用电设备进行节电改造、采用节能新设备新技术、改变用电方式等,降低用电负荷,提高能源使用效率,同时起到移峰填谷的作用,从而达到与新建电厂和扩建电力系统异曲同工的效果,并使节电项目实现产业化,它可以调整用户的用电方式、降低峰谷差、提高用电负荷率及节能减排,是电力产业的一项重大措施。虚拟电厂作为一种需求侧响应方式,利用用户的用电弹性,缓解峰荷时段电力供应紧张状况,对于降低发电上网电价、提高电力系统经济和安全运行具有积极的作用。

虚拟电厂在满足电力需求和电网电力平衡工作中,和供方(发、输、配、售电)能力有着同等的重要性,与建设一个常规电厂相比,虚拟电厂具有建设周期短、零排放、零污染、供电成本低、响应速度快等显著优势,是实施电力需求侧管理、实现节能减排的一种直观、有效的途径,有利于大规模、低成本的外部资金的进入,是解决电力短缺和能源可持续利用问题的好方法。

虚拟电厂的节能在于需方的用电需求的有效管理。它不仅包括发电能力,还包括对用电需求的改善,包括选用高效照明器具、高效节能家用电器、高效电动机与调速装置、热泵技术、变配电节电技术、余压余热利用、建筑节能等项目节约的电力电量。

虚拟电厂的调峰能力在于减少电力高峰期的供电需求,又称为需方调峰资源,是虚拟电厂可实时调度的调峰能力。它包括:实施电力负荷控制、错峰、避峰、调整生产工艺等有序用电项目转移的电力负荷;推广蓄冷蓄热技术和蓄电池技术、实施峰谷分时电价、尖峰电价和可中断电价激励用户改变用电方式项目转移的高峰负荷;采用太阳能、风能、地热、沼气、天然气的用能项目替代的电力供应。

在供电系统中一般都有备用容量,备用容量是指机组为系统提供备用服务,需要提前预留的容量。备用通常被分为自动发电控制、旋转备用、非旋转备用和替代备用等几类。如果全部备用容量都由发电机组来承担,由于负荷变化太大,可能会造成机组频繁启停,也可能会存在长期"备而不用"的问题,不仅会造成资源的浪费,也会导致电费成本的增大。此外,由于负荷变化的随机性和快速性,某些备用机组(主要是火电机组),受其出力增长速率的限制,不可能迅速响应负荷的变化。

为保证电力系统的安全、稳定和经济运行,可以考虑把负荷作为一种虚拟电厂进行备用,在系统峰荷或故障时,可以减少负荷需求量,等效于增加了备用容量。虚拟电厂可以通过供电公司和不同用户签订合同来确定可中断负荷,灵活性强,能有效控制峰谷差,提高社会资源利用率,达到社会效益最大化。

虚拟电厂管理在国外已经被作为一项重要的调峰措施,广泛应用于冶金、造纸、钢铁和化工等行业,在民用建筑领域也逐步在推广,其效益主要体现在:

1)延缓甚至减少扩建机组的投资,节约发电成本;

2)用户参与系统调峰相当于增加了系统备用,减少备用机组的启停和运行费用;

3)提高系统可靠性,使用户以同样的电价享受更优质的供电服务;

4)增加需求弹性,减少高峰负荷的需求量,避免高峰价格的剧烈波动;

5)减少拉闸限电给用户带来的经济损失。

3.36 智能电网是如何节能的?

智能电网(smart power grids),其定义为一个完全自动化的电力传输网络,能够监视和控制每个用户和电网节点,保证从电厂到终端用户整个输配电过程中所有节点之间的信息和电能的双向流动。智能电网建立在集成的、高速双向通信网络的基础上，通过先进的传感和测量技术、先进的设备技术、先进的控制方法以及先进的决策支持系统技术的应用，实现电网的可靠、安全、经济、高效、环境友好和使用安全的目标，其主要特征包括自愈、激励和包括用户、抵御攻击、提供满足 21 世纪用户需求的电能质量、容许各种不同发电形式的接入、启动电力市场以及资产的优化高效运行。

系统性地节约能源是智能电网的一大特征。

首先，智能电网能提高输电效率。智能电网建设，通过应用电力电子技术和柔性交流输电系统技术来提高现有输电线路的输送能力，能在不增加输电走廊的前提下充分利用现有输电线路，提高传输容量和稳定性。智能电网具有坚强的电网基础体系和技术支撑体系，能够抵御各类外部干扰和攻击，能够适应大规模清洁能源和可再生能源的接入，电网的坚强性得到巩固和提升，适应并促进清洁能源发展。电网将具备风电机组功率预测和动态建模、低电压穿越和有功无功控制以及常规机组快速调节等控制机制，结合大容量储能技术的推广应用，对清洁能源并网的运行控制能力将显著提升，使清洁能源成为更加经济、高效、可靠的能源供给方式。监测、通信、控制、保护技术的发展使得广域内潮流控制成为可能。电能质量调节技术的发展将建立起具有自适应、自恢复能力的智能化输电配电网络。能量转换技术的成熟使得新能源发电、尤其是风电并网得到广泛应用；同时微网与能量存储技术使电力用户拥有更多选择，从而构成一个具有高效性、清洁性、自愈性的完全智能化的电网。到 2020 年，如使我国电网线损率从 6.72% 进一步降低，电网线损率再降低 0.5%，到时规划的装机容量 17.9×10^8kW，根据规划 2020 年的跨区输电容量，国家电网特高压及跨区、跨国电网输送容量将达到 3.73×10^8kW 以上，其中通过特高压传输的容量为 2.5×10^8kW 以上，特高压传输节约电量达到 109×10^8kWh。

其次，智能电网能提高电网利用率。柔性交/直流输电、网厂协调、智能调度、电力储能、配电自动化等技术的广泛应用，使电网运行控制更加灵活、经济，并能适应大量分布式电源、微电网及电动汽车充放电设施的接入。通信、信息和现代管理技术的综合运用，将大大提高电力设备使用效率，降低电能损耗，使电网运行更加经济和高效。在最高负荷不断增长而调峰能力有限情况下，为了匹配年内有限的峰值区间段，不得不增加电网及电源投入，但明显降低了利用效率。而为此增加的输配电能力的年平均利用率不到 2%。现时还没有经济有效、节能环保的大容量能量存储手段，致使电的发生和消费必须随时保持平衡。而电力负荷是随时间而变化的，为满足供需平衡，电力设施必须根据全年的峰荷来规划和建造。通过智能电网建设，实现电力公司与终端用户的互动（需求响应或用电管理），则可实现电力负荷曲线的削峰填谷。智能电网具备强大的资源优化配置能力。我国智能电网建成后，将实现大水电、大煤电、大核电、大规模可再生能源的跨区域、远距离、大容量、低损耗、高效率输送，区域间电力交换能力明显提升。

最后，智能电网建设能促进低耗高效智能电器的发展。智能电网能促进电网相关产业的快速发展。我国电机安装总功率约 7.5×10^8kW，采用智能化技术使这些电机系统运行效率提高 20%，则可减少电力装机 1.5×10^8kW 左右，这相当于七个三峡工程的装机容量还不止。电子式互感器未来 10 年将有 900 亿的市场规模，用小信号传输代替大功率输出，功率从几十瓦降低到最低不足 1W，使互感器小型化、低功率化可使原先数十公斤甚至上吨、数吨的重量减小到几公斤。全部的变压器、开关电器采用智能化操纵机构，采用集成化器件、数字化控制，其消耗的功率也将降低很多。全国以数字化电表取代传统电磁式电表，数字化电表本身的能耗只有传统表的 1/10 不到，全国的能耗节约也将是一个很大的数字。

3.37 如何选择合适的经济电流密度，以达到综合节能的效果？

经济电流密度是指通过各种经济、技术、生产比较而得出的最合理的电流密度，采用这一电流密度可使线路全周期投资、损耗、运行费用综合最小。

按经济电流选择导体截面，是以线路的初始投资和经济寿命周期内导体损耗费用两者之和的总费用最少为标准。减少导体截面，初始投资相应减少，但线路损耗费用增加。反之，增大导体截面，输电损耗减少，然而初始投资增加。两项费用随着导线截面的变动而逆向变化，在选取某一截面时，两者之和最小，该截面便被称为最佳经济截面，与其对应的电流密度即为经济电流密度。

我国规定的导线和电缆经济电流密度（A/mm²） 表 6

线路类别	导线材料	年最大负荷利用小时（h）		
		<3000	3000～5000	>5000
架空线路硬母线	铜	3.00	2.25	1.75
	铝	1.65	1.15	0.9
电缆线路	铜	2.5	2.25	2.00
	铝	1.92	1.73	1.54

电力电缆截面对于较长输电线路一般按经济电流密度初步选择，以达到初期投资和运行能耗组合最经济的目标，按经济电流密度选择电缆截面后，还需按长期发热条件和电压损失以及短路热稳定进行校验。

电缆导体按经济电流密度选择的方式如下：

1) 导体的经济截面可由下式决定

$$S_j = \frac{I_{g\cdot\max}}{J}(\text{mm}^2)$$

式中：S_j——导体的经济截面（mm²）；S_j 为对应年计算费用最低的截面，称经济截面。与最低年计算费用对应的电流密度称为经济电流密度 J。它与导体类型和最大负荷年利用小时数有关。

$I_{g\cdot\max}$——通过导体的最大持续工作电流（A）；

J——经济电流密度（A/mm²）。

在选择导体的标准截面 S 时，一般应尽量接近经济截面 S_j，且为节约投资和有色金属消耗量，导体标准截面可适当选择小于经济截面。

2) 按导体长期发热条件校验

导体所在电路的最大持续工作电流 $I_{g\cdot\max}$ 应不大于导体长期发热的允许电流 I_{ul}，即

$$I_{g\cdot\max} \leqslant K_\theta I_{ul}$$

式中：I_{ul}——相应于导体额定环境温度条件下导体的长期允许电流；

K_θ——温度修正系数；

$I_{g\cdot\max}$——通过导体的最大持续工作电流。

3) 按允许电压损失校验

对于架空导线和电缆，因一般线路较长且电压损失较大，故应按允许电压损失 ΔU_{ux} 进行校验，即

$$\Delta U_{ux} \geqslant \Delta U$$

式中：ΔU_{ux}——允许电压损失，一般为±5%；

ΔU——所选导体全长的电压损失。

4) 热稳定校验

按上述条件选择的导体截面 S 还应按热稳定进行校验，即

$$S \geqslant S_{\min} = \frac{I_\infty}{C} \sqrt{t_1 k_f}$$

式中：$S_{\min}$——按短时发热条件满足热稳定要求所决定的导体最小截面（mm²）；

C——热稳定系数；

I_∞——稳态短路电流有效值（A）；

t_1——假想时间（s）；

k_f——集肤效应系数，对于电缆和小截面导体一般近似取 1。

3.38 变压器绕组、电缆线芯等导体如何合理选择铜包铝材料以实现节能？

铜作为导体的应用在 18 世纪末随着电的发现已开始广泛应用，而铝直到 1886 年由美国科学家霍尔

独立研究出电解铝法，才开始能够后工业化生产。铝用作导体从 1896 年开始，英国人科利在博尔顿架设了世界上第一根架空铝绞线。1910 年美国铝业协会胡普斯发明了钢芯铝绞线，架设于尼亚加拉大瀑布上空。此后，架空高压输电线逐步被钢芯铝绞线取代。

欧美工业发达国家于 1910 年开始使用铝导体替代铜导体作为配电线。现在，全世界生产的铝约 14% 用作电工材料，世界上在电线中，使用铝比例最高的是美国，达到 35% 左右。我国电工部门的用铝量约占全国铝消耗总量的三分之一，主要用于高压输电，而配电使用铝导体的比例低于 5%。

铜材因具有独特的物理性能和电气性能，是最为传统的导电材料，也是变压器绕组的主要原材料。但是由于世界上铜资源的匮乏和市场价格居高不下，促使电工行业积极寻求代用材料。2004 年至今，我国每年 10% 左右的铝需要出口，产能严重过剩。与此同时，国家发展改革委员会统计：2004 年至 2006 年，我国每年铜材的缺口超过 1300kt。根据 2008 年中国统计年鉴的数据，2007 年我国铜矿及精铜进口 4520kt，铜及其制品进口额为 271 亿美元。我国铜金属市场已经严重依赖进口，中国对铜材的不竭需求，导致国际铜价不断上扬。以铜代铝能改变对铜材的严重依赖，成为改变国际供求关系、节约外汇、充分利用国内资源、保证电力行业可持续发展的关键。

由于铝的资源丰富，其具有价格低廉、重量轻、导电率较高等优点，所以，在 20 世纪 60 年代就提出"以铝代铜"，用铝导线作电能传输线，其中包括制作变压器绕组。但是由于铝的强度较低，容易蠕变，绕组长期使用后会产生变形，而且铝的耐蚀性较差，表面极易形成坚固的氧化膜，致使接头难以牢固连接，从而限制了"以铝代铜"的进一步推广。随着合金材料技术的发展，市场上利用铜的优良导电性和铝的重量轻的特点，推出了铜包铝材料作为变压器绕组、电缆等的导体材料。

铜包铝是将铜层包覆在铝芯线周围，并使铜与铝的接触面形成原子间结合的线材，形成具有导电性好、密度小、柔软、耐腐蚀、易钎焊、价格低廉的铜包铝导线，从而发展成为一种新的变压器绕组或者电缆导体的导电属材料。

铜包铝导线与纯铜和纯铝导线的相关特性对比如表 7 所示。

铜包铝导线与纯铜和纯铝导线的相关特性对比　　　　　　　　　　　表 7

特　性	单　位	导　体		
		铜包铝线	纯铜线	纯铝线
铜面积比	%	15	100	0
铜质量比		36.8	100	0
密度	g/cm³	3.63	8.89	2.70
比热	kcal/(kg・K)	0.149	0.092	0.215
线膨胀系数	1/℃	$22×10^{-6}$	$17×10^{-6}$	$24×10^{-6}$
电阻率	Ω・mm/m²	0.02464	0.01724	0.02740
导电率（IACS）	%	70	100	62
抗拉强度（软态）	MPa	90～120	220～270	70～110
抗拉强度（硬态）		180～240	350～470	150～210
伸长率（软态）	%	25～30	30～45	23～25
伸长率（硬态）		0.5～2.0	0.5～2.0	0.5～2.0

具体分析如下：

1) 从材料的密度看，纯铜导线的密度为 8.89，而铜包铝导线的密度为 3.63，约为纯铜导线的 40%。这就意味着，在相同质量与直径的条件下，铜包铝导线的长度约比纯铜导线长 2.5 倍，但是由于铜包铝导线的电阻率较纯铜导线的大，为了使两种导线单位长度具有相同的电阻，必须将铜包铝导线的横截面积加大。由表中可得铜包铝导线的电阻率为 0.02464Ω・mm/m²，铜导线的电阻率为 0.01724Ω・mm/m²。单位长度的导线在相同电阻条件下，两者的横截面之比为 1.43，也就是说在相同的电阻条件下，铜包铝导线的横截面积要比纯铜导线大 43%，铜包铝导线的长度约为纯铜导线的 1.7 倍。由此表明使用铜包铝导线可大大降低变压器绕组的成本。目前铜包铝导线由于加工费用较高，每吨售价与纯铜导线相当。但是绕制变压器绕组的导线是按长度（即匝数）计算的。购买1t铜包铝导线的长度相当于购买1.7t纯铜导线长度。这样就节省了0.7t纯铜导线的费用，使绕组原材料成本约降低41%左右，并且铜包铝导线的密度小、质量轻。采用该导线可降低变压器的质量，减轻工人的劳动强度，其产品便于运输和安装。

2）从导线中铜的质量比来看，铜包铝导线中铜质量比为36.8%。就是说1t铜包铝导线中约含有370kg铜，其长度与1.7t纯铜导线相当。因此，使用1t铜包铝导线可节省铜1.33t。从而可节省我国稀缺的铜资源，为创建资源节约型社会做出贡献。

3）从材料的比热来看，铜包铝导线的比热比铜导线的大。因此，在相同电阻、电流和通电时间的条件下，绕组的温升较低，从而延长了绝缘的老化过程，提高了变压器的寿命。

4）从导线的力学性能来看，无论软态或硬态的铜包铝导线，其抗拉强度或伸长率都比纯铜导线的低，但足以满足绕组对力学性能的要求。并且用强度较低的导线绕制绕组更容易。

5）与铝导线相比，尽管铜包铝导线的密度不及铝的小，比热不及铝的大，但铜包铝导线的电阻率较小，其表面全部为纯铜，克服铝易氧化、腐蚀的缺点。

由上述分析可见，铜包铝导线不但兼顾了铜和铝的优良特性，而且价格低廉。因此，在变压器绕组、电缆等导体合理地选用铜包铝材料，更能节约成本、降低造价，从而达到节能节材的目的。

3.39 变压器绕组、电缆线芯等导体如何合理选择铝合金材料以实现节能？

纯铝导体直接用作变压器绕组、电缆线芯，主要存在以下方面的缺陷：（1）机械强度差，容易折断；（2）易蠕变，需要经常紧固螺栓；（3）容易过载发热，存在安全隐患。针对以上问题，国内外积极研发新的铝合金导体，并且同时解决合金导体和端子的连接问题，推出的新型铝合金导体在美国以及欧洲在配电线路上得到大量和广泛的应用。

在美国国家电气规范 NEC330.14 规定："8、10、12AWG 截面（相当于国内 8.37mm²、5.26mm²、3.332mm²）的实心导体应由 AA8000 系列电工级铝合金材料制造。绞合型导体从 8AWG（相当于国内8.37mm²）到 1000kcmil（相当于国内 506.7mm²）标识为 Type RHH，RHW，XHHW，THW，THHW，THWN，THHN，service-entrance Type SE Style U and SE Style R 应由 AA-8000 系列电工级铝合金导体材料制造"。

在国际铝行业协会的铝合金牌号中，用作导体的铝合金主要有 AA1000 系列即纯铝，AA6000 系列导体，和 AA8000 系列导体。AA1000 系列导体主要用在高压架空线；AA6000 Al-Mg-Si（铝镁硅合金）系列导体主要用在高压架空线和铝母排；这两类导体都是以硬态导体存在，接头的连接以焊接为主。AA8000 Al-Mg-Cu-Fe（铝镁铜铁合金）系列是真正用在配电线路上的软质铝合金。

AA8000 系列（铝镁铜铁合金）导体与纯铝（AA1350）导体比较：由于增加了铜/铁/镁元素，这些元素在合金中起到非常关键的作用：（1）铜：增加合金在高温时候的电阻稳定性；（2）铁：抗蠕变性与压紧性提高了280%，避免了由于蠕变引起的松弛问题；（3）镁：在同样的界面压力下，能够提高接触点而具有更高的抗拉强度。

与纯铝（AA1350）比较，AA8000 系列（铝镁铜铁合金）具有以下优点：（1）机械强度：和 AA1350 纯铝导体相比，AA8000 系列导体的抗拉强度约是纯铝的150%，屈服强度约为纯铝的200%。（2）抗蠕变性能：在通过 500 小时的蠕变试验中，可以看到，和 AA1350 纯铝导体相比，AA8000 系列合金的抗蠕变性能约是纯铝的280%，基本达到了和铜导体同样的水平。

铝合金和铜导体各项特性对比如表8所示。

铝合金和铜导体各项特性对比　　　　　　　　　　　　　　　　表8

导体特性	密度（g/mm³）	熔点（℃）	线膨胀系数	电阻率（Ω·mm²/m）	导电率 IACS%	抗拉强度（MPa）	屈服强度（MPa）	伸长率（%）
电工铜（Cu）	8.89	1083	17×10^{-6}	0.017241	100	220～270	60～80	30～45
AA8000 铝合金	2.7	660	23×10^{-6}	0.0279	61.8	113.8	53.9	30

对比 AA8000 铝合金导体和铜导体,发现由于电阻率的不同,它们的 IACS 不同,AA8000 铝合金是铜的 61.8%,当我们将铝合金导体的截面积增大两档或者提高到铜导体截面积的 150% 时,其电气性能一致。

抗拉强度,铝合金导体只有铜导体的一半(113.8:220MPa),由于 AA8000 铝合金的密度只有铜导体的 30.4%,因而即使铝合金导体截面积提高到铜导体截面积的 150%,铝合金导体的重量也只有铜导体的 45%,这使得铝合金导体的抗拉强度相对于铜导体还有一定的优势。

AA8000 铝合金导体的屈服接近于铜导体,从而使得铝合金导体的蠕变性能接近铜导体的蠕变性能。在断裂伸长率上,铝合金导体和铜导体基本相同。

由于铝合金导体具有的良好的导电性能和优异的机械性能,改善了铝导体的连接不可靠、机械强度差、易蠕变等缺点,在机械性能上和铜导体相近,电气性能通过增大截面积和铜导体具有同样的导电能力,在电力配电系统中将得到广泛的应用。新型的铝合金材料在纯铝材料的基础上添加了铜、铁、镁、硅和稀土元素等多种元素,经过特殊的工艺合成和退火处理等先进工艺,弥补了纯铝电缆的不足,提高了电缆的导电性能、弯曲性能、抗蠕变性能和耐腐蚀性能,保证电缆即使在长时间过载和过热时的连接热稳定性。

有些观点认为铝导体的电阻率比铜导体的大,则用铝作为电缆的导体在传输过程中的能量损失应该比铜材料大。其实,这种观点是没有依据的。因为传输过程中的能量损失取决于导体电阻而不是电阻率。根据国家标准《电缆的导体》GB/T 3956—2008,在 20℃ 时,某一铜导体截面的直流电阻值与对应大一个或两个规格的铝(或铝合金)导体直流电阻值相当。也就是说,从传输过程中能量损失考虑,某一铜导体完全可以由对应大两个规格的铝(或铝合金)导体电缆所替代,此时铝或铝合金电缆的载流量是大于铜缆的。由于新型的铝合金导体在进行挤塑前要进行退火工序的处理,导体经过重结晶和应力恢复处理,使得导电性能相对于纯铝有所提高,电导率能达到 61.5%IACS,性能更加优于纯铝。

由于铝合金的密度约为铜的 1/3,导电率为 61.5%IACS,所以在相同载流量下,铝合金电缆的重量比铜缆轻一半。当铝合金电缆的截面是铜缆的 1.5 倍时,其电气性能相同。很多人会有这种顾虑,担心铝合金电缆的截面增加到铜缆的 1.5 倍时,电缆外径会增加很多,因而会增加电缆的绝缘料、绕包、填充、护套材料等辅材成本,并且还担忧会增加安装成本。

铝合金电缆采用特殊的紧压工艺,经过逐层紧压后,导体紧压系数可达到 0.95,而铜电缆经过一次紧压成型,紧压系数一般只能达到 0.80,所以其外径仅比铜缆大 1～18mm,由此可见铝合金电缆在略微增加外径的前提下,电导率就能完全达到铜电缆的导电能力,因而也不会增加多少辅材的成本。相比于铜缆,铜材的价格是铝材的 3～4 倍,而铜缆导体材料成本占电缆成本的约 70%,因而使用铝合金电缆替代铜缆能节约近 35% 的成本。且相同载流量的铝合金电缆是铜缆重量的一半,因而使用铝合金电缆重量轻很多,可以免桥架或省桥架,能进一步节约 20%～50% 安装成本。

铝合金导体在国内市场的推广应用将会使国家节约大量的铜资源,减少国家对国外铜资源的依赖度,节约大量的外汇,同时让用户在经济上有一定的节省,让安装商能够更轻松方便的安装。诸多的优势可以看出,在电力工程中的电缆导体选择铝合金材料将会更加的节能、节材。

3.40 如何设置建筑能耗综合监控系统以实现节能效果?

建筑能耗综合监控系统是指通过对大、中型公共建筑安装分类和分项能耗计量装置,采用远程传输等手段及时采集能耗数据,实现重点建筑能耗的在线监测和动态分析功能的硬件系统和软件系统的统称。其中,分类能耗是指根据国家机关办公建筑和大型公共建筑消耗的主要能源种类划分进行采集和整理的能耗数据,如:电、燃气、水等。分项能耗是指根据各类能源的主要用途划分进行采集和整理的能耗数据,例如,电量分项能耗应当包括:照明插座用电、空调用电、动力用电、特殊用电。

建筑能耗综合监控系统通过智能化的监控系统对建筑内各子建筑、各楼层的各种能耗设备以及所有能源消耗监控点自动获取能耗数据,对能源分配和消耗进行监测,以便实时掌握建筑总体能源消耗状况,了解各项能耗指标,计算和分析现有的能耗水准,实现成本分摊,监控各个运营环节的能耗异常情况，评估各项节能设备和措施的相关影响，并通过内部通信网络把各种能耗日报表、各种能耗数据曲线等发布给相关管理和运营人员，分享能源信息化带来的成果，为进一步的节能工程提供坚实的数据支撑。

如果不设置建筑能耗综合监控系统，盲目地进行单一节能产品的安装或者实施节能措施，节能产品安装和节能措施实施后也没有对节能效果进行持续的记录、跟踪和管理，一般会导致节能产品和节能措施实施一段时间后，能耗又回弹到原来的水平，不能保证持续的节能效果。例如：通过大量投资采用高效的节能设备和系统及自动化控制，可以使能耗比原来降低 3%。但如果没有能耗监控及维护工作的进一步跟进，能耗又会升高，返回甚至超过原有能耗，导致节能增量投入浪费。

建筑能耗综合监控系统不仅可以实现能耗数据远程传输功能，对既有监测建筑进行能耗动态监听，及时发现问题、完善用能管理；也可以通过对建筑实际用能状况的定量分析，以及同类建筑的能耗指标比较，评估和诊断建筑的能耗水平，充分挖掘被监测建筑的节能空间，提供有效的节能改造方案。其分项计量的好处是可以明确能耗在用能终端的分配情况，从而有利于加强管理，发现节能潜力所在，检验各项节能措施的效果等。对于节能策略的制定、实施和检验，具有重要的意义。建筑能耗综合监控系统从一个方面体现了建筑节能管理水平的高低。

根据节能的标准定义，节能首先是指加强用能管理，其次是采取技术上可行、经济上合理以及环境和社会可以承受的综合方案，减少从能源生产到消费各个环节中的损失和浪费，更有效、合理地利用能源。从节能标准定义中可以看出，加强用能管理是开展节能工作的前提。如果要真正实现节能，就需要针对建筑的能耗成本构成和成本分摊进行分析和诊断，了解所有相关能源（如水、空气、燃气、电、蒸汽等）的消耗过程，将建筑的能耗统计数据通过与整个行业的统计数据进行比较，建立自身的能耗基准，并确定节能关键考核指标（KPI），从而发现节能潜力并规划进一步的节能增效措施，为节能管理工作提供数据支持和决策依据。依据节能标准定义，为了让节能工作者可以持续开展节能管理工作和保证持续的节能效果，建筑能耗综合监控系统是通过以下 4 个步骤来实现其综合节能的功能的。

1）了解和诊断现有建筑能耗现状。诊断方式分为短期和长期两种方式。短期的方式是通过现场调查、检测以及对能源消费账单和设备历史运行记录统计分析等，找到建筑物能源浪费的环节，为建筑物的节能改造提供依据；长期的方式是建立一套能源监测与管理系统，实现自动化能源数据获取，对能源供应、分配和消耗进行监测，以便实时掌握能源消耗状况，了解建筑能耗结构，计算和分析各种设备的能耗水准，监控各个运营环节的能耗异常情况，评估各项节能设备和措施的相关影响，为实现能源自动化调控和优化进一步节能方案打下坚实的数据基础，同时方便实现能耗数据的收集、统计和能源经济指标量化等工作。

2）依据短期能耗审计数据或者能耗监测与管理系统提供的数据，对外围护结构热工性能、采暖通风空调系统及生活热水供应系统、供配电系统、照明系统等进行分析和发现节能机会，并形成节能诊断报告。节能诊断报告应包括系统概况、检测结果、节能诊断与节能分析、改造方案建议等内容。

3）根据节能诊断报告内容中的节能改造方案，选择相应的节能产品和系统，包括能耗监测和管理平台、节能变压器、有源滤波器、调谐型无功补偿系统、照明控制、暖通空调控制、风机和泵的变频调控装置等，并检测其改造后的实际耗能。

4）利用能耗监测和管理平台对第三步实施的节能产品和系统进行效果反馈，深化节能管理，维护现有的节能成果，进一步实现系统节能优化，保证系统的安全性与可靠性，实现持续的节能。

建筑能耗综合监控系统虽然不能直接节能，但通过将建筑内所有监测设备进行集成，实现综合管理来达到信息共享，其作用和效益是可观的，也可以实现间接节能，即体现科技节能。其根据对建筑物设备运行状况的统计数据，优化各种智能系统的数学模型，科学地动态调整设备运行，使建筑内的各种设备在合理、优化的方式下运行。根据行业分析数据，其节能效果明显，每年可以节能 5%～8%以上。

3.41 如何选择合适的无功补偿方式以利于节能？

电网中的电力负荷如电动机、变压器等，大部分属于感性负荷，在运行过程中需向这些设备提供相应的无功功率。在电网中安装并联电容器等无功补偿设备以后，可以提供感性电抗所消耗的无功功率，减少了电网电源向感性负荷提供、由线路输送的无功功率，由于减少了无功功率在电网中的流动，因此可以降低线路和变压器因输送无功功率造成的电能损耗。合理地选择补偿装置，可以做到最大限度地减少网络的损耗，使电网质量提高。反之，如选择或使用不当，可能造成供电系统电压波动、谐波增大等诸多隐患。

无功补偿主要包括变电站补偿、配电线路补偿、随机补偿、随器补偿、跟踪补偿五种方式。

1）变电站补偿

变电站补偿是针对电网的无功平衡，在变电站进行集中补偿，补偿装置包括并联电容器、同步调相机、静止补偿器等，主要目的是平衡电网的无功功率，改善电网的功率因数，提高系统终端变电所的母线电压，补偿变电站主变压器和高压输电线路的无功损耗。这些补偿装置一般集中接在变电站 10kV 母线上，因此具有管理容易、维护方便等优点，缺点是这种补偿方式对 10kV 配电网的降损、节能不起作用。

2）配电线路补偿

配电线路无功补偿即通过在线路杆塔上安装电容器实现无功补偿，在国外的中压、低压架空线路供电中比较普遍地采用，主要提供线路和公用变压器需要的无功，其无功补偿随线路分布比较均匀，对线路有较好的节能效果。配电线路补偿一般不采用分组投切控制，补偿容量也不宜过大，避免出现过补偿现象，其保护也要从简、投资少、便于维护，一般采用熔断器和避雷器作为过流和过压保护。

3）随机补偿

随机补偿就是将低压电容器组与电动机并接，通过控制、保护装置与电动机同时投切的一种无功补偿方式，针对大的电动机运行，使其无功就地平衡，既能减少配电线路的损耗，同时还可以提高电动机的效率。随机补偿的优点是用电设备运行时，无功补偿装置投入；用电设备停运时，补偿装置退出。更具有投资少、占位小、安装容易、配置方便灵活、维护简单、事故率低的特点，可较好地限制配电网无功峰荷。年运行小时数在 1000h 以上的电动机采用随机补偿较其他补偿方式更经济。

4）随器补偿

随器补偿是指将固定容量的低压电容器通过低压熔断器接在配电变压器二次侧，以补偿配电变压器空载无功的补偿方式。随器补偿的优点是接线简单，维护管理方便，能有效地补偿配电变压器空载无功，从而提高配电变压器利用率，降低无功网损，提高用户的功率因数，改善用户的电压质量，具有较高的经济性。

5）跟踪补偿

跟踪补偿是指以无功补偿自动投切装置作为控制保护装置，根据变压器低压侧的功率因素，将不同分组的低压电容器组补偿在用户配电变压器低压侧的补偿方式。这种补偿方式，可较好地跟踪无功负荷的变化，使系统的功率因素基本稳定在一个最佳的数值范围内，运行方式灵活，补偿效果好，是民用建筑内大量采用的无功补偿方式。

当前，变配电系统无功补偿设计还应注意以下问题。

1）选择合适的补偿方式

对于长距离 10kV 线路和专线需采用高压集中补偿、低压集中补偿和单独就地补偿 3 种补偿方式的组合。高压集中补偿只能补偿 6～10kV 母线前所有线路上的无功功率，而此母线后的线路上变压器没有得到无功补偿，它的经济效果比后 2 种的补偿方式差，但其优点是初期投资较少，便于集中运行维护，所以有所应用，但是目前高压和低压电容每千乏的投资逐渐接近，这种高压集中补偿的占比应予以降低，以提高节能效果。大多数供电部门对无功补偿的侧重点放在负荷侧，长期以来只要求用户进行补偿、提高功率因数。要求用户增设无功补偿柜，对于降低线损有所帮助，但投资会比较高，且并没有从根本上提高系统的功率因数。只有通过开展计算无功潮流，确定各点的最优补偿量、补偿方式工作，才会使有限的资金发挥最大的效益。

2）避免出现无功过补偿

无功过补偿是电力系统所不允许的，因为它会增加线路和变压器的损耗，加重线路负担。无功设备厂家都称自己的设备是动态补偿，不会倒送，但是在实际工作中发现，过补偿问题时有发生，对于接触器控制的补偿柜，补偿量是三相同调的；对于晶闸管控制的补偿柜，虽然三相的补偿量可以分调。但是厂方由于利益只选择一相做采样和无功分析，这就很可能造成无功倒送。而固定电容器补偿方式的用户，负荷处于低谷就会造成无功倒送。

3）避免采用电压调节方式的补偿设备

有些无功补偿设备是依据电压来确定无功投切量的，这有助于保证用户的电压水平，但对电力系统而言却并不可取。虽然线路电压的波动主要由无功量变化引起，但线路的电压水平是系统情况决定的。当线路电压基准偏高或偏低时，无功的投切量可能与实际需求相去甚远，容易出现无功过补或欠补。10kV配电网低压侧的无功补偿工作应更多地考虑系统的特点，不应因电压等级低、补偿容量小而忽视补偿设备对系统侧的影响。

3.42 选择合适的滤波方式以利于节能

随着用电负荷快速增加及电力电子设备的大量应用，非线性负荷已经成为电力系统的重要组成部分。非线性负荷是产生谐波的重要原因。其产生的谐波和无功注入电网，会使设备容量和线路损耗增加，造成发配电设备利用率的下降，影响供电质量，对电力系统的安全稳定运行构成潜在威胁。谐波是指整数倍于工频频率的波形，属于负荷特性问题，由系统内的非线性负载所造成。谐波与电力系统的基波叠加，造成波形的畸变，畸变的程度取决于谐波的频率与幅度。畸变波形会立刻导致运转中的设备升温，进而造成损害。

由于谐波的产生将改变电源原有工频的电压性质，从而产生附加的谐波损耗，使变配电和用电设备效率降低，加速电缆绝缘老化而使其容易被击穿，影响自动化装置动作的准确性，对通信线路和控制信号造成电磁及射频干扰等。按有关规定，谐波的含量大于15％为严重污染电力网，在这种情况下一般电器都无法正常工作，这就必须采取谐波治理措施；电力网谐波含量在8％～10％为中度污染，这时一般用电设备还可以工作，但对于特殊用电设备就不能正常工作了，如无功补偿装置就是此种情况，向电力网投切的一般电力电容器没有抗谐波功能，如果此时电力网谐波含量在8％～10％以上投入电力电容，那么电力电容将在谐波的作用下发生谐振，并在电容内部产生数倍于额定电流的谐振电流，于是就会发生无功补偿装置在运行很短的时间内电力电容器就被击穿而失去电容容量，谐波的干扰也将使无功补偿装置中的小型断路器（熔断器）、接触器、热继电器等电器保护元件过热、失灵、熔焊、误动作、接地保护装置功能失常，由于谐波源的存在而且需要无功补偿时，普通补偿装置将难以正常工作，这时就必须采取先治理谐波后进行无功补偿的新方案。

滤波设备利用电抗滤波及电磁平衡原理以下面的方式来达到节电效果，能利用电抗及电感的交互作用，将电力加以净化（吸收电流中的杂波、谐波且加以转换），或者利用特殊平衡绕线将相位加以平衡，并将电压调整在负载实用的范围内，不致有超量现象，而使无效电力大量降低并提升实际用电效率。

滤波装置一般分为无源滤波和有源滤波两类。

无源滤波装置由多个单调谐LC滤波器组成，当需要无功补偿的同时也通过补偿控制器指令投切某次调谐滤波回路中的电容器，这样既可以滤波也可以无功补偿。无源滤波装置对产生的有较大固定谐波含量的电气设备使用较好。其通过电感和电容的匹配对某次谐波并联低阻（调谐滤波）状态，给某次谐波电流构成一个低阻态通路，这样谐波电流在一般情况下就不会流入系统。无源滤波装置可根据需要滤掉的谐振次数，组合成做不同滤波特性的滤波和无功补偿方案。

有源滤波装置实时针对负载设备（谐波源设备）注入电网的谐波含量，有针对性地采取措施，其依靠电力电子装置在检测到系统谐波后，产生一组和系统幅值相等、相位相反的谐波向量注入系统，这样可以抵消掉系统谐波、使其成为正谐波；如果用其跟踪系统的无功电流，则不仅可滤除谐波还可以达到无功补偿的效果。

滤波节电的效果是显著的，其可提高系统利用功率 3%～5% 以上，可以增加设备效能，减少设备（器材）损耗，延长设备寿命；滤波还可降低实际负载率 5%～10% 以上，使用电更安全。

3.43 不同的中压供电电压等级与节能的关系，20kV 配电有什么优点？

我国《城市电力网规划设计导则》明确规定 35kV 电压等级为高压配电级别。20 世纪 80 年代，中国电机工程学会首先在国内提出了采用 20kV 电压等级的相关问题，90 年代初，能源部武汉高压研究所在国标《标准电压》中提出增加 20kV 电压等级的可行性研究报告，提出"（1）中压配电采用 20kV 电压等级能减少电压层次，降低运行费用，已在世界范围内得到了日益广泛的应用，该电压等级也已经被列入 IEC 标准；（2）根据我国电网的实际情况，采用 20kV 作为中压配电网具有明显的经济效益，建议将 20kV 列入国家标准；（3）将现有配电网改为 20kV 配电系统直供，量大面广"。经过近 10 年的努力，1994 年《标准电压》GB 156—93 正式将 20kV 列入标准电压。德国、意大利、澳大利亚、匈牙利等世界上很多发达国家多数采用了中压 20～25kV 作为配电等级，俄罗斯早在 1904 年就有了 20kV 的配电电压等级，在 1960 年后就基本实现了 20kV 配电网的普及。

经中国电机工程学会城市供电专业委员会对中压配电网的论证，分别对 110/10kV、110/20kV 和 110/35/10kV 配电网方案进行技术经济比较后得出结论：采用 20kV 中压配电网的建设投资分别比采用 110/10kV 节约 15.7%，110/35/10kV 节约 27.2%，年运行费用则分别节约 16.39% 和 27.48%。

我国电网线损率一直在 8.5% 左右，居高不下，而全国城网 110kV 及以下配电网线损电量约占总线损电量的 60% 左右。我国中压配电网年损耗达 180×10^8 kWh，相当于 2～3 座百万千瓦发电厂的发电量。如能将 10kV 升压到 20kV，则能量损耗可减少四分之三。

不同中压供电电压等级比较起来，有以下几方面的区别：

1）供电能力比较：

根据容量计算公式 $S = \sqrt{3} U_N I_j$

式中：U_N 为额定电压；

　　　I_j 为导线持续载流量。

即在同样的供电半径条件下，使用相同截面的导体，采用 35kV、20kV、10kV 输送容量随电压等级的升高而增加。

在相同的负荷密度下，供电半径、供电面积随电压等级的升高而增加。

2）供电损耗比较：

在传送相同的距离和相同功率的前提下电压损失百分数（%）为：

$$\Delta U\% = \frac{(PR + QX)}{U_N^2} \times 100\%$$

$$\Delta P = \frac{P^2 R}{U_N^2 \cos^2 \varphi} \times 100\%$$

式中 R、X 为线路参数，P、Q 为线路的有功、无功功率。

可见，供电线路电压损耗和功率损耗与供电电压的平方成反比，即相比 10kV 供电电压，采用 20kV 供电，其电压损耗和功率损耗均减少 75%。

3）有色金属耗量比较：

由于传输相同电量，输送电流与电压等级成反比，即在同样的供电容量条件下，电压等级越高，使用有色金属的量越多，相比 10kV 供电电压，采用 20kV 供电线路的有色金属耗量可减少约 50%。

4）变电所设置比较：

从变电站布点来看，在采用 20kV 电压等级时，能根据负荷密度选取大容量变电所，减少的变电所数量，优化电力网络，减少变电所在电网中的损耗。在负荷密度较高的地区，可将高压引入负荷中心，最大可能地避免了迂回供电。

由于供电半径随电压等级升高而加大，采用 20kV、35kV 中压配电系统所需建设的变配电所较10kV 少，具有节约土地面积的优势。

各地供电部门根据各自电网特点，指定了结合自己特点装接容量。大量建筑项目用户装接容量都在 10000kVA 以上，甚至达 20000kVA。10kV 供电需 2～3 路，甚至 4 个回路，这样无论对用户主结线，正常运行维护操作、线路走廊都不可避免地出现许多问题，如上海商城、金茂大厦都采用 35kV 供电，用户内 35kV 再到 10kV，结线重复。同样现阶段 10kV 单回路用户报装容量都在 8000kVA 左右；而采用 20kV 供电，其单回路用户报装容量可在 16000kVA，综合节能效果显著。

4 数据中心的节能设计专家问答

4.1 数据中心的节能方面采取的基本对策是什么？

以往一般只是采取通过提高服务器主机设备效率的节能技术，现在需要考虑采用涵盖整个空调系统在内的全盘节能设计。

4.2 数据中心的空调系统的节能对策的基础内容是什么？

1）为防止服务器过热，选用功效良好的服务器设备。

2）选用功效较高的空调机。

3）缩小温度扩散范围，防止室温过冷。

4.3 在空调设计方面，应注意哪些情况？

室外机可采用变频式。另外，根据空间温度的分布情况，可能会增加空调能耗。所以，除温度外，还需要考虑气流扩散的具体情况。

4.4 说到气流也很重要，那么具体来说哪点是重要的呢？

服务器的结构是吸纳前方的空气并向后方排出，因此，如果按照同一方向排列服务器的话，位于前方的服务器排出的热风，就会被后方的服务器全部吸走，引起服务器故障。而降低空调温度，又会增加能耗。此时，可将服务器设计为对面式排列（方向相反），这样一来只要将中间的空气冷却，就可以有效地冷却服务器设备，并在设计上可以提高制冷温度，以达到节能目的。

4.5 在考虑气流因素进行空调设计时，还有其他重要的注意事项吗？

比如可以利用热空气上升的特性，将冷空气出风口设置在地板上等。

4.6 在以上两个提问的情况下，应该是需要改变空调的出风设计的，除此之外还有没有其他方法？

为缩小温度扩散范围，也可以对服务器机组的排放位置进行设计。改变排放位置后，会产生不同的温度分布。因此，一般在温度较高的地点放置温度计，并根据测量到的温度变化对空调进行调节。与传统的制冷温度过低的情况相比，不会发生多余的制冷，从而实现节能。

4.7 在上个提问中采用的改变服务器的排放位置的方法，是在实际改变服务器的位置后，进行温度测量吗？

可以利用解析工具（Computational Fluid Dynamics）来预测气流扩散及温度分布。但它属于难度稍高的工具，需要在设计阶段由专家介入进行探讨。

4.8 室外温度凉爽时，吸纳外部空气的方式比较有效，此时需要注意哪些事项呢？

室外温度凉爽时，吸纳外部空气的方法（外气制冷），对于节能来说，是非常有效的，但需要注意的是，在湿度较高地区或盐害较多的地区，会损坏服务器。并且，其效果受气候影响：寒冷地区的效果比较好，而暖热地区的效果比较差。

4.9 在上个提问中说到了因气候因素造成效果差异的话题，从整个系统来看，哪些节能方法的效果比较明显？

当室外温度较低时，可以降低制冷能耗。例如设置地点选在室外气温较低之处，以及在温度较低的区域集中连接服务器等方法，效果比较明显。

4.10 服务器排放出的热能被废弃有些浪费，有无将其有效利用的节能方法？

如果是冬季，可以用于向其他房屋供暖。另外，还有对排放的 60℃ 热能加以利用，生成冷水的技术，但目前还处于实用化前的准备阶段。

4.11 其他在空调方式的不同方面需要注意的有什么?

虽然,一般来说,计算机房不建议采用功效较高的水冷式热源设备,但如果能做好防水措施,可减少输水所需能耗,达到节能目的。

4.12 涉及空调的节能问题,就会使人注意到温度,除此之外,还有没有其他需要注意的问题?

湿度也很重要。湿度过低的话,就会产生静电,湿度过高的话,又会伤及 PC 线路板。

4.13 为实现服务器的可持续性节能,在节能设计方面需要做些什么?

随着人员的增加,使用服务器的人员也就随之增加,这就需要增设服务器数量。为保证在增设服务器的同时不降低能源使用效率,需要在设计阶段全盘考虑服务器位置设计及电源容量、空调容量等设备的扩展能力。

4.14 今后的发展趋势是?

Dell 以及 Intel 提高了产品对温湿度的耐久性能,因此推荐通过提高空调温度来实现节能的方法。今后,这种趋势将更加明显,因此在对数据中心进行节能设计时,需要确认这一点。

4.15 今后的节能设计存在的问题是?

预计今后服务器机房的规模将会越来越大,由于增设服务器设备,必然要求在电力/空调容量方面进行扩容。同时,预计将会有针对温湿度的耐久性能较高的服务器设备面世,虽然还处于技术创新的较早领域,但需要在成本允许范围内,在节能设计方面考虑扩展性。

4.16 数据中心电气设计应遵循的设计原则

1) 实用性和先进性

采用先进成熟的技术和设备,满足当前的需求,兼顾未来的业务需求,尽可能采用最先进的技术、设备和材料,以适应高速的数据传输需要,使整个系统在一段时期内保持技术的先进性,并具有良好的发展潜力,以适应未来信息产业业务的发展和技术升级的需要。

2) 安全可靠性

为保证各项业务应用,网络必须具有高可靠性,决不能出现单点故障,要对数据中心机房布局、结构设计、设备选型、日常维护等各个方面进行高可靠性的设计。在关键设备采用硬件备份、冗余等可靠性技术的基础上,采用相关的软件技术提供较强的管理机制、控制手段和事故监控与安全保密等技术措施提高 IDC 机房的安全可靠性。

3) 灵活性与可扩展性

数据中心机房必须具有良好的灵活性与可扩展性,能够根据今后业务不断深入发展的需要,扩大设备容量和提高用户数量和质量的功能。具备支持多种网络传输、多种物理接口的能力,提供技术升级、设备更新的灵活性。

4) 工程的可分期性

在 IDC 机房设计中,IDC 机房的工程和设备都为模块化结构,相当于将工程分期实施,而各期工程可以无缝结合,不造成重复施工和浪费。IDC 机房的投资巨大,业主会根据业务需求采取分步实施的方案,将资金分期投入。

5) 经济性/投资保护

应以较高的性能价格比构建 IDC 机房,使资金的产出投入比达到最大值。能以较低的成本、较少的人员投入来维持系统运转,提供高效能与高效益。尽可能保留并延长已有系统的投资,充分利用以往在资金与技术方面的投入。

6) 可管理性

由于 IDC 机房,具有一定复杂性,随着业务的不断发展,管理的任务必定会日益繁重。所以在 IDC 机房的设计中,必须建立一套全面、完善的机房管理和监控系统。所选用的设备应具有智能化,可管理的功能,同时采用先进的管理监控系统设备及软件,实现先进的集中管理监控,实时监控、监测整个 IDC 机房的运行状况,实时灯光、语音报警,实时事件记录,这样可以迅速确定故障,提高运行的性能可靠性，简化机房管理人员的维护工作，从而为 IDC 机房安全、可靠的运行提供最有力的保障。

4.17 针对数据中心所建城市、地域不同、规模标准不等，如何合理地估算用电负荷？

数据中心的用电负荷分为 IT 负荷及空调动力负荷两大类。IT 负荷与所在的城市、地域、规模无关，取决于数据中心的服务类别及工作性质；空调动力负荷与地域、气候条件有关，如缺水地区需要使用空气制冷、寒冷地区更多地采用自然冷却等都会影响空调动力负荷的容量。

4.18 如何根据不同场所和不同性质的负荷，采用合理的需要系数？

参见标准图集《建筑电气常用数据》04DX101-1，P3-15 需要系数及自然功率因数表。

4.19 负荷等级划分应更具体化、统一化。比如，对于数据中心一级负荷中特别重要负荷的供电要求最好能有明确要求，采用 UPS 还是 EPS、切换时间、容量选择、供电时间等。

一级特别重要负荷：机房 IT 负荷、冷水机组的持续制冷负荷（二次泵＋室内机），设 UPS 为这些负荷提供持续电源，设置 UPS 电池室装设满足 UPS 单机 15min 的蓄电池组；柴油发电机采用 N＋1 的冗余备份方式，发电机采用自启动方式，当检测到两路市电均失电后，柴油发电机组并机启动，达到带载条件后向所对应的一段 10kV 并机母线提供应急电源，如主母线故障或检修时可转换到另一段母线继续提供可靠的应急电源。同时发电机启动运行时，要求 UPS 系统关闭充电功能，下游负载的谐波要求控制在 5% 以内。

4.20 是否能提出"设备负荷等级一览表"供设计人员参考？

一级特别重要负荷：机房 IT 负荷、冷水机组的持续制冷负荷（二次泵＋室内机）；一级负荷：风冷冷水机组负荷或离心式冷水机组负荷（冷机＋一次泵＋循环泵＋冷却塔）、消防风机、应急照明。

4.21 具体何种规模及性质的数据中心应配备柴油发电机组？

《电子信息系统机房设计规范》GB 50174—2008 要求：

8.1.12 A 级电子信息系统机房应配置后备柴油发电机系统，当市电发生故障时，后备柴油发电机能承担全部负荷的需要。

8.1.13 后备柴油发电机的容量应包括 UPS 的基本容量、空调和制冷设备的基本容量、应急照明及关系到生命安全等需要的负荷容量。

另外，供电电源不能满足要求时，B 级电子信息系统机房应按容量 N 设置柴油发电机；不间断电源系统的供电时间满足信息存储要求时，C 级电子信息系统机房可不设置柴油发电机。

《数据中心用远程通信基础设施标准》ANSI/TIA-942-2005 中，在有 8min 的 UPS 保障下，只对 T2 级别以上的数据中心提出了设置柴油发电机组的要求。

4.22 国际上先进的数据中心专用智能化系统是如何设计的？

国际上先进的数据中心专用智能化系统在防雷接地及防电磁干扰方面要求还是很高的，往往从规划阶段开始就从智能化各子系统机房位置、各类通信及控制电缆的敷设方式、线缆间距、线槽桥架的路由、数据中心建筑物进出线位置、IT 设备机柜安装规格、材质、安装方式等方面全盘考量。

4.23 对于数据中心各功能性房间，是采用接地线直接引至接地体接地？还是在电气管井内设以总接地铜排，从其引出？以上两种接地方式哪一种更为合理？

一般采用接地线直接引至接地体接地，以保证零地电压的纯净。

4.24 哪些房间需做局部等电位联结应进一步明确，对于各种功能房间的等电位联结做法是否有标准图，并说明标准图的名称和页次。

IT 机房、空调机房、变配电所均应设计等电位联结。IT 机房活动地板下采用 50×0.5mm 铜箔布成等电位接地网格，网格间距 0.6m×0.6m，并与均压等电位带相连。沿机房四周设置均压等电位带即 30×3mm 铜带在活动地板下成环状，金属吊顶板、金属龙骨、金属壁板、不锈钢玻璃隔墙的金属框架等也用导线与其连接，均压等电位带与预留接地体连接。其他房间等电位做法参见《等电位联结安装》02D501-2。

4.25 数据中心的设备如何防止无线电干扰？

基于信息安全及设备方面的考虑，目前国内及国外的数据中心主机房区域内基本上完全禁止无线终端设备的安装和使用。同时，主机房内金属吊顶板、金属龙骨、金属壁板、管线桥架、IT 设备及机柜外壳等均做可靠接地，可形成有效的屏蔽。

4.26　如何根据数据中心规模设置弱电系统？

与数据中心规模的大小无关，无论是国内相关设计规范还是国际标准，通信系统、计算机网络系统、综合布线系统、设备及环境监控管理系统、建筑设备管理系统、安全防范系统（视频安防监控系统、入侵报警系统、出入口控制系统）、火灾报警及控制系统、公共广播系统等智能化系统都是数据中心应配备的基础系统，同时也是数据中心基础设施建设中必不可少的。

4.27　什么场所设置保安监控系统？

数据中心主机房区域、配套机电用房、各出入口、IT 人员运维通道、机电运维通道、值班用房、公共走廊区域、设备运输通道、电梯轿厢、电梯厅、建筑物外部等区域都应设置视频安防监控系统。并且应根据数据中心区域使用功能划分安全控制级别，不同级别区域采取不同的监控点位设置原则。

4.28　什么场所设置门禁系统？

数据中心主机房区域、配套机电用房、各出入口、IT 人员运维通道、机电运维通道、值班用房、公共走廊区域、设备运输通道等区域都应设置出入口控制系统。并且应根据数据中心区域使用功能划分安全控制级别，不同级别区域采取不同的出入口控制技术配置。

4.29　数据中心设备配电要求是否有标准图？

目前还没有。

4.30　数据中心是否考虑隔离电源系统？如何进行该系统的设计？

为防止零地电压漂移，一般在数据中心配电系统设计中，尤其是在使用了高频 UPS 的系统，列头柜或者 UPS 输出端会设置隔离变压器。

5　照明系统的节能设计专家问答

5.1　目前，国内建筑电气照明的设计存在哪些问题？

目前我国建筑设计院主要承担建设项目的一般照明设计，这类照明设计主要包括一般空间照明供配电设计、普通灯具选型、灯具布置等工作。由于公众普遍错误地认为照明质量、照明艺术和环境不像供配电设计那样涉及建筑安全和使用寿命等需严肃对待的设计问题。这就造成照明设计没有得到电气工程师应有的重视，从而导致照明设计中普遍存在随意加大光源的功率和灯具的数量或选用非节能产品等现象。特别是部分设计人员简单地将照明功率密度标准值作为照度计算的依据，而不是根据被设计空间特征合理选择灯具，使得部分面积小的房间照度无法满足标准要求而影响使用功能；而对于面积大的房间则造成巨大的能源浪费。

5.2　影响电气照明能耗的因素有哪些？和能效相关的指标有哪些？

"实现电气照明节能"是一项系统工程，涵盖有效利用天然光，合理选择高效照明产品，选择适当的照明方式、方法，选用合理控制策略以及运行管理方案等诸多方面。其中合理利用天然光，减少照明用电时间是前提，建筑照明设计节能是基础，建筑照明运行节能是保证。因此影响电气照明能耗的因素主要有：

1）照明产品性能

光源性能；镇流器性能；灯具效率。

2）照明设计影响

灯具配光的选择；灯具的布置间距；照明设计值的选取；照明方式的选择。

3）天然光利用

4）照明控制与运行管理

照明控制的分区和分组；人感、光感器件的使用和布置；照明维护管理。

5.3　在进行建筑照明设计时，应采取哪些技术措施有利于节能？

要从以下角度考虑照明节能：

1）了解被照明场所的功能性质，确认该场所中所要进行的视觉作业类型。

2）根据作业类型选择合理的照明标准。设计照度达到标准要求的照明水平即可，不要盲目地提高要求。

3）选择节能型光源、镇流器。

4）选择适宜的照明方式。局部场所需要较高照度时，可采用一般照明和局部照明相结合的方式。

5）根据房间特征合理选择灯具，提高照明利用系数。选择合适的建筑墙面反射比，提高照明的利用系数。

6）在照明控制方面考虑节能。例如：在照明场所设置时钟控制、红外控制、光感传感器或声控开关等，使得人在时灯开，人走后灯熄，以及白天天然光充足时减少人工照明等。

5.4　在建筑照明节能设计时，需参照哪些标准规范？实施照明节能为什么要执行照明设计标准？我国的标准和规范中对照明节能已有哪些规定？

制定照明能效标准规范是用来保证安装到建筑上的照明系统节能高效。有关照明系统能效的法规通常落在两种形式上，产品标准和工程建设标准。

到目前为止，我国已正式发布的照明产品能效标准已有 8 项。设计中应选用符合这些标准的"节能评价值"的产品。

我国涉及建筑室内照明节能规定的关于"设计"的标准和规范是《建筑照明设计标准》GB 50034—2004（下面简称《标准》）。该标准中所规定的各类建筑在不同场所的照度数值，是经过大量科学实验证并经过实践证明的合理结果。按照这样的标准来进行设计就能够满足功能需要。若再要无限制提高标准，对视觉功能没有什么太大的作用，反而会造成能源浪费。所以正确执行《标准》是实施照明节能的前提，实施照明节能与执行《标准》不是对立的。

另一方面，该《标准》作为照明节能的"评价"标准还规定照明节能应采用一般照明的照明功率密度值（简称 LPD）作为评价指标。本标准规定了两种照明功率密度值，即现行值和目标值。照明设计时，照明功率密度限制应符合《标准》第 6.3 节规定的现行值。现行值在《标准》实施时开始执行；目标值比现行值降低约为 10%～20%。目标值执行日期由标准主管部门决定。目标值的实施，可以由相关标准（如节能建筑、绿色建筑评价标准）规定，也可由全国或行业，或地方主管部门做出相关规定。新《标准》已于 2012 年进行了修订，将于 2013 年实施。新《标准》降低了原标准规定的照明功率密度限值；并且补充了图书馆、博览、会展、交通、金融等公共建筑的照明功率密度限值。此外还增加了常用的照明节能措施。

5.5　如何平衡照明数量质量和节能这对关系？

应在满足规定的照度和照明质量要求的前提下，实现照明节能。

一方面，现在很多场所的照明往往超过照明标准所规定的数值，例如，有某些办公大楼、商场照明的设计照度值超过照度标准值的现象，造成能源浪费。《标准》中所规定的各类建筑在不同场所的照度数值，是经过大量科学实验证并经过实践证明的合理结果。按照这样的标准来进行设计就能够满足功能需要。若再要无限制提高标准，对视觉功能没有什么太大的作用，反而会造成能源浪费。另一方面，照明也不能一味降低 LPD 追求节电，造成安装容量（灯具数量功率）不够，维持平均照度不足，不仅是影响使用者视觉舒适，甚至影响到使用安全。以上两点这都是不可取的。

照度均匀度在某种程度上也关系到照明的节能，在不影响视觉需求的前提下，并非越高越好，新《标准》对照度均匀度比原标准的规定有所降低，强调工作区域和作业区域内的均匀度，而不要求整个房间的均匀度。

5.6　选择哪种照明方式可降低能耗？

照明方式选择不合理也有可能造成能源浪费。例如，在同一场所的不同区域有不同照度要求时，为贯彻照度有高有低的原则采用分区一般照明，造成整体的能耗很高。要根据房间场所的特点和需要选择照明方式：

1）照明要求高，但作业密度又不大的场所，应尽量采用混合照明。若只装设一般照明，会大大增加照明安装功率，因而不节能，应采用混合照明方式，即用局部照明来提高作业面的照度，以节约能源，在技术经济方面是合理的。

2）同一场所不同区域有不同照度要求的情况，应采用分区一般照明。为节约能源，贯彻所选照度在该区该高则高和该低则低的原则，就应采用分区一般照明方式。

3）高大的房间或场所，采用加强照明。在可采用一般照明与加强照明相结合的方式，在上部设一般照明，在柱子或墙壁下部装壁灯照明，比单独采用一般照明更节能。

4）在设备上装灯。照明灯具也安装在设备或家具上，近距离照射，可提高照度，也是一种节能方式，还可以采用高灯低挂的方式来节能。

5）采用高强度气体放电灯（HID灯）的间接照明。因HID灯光通量大，发光体积小，在低空间易产生照度不均匀和眩光。利用灯具将光线投向顶棚，再从顶棚反射到工作面上，没有照度不均匀、眩光和光幕反射等问题，照明质量提高，也不失为一种节电的照明方式。

5.7 2012年10月1日起已禁止进口和销售100W及以上普通照明白炽灯，请问白炽灯在建筑照明中是否还能使用，哪些还能用，还能在哪些场所使用？

国家发展和改革委员会等五部门2011年发布了"中国逐步淘汰白炽灯路线图"，要求：2011年11月1日至2012年9月30日为过渡期，2012年10月1日起禁止进口和销售100W及以上普通照明白炽灯，2014年10月1日起禁止进口和销售60W及以上普通照明白炽灯，2015年10月1日至2016年9月30日为中期评估期，2016年10月1日起禁止进口和销售15W及以上普通照明白炽灯，或视中期评估结果进行调整。通过实施路线图，将有力促进中国照明电器行业健康发展，取得良好的节能减排效果。

故建筑室内照明一般场所不应再采用普通照明白炽灯，但在特殊情况下，如对电磁干扰有严格要求，且其他光源无法满足的特殊场所，必须采用时，应采用60W以下的白炽灯。

卤钨灯作为白炽灯的改进产品，比白炽灯光效稍高，但和现在的高效光源——荧光灯、陶瓷金属卤化物灯、发光二极管灯等相比，其光效仍低得太多，因此，也不能广泛使用。卤钨灯可应用于商场中高档商品的重点照明（其显色性、定向性、光谱特性等条件优于其他光源）外，不应在旅馆客房的酒吧、床头、卫生间以及宾馆走廊、餐厅、电梯厅、大堂、电梯轿厢、厕所等场所应用。

5.8 近年来，发光二极管（LED）灯发展迅速，应用领域也越来越广泛。由于其功耗较低，寿命较长的潜在优势，制造商往往宣传其节能环保，那么在建筑照明（室内照明）中应该如何科学合理的应用LED灯呢？目前可以在哪些场所应用LED灯呢？如果可以用，那么使用上有何要求呢？

发光二极管（LED）灯是一种由电致固体发光的半导体器件作为照明光源的灯。近年来半导体照明技术快速发展，然而产品尚未成熟，在诸如颜色一致性、色漂移以及光生物安全等诸多领域还存在争议；根据美国能源部《半导体照明在通用照明领域的节能潜力》[①] 报告预计，发光二极管灯需到2020年才能逐步成为室内照明应用中的主流照明产品之一。因此，目前办公室等室内空间不推荐使用发光二极管灯，而科学合理的做法是根据发光二极管灯的优势和特点有选择地使用在下列场所：

1）发光二极管灯比白炽灯和卤钨灯光效高、寿命长，用于旅馆的客房节能效果非常显著，因而旅馆建筑的客房适宜采用发光二极管灯；

2）发光二极管灯有光线集中，光束角小的特点，适用于重点照明，如商店营业厅的重点照明；

3）发光二极管灯还可以配用感应式自动控制，宜应用在旅馆、居住建筑及其他公共建筑的走廊、楼梯间、厕所等场所；地下车库的行车道、停车位；无人长时间逗留，只进行检查、巡视和短时操作等的工作场所；这些场所有相当大的一部分时间无人通过或工作，而经常点亮全部或大部分照明灯，因此规定安装人体感应调光和发光二极管灯，当无人时，可调至10%～30%左右的照度，有很大的节能效果。

4）另外，发光二极管灯能快速点亮，应急照明要求在正常照明断电时可在几秒内达到标准流明值，

---

① Energy Savings Potential of Solid-State Lighting in General Illumination Applications

因此疏散标志灯可采用发光二极管灯。

当选用了发光二极管灯光源时，应满足《建筑照明设计标准》50034—2004第4.4.4条对其色度的规定要求。LED应用于室内照明的国家标准目前还在编制过程中。

5.9 从节能的目的出发，怎样选择灯具？要考虑和兼顾哪些问题？

在满足眩光限制和配光要求条件下，应选用效率或效能高的灯具。灯具效率（效能）高，则利于节能；但不能一味地追求效率，而忽视眩光问题。灯具的主要功能是合理分配光源辐射的光通量，满足环境和作业的配光要求，并且保证不产生眩光和严重的光幕反射。新型的照明器具反射光的方式应当让更多的光用在需要的地方，而让光在灯具里的损失更少。因此，灯具的配光是照明设计时重点应该关注的。

5.10 照明控制是怎样实现节能的？常用的照明控制方式有哪些？在新建建筑电气设计时，可选择采用哪些照明控制技术实现节能？

因为能耗是功率和时间的乘积（Energy＝Power×Time），因此可以通过降低照明功率或缩短运行时间来减少照明能耗：一方面，照明控制以及对照明设备合理的分区有助于缩短运行时间；另一方面，调光或多级开关系统可以让电气照明系统在更低的功率水平运行。常用的照明控制方式有手动控制方式和自动控制方式两大类。

控制技术	优点	局限性 & 评价	应用的最佳场所
数字定时开关	• 在一个时间段后自动关灯 • 替代普通的拨动开关	• 即使空间没人再用了，灯仍然开着，直到定时器到达规定的时间	• 储藏空间
墙面开关 使用人员探测器	• 当空间没人使用了就会关灯 • 替代普通的拨动开关 • 墙面开关和使用人员探测器两种等级同时可用	• 安装位置限制了视野	• 储藏空间 • 小型的私人办公室
顶棚安装的 使用人员探测器	• 当空间没人使用了，就会关灯 • 覆盖范围宽阔 • 也可用于高低控制配置	• 需要重新布线，除非采用无线模式 • 必须符合防火逃生规范 • 必须进行标定/调试 • 重新标定需要专业人士	• 大型的私人办公室 • 开放式办公室 • 教室 • 休息室 • 体育场馆 • 走廊、过道、门厅 • 仓库
光电探测器	• 利用天然光 • 可以结合调光或开关控制使用	• 必须选择合理的安装位置 • 必须进行标定/调试 • 需要调光镇流器和合理的布线 • 重新标定需要专业人士	• 教室 • 办公室 • 仓库 • 体育场馆以及室外应用的天然采光的地方
集成了时钟和自动开关的照明控制面板	• 提供可编程的定时电路控制 • 在房间里用override开关替代拨动开关	• 在配电室需要额外的空间	• 超级商店 • 仓库 • 开放式办公室 • 私人办公室
远程控制	• 提供基于时间的电路控制 • 替代手动断电器 • 不需要额外控制线路	• 仅有整个线路的控制	• 超级商店 • 仓库 • 办公室 • 交通区域
基于入住率的插头负载控制	• 根据有没有人使用控制作业照明和其他工作站上的能耗负荷 • 假如房间布局调整，位置可以轻易地改变 • 也可以用作浪涌电压保护器	• 受到可控网点数量的限制 • 用户必须进行使用训练 • 易于禁用	• 私人办公室 • 开放式办公室

控制技术	优　点	局限性 & 评价	应用的最佳场所
集成在灯具上的人员使用探测器	• 当房间没人使用了，关灯或将灯降低输出运行 • 有人使用，则全输出 • 不需要额外的控制线路	• 必须遵循防火逃生规范	• 开放式办公室 • 走廊、楼梯间 • 停车库、停车场

5.11　在建筑电气节能改造时，照明系统升级有哪些选择？

如果现有光源是	替代光源可有以下选择：
Filament-medium screw or candelara base	• 灯头和光源形状相同的紧凑型荧光灯 CFL • LED 替代光源
有反射罩的白炽灯、卤钨灯	• 卤素红外控制反射器 Halogen IR reflector • 集成镇流器的金属卤化物灯反射器 Metal halide reflector with integral ballast • 紧凑型荧光灯 CFL 反射器，适合极少宽角度（配光）的应用 • 反射型光源 Induction reflector lamp，适合极少宽角度（配光）的应用 • LED PAR 灯（碗碟状铝反射）或 LED MR 多重反射罩（Multifaceted Reflector）
T12 荧光灯 T8 荧光灯 荧光灯 in freezers	• 配电子镇流器的 T8 • 如果允许降低流明输出，较低功率的 T8 • LED retrofit kit
汞灯 高压钠灯 HPS 普通金卤灯 MH	• 升级的光源和镇流器，to probe start 或陶瓷金卤灯 ceramic HM • Induction lamp retrofit 感应灯
金卤灯—道路场地照明 高压钠灯—道路场地照明 氖灯（霓虹灯）—标识照明	• 具有合理性能的 LED retrofit kit
如果现有镇流器是	替代的镇流器可有以下选择：
荧光灯的电感镇流器	• 为了提供要求的作业照度，可用 BF 的电子镇流器调光，或有合理控制器的逐级调光的镇流器
金卤灯的电感镇流器	• 金卤灯的电子镇流器（限制功率的）
如果现有灯具是	• 灯具改进可有以下选择：
灯丝光源	• 节能型紧凑型荧光灯或具有合理性能的 LED 灯具
工业建筑或公共建筑用线型荧光灯	• 光学器件的改进：透镜，反射器或格栅（louver） • 减少光源数量
任何低效或性能降低了的灯具	• 能提供合理配光和照明质量的节能型替代光源
工业用金卤灯	• 用 CFL，T8 或 T5 HO 工业用灯具替换，多级开关 multi-level switching
如果现有控制装置是	• 控制系统的升级有以下选择：
标准开关或 relays 继电器	• 人员使用探测器 • 逐级镇流器的多级控制 • 墙面控制或个人控制的调光 • 在天然光照射的区域设置光电探测器 • 为了重分区或调光，用数字镇流器和控制器替换

5.12　怎样合理配光，提高利用系数？

很多人往往认为使用了高效节能的光源灯具等等，采用了先进的智能控制措施，就认为这是节能设计，往往忽略了照明节能设计的一项最重要原则，这就是通过引导将光照在需要的地方，让灯具所有的光输出都得到充分利用。

这里引入了一个概念"应用效能"（application efficacy）。首先这个概念是基于光源和灯具的组合，而不是通常所说的只是光源的光效，因为光源光效也只是照明设备效率的一部分。"应用效能"和光通

利用率 U 相关，定义为：

$$U = \frac{\Phi_{TA}}{\Phi_{lum}}$$

其中：

Φ_{TA}——是到达作业区的初始光通量，lm。

Φ_{lum}——是从灯具发出的光通量，lm。

光通利用率 U 将灯具发出的光通量和到达目标区域的光通量联系起来。为了达到节能的目的，光通利用率 U 这个值甚至比灯具效率（光输出比）还要重要，在最近的文献中已经提出了高效的室内照明要达到的光通利用率的目标值。该值取决于：

1）房间内的灯具布置和作业区位置的关系；

2）灯具的光强分布和距高比 the spacing to height ratio；

3）周围环境的反射决定了间接的贡献。

将灯具效率（光输出比 LOR）和光通利用率 U 相结合，即所谓的利用系数 UF，定义为：

$$UF = \frac{\Phi_{TA}}{\Phi_{lamp}}$$

灯具的利用系数与房间的室形指数密切相关，不同室形指数的房间，满足 LPD 要求的难易度也不相同。在实践中发现，当各类房间或场所的面积很小，或灯具安装高度大，而导致利用系数过低时，LPD 限值的要求确实不易达到。因此，新《标准》中规定当室形指数 RI 低于一定值时，应考虑根据其室形指数对 LPD 限值进行一定的修正。

5.13　如何对照明设计进行节能评价？在什么阶段进行？节能评价的指标有哪些？

以人为本是照明的目的，照明节能应该是在满足规定的照度和照明质量要求的前提下进行考核。

目前我国也采用一般照明的照明功率密度值（简称 LPD）作为建筑照明节能评价指标，其单位为 W/m²。其值应符合新《建筑照明设计标准》50034—2012 第 6.3 节的规定。

但是不应使用照明功率密度限值作为设计计算照度的依据。正确的步骤是在设计中应采用平均照度、点照度等计算方法，先计算照度，在满足照度标准值的前提下计算所用的灯数数量及照明负荷（包括光源、镇流器或变压器等灯的附属用电设备），再用 LPD 值作校验和评价。

5.14　上述的这些和电气照明设备相关的节能策略在实际应用中将会产生多大的节能量？成本效益（性价比）如何？

各种文献来源表明根据房间类型和控制策略的不同，采用现有技术节能可能达到 45%～65% 不等。详细计算结果显示当采用一般照明和局部照明相结合的方式，仅在需要时给予照明，这样做可节电 50%；且经证实这个节能量还能更高。

1）光源：用 T8 管替代 T12 管可节能 10%，同时多 10% 的光通。16mm 的 T5 管光效更高（90～104lm/W），可使能耗降低 40%（与配有电感镇流器的 60lm/W 的 T12 管相比）。有大量研究表明，用光效 80lm/W 的荧光灯替换现有光源可将照明的能源需求总量减少 35%；使用光效更高的光源（117lm/W）可减少 55%。

2）灯具：跟 T12 管相比，T5 管光效的提高使能耗降低了 40%，再结合灯具里新型的反射材料和调光（天然光和人体感应）又可节能 40%。把这些改进结合起来意味着现在整个照明装置（lighting installations）的能耗仅为旧照明装置能耗的五分之一（20%）左右。

3）照明方式：混合照明方式（一般照明结合局部照明）的 LPD 值通常较低，由于只在需要特定地点提供照度，所以节能量可达到一个更高的基准水平。有实验研究的评估结果认为与只采用一般照明方式的照明系统（14W/m²）相比，混合照明方式下的照明系统（9W/m²，实测的 LPD 值包括作业照明）能提供质量更好的光环境。还有计算结果显示（同固定的一般照明方式相比）只是简单地将一般照明（水平 200lx）和作业照明相结合来使用可节能约 22%。还有一项实验研究显示，将低照度水平的正常天然采光同一般照明/作业照明相结合的照明设备总的 LPD 值仅为 5.4W/m²，且该值包括了作业灯的功率，该设备同标准的节能照明设备相比用电量减少了 25%。

    4）维持照度水平：有研究指出在照明实践中用 400lx 作为设计标准同维持照度用 500lx 作为目标值相比，能耗可以降低 20%。

    5）控制：其实对于传统的手动调光，电气照明仍有节能潜力，这个范围在 7%～25% 之间。有研究显示自动控制系统又比手动开关节能，但是对这些系统研究估算得到的节电量同实测的节电量之间通常会看到差异。以手动开关的能耗值作为基准，同安装人体感应后的能耗进行比较，研究显示感应时间延迟设置为 20min 的私人办公室节能约 25%，该值是厂商标称的下限。一般来说使用人员传感器关闭（switch-off occupancy sensors）可使照明节电 20%～35%。

    如今最节能的照明实践方案全都在使用市场上已有的先进技术，这说明 T5 或金属卤化物光源、高效灯具、人体感应器以及天然光传感器都在广泛使用。

5.15　绿色照明的定义是什么？其遵旨是什么？

    绿色照明是节约能源、保护环境，有益于提高人们生产、工作、学习效率和生活质量，保护身心健康的照明。其遵旨是节约能源、保护环境、提高照明品质。

第二篇　电气节能设计技术论文

卷烟厂电气节能措施

五洲工程设计研究院　刘云兵　王素英

【摘　要】　本文主要从电气设计以及电气管理两个方面阐述现代化卷烟厂的电气节能措施。

【关键词】　节能　线损　变压器　功率因数　变频调速　混合滤波装置　智能　计量

【Abstract】　The paper introduces the electrical energy saving measures for the modern Cigarette Factory from the tow parts of electrical design and management.

【Keywords】　energy saving，line loss，transformer，power factor，frequency conversion and timing，mixed filtering installation，intelligence，measurement

1　前言

当前，随着我国经济建设的飞速发展，能源的需求趋于紧张。我国的能源总利用率仅为 30%～34%，与世界先进水平相差约 10 个百分点，节能空间及潜力很大。电能作为广泛使用的二次能源更是成为制约经济发展的重要因素之一。工业企业是我国电能消耗的大户，根据国家统计局的统计表明：工业企业的用电量约占整个国家的 60%～70% 左右。如何节约和使用宝贵的电能，已成为电气设计工作者和工业企业管理者的共同任务。

烟草工业经过"九五"、"十五"、"十一五"期间的技术改造建设，得到了长足的发展，大批的卷烟厂生产规模已经扩大，其用电负荷也有了很大的增长。

卷烟厂的主要生产工艺包括制丝工艺和卷接包工艺。其中：将烟叶加工成烟丝的过程为制丝工艺，主要采用切片、切丝、膨胀等工序，中间辅以加温、加湿、添加糖香料等措施；在一定的温、湿度环境下，将加工好的烟丝卷制、接嘴、包装等过程为卷接包工艺。

卷烟厂的主要原料为烟叶和包装材料，半成品为烟丝，代表成品为 50 条装的件烟，5 件烟为一大箱。

主要设备为制丝设备、卷接包设备和空调机组，空压机、制冷机组、水处理等动力部分的公用设备。

以某年产 100 万大箱卷烟厂为例：整条生产线及其配套设施总装机容量约为 2.6 万 kW，设计计算负荷约 1.56 万 kW，如平均功率因数 $\cos\varphi$ 以 0.92 计，视在容量则约 16950kVA，为此卷烟厂需设置总降压变电站，采用 35kV 双电源进线，选用两台 35/10kV，1 万 kVA 变压器。

为了降低卷烟生产中的电能消耗和消化原材料价格上涨的不利因素，节约有限的资源，降低单产能耗，减少生产成本，必须从卷烟厂的电气设计和能源管理工作共同入手，实现节能降耗。

一个大型卷烟厂的供配电系统是指从地区电网将 35kV 及以上高压电源引入工厂总降压变电站到各用电设备间的全部线路、变压器、断路器、控制和保护装置等设备，设法降低供配电的线路与变压器的损耗，提高功率因数是其节能的主要措施。

2　电气节能设计

2.1　减少供配电线路的线损

电能是通过线路进行传输的，由于线路本身具有一定的阻抗，势必就会产生电能损耗。线损是衡量供配电线路经济运行的重要指标。

2.1.1　配电系统电压等级的确定

在电网条件允许的情况下，提高引入电源的电压等级，是降低线损率的有效措施。对于配电网，供电电压等级越高，线损也越低，而线损是随电压平方成反比而下降。现卷烟厂的供电线路一般都采用

10kV 或 35kV 电缆线路供电，也有一些大型卷烟厂，如云南红塔集团等自设 110/10kV 变电站。对于大容量用电设备（如制冷机组）宜采用 10kV 供电。

2.1.2　合理选定供电中心

当电流通过线路和变压器时，将产生电压降，使受电端电压较之送电端电压低一定数值。在卷烟厂的低压配电线路中，合理配置，避免造成线路过长或迂回供电，使得负荷端的电压降不超过 ±5% 的允许值。

2.2　合理的选择变压器

变压器是输变电系统中的主要设备之一，它主要用于输送电能，同时也消耗部分电能。一般电力系统中各类变压器的总损耗约占系统总损耗的 25% 左右，其中输变电变压器的损耗又占变压器损耗的 40%～50%，为了减少这部分损耗，应选择高效低耗的节能型变压器，如非晶合金铁芯变压器。由于其不存在晶体结构，磁化功率低，且合金片厚度薄，填充系数小，电阻率高，是普通硅钢片的 3～6 倍，空载损耗仅为常规变压器的 1/5，对采用卷绕铁芯结构的产品其材料大大节省。

合理选择变压器的容量，使变压器的负荷率最佳，其运行效率也最高，损耗则最低。一般配电变压器负荷率为额定容量的 70%～75% 较合适，而对主变压器则应尽量按最大需求量选择容量，并以此来计算基本电费，确保变压器在经济、安全可靠的状态下运行。

在卷烟厂的供配电系统设计时，一般都是按计算负荷为依据来选取变压器容量的，但在工厂的实际运行中，其运行负荷并不等于计算负荷，而是随着制丝生产线、卷接包机组的计划停车检修和季节性的负荷增加和减少（如空调机组及制冷机组）而变化的。对于季节性负荷则考虑设置专用变压器，以便于灵活运行，降低变压器损耗。

在卷烟厂的供配电系统设计时，由于烟厂的总体规模较大，首先按照功能分区，一般分为如下几个功能区域：

1）生产区：包括联合生产工房（制丝车间，卷接包车间）和配套的辅料库和成品库。

2）动力区：包括动力中心，锅炉房，污水处理站，香精香料库，工业垃圾站，雨水提升泵站等。

3）办公区：包括办公楼，技术中心等。

4）库区：包括片烟库等。

在各功能区域，设置分变电所，变压器深入负荷中心设置。

在动力中心设置全厂总降压配电站，采用高压电缆放射式供电至各分变电所。厂区内建筑物内部的低压配电线路供电半径一般控制在 100m 以内，最长距离不超过 200m。

2.3　提高供配电系统的功率因数

对于卷烟厂的供配电系统来说，其配电负荷按其性质都有一定的功率因数，即在吸收配电网络上的有功功率的同时，也要吸收无功功率。卷烟厂各用户采用将无功就地补偿一部分的方法，在线路上就减少了无功流动，因而也就降低了损耗，在满足电压损失的条件下，使导线截面选择更合理。

2.3.1　无功功率补偿技术

为提高负载和系统的功率因数，减少设备的功率损耗，稳定电压，提高供电质量。在长距离输电中，提高系统输电稳定性和输电能力，平衡三相负载的有功和无功功率等。

卷烟厂采用的电容补偿技术主要是集中补偿与就地补偿相结合技术。就地补偿技术主要适用于负荷稳定，不可逆且容量较大的异步电动机补偿（如风机、水泵、空压机等），其他各种场合仍主要采用低压配电屏集中补偿技术。

2.3.2　异步电动机和电力变压器的运行状态

异步电动机和电力变压器是耗用无功功率的主要设备。改善异步电动机的功率因数就应防止电动机的空载运行并尽可能提高负载率。变压器消耗无功的主要成分是它的空载无功功率，它和负载率的大小无关。因此，为了改善工厂的功率因数，变压器不应空载运行或长期处于低负载运行状态。

供电电压偏差超出规定范围也会对功率因数造成很大的影响。当供电电压高于额定值的 10% 时，由于磁路饱和的影响，无功功率增长很快，当供电电压为额定值的110%时，一般工厂的无功功率将增加35%左右。当供电电压偏差低于额定值时，无功功率也相应减少而使它们的功率因数有所提高。但供电电压降低会影响电气设备的正常工作。所以，应当采取措施使供配电系统的供电电压尽可能保持稳定。

2.3.3　采用新型的节能型无功补偿装置

采用新型的节能型无功补偿装置，能达到节省企业电费开支、提高设备的利用率、降低系统的能耗，改善电压质量、减少变压器设计容量的目的。从而使卷烟厂能够更好的降低生产成本，带来更大的经济效益。

2.4　采用变频调速技术

变频调速技术是目前推广应用的新技术，具有效率高、调速范围大、软起动、减少对设备和电网的冲击等优点。

卷烟厂的空调系统，压空系统大多采用变频调节控制。变频调节设备在卷烟厂被大规模的采用。但采用变频调速装置需注意：

1）交流变频调速传动装置对电网会产生谐波干扰，应按国家标准《电能质量公共电网谐波》GB/T 14549—93 的要求，加谐波滤波器或电抗器等，使其对电网干扰最小。

2）为使变频调速器受外界干扰影响最小，控制电缆、电源电缆与电动机的连接电缆的走线必须相互隔离，不能同在一个电缆线槽中或电缆架上敷设；输入和输出信号回路必须用屏蔽对绞线，根据需要还可考虑加隔离变压器和进线电抗器，使其受干扰影响最小。

3）在低速运行时，须防止轴系的震荡；在高速运行时，须防止超速。

2.5　谐波治理

随着烟草工业的迅猛发展，大量的直流设备、变频调速设备及其他非线性负荷的广泛应用，愈来愈多的谐波电流被注入了电网。高次谐波的产生，增加了电能谐波损耗，降低了系统功率因数；对电力系统有很大的危害，它不仅影响电力系统的质量，而且还对电力系统的可靠性有很大的影响，严重时造成继电保护误动，烧毁微机保护线路板、数字电能表及其他微机装置。根据国标《电能质量公用电网谐波》GB/T 14549—93 的要求，必须对各种非线性负荷注入电网的谐波电压和谐波电流加以限制。

电力系统抑制和治理谐波的主要措施有：加大系统短路容量；提高供电电压等级；增加变流装置的脉动数；改善系统的运行方式；设置交流滤波器等均可减小系统中的谐波成分，变压器选择 Dynll 接线形式。

交流滤波器又分为无源滤波器和有源滤波器两种。有源滤波器是一种向系统注入补偿谐波电流，以抵消非线性负荷所产生的谐波电流的能动式滤波装置。它能对变化的谐波进行迅速的动态跟踪补偿，且补偿特性不受系统阻抗影响。其结构相对复杂，运行损耗较大，设备造价较高；在补偿谐波的同时，也会注入新的谐波。无源滤波器（又称 LC 滤波器）是利用 LC 谐振原理，人为地制造一条串联谐振支路，为欲滤除的主要谐波提供阻抗极低的通道，使之不注入电网。LC 滤波器结构简单，吸收谐波效果明显；但仅对固有频率的谐波有较好的补偿效果；且补偿特性受电网阻抗的影响很大，在特定频率下，电网阻抗和 LC 滤波器之间可能会发生并联谐振或者串联谐振。

无源滤波和有源滤波相结合的方式是目前卷烟厂普遍采用的方式，多数卷烟厂采用了并联型混合滤波装置，由动态无源滤波器与有源电力滤波器两部分并联接入电网，共同承担补偿谐波的任务。动态无源滤波器包括多组单调谐支路及高通支路，无源滤波器主要吸收特征低频次的负载谐波电流，因此，绝大部分负载谐波电流可以滤除；有源电力滤波器只需补偿高次谐波，因此不需很大容量，可达到满意的谐波补偿和滤波效果且节省投资，达到经济技术合理。当配电系统设有无源滤波器时，相应回路中性线截面应与相线截面相等。

由于谐波分布的多变性和谐波工程计算的复杂性，要在设计阶段完全解决谐波问题非常困难，故工程调试与试运行阶段的谐波实测与分析，对电力系统谐波有针对性的治理和最终提高电能利用率起着决定性作用。

2.6 照明节能设计

2.6.1 照明标准值的选取应符合《建筑照明设计标准》GB 50034—2004 以及《卷烟厂设计规范》YC/T 9—2006 的相关规定，根据不同场所的不同功能要求和不同的标准要求选取合适的照度标准值。

卷烟厂主要生产车间和场所照度标准值表　　　　表1

序　号	工作场所	平均照度（lx）	照明方式
1	制丝车间	150~200	一般照明
其中：	控制室	150	一般照明
	贮叶间	75	一般照明
	贮丝房	75	一般照明
2	卷接包、滤棒成形车间	200~400	一般照明
3	膨胀烟丝车间	200	一般照明
4	仓库	75~150	一般照明
5	除尘室	75	一般照明
6	空调机房	75	一般照明
7	技术中心、质量检测中心（室）	300	一般照明
8	凡需仔细观察、检测、操作处	200~300	加局部照明

2.6.2 选用高效节能的光源和灯具（包括镇流器）

（1）照明光源以高光效荧光灯、节能灯、金属卤素灯为主要光源。

（2）镇流器应符合该产品的国家能效标准，自镇流荧光灯配电子镇流器，直管型荧光灯配电子镇流器或节能型电感镇流器，金属卤素灯配节能型电感镇流器。

（3）在满足眩光限制和配光要求条件下，选用效率高的灯具。

卷烟厂主要生产车间和场所灯具选择表　　　　表2

序　号	工作场所	灯具型号
1	制丝车间	金属卤素灯
其中：	控制室	高效荧光灯
	贮叶间	金属卤素灯
	贮丝房	金属卤素灯
2	卷接包、滤棒成形车间	高效荧光灯
3	膨胀烟丝车间	金属卤素灯
4	仓库	防电燃库房灯
5	除尘室	粉尘防爆灯
6	空调机房	金属卤素灯
7	技术中心、质量检测中心（室）	高效荧光灯

2.6.3 采用智能照明控制系统

从卷烟厂的规模和功能上看，采用智能照明控制系统是目前非常节能的选择。

（1）系统功能

智能照明控制系统，是全数字、模块化、分布式总线型控制系统，将控制功能分散给各功能模块，中央处理器、模块之间通过网络总线直接通信，可靠性高，控制灵活。

系统根据某一区域的功能、每天不同时间的用途和室外光连读自动控制照明。并可进行场景预设，由 BA 系统或分控制器通过调光模块、调光器自动调用。

联网系统具有标准的串行端口，可以容易地集成到 BA 系统的中央控制器，或与其他控制系统联网。

（2）应用范围

智能照明控制系统可对白炽灯、荧光灯、节能灯、石英灯等多种光源调光，对各种场合的灯光进行控制，满足各种环境对照明控制的要求。

（3）系统组成

由调光模块、开关模块、控制面板、液晶显示触摸屏、智能传感器、PC 接口、监控计算机（大型网络需网桥连接）、时钟管理器、手持式编程器等部件组成。

所有单元器件（除电源外）均内置微处理器和存储单元，由信号线（双绞线或光纤等）连接成网络。每个单元均设置唯一的单元地址并用软件设定其功能，通过输出单元控制各照明回路负载。

一般采用的照明控制系统框图如图 1 所示。

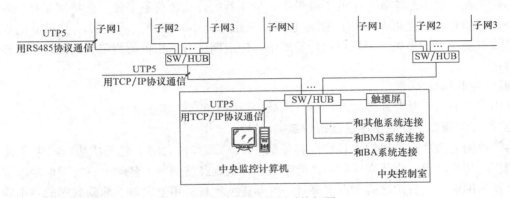

图 1 大型照明控制系统框图

2.6.4 采用智能照明控制系统可获得非常好的经济性

（1）节能效果显著

a. 按国际标准，办公室的最佳光照度为 400lx，照明设施控制系统能利用智能传感器感应室外光线，自动调节光照度，即室外自然光强，室内灯光变弱；室外自然光弱，室内灯光变强，以保持办公室恒定的标准照度，既创造了最佳的工作环境，又达到节能的效果。

b. 由于照明设施控制系统能够通过合理的管理，利用智能时钟管理器可以根据不同日期、不同时间按照各个功能区域的运行情况预先进行光照度的设置，当不需要照明时，保证将灯关闭；其实在大多数情况下很多区域并不需要把灯全部打开或开到最亮，照明设施控制系统能用最经济的能耗提供最佳的照明；在一些公共区域如会议室、休息室等，利用动静探测功能在有人进入时才把灯点亮或切换到某种预置场景。

c. 照明设施控制系统能保证只有当必需的时候才把灯点亮，或开到要求的亮度，从而大大降低了大楼的能耗。

（2）延长光源寿命

光源损坏的致命原因是电网过电压。灯具的工作电压升高，其寿命成倍降低。因此，保持适当灯具工作电压是延长灯具寿命的有效途径。

a. 照明设施控制系统能成功地抑制电网的冲击电压和浪涌电压，使灯具不会因上述原因而过早损坏。还可通过系统人为地确定电压限制，提高灯具寿命。

b. 照明设施控制系统采用了软启动和软关断技术，避免了开启灯具时电流对灯丝的热冲击，使灯具寿命进一步得到延长。

c. 照明设施控制系统能成功地延长灯具寿命数倍。不仅节省大量灯具，而且大大减少更换灯具的工作量，有效地降低了照明系统的运行费用，对于难安装区域的灯具及昂贵灯具更具有特殊意义。

（3）提高管理水平，减少维护费

照明设施控制系统，将普通照明人为的开与关转换成了智能化管理，不仅使大楼的管理者能将其高素质的管理意识运用于照明控制系统中，同时将大大减少大楼的运行维护费用，并带来极大的投资回报。

因此，从节能、环保、运行维护及投资回收期上看，采用现代智能照明控制系统以成为现代化烟厂设计的主流。

3　电气节能管理

对已投产的卷烟厂，供配电系统的经济运行是降低系统损耗和节能的有效途径，通过合理的运行管理方式使电网的损耗降为最低。

3.1　调整系统总体负荷平衡

配电系统负荷应做到总体和分级的逐级平衡。变压器的三相负荷不平衡时，特别是低压网络，有的相电流较小，有的相电流接近甚至超过额定电流，三相电流不平衡。这不仅影响变压器的安全经济运行，而且造成有功功率的损失。烟厂在运行管理中，应定期进行三相负荷测定和调整，力求变压器三相电流的平衡。

3.2　减少空载损耗

对暂不用供电回路，及时断开电源线路，以减少线路上的空载运行损耗。

3.3　实行经济调度，提高变压器运行效率

变压器消耗的无功功率一般约为其额定容量的 $10\%\sim15\%$，它的空载无功功率约为满载时的 1/3，为改善卷烟厂的功率因数，应使变压器的负荷率最佳，实现经济调度。各配电室的配电变压器的负荷率在设计时已基本确定，经济调度的重点主要是一些非连续运行的用电设备、辅助流程的用电设备以及照明、空调等。

3.4　实行智能配电监控系统

智能配电监控系统在卷烟厂各分变电所设立计算机监控系统子站，各变电所设置的子站，形成环网，把所有的高、低压状态信号和控制信号通过光纤送至高压配变电所总站。

3.4.1　配电系统的高压电源工作状态，高压断路器的分合闸状态及和高压系统的事故报警均接入智能监控系统。

3.4.2　低压配电系统

在变电所低压进、出线回路处装设数字多功能网络仪表，通过多功能智能仪表将低压配电柜上每个配电回路的电气状态信号（三相电压、三相电流、有功功率、无功功率、视在功率、功率因数、频率、高次谐波、电度等）送至子站的主机，低压配电柜上每个配电回路断路器的开关状态和控制信号送至PLC，然后由PLC送至子站的主机。低压智能配电系统采用计算机，PLC三遥系统，使电能管理，监控实现智能化。

一般卷烟厂的计算机网络规划示意图如图 2 所示。

3.5　计量管理

根据国家标准《用能单位能源计量器具配备和管理通则》GB 17167—2006 规定，一般卷烟厂的能源计量范围：在输入用能单位即高压配电室设置专用计量柜，电能表准确度等级要求为 0.5 级；在次级用能单位即低压屏组和动力配电箱内设置多功能计量仪表，电能表准确度等级要求为 1.0 级。

采用智能配电监控系统的卷烟厂，做到及时查找电量损失原因，进行局部和全面的统计分析，取得了良好的节能效果。

4　结语

节能是我国的一项基本国策，电能已被国际上公认为除石油、煤炭、水能、核能四种主要能源以外

的第五种能源，其投资少、见效快、周期短、效益高，是不容忽视的一种能源。卷烟厂的节电是全厂节能工作的一个重要组成部分，而且是一项系统工程。所以要在电气设计和管理中贯彻节能原则，进行全厂的电能平衡测试，提高电能利用率，减少生产线的开停次数，减少空负荷的运行时间，提高有效作业率，采用微机对电压、电流、电量、有功功率、无功功率、功率因数等参数进行检测、控制，合理地调配负荷，削峰填谷，加强日常的维护和检修，来达到降低电能消耗的目的。综上所述，卷烟厂的节电是大有潜力可挖，它对于卷烟厂降低生产成本，提高经济效益是非常有效和必要的。

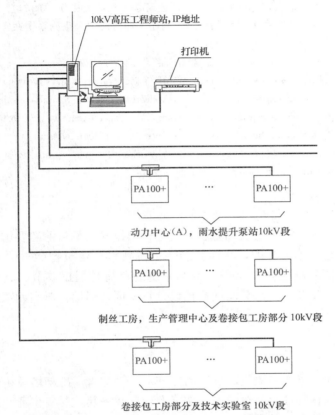

注：1. 所有计算机具备与能源管理系统、监控系统、火灾报警系统及MIS系统通过以太网通信能力。
　　2. 根据厂方要求及说明书要求进行编程。
　　3. 以太网构成由厂方统盘考虑，建议采用千兆网光缆形式。

图 2　某烟厂全厂配电计算机网络规划示意图

参考文献

[1] 李雪佩，孙兰等. 全国民用建筑工程设计技术措施节能专篇——电气 [M]. 北京：中国建筑标准设计研究院. 2006.

[2] 赵学均. 最新电网实时线损理论计算与分析及降损措施实用手册 [M]. 北京：中国电力工业出版社，2005.

[3] 国家质量技术监督局. GB/T 14549—93 电能质量公用电网谐波 [S]。北京：中国标准出版社，1993.

[4] 吕润馀. 电力系统高次谐波 [M]. 北京：中国电力出版社，1998.

[5] 中国国家标准化管理委员会. GB 17167—2006 用能单位能源计量器具配备和管理通则 [S]. 北京：中国标准出版社. 2006.

[6] 中国建筑设计科学研究院. GB 50034—2004 建筑照明设计标准 [S]. 北京：中国建筑工业出版社. 2004.

[7] 国家烟草专卖局. YC/T 9—2006 卷烟厂设计规范 [S]. 北京：中国标准出版社，2006.

中央空调系统节能控制技术探讨

济南同圆建筑设计研究院有限责任公司　朱立泉　吕景惠

【摘　要】　节约能源，已经是社会进步及发展的首要任务。建筑电气节能就成为了每位电气设计人员必须认真考虑的问题。本文通过对中央空调节能控制系统的介绍，阐述了如何使中央空调系统在实际运行中提高节电率，更好的节约能源，服务于社会。

【关键词】　变频　节能　运行　工频　电能质量　监测滤波器　工频切换控制器

【Abstract】　Energy saving has already been the initial mission of the society progress and development, and the building electrical energy saving has become the important problems every electrical designer have to consider. Through the introduction of energy saving control system of central air-conditioning, the paper expounds how to improve the energy saving rate and make better service for the in the operation of the central air condition system.

【Keywords】　frequency conversion, energy saving, operation, working frequency, quality of electrical energy, monitoring filter, switching controller for working frequency

1　中央空调节能的必要性

节能减排工作是国家"十一五"经济发展的主题，也是科学技术人员目前需要解决的难题。在现代智能建筑物中，中央空调系统是必不可少的，然而其能耗也占到整个建筑物能耗的60%以上，空调水和风系统的能耗又占到整个空调系统能耗的30%。空调系统的负荷是根据季节、昼夜的温度变化等诸多因素而不断变化的，是季节性负荷，大部分时间都比设计负荷低。因而，对空调系统进行优化控制势在必行，也具有极大的节能空间。

2　节能控制原理

中央空调节能控制系统，通过采集中央空调系统的冷冻水、冷却水、冷却塔风机等各个子系统的多处运行数据，将各个控制子系统在物理上、逻辑上和功能上互连在一起，对各个环节进行全面控制，通过计算机精确运算后发出指令，动态调整系统的运行周期，使主机工作随负荷的变化得到最大最优化，主机工作效率提高5%～10%左右（视使用环境及条件决定），辅机系统能效提高30%以上（按国际检测方法），从而实现系统节能降耗，提高设备管理水平，延长设备使用寿命的多重功能。

以冷源控制系统为例（其他系统与此类似），冷源系统需要采集冷冻水的出水温度、回水温度、系统的压力以及室外环境温度、湿度。对于水系统的温度使用PT100作为采集装置，采集温度范围0～150℃；PT100的采集信号通过温度变送器转换为PLC可以接收的4～2mA的标准信号。PLC把接收到的标准信号转换为实际的温度、压力信号。冷冻回水温度与系统中预先设定好的回水温度进行比较，计算出设定回水温度与实际回水温度的差值1；环境温度与系统中预先设定好的环境温度进行比较，计算出设定环境温度与实际环境温度的差值2。PLC根据计算的温度差值选择一种预先设定好的控制方式，在系统中预先设定好不同温度差值与频率实际值的对应关系，系统运行中根据温度差值与实际频率的关系计算出系统需要的实际频率值。PLC把实际频率值转换成0～10V的标准信号输出到变频器，变频器根据接收到的信号转换为0～50Hz的频率输出，达到调节电机输出功率的目的。

控制系统中，每台电机的控制均可实现变频节能运行和工频运行方式，防止变频器出现故障时，系统无法正常运行。在此系统中，当变频器出现故障可切换到工频方式，在工频方式下控制电机启停，保证系统正常运行。

通过变频器控制电机运转，可限制启动电流，消除电动机启、停对电网产生的冲击，适时调节电机运行功率，降低磨损，改善润滑条件，延长电机使用寿命。

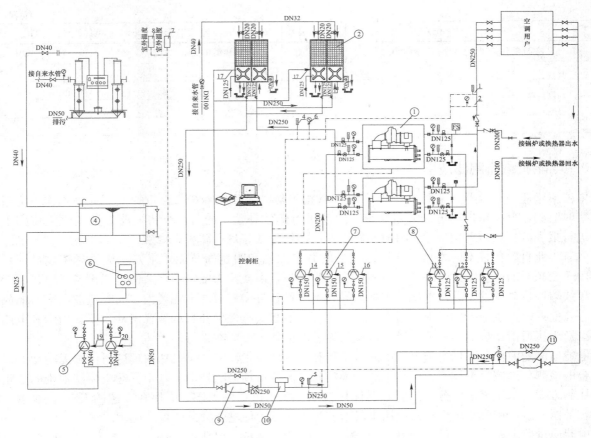

图 1 空调系统节能控制示意图

空调系统输入＼输出点监控表   表 1

编号	名　　称	AI	AO	DI	DO	编号	名　　称	AI	AO	DI	DO
1		•				20	冷却泵电机准备			•	
2		•				21	冷却泵工频运行			•	
3		•				22	冷却泵变频故障			•	
4	冷冻系统压力	•				23	冷却泵节能工频转换			•	•
5	冷冻回水温度	•				24	冷却泵电机准备				•
6	冷冻泵节能	•		•		25	冷却泵节能启停				•
7	冷冻泵工频			•		26	冷却泵故障复位				•
8	冷冻泵电机准备			•		27	冷却塔风机节能			•	
9	冷冻泵工频运行			•		28	冷却塔风机工频			•	
10	冷冻泵变频故障			•		29	冷却塔风机电机准备			•	
11	冷冻泵节能工频转换				•	30	冷却塔风机工频运行				•
12	冷冻泵电机准备				•	31	冷却塔风机变频故障				
13	冷冻泵节能启停				•	32	冷却塔风机节能工频转换				
14	冷冻泵变频故障复位				•	33	冷却塔风机电机准备				•
15	冷却出水温度	•				34	冷却塔风机节能启停				•
16	冷却系统压力	•				35	冷却塔风机故障复位				•
17	冷冻回水温度	•				36	冷却塔风机故障复位			•	
18	冷却泵节能			•		37	允许切换信号			•	
19	冷却泵工频			•		38	冷冻频率输出		•		

编号	名　称	A1	A0	D1	D0	编号	名　称	A1	A0	D1	D0
39	冷却频率输出		•			40	冷却塔风机频率输出			•	
总计	A1						9				
	A0						3				
	D1						17				
	D0						13				

3　电能质量监测滤波器

电能质量监测滤波器，采用多 CPU 的实时数据采集控制系统和先进的 DSP 技术，对用户电力系统参数实时监测，分析用户的电能质量情况，适时进行滤波补偿，同时，可将电能参数实时上传到上位机，进行报表分析，协助用户进行事故预防以及用能统计的管理，防患于未然。

随着工业自动化技术的发展，变频器优良的调整性能和明显的节能效果使之应用越来越广泛，同时，由于变频器的工作特性，在使用过程中会产生谐波，谐波注入电网，将会使电感设备如电机、变压器、导线等产生额外的温升及绝缘的破坏，导致电气设备寿命缩短，损耗增大，同时造成电容器的故障和损害，使系统发生谐振的可能性增大，谐波也可能引起继电保护和自动装置误动、仪表指示和电能计量不准及干扰通信系统等一系列问题，因此，谐波的治理也就势在必行。

电能监测滤波器可实现电流电压的同步采集和锁相环技术、基于瞬时功率理论与传统无功功率理论相结合的检测与谐波分析技术、基于小波变换的间谐波分析预去噪技术、基于自适应控制理论的变频滤波器控制方案、基于灵敏度分析的变频器优化技术，采用进口的 IGBT 模块和高速的 DSP 控制器，实时跟踪补偿滤波，彻底解决变频器应用中的谐波污染问题，促进变频器的推广应用。

电能质量监测滤波器，可综合测量 40 多种三相/单相电量，包括相/线电压、电压不平衡度、电流、零序电流、有功功率、无功功率、功率因数、有功/无功电能及电流、电压 THD 谐波分量等，有 6 路开关量遥信输入以及 3 路继电器遥控输出，具有 RS-485 通信接口与上位机通信，可同时实现遥测、遥信、遥控、遥调四遥功能，从而也能起到节能作用。

4　节能工频切换控制器

节能工频控制器基于电压矢量跟踪原理，以工业级 MCU 和 PLC 为控制核心，准确捕捉变频输出电压矢量与工频电压矢量的同步点，为感应电动机由变频运行切换至工频的运行提供可靠的控制信号。广泛适用于交流感应电动机从变频状态下无扰动的、平稳的切换到工频运行状态。

当电机处于变频运行时，由于其输出 SPWM 电压矢量游离于电网电压矢量，二者存在电压矢量差，且按正弦规律变化。变频器输出电压与工频电压存在矢量差，若直接由变频切换到工频，冲击电流将达到额定电流的十几至几十倍，会发生绝缘严重受损等诸多严重问题。直接切换对电网和设备的冲击均是不允许的。

节能工频控制器以工业 MCU 为核心，集选频控制和矢量跟踪于一体，对变频电源和电网工频电源的相位进行检测，当检测到两者相位一致时便发出切换指令，实现大功率异步电动机由变频运行至工频运行的零冲击电流切换，即无扰切换。

当 PLC 发送切换命令给节能工频控制器后，节能工频控制器进入开始跟踪、整步状态。如果变频电源和电网工频电源的相位切换范围之内，控制器发送切换命令给 PLC。PLC 接收到切换命令后，立刻开始变频到工频的切换，这时的切换是无冲击电流无扰动的切换。

图 4 是冷冻电机控制主回路图，图 5 是冷冻电机控制二次回路图。

5　中央空调节能控制系统实际使用检测结论

根据实际使用的某工程的检测结论，见表 2。

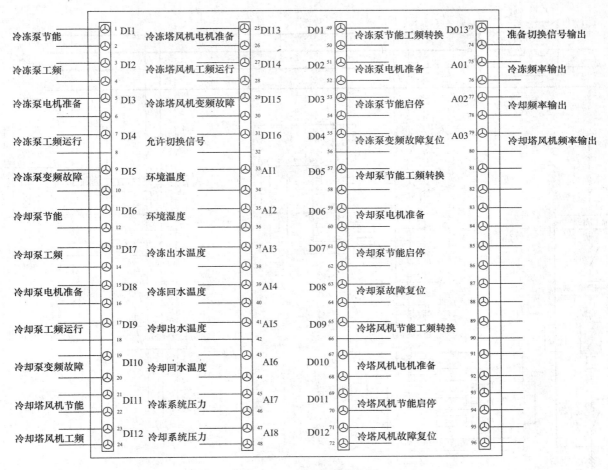

图 2　PLC 输入输出接点图

注：1. 本图适用于控制空调系统中的单台冷冻、冷却、冷却塔风机。

　　2. 实际输入输出点由工程设计决定。

　　3. 系统可扩展至 640 点，如果工程设计需要可更换至 1280 点。

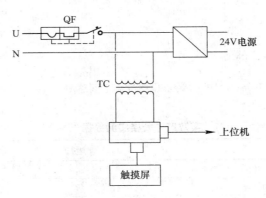

图 3　PLC 控制柜主回路

节电率计算公式：

（工频平均每天耗电量－节能平均每天耗电量）/工频平均每天耗电量×100%

（1）电表倍率：为了使电表读数更准确，以便更好的检测设备节能效果，根据电机功率的大小不同，采用的电流互感器变比也不同。其中节能运行时，冷冻、冷却水泵的电表倍率为 15，冷却风机为 6；工频运行时，冷冻、冷却水泵的电表倍率为 30，冷却风机为 10。

（2）由于工频、节能开机时间不相同，所以节电率按平均小时耗电量来计算。

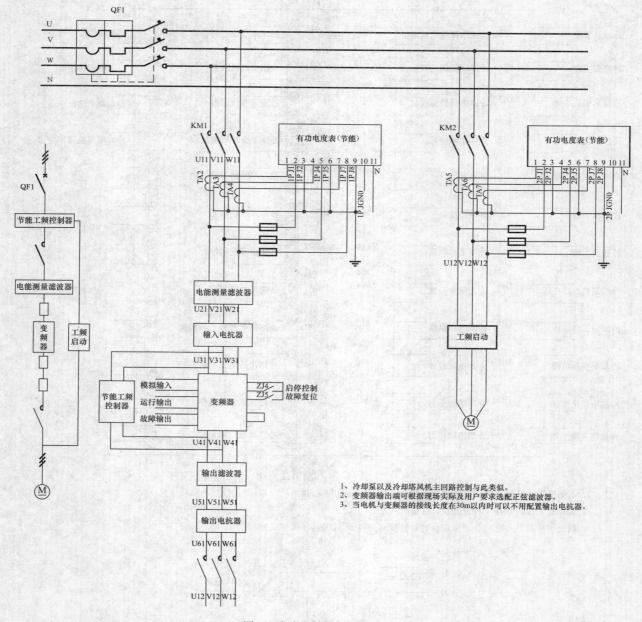

图 4 冷冻电机控制主回路图

		节能运行	工频运行
检测时间 14d	电表起止码	0～88.7	88.7～211.1
	互感器倍率	50/5	50/5
	总计耗电量	887kWh	1224kWh
	总计运行时间	8d	6d
	平均每天耗电量	110.9kWh/d	204kWh/d
节电率		(204kWh/d～110.9kWh/d)/204kWh/d×100％＝45.6％	
		节能设备平均节电率：45.6％	

某政府办公楼实测数据 　　　　　　　　　　　　　　　　　　　表 2

（3）节电率计算公式：

（工频平均小时耗电量－节能平均小时耗电量）/工频平均小时耗电量×100％

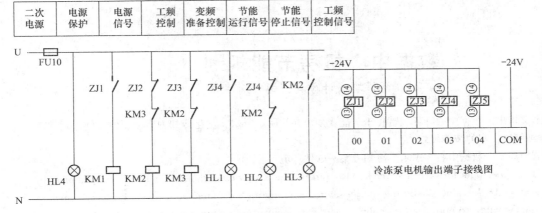

二次电源	电源保护	电源信号	工频控制	变频准备控制	节能运行信号	节能停止信号	工频控制信号

注: 节能控制方式下ZJ1、ZJ3、ZJ4相继接通，控制KM1、KM3接通，变频器运行；变频器故障时控制ZJ5接通，变频器故障复位；工频控制方式下只有ZJ2控制KM2接通，电机工频运行。

冷冻泵电机输出端子接线图

13	FU10	熔断器	带熔断指示					
12	HL4	电源指示(白色)	根据实际需要增减					
11	HL3	工频状态指示(黄色)	根据实际需要增减					
10	HL2	节能停止指示(红色)	根据实际需要增减					
9	HL1	节能运行指示(绿色)	根据实际需要增减					
8	ZJ5	故障复位控制继电器	ZJ5线圈由PLC输出点控制，ZJ4的触点控制变频复位	4	ZJ1	节能控制继电器常开触点	ZJ线圈由PLC输出点控制，ZJ1的触点控制KM1
7	ZJ4	变频运行控制继电器	ZJ4线圈由PLC输出点控制，ZJ4的触点控制变频的启停	3	KM3	变频准备接触器线圈	控制变频输出与电机的连接
6	ZJ3	变频准备控制继电器	ZJ3线圈由PLC输出点控制，ZJ3的触点控制KM3	2	KM2	工频控制接触器线圈	控制工频电源的通断
5	ZJ2	工频控制控制继电器	ZJ2线圈由PLC输出点控制，ZJ2的触点控制KM2	1	KM1	节能控制接触器线圈	控制变频器电源的通断
序号	符号	名称	备注	序号	符号	名称	备注

图 5　冷冻电机控制二次回路

某酒店实测数据　　　　　表3

			工频运行	节能运行	节电率
检测时间12d	冷冻泵	电表读数及耗电量	77.5×30＝2325kWh	127.15×15＝1907kWh	56.2%
		运行时间累计	63.5h	119.5h	
		平均耗电量	36.6kWh/h	16kWh/h	
	冷却泵	电表读数及耗电量	63×30＝1890kWh	110.75×15＝1661kWh	50.8%
		运行时间累计	52.5h	93.7h	
		平均耗电量	36kWh/h	17.7kWh/h	
	冷却风机	电表读数及耗电量	14.4×10＝144kWh	4.85×10＋8.85×6＝101.6kWh	47.4%
		运行时间累计	93.5h	124.6h	
		平均耗电量	1.54kWh/h	0.81kWh/h	
		综合平均节电率：51.5%			

6　结束语

　　综上所述，中央空调节能控制系统作为一种新的节能控制理论，其技术先进性以及高节电率与传统的电机能耗相比具有无法比拟的优越性，各类工程中的运行节能结果，也充分证明了其可能性。所以，应该得到更广泛的应用和发展。

数据中心机房节能规划

中建国际深圳设计顾问公司　刘宇辉

【摘　要】　本文指出了数据中心降耗关键在于节能规划，并从明确需求、优化冷却方案、硬件设施、软件环境 4 个方面详细阐述机房的节能规划。

【关键词】　节能规划　数据中心　需求　冷却方案　软件环境

【Abstract】　The paper puts forward that the key to decrease the energy consumption for IDC is the planning for energy saving, and introduces detailedly the energy saving planning for computer rooms from the 4 parts such as to make clear the demand, to optimize the cooling, hardware facility and software environment.

【Keywords】　energy saving planning, IDC, demand, cooling, software environment

1　机遇与挑战

网络会议、基于互联网的各种商业模式能够提供低成本、无国界的创新商业机会。金融危机正在催促传统经济加快向互联网经济的转型，数据中心恰恰是整个互联网经济的引擎。然而如何有效管理数据、提高机房空间利用率、提高电能利用率、消除机房过热等问题正困扰着企业的 CIO 们。如何充分合理地利用资源、节能降耗，本文将对此进行探讨。

2　节能规划

数据中心降耗关键在于节能规划——可以从 4 个方面规划节能机房：明确需求、优化冷却方案、硬件设施、软件环境。

2.1　明确需求

2.1.1　明确机房性能要求

等　级	1	2	2+	3	3+	4
双路供电		√	√	√	√	√
UPS 系统	N	N	N+1	N+1	2N	
备用柴油发电机为关键负荷提供电源				N	N+1	N+1
双路电源到 PDU						√
双路电源供精密空调				√	√	√
双路电源到插座				√	√	√
精密空调（N+1）	√	√	√	√	√	N+2
关键设备的冷却系统（N+1）				√	√	√
高架地板	√	√	√	√	√	√
自动环境监控	√	√	√	√	√	√
7×24 运营设备管理				√	√	√
备用发电机				N	N+1	N+1
机械设备并行维护	√	√	√	√	√	√
电气设备并行维护				√	√	√
单点故障消除						√

在满足系统可靠性的前提下，合理确定机房等级和系统配置，可以降低投资、减少能源消耗。

2.1.2　通过缩短平均故障恢复时间来提高系统可用性

可用性是与平均无故障工作时间（MTBF）、平均恢复时间（MTTR）相关联的函数。所有的系统都会在某个点上出现故障。但是，可用性高的系统不会受到太大影响，并且可以快速、高效地修复。平均恢复时间（MTTR）对提高系统可用性的作用远大于平均故障时间（MTRF）的作用，数据中心的操作人员无法控制一个部件的 MTBF，但是在很大程度上，MTTR 是可以控制的。数据中心操作人员可以控制 MTTR，这就要求现场必须储存 100% 的备件，操作人员需要接受有关设备操作的培训，同时要了解必要时更换或维修设备的程序。

2.1.3 采用新的数据中心热量指南标准

采用新的数据中心热量指南标准，放宽服务器的使用环境要求。在 2008 年美国暖通工程师协会（ASHRAE）发布了新的 2008 版数据中心热量指南，通过放宽进入服务器的温度，和放宽相对温度的要求，旨在提高数据中心的效率。

2008 ASHRAE 数据中心热量指南参数 表 1

	2004 版热量指南	2008 版热量指南
最低温度	20℃	18℃
最高温度	25℃	27℃
最低湿度	40%	5.5℃（露点温度）
最高湿度	55%	15℃（露点温度或相对温度 60%）

2.1.4 管理数据

遏制数据过度增长的首要方法就是事先阻止数据激增。企业的磁盘卷通常都含有数百万个重复数据对象。这些对象被修改、分发、备份及归档时，重复数据对象也重复存储。

据调查普通企业存储的数据有 50% 可以删除。重复数据删除、克隆和自动精简配置都有助于实现同一目标：减少不必要的数据。

2.1.5 贯彻边成长边投资的原则

"边成长边投资"的核心是让数据中心不必一次性投资，而是根据数据中心业务的成长逐步增加投资。

过去，在数据中心的建设中，UPS 及其相关电源设备的部署往往会按照最大负载一次性采购到位，在 IT 负载很小时，这些设备的电能消耗甚至会超过 IT 负载。统计资料显示，大多数数据中心的 UPS 负载率只有 30% 左右。

近几年，由于 UPS 技术的不断进步，特别是模块化 UPS 的产生使得"边成长边投资"不再只是一个理念。事实上，越来越多的 UPS 厂商支持这一理念，如 APC、艾默生、科华、科士达、伊顿等公司的产品和方案都支持"边成长边投资"。

2.1.6 测量以便控制

要是无法测量能耗情况，就无法控制。这是运营效率方面的经典格言。为了防止能效低下，先要从基准测量开始。为了帮助测量能耗，可以分成以下几大类：IT 系统、UPS、冷却装置、照明系统等。

2.2 优化冷却方案

2.2.1 传统冷热风道分离的空调方案

如图 1，传统冷热风道分离的空调方案采用机房空调地板下送风形式。配合服务器等设备前进风、后出风的散热形式，在机柜的正面和背面形成冷热风道，机柜采用高通孔率前后门。每个地板风口出风量 500～600L/h，以 11℃温差计，单台机柜最大散热可达 3～4kW。

2.2.2 开放式机柜加水冷背板冷却方案

如图 2，开放式机柜前面为高通孔门，背门为水冷背板。服务器等 IT 设备排出的热气通过水冷背板内置热交换器，由冷却水冷却后重新送入机房。单块水冷背板制冷量可达 4～8kW，配合机房空调使单台水冷机柜冷量可达 8～12kW。

2.2.3 封闭式水冷机柜方案

如图 3，封闭式水冷机柜中有一套封闭的空气循环系统，与机房内环境相对独立。服务器背部排出的热气由冷却风扇送入机柜下部内置的热交换器，由冷却水冷却后，重新送入服务器。该方案制冷效率高，单机柜散热功率可达 12～35kW。

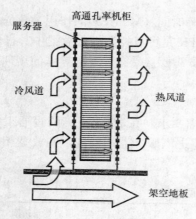

图1 传统冷热风道分离的空调方案

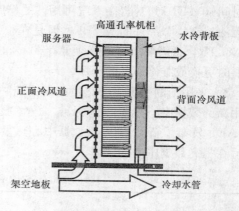

图2 开放式机柜加水冷背板冷却方案

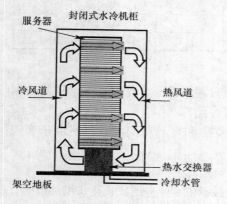

图3 封闭式水冷机柜方案

在下一代数据中心当中，水冷型的冷却设备将会广泛应用，这一方式不仅将冷却性能的关注点从冷却整个机房缩小到冷却一个机柜，甚至是缩小到冷却某台设备。这种局部化冷却的方式由于紧靠发热源，不需要较大功率的风扇和较长的管道系统，可以大大节省能源。当室外湿球温度低于15℃时，可采用室外冷却塔作为冷源之间提供冷水给数据中心机房的水冷机柜或风机盘管式空调器使用；冬季室外温度过低时，利用冷却塔给机房直接供冷的空调方式不易实现，此时在室外安装板式换热器，可将室外冷空气作为冷源，用乙二醇溶液作载冷剂，将室外的自然冷源引入室内供冷。

2.2.4 采取计算流体力学技术进行优化

数据中心由于布局等原因，造成机房热点的产生，即部分区域温度远高于周边。这种热点是按区域分散型分布。为消除这些热点，保障机房设备正常运行，运维人员会将整体空间降至很低温度，让这些热点区域达到25℃的温度，但这样的操作会让其他非热点区域温度远远低于规定温度，这样就造成了能源的过度消耗。

通常热点温度采取计算流体力学（CFD，Computational Fluid Dynamics）在机房内探寻。然后针对局部热点区域采用上述冷却方案2、3进行处理。

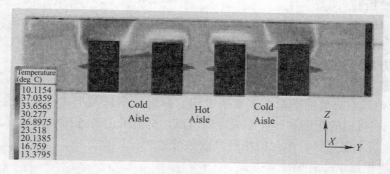

图4 采取计算流体力学技术进行优化

2.3 硬件设施

2.3.1 通过创新技术降低能耗

在数据中心应用创新技术可提高单位功率的计算能力。IT设备的能效在不断提高，越来越环保化。用新型号替换旧的IT设备能够显著降低用电和冷却的总体需求，并能腾出宝贵的占地空间。

2.3.2 运用SAN或其他的NAS设备来减少存储硬件并整合存储空间

固化的物理单元极大地影响数据中心电力的使用总量，并且还能够实现较低的花销。此外，还可以通过分级存储的机制,将部分存储转存至磁带设备或光盘机,从而减少 SAN 和 NAS 的使用量。

2.3.3 采用湿膜加湿器代替精密空调加湿

尽管精密空调也可以加湿,但是利用湿膜加湿器的功率消耗仅是精密空调的 5% 左右。

2.3.4 使用板式换热器

在冬天板式换热器能利用室外的冷空气来为机房降温,在冬季长的北方这是一种非常有效的节能方法,合理采用新风也是节能的好方法。

2.4 软件环境

2.4.1 服务器、存储虚拟化

虚拟化是支持在单台机器上运行多个应用程序工作负载的技术。每个工作负载都有独立的计算环境和服务级别目标。这样就消除了在一台专用服务器上只能运行一个工作负载的情况(实践表明这种情况下利用率非常低),并能够使虚拟服务器的利用率接近最高。虚拟化可整合资源减少物理服务器的数量。与专用服务器环境相比,虚拟环境通常具有更多弹性。虚拟环境可自动管理组件故障,并能重新启动工作负载。另外,可从一个控制点管理虚拟化环境中的资源,从而改善运营情况。

2.4.2 节能辅助软件的采用

厂商们也推出了不少辅助工具可以帮助数据中心的管理者实现节能,利用这些工具可以更有针对性地指导数据中心管理者的工作。

比如,APC 公司有一种评估数据中心各种基础设施以及 IT 设备的电力消耗的计算工具——APC 权衡工具,可以帮助数据中心的管理者计算可能需要的电力消耗,用以选择相应的制冷设备,或者对当前的制冷效率进行评估。

惠普实验室也开发出一种热评估服务,能通过一个三维模型,向客户准确显示数据中心空调的散热力度和散热区域,客户可以据此对数据中心的空调系统进行控制和管理,以达到最佳的散热效果。

2.4.3 IT 系统中的用电量管理

理想情况下,数据中心的用电量应该与工作负载成正比。实现这种平衡的一种方法是停用不需要的设备。这是一种有效的技术,但难于管理。而借助于工作负载管理软件和硬件功能,新的电源管理技术使数据中心管理员能够控制对用电情况的优化。

这种技术能够度量实际的用电量,并生成关于任何物理系统或系统组的趋势数据。可根据工作负载或业务趋势,限制单台服务器或服务器组用电量的上限,从而在不影响生产效率的情况下优化能源使用和应用程序性能。

2.4.4 智能监控和持续改进

绿色数据中心的建设是个长期过程,需要不断评估、持续改进。

(1)部署有设备监控系统,用于对环境及空调设备、电器设备、照明设备的运行情况等进行显示、记录、报警,特别是趋势分析功能对于帮助实现动态监管和调节非常有用。

(2)合理利用 CPU 的性能分级技术,来动态地进行能耗调节。用户可以根据 CPU 所需要的负载,动态地调节 CPU 的性能,以便更合理地利用能耗。

(3)动态控制服务器内部风扇。当数据中心的温度足够凉爽时,动态地控制服务器内部的风扇,可减少对能耗的需求。通过对服务器内部风扇转速的监控和调节,最大化的风扇利用率,可提升能源的利用率。

(4)在空气处理器上使用了变频驱动装置。不是让风扇一直全速运行,变频驱动装置可根据每一排机架的实际设备冷却要求来改变风扇转速。

3 结束语

近年来,随着国内信息化建设的不断发展,各单位数据中心机房的建设水平有了很大的提高。但与国外先进的数据中心机房相比,国内各数据中心还普遍存在着机房设计落后、扩展性差、能耗高等问题。因此，如何提高数据中心机房的设计水平、管理水平，提高电能利用率，消除机房过热的问题，是许多数据中心面临的严峻挑战。本文从明确需求、优化冷却方案、硬件设施、软件环境 4 个方面详细阐述机房的节能规划措施，供相关人士参考。

参考文献

［1］ 周蕾. 绿色机房——未来机房的趋势［OL］. IT 黑龙江网.
［2］ 陈延钧. 高热密度数据中心水冷解决方案［J］. 智能建筑与城市信息，2008，7.

智能建筑中空调系统的节能方法

青岛理工大学自动化工程学院　杨世忠　邢丽娟

【摘　要】　近年来，随着我国建筑业的发展，中央空调系统的应用日益普及。由于中央空调系统的耗能量很大，所以如何节约能源、提高效率就成为迫切需要解决的问题。本文根据作者的实际经验，从中央空调系统冷热源耗能方面详细介绍几种常用的节能措施。

【关键词】　中央空调　耗能　节能措施

【Abstract】　In recent years, along with the development of the building industry in our country, the application of the central air-conditioning system is increasing day by day, because the central air-conditioning system consumes a lot of energy, how to economize energy and enhance efficiency become urgently needs to solve. With practical experiences, the article introduces several kinds of commonly used energy-saving measures in two aspects about cold source and heat source energy consumption in air-conditioning system in detail.

【Keywords】　central air-conditioning, energy consumption, energy-saving measures

中央空调是现代建筑中不可缺少的能耗运行系统，它在给人们提供舒适的生活和工作环境的同时，又消耗掉了大量的能源。近年来，我国空调事业得到了迅猛地发展，中央空调的应用日益广泛，随之而来的能量供需矛盾也越来越突出。据统计，我国建筑物能耗约占能源总消耗量的30%。在有中央空调的建筑物中，中央空调的能耗约占总能耗的70%，而且呈逐年增长的趋势[1]。因此，如何高效利用中央空调系统的能源和节能就成为迫切需要解决的问题。对中央空调的能耗系统进行控制，可以减少无效能耗、减少热量排放，对于提高能源利用效率具有重要的经济效益和社会效益，尤其是对于我国这样一个能源并不十分丰富的国家，是非常有意义的事情。

1　温湿度控制

从中央空调系统空气处理过程可以看出，夏季室内温度越低、相对湿度愈低，系统设备耗能愈大；冬季室内温度越高、相对湿度愈高，系统设备耗能愈大，相应的初期投资和运行费用也随之增大。

由于每个人对舒适感的要求标准差别很大，故对民用中央空调可有一个范围较宽的舒适区。在该舒适区范围内，夏季降温时，取较高的温湿度值，温度保持在$25\sim27℃$，湿度在$50\%\sim60\%$比较合适；冬季采暖时，取较低的温湿度值，温度保持在$16\sim20℃$，湿度在$40\%\sim50\%$，人的感觉比较好；这样可获得一定的节能效果。建筑内温湿度的变化与建筑节能有着紧密的相关性，根据经验统计资料表明，如果在夏季将设定值温度下调$1℃$，将增加9%的能耗；如果在冬季将设定值温度上调$1℃$，将增加12%的能耗。因此将建筑内温湿度控制在设定值精度范围内是大楼中央空调节能的有效措施。

为降低能耗，空调房间室内温湿度基数，在满足生产需要和人体健康的情况下，夏季尽可能提高，冬季应尽可能降低。现在有些业主盲目追求"够冷"境界，大幅度提高室内温湿度设计标准，这样做，不仅无谓地浪费大量能源，而且还会产生舒适感的负面效应。

空调系统温湿度控制精度越高，舒适性越好，同时节能效果也越明显。而空调系统前端所测信号准确性直接影响到中央空调系统的精确控制程度。所以，所测信号，尤其是像温湿度这样的模拟信号，必须尽可能准确。为此，可采取以下措施：

（1）合理配置前端传感器数量。

探测点数设置过少，则无法取得精确的前端信号；而前端传感器数量（点数表）过多的话，易造成信号之间耦合，也使系统成本增大。根据空间的使用情况来决定探测点的数量，若空间有较大隔断时则保证每个隔断内至少有一个探测点，若是大空间则每间隔约20m左右一个探测点较为合适。

（2）正确选择传感器的安装位置。

举例来说，安装于送风管道内的温度传感器如果安装在靠近机组送风口处，则传感器检测得到的温度值可能偏低；如果安装在离送风口较远，则传感器测得温度值可能要高一些。这就必须根据风管的实际情况合理选择传感器安装位置。风管温度传感器位置选择在温度能够被准确检测的区域，一般来说，安装在送风风道上，安装位置距离送风机 2～3m 处。安装在回风风道上，安装位置可以在回风风道任意处，一般在接近空调箱的回风风道上。

此外，一定要选用高控制精度的 BAS 对中央空调进行控制。因为，BAS 采用 DDC（直接数字控制器）直接控制电动水阀阀门的开度，而无须中间调节器；另外，DDC 内含有丰富的计算控制软件，如比例积分微分（PID）算法、模糊控制算法、遗传算法等，来保证控制的精确度。

2　分区域控制

根据不同功能分区对温湿度的要求，进行合理的温湿度控制区域的划分，实行分区中央空调控制，不但舒适性好，而且节能效果明显。

对于公共区域主要提供一个过渡的区域，适当放宽控制要求，提高设定温度。如进门的前厅，在夏季将温度设定值设在 28～30℃，比室外低 4～5℃，人们已感觉舒适。

人们在大堂、公共休息厅、廊及其他公共区域停留时间都比较短，所以廊道的温度设定值设在 27～28℃ 已满足要求。而且，夏季无湿度要求，不设置再热盘管。考虑到冬季，如湿度过高，壳体和水下通廊的玻璃易结露，所以可不设置加湿器。

资料室、档案室、设备仪器室等空调区域，由于较高标准的温湿度要求，尤其是湿度的严格要求，应设置全空气空调系统。夏季可采用控制露点温度再根据室内负荷变化进行二次加热的方案，冬季可采用能够较精确控制加湿量的电蒸汽加湿器。

而对于办公室、会议室等小空间空调区域，其温湿度要求不严格。为提高节能效率，办公区温度定在 26℃ 左右，同样令人感觉舒适。该区域为控制灵活，可采用风机盘管加新风系统，考虑到人员长期停留，新风空调机组可设置价格较便宜、使用寿命较长且节电的高压喷雾加湿器。

3　新风量控制

由于新风负荷占建筑物总负荷的 20%～30%，控制和正确使用新风量是空调系统最有效的节能措施之一。除了严格控制新风量的大小之外，还要合理利用新风。对夏季需供冷、冬季需供热的中央空调房间，室外新风量越大，系统耗能越大。在这种情况下，室外新风应该控制到满足卫生要求的最小值。根据季节变化，进行合理的新风量有效调节是节能的另一个措施。例如：春秋季或冬季，有些房间仍需供冷，此时当室外空气焓值小于室内空气设计状态的焓值时，可采用室外新风为室内降温，可减少冷机的开启量，节省能耗。所以，充分利用室外空气作为冷源，过渡季可使用全新风，冬季可调节新风量，对于大型楼宇建筑，其节能效果会非常明显。

以上海地区为例，在设计工况（夏季室温 26℃，相对湿度 60%；冬季室温 22℃，相对湿度 55%）下，处理 1kg 室外新风量需冷量 6.5kW，热量 12.7kW，故在满足室内卫生的前提下，适当减少新风量，有显著的节能效果。新风量的大小主要根据室内允许 CO_2 浓度来确定，CO_2 允许浓度值取 0.1%（1000ppm），每人所需新风量约为 $30m^3/h$ 左右。可以实现新风量控制的措施有以下方法：

（1）在回风位置设置 CO_2 检测器，根据回风中 CO_2 气体浓度自动调节新风风门的开启度。

（2）根据不同季节的新风温度湿度计算焓值，自动调节新风与回风比，在冬夏两季采用最小新风运行，过渡季则全新风运行。保证回风温度为设定值。

（3）根据室内人员变动规律，并采用统计学的方法，建立新风风阀控制模型，以相应的时间而确定的运行程式进行程序控制新风阀，以达到对新风的控制。

4 冷源效率控制

评价冷源制冷效率的性能指标是制冷系数（COP，Coefficient Of Performance）。制冷系数指单位功耗所能获得的冷量。制冷系数与制冷剂的性质无关，仅取决于被冷却物的温度 T0 和冷却剂温度 Tk，T0 越高，Tk 越低，制冷系数越高。所以空调系统冷机的实际运行过程中不要使冷冻水温度太低、冷却水温度太高，否则制冷系数就会较低，产生单位冷量所需消耗的功量多，耗电量高，增加建筑的能耗。提高冷源效率可采取以下措施：

（1）降低冷却水温度

由于冷却水温度越低，冷机的制冷系数就越大。冷却水的供水温度每上升 1℃，冷机的 COP 下降近 4%。降低冷却水温度就需要加强冷却塔的运行管理。首先，对于停止运行的冷却塔，其进出水管的阀门应该关闭。否则，因为来自停开的冷却塔的水温度较高，混合后的冷却水水温就会提高，冷机的制冷系数就变小了。其次，冷却塔使用一段时间后，应及时检修，否则冷却塔的效率会下降，不能充分地为冷却水降温。

（2）提高冷冻水温度

由于冷冻水温度越高，冷机的制冷效率就越高。冷冻水供水温度提高 1℃，冷机的制冷系数可提高 3%，所以在日常运行中不要盲目降低冷冻水温度。首先，不要设置过低的冷机冷冻水设定温度。其次，一定要关闭停止运行的冷机的水阀，防止部分冷冻水走旁通管路，否则，经过运行中的冷机的水量就会减少，导致冷冻水的温度被冷机降到过低的水平。

5 运行规律控制

建筑内部各区域温湿度控制的设备运行有很强的规律性。如上、下班，白天、夜晚，节假日等。根据时间的不同，通过事先排定的工作表自动启停中央空调系统，自动确定投入运行的制冷机台数，同时平均分配备各冷水机组的工作时间；另外，根据时间表，得出中央空调负荷的时间分布规律，采用统计学的方法计算调节量。这样，可使中央空调系统有显著的节能效果。具体控制方式如下：

（1）最佳启动时间：通过对中央空调设备进行预冷时间的计算和控制，以缩短不必要的预冷时间，达到节能的目的。在保证人员进入时环境舒适的前提下，提前时间最短为最佳启动时间。最佳启动在工作时间开始前，先启动空调系统，以便先行改变工作区内温度，令其到工作时间时室内环境进入舒适（或要求）范围内，按一定的时间间隔对温度进行采样，计算使之到达设定的舒适极限所需的时间，以此确定最佳启动时间。

（2）最佳关机时间：根据人员使用情况，在人员离开之前的最佳时间，关闭中央空调设备，既能在人员离开之前空间维持舒适的水平，又能尽早地关闭设备，减少设备能耗。最佳停止在工作结束前的某一时间切断系统，这一时间既不能太早，也不能太迟，太早了就难以保证环境的舒适水平，太迟则达不到节能的目的。这一最佳停止时间的计算要根据具体设备、空间、人员等因素的综合使用情况统计得出。

（3）设定值再设定：根据室外空气的温度、湿度的变化对新风机组和中央空调机组的送风或回风温度设定值进行再设定，使之恰好满足区域的最大需要，以将中央空调设备的能耗降至最低。

（4）负荷间隙运行：在满足舒适性要求的极限范围内，按实测温度和负荷，确定循环周期与分段时间，通过固定周期性或可变周期性间隙运行某些设备来减少设备开启时间，减少能耗。

（5）分散功率控制：在需要功率峰值到来之前，关闭一些事先选择好的设备，以减少高峰功率负荷。

（6）夜间循环程序：分别设定低温极限和高温极限，按采样温度决定是否发出"制冷"命令，实现冷却循环控制。在凉爽季节，夜间只送新风，以节约中央空调能耗。

（7）夜间空气净化程序：采样测定室内、外空气参数，并与设定值进行比较，依据是否节能，发出

（或不发出）净化执行命令。

冷水机组群控模式：根据末端设备所需冷量负荷，合理配置冷水机组供出的冷负荷，动态调整设备运行和投入台数，保证冷量供求平衡，让冷源设备运行在最高效率特性上，避免大马拉小车，有效克服由于暖通设计中带来的设备容量和动力冗余而造成的能源浪费。

6　结束语

综上所述，对于中央空调系统采用有效的节能措施，使系统的调整和控制更准确，能源的消耗更合理，运行和管理的费用更节省。这是中央空调系统高效节能、高回报率的具体体现，也是空调工程设计追求的目标。

参考文献

[1]　吴继红，李佐周．中央空调工程设计与施工［M］．北京：高等教育出版社，2001．

路灯节能控制实施方案的探讨

中国建筑设计研究院　徐世宇

中国机械设备进出口总公司　童自刚

中国石油规划总院　卢　洁

【摘　要】　本文概述了路灯的节能方法，着重对路灯节能控制及实施方案进行了阐述，并对各方案的利弊及适用范围进行了分析。

【关键词】　路灯　照明　节能控制　实施方案

【Abstract】　The paper introduces the energy saving method for street lamps in which the emphasis is put on the energy saving control of street lamps and how to implement the schemes. The advantages and disadvantages between those schemes and the applicable range are analyzed as well.

【Keywords】　street lamp，lighting，energy saving control，implementation scheme

1　引言

城市道路、夜景照明现已成为城市文明的标志。随着经济的发展，城市道路规模不断增大，道路照明用电量也变得相当可观。因此，路灯节能也变得尤为重要。

路灯节能方法主要包括以下几个方面：

（1）按照需求确定合理的照度标准。

（2）灯具自身采取节能措施。如：采用节能高效光源、在灯具处进行电容补偿、采用节能型镇流器等。

（3）采用自发电路灯。如：太阳能路灯、风能路灯、太阳能风能共用路灯。

（4）对路灯采取合理的控制方式，以达到节能的目的。

确定一种经济、合理、节能的控制方式及其实施方案，对于工程的实施及今后的运行都是十分重要的。下文将对路灯的几种节能控制方式及其实施方案，进行分析与比较。

2　路灯节能的几种实施方式

深夜，人车稀少，在合理的范围内适当的降低路面照度，并不会影响人员活动及交通安全。路面照度的适当降低，为降低照明功率密度提供了先决条件，使路灯节能成为可能。目前，深夜适当降低照明功率密度是路灯节能中最为通用且有效的途径，其实施方式主要有以下几种：

（1）规律性的间隔关闭部分路灯。

（2）适当降低路灯的供电电压，从而降低光源的输出功率。

（3）路灯采用双光源灯头，深夜熄灭一个光源。

（4）路灯采用变功率镇流器，从而降低光源的输出功率。

2.1　规律性的间隔关闭部分路灯

规律性的间隔关闭部分路灯是指：在深夜，采用"隔一个灯，关一个灯"的方式，有规律的关闭一部分路灯，即"隔一亮一"的方式。采用该方式，节电效果显而易见，但缺点也很明显。"隔一亮一"不但降低了路面的照度，照度均匀度更会大幅度降低。

为验证照度均匀度变化问题，笔者使用照明软件进行了量化分析。分析模型为：路宽 24m，灯高 12m，灯具为截光型；路灯双侧对称布置，同侧路灯间距选用 25m 和 50m 两种（用以模拟"隔一亮一"前后状态）。分析结果显示：路灯间距 25m 时，照度均匀度为 0.49；而路灯间距 50m 时，照度均匀度仅为 0.31。

由此模型分析可见，采用"隔一亮一"方式，间隔关闭半数路灯后，照度均匀度明显下降。并且，为了提高照度均匀度，即使将路灯间距设置得较小（如：灯高12m，间距25m），在间隔关闭半数路灯后，照度均匀度也只能达到较低的标准。

注：《城市道路照明设计标准》CJJ 45—2006中，机动车交通道路照明的照度均匀度最小值为：快速路、主干路0.4；次干路0.35；支路0.3。

照度均匀度是道路照明的重要指标，过低的照度均匀度会影响驾驶员的视觉连续性，由此可能带来安全隐患。因此"隔一亮一"的方式只有在设计车速不快且非重要的支路才可以谨慎采用，同时还应根据选用的灯具进行计算校验。

2.2　适当降低路灯的供电电压

路灯的输出功率与供电电压的平方成正比，而路灯光源在点亮的状态下，适当的降低供电电压，不会使其熄灭。因此，在深夜，可适当的降低路灯的供电电压，以减小路灯的输出功率，从而实现节能的目的。

采用该方式的主要优点有：①参与照明的路灯数量不变，因此基本不影响路面的照度均匀度。②部分地区因深夜用电负荷小，电压偏高，致使光源过电压运行，使用寿命缩短。采用深夜降压运行，即节能又延长路灯光源的寿命，明显的减少路灯的维护工作量。

采用该方式的主要缺点有：①需要增加设备投资。在电源侧（如配电箱处）需设置自动调压装置，其容量需与所供电的路灯总容量相当。②一般路灯供电线路较长，回路末端电压降较大，采用降压运行会使其进一步加大。若设置不当，且遇电网电压波动，末端路灯会因电压过低而熄灭。

2.3　路灯采用双光源灯头，深夜熄灭一个光源

路灯采用双光源灯头，深夜熄灭一个光源，是较为常用的路灯节能控制方式。其实施方案有两种，即双回路方案和脉冲继电器方案。

2.3.1　双回路方案

如图1所示，每个路灯均有两个供电回路，分别接至两个光源。

其工作方式为：傍晚，由配电箱内的时钟控制器发出指令，自动投合两个回路的接触器，两条线路同时带电，路灯的两个光源同时点亮；深夜，由配电箱内的时钟控制器再次发出指令，断开一条供电回路的接触器，熄灭双光源中的一个光源。

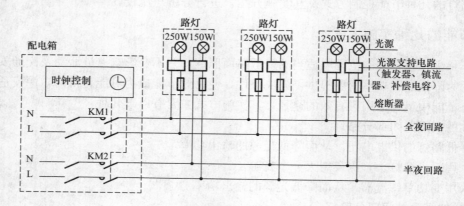

图1　双回路控制方案示意图

2.3.2　脉冲继电器方案

如图2所示，在每盏路灯处设置一个脉冲继电器，且需设置一条电源回路及一根控制线。

其工作方式是：傍晚，由配电箱内的时钟控制器发出指令，自动投合供电回路的接触器KM1，同时，短时关合控制线接触器KM2发出脉冲信号，通过控制线传递，使路灯处脉冲继电器触点闭合，路灯的两个光源均点亮；深夜，由时钟控制器控制KM2再次发出脉冲信号，路灯处脉冲继电器触点断开，熄灭双光源中的一个光源。

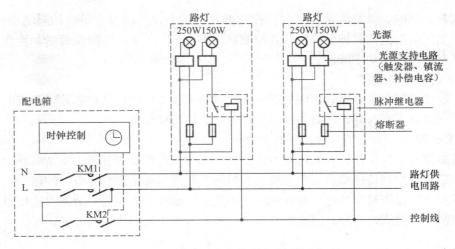

图 2　脉冲继电器控制方案示意图

一般单相脉冲继电器的动作功率很小（20VA 左右），且为脉冲信号，能耗很低，所以可选择较小的控制线截面。

2.3.3　两种方案的比较

双回路方案每盏路灯需引入两条回路，路灯处的电缆接头多，而且集中，致使施工接线复杂，维护困难。在路灯回路 T 接分支处，情况会变得更为严重。而脉冲继电器方案因采用单电缆供电，且控制线较细，此问题可得到解决。但是，因脉冲继电器分散安装在路灯处，增加了中间环节，又不如双回路方案简单直接。因此，两种方案各有利弊，应根据实际情况分析比较后选用。

2.4　路灯采用变功率镇流器

如图 3 所示，变功率镇流器的工作原理为：正常状态下，切换开关闭合，降功率电感两端短路，处于基本失效状态；当控制器接到切换指令时，切换开关断开，降功率电感与镇流器电感串接，回路总阻抗增大，致使工作电流减小，光源输出功率下降。控制电路还具有防止光源失压熄灭功能。当电网电压过低致使光源出现闪烁时，控制电路可重新闭合切换开关，避免光源熄灭。

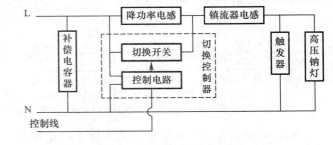

图 3　变功率镇流器原理图

变功率镇流器有 100/70W、150/100W、250/150W、400/250W 等多种规格。其实施方案有以下两种，即控制线控制方案和自带时钟控制方案。

2.4.1　控制线控制方案

如图 4 所示，在每盏路灯处设置一套变功率镇流器，且需设置一条电源回路及一根控制线。

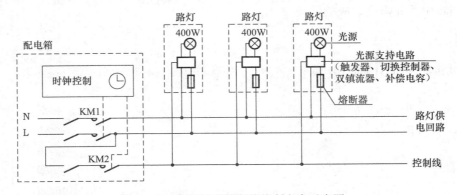

图 4　变功率镇流器控制线控制方案示意图

其工作方式是：傍晚，由配电箱内的时钟控制器发出指令，自动投合供电回路的接触器 KM1，路灯点亮；深夜，由配电箱内的时钟发出指令，控制接触器 KM2 动作，控制线得电，使变功率镇流器的控制切换器动作，路灯输出功率降低。

2.4.2 自带时钟控制方案

其原理与控制线控制方案类似，不同之处在于：变功率镇流器的切换控制器内自带时钟控制，而无需控制线。时钟在路灯点亮时开始计时，延时数小时后单灯自动切换。

2.4.3 方案比较

变功率镇流器方式，与单灯头双光灯源方式相比，无须双光源及双套光源支持电路。且灯光从一个反光罩中发出，更容易控制切换前后的照明效果。但每盏灯都增加了控制环节，故障率也会随之增加。

自带时钟控制方案仅需对灯具进行调整，而无须敷设控制线，故对路灯节能改造项目较为适用。但单盏路灯分散控制，不易调整管理，因此路灯数量较多时宜采用控制线控制方案。

3 综合比较

表 1 列出了各路灯节电方案的实施条件及节电效果。

路灯节电实施方案比较表　　　　　　　　　　　　　　　表1

	降低供电电压方式	路灯采用双光源灯头		路灯采用变功率镇流器	
	灯具处电压下降 20%	双回路方案	脉冲继电器方案	控制线控制方案	自带时钟控制方案
光源功率	400W→250W	250W+150W	250W+150W	400W/250W	400W/250W
单盏路灯灯具配置及设备配置	一套光源支持电器。电源侧需配等容量的自动调压装置	两套光源支持电器	两套光源支持电器；配脉冲继电器	一套光源支持电器，包括变功率镇流器	一套光源支持电器，包括变功率镇流器（自带时钟）
路灯供电线路（铜导线）	单回路（16mm²）	双回路（10mm²+6mm²）	单回路（16mm²）	单回路（16mm²）	单回路（16mm²）
控制线	无	无	1根（4mm²）	1根（4mm²）	无
单灯节电率	18.8%	18.8%	18.8%	18.8%	18.8%
单灯年节电量 kWh	361	361	361	361	361

表注：为使其照明效果基本相同，拟设切换前后光源输出功率为 400W 和 250W；未计算线路损耗，镇流器损耗均按光源功率的 10% 考虑；路灯运行方式均为：晚 6 点路灯点亮，午夜 12 点改变输出功率，早晨 6 点路灯熄灭；因"隔一亮一"方式，受照度均匀度下降明显的影响，实施中需增大路灯密度，与其他方案前提条件相差较大，故表中未列出。

由表可见，在照明效果相同的前提下，几种方案的节能效果基本相同，但每种实施方案不尽相同，各有各的特点。在工程实践中，应根据实际情况进行合理的选用。

4 结束语

节能控制作为路灯节能的重要手段，已引起人们充分的重视。而确定一个经济合理的节能控制实施方案，是工程实践中首先需要解决的问题。

参考文献

[1] 建设部. 城市道路照明设计标准 CJJ 45—2006 [S]. 北京：中国建筑工业出版社，2006.

电气节能技术在工程设计中的应用

中信集团武汉市建筑设计院　李　蔚　吴婧华　冯　涛

【摘　要】　本文着眼于电气节能设计应遵循的原则，重点从变压器的选择、供配电系统及线路设计、提高系统功率因数、照明节能、电动机节能、节电型低压电器选用、谐波的产生与治理、太阳能光伏发电系统的设计应用等多个方面和角度，论述了建筑电气节能的技术措施及其在工程设计中的合理应用。

【关键词】　电气节能　变压器损耗　线路损耗　功率因数　照明节能　变频调速　软起动器　节电型低压电器　谐波　太阳能光伏发电

【Abstract】　Based on the principles which should be followed in electrical energy saving design，the paper expounds the energy-saving measures and its reasonable application in engineering design from the following parts：the selection of transformers，design of power supply & distribution system and circuit，improving the power factor of system，lighting energy saving，energy saving of electromotor，selection of energy-saving low voltage apparatus，harmonic generation and treatment，design and application of solar photovoltaic system.

【Keywords】　electrical energy saving，transformer loss，circuit loss，power factor，lighting energy saving，frequency control，soft starter，energy-saving low voltage apparatus，harmonic，solar photovoltaic system

1　引言

我国正处于城镇化建设的快速发展时期，已建项目的总建筑面积约为 400 亿 m²，每年还以 10 几亿 m² 的速度递增。目前，我国建筑能耗约占全社会总能耗的 27％ 左右（根据建设部和国家建材局的统计）。到 2020 年，全国将新增建筑面积约 200 亿 m²，建筑能耗占全社会总能耗的比例将更高。

在欧美一些发达国家，节能型建筑的比例已达到了 40％。而在我们这样一个资源相对匮乏、正在发展中的人口大国，能源的消耗正急剧增加，能源危机迫在眉睫，作为能耗大户的建筑能耗已成为危及社会可持续发展的一个重大问题。为此，中央经济工作会议提出建设"资源节约型"社会的目标，要求各地大力推广"节能省地"型建筑。

由此可见，建筑节能已成为时代的呼唤。作为二次能源的电能，如何降低损耗、高效利用，如何将节能技术合理应用到工程项目当中，也就成为建筑电气设计的焦点。

2　电气节能设计应遵循的原则

电气节能设计既不能以牺牲建筑功能、损害使用需求为代价，也不能盲目增加投资、为节能而节能。因此，笔者认为，电气节能设计应遵循以下原则：

1）满足建筑物的功能

这主要包括：满足建筑物不同场所、部位对照明照度、色温、显色指数的不同要求；满足舒适性空调所需要的温度及新风量；满足特殊工艺要求，如体育场馆、医疗建筑、酒店、餐饮娱乐场所一些必需的电气设施用电，展厅、多功能厅等的工艺照明及电力用电等。

2）考虑实际经济效益

节能应考虑国情及实际经济效益，不能因为追求节能而过高地消耗投资，增加运行费用，而应在该通过比较分析，合理选用节能设备及材料，使在节能方面增加的投资，能在几年或较短的时间内用节能减少下来的运行费用进行回收。

3）节省无谓消耗的能量

节能的着眼点，应是节省无谓消耗的能量。设计时首先找出哪些方面的能量消耗是与发挥建筑物功能无关的，再考虑采取什么措施节能。如变压器的功率损耗、电能传输线路上的有功损耗，都是无用的能量损耗；又如量大面广的照明容量，宜采用先进的调光技术、控制技术使其能耗降低。

总之，笔者认为节能设计应把握"满足功能、经济合理、技术先进"的原则。具体说来，可重点从以下多个方面采取节能措施，将节能技术合理应用到实际工程中。

3 变压器的选择

变压器节能的实质就是：降低其有功功率损耗、提高其运行效率。

变压器的有功功率损耗如下式表示：

$$\Delta P_\mathrm{b} = P_0 + P_\mathrm{K}\beta^2$$

其中：ΔP_b——变压器有功损耗（kW）；

　　　P_0——变压器的空载损耗（kW）；

　　　P_K——变压器的有载损耗（kW）；

　　　β——变压器的负载率。

式中 P_0 为空载损耗又称铁损，它由铁芯的涡流损耗及漏磁损耗组成，其值与硅钢片的性能及铁芯制造工艺有关，而与负荷大小无关，是基本不变的部分。

因此，变压器应选用 SL7、SLZ7、S9、SC9 等节能型变压器，它们都是选用高导磁的优质冷轧晶粒取向硅钢片和先进工艺制造的新系列节能变压器。由于"取向"处理，使硅钢片的磁场方向接近一致，以减少铁芯的涡流损耗；45°全斜接缝结构，使接缝密合性好，可减少漏磁损耗。

与老产品比，SL7、SLZ7 无励磁调压变压器的空载损失和短路损失，10kV 系列分别降低 41.5％和 13.93％；35kV 系列分别降低 38.33％和 16.22％。S9、SC9 系列与 SL7、SLZ7 系列相比，其空载和短路损耗又分别降低 5.9％和 23.33％，平均每 kVA 较 SL7、SLZ7 系列年节电 9kWh。

新系列节能型变压器，因其具有损耗低、质量轻、效率高、抗冲击、节能显著等优点，而在近年得到了广泛的应用，所以，设计应首选低损耗的节能变压器。

上式中，P_k 是传输功率的损耗，即变压器的线损，它取决于变压器绕组的电阻及流过绕组电流的大小。因此，应选用阻值较小的铜芯绕组变压器。对 $P_k\beta^2$，用微分求它的极值，可知当 $\beta＝50％$ 时，变压器的能耗最小。但这仅仅是从变压器节能的单一角度出发，而没有考虑综合经济效益。

因为 $\beta＝50％$ 的负载率仅减少了变压器的线损，并没有减少变压器的铁损，因此节能效果有限；且在此低负载率下，由于需加大变压器容量而多付的变压器价格，或变压器增大而使出线开关、母联开关容量增大引起的设备购置费，再计及设备运行、折旧、维护等费用，累积起来就是一笔不小的投资。由此可见，取变压器负载率为 50％是得不偿失的。

综合考虑以上各种费用因素，且使变压器在使用期内预留适当的容量，笔者认为，变压器的负载率 β 应选择在 75％～85％为宜。这样既经济合理，又物尽其用。另一方面，因为变压器在满负荷运行时，其绝缘层的使用年限一般为 20 年，20 年后通常会有性能更优的变压器问世，这样就可有机会更换新的设备，从而使变压器总趋技术领先水平。

设计时，合理分配用电负荷、合理选择变压器容量和台数，使其工作在高效区内，可有效减小变压器总损耗。

当负荷率低于 30％时，应按实际负荷换小容量变压器；当负荷率超过 80％并通过计算不利于经济运行时，可放大一级容量选择变压器。

当容量大而需要选用多台变压器时，在合理分配负荷的情况下，尽可能减少变压器的台数，选用大容量的变压器。例如需要装机容量为 2000kVA，可选 2 台 1000kVA，不选 4 台 500kVA。因为前者总损耗比后者小，且综合经济效益优于后者。

对分期实施的项目，宜采用多台变压器方案，避免轻载运行而增大损耗；内部多个变电所之间宜敷设联络线，根据负荷情况，可切除部分变压器，从而减少损耗；对可靠性要求高、不能受影响的负荷，宜设置专用变压器。

在变压器设计选择中，如能掌握好上述原则及措施，则既可达到节能目的，又符合经济合理的要求。

4 合理设计供配电系统及线路

1）根据负荷容量及分布、供电距离、用电设备特点等因素，合理设计供配电系统和选择供电电压，可达到节能目的。供配电系统应尽量简单可靠，同一电压供电系统变配电级数不宜多于两级。

2）按经济电流密度合理选择导线截面，一般按年综合运行费用最小原则确定单位面积经济电流密度。

3）由于一般工程的干线、支线等线路总长度动辄数万米，线路上的总有功损耗相当可观，所以，减少线路上的损耗必须引起设计足够重视。由于线路损耗 $\Delta P \propto R$，而 $R = \rho \cdot L/S$，则线路损耗 ΔP 与其电导率 ρ、长度 L 成正比，与其截面 S 成反比。为此，应从以下几方面入手：

（1）选用电导率 ρ 较小的材质做导线。铜芯最佳，但又要贯彻节约用铜的原则。因此，在负荷较大的一类、二类建筑中采用铜导线，在三类或负荷量较小的建筑中可采用铝芯导线。

（2）减小导线长度 L。主要措施有：

① 变配电所应尽量靠近负荷中心，以缩短线路供电距离，减少线路损失。低压线路的供电半径一般不超过 200m，当建筑物每层面积不少于 $1 \times 10^4 \mathrm{m}^2$ 时，至少要设两个变配电所，以减少干线的长度；

② 在高层建筑中，低压配电室应靠近强电竖井，而且由低压配电室提供给每个竖井的干线，不应产生"支线沿着干线倒送电能"的现象，尽可能减少回头输送电能的支线；

③ 线路尽可能走直线，少走弯路，以减少导线长度；其次，低压线路应不走或少走回头线，以减少来回线路上的电能损失。

（3）增大线缆截面 S。

① 对于比较长的线路，在满足载流量、动热稳定、保护配合、电压损失等条件下，可根据情况再加大一级线缆截面。假定加大线缆截面所增加的费用为 M，由于节约能耗而减少的年运行费用为 m，则 M/m 为回收年限，若回收年限为几个月或一、二年，则应加大一级导线截面。一般来说，当线缆截面小于 70mm²，线路长度超过 100m 时，增加一级线缆截面可达到经济合理的节能效果。

② 合理调剂季节性负荷、充分利用供电线路。如将空调风机、风机盘管与一般照明、电开水等计费相同的负荷，集中在一起，采用同一干线供电，既可便于用一个火警命令切除非消防用电，又可在春、秋两季空调不用时，以同样大的干线截面传输较小的负荷电流，从而减小了线路损耗。

在供配电系统的设计中，积极采取上述各项技术措施，就可有效减少线路上的电能损耗，达到线路节能的目的。

5 提高系统的功率因数

5.1 提高功率因素的意义

设定输电线路导线每相电阻为 R（Ω），则三相输电线路的功率损耗为：

$$\Delta P = 3I^2R \times 10^{-3} = \frac{P^2R}{U^2\cos^2\varphi} \times 10^3$$

式中　ΔP——三相输电线路的功率损耗，kW；

　　　P——电力线路输送的有功功率，kW；

　　　U——线电压，V；

　　　I——线电流，A；

　$\cos\varphi$——电力线路输送负荷的功率因数。

由上式可以看出，在系统有功功率 P 一定的情况下，$\cos\varphi$ 越高（即减少系统无功功率 Q），功率损耗 ΔP 将越小，所以，提高系统功率因素、减少无功功率在线路上传输，可减少线路损耗，达到节能的目的。

在线路的电压 U 和有功功率 P 不变的情况下，改善前的功率因数为 $\cos\varphi_1$，改善后的功率因数为 $\cos\varphi_2$，则三相回路实际减少的功率损耗可按下式计算：

$$\Delta P = \left(\frac{P}{U}\right)^2 R \left[\frac{1}{\cos^2\varphi_1} - \frac{1}{\cos^2\varphi_2}\right] \times 10^3$$

另外，提高变压器二次侧的功率因素，由于可使总的负荷电流减少，故可减少变压器的铜损，并能减少线路及变压器的电压损失。当然，另一方面，提高系统功率因素，使负荷电流减少，相当于增大了发配电设备的供电能力。

5.2 提高功率因数的措施

1）减少供用电设备无功消耗，提高自然功率因数，其主要措施有：

（1）正确设计和选用变流装置，对直流设备的供电和励磁，应采用硅整流或晶闸管整流装置，取代变流机组、汞弧整流器等直流电源设备。

（2）限制电动机和电焊机的空载运转。设计中对空载率大于50％的电动机和电焊机，可安装空载断电装置；对大、中型连续运行的胶带运输系统，可采用空载自停控制装置；对大型非连续运转的异步笼型风机、泵类电动机，宜采用电动调节风量、流量的自动控制方式，以节省电能。

（3）条件允许时，采用功率因数较高的等容量同步电动机代替异步电动机，在经济合算的前提下，也可采用异步电机同步化运行。

（4）荧光灯选用高次谐波系数低于15％的电子镇流器；气体放电灯的电感镇流器，单灯安装电容器就地补偿等，都可使自然功率因数提高到0.85～0.95。

2）用静电电容器进行无功补偿：

按全国供用电规则规定，高压供电的用户和高压供电装有带负荷调整电压装置的电力用户，在当地供电局规定的电网高峰负荷时功率因数应不低于0.9。

当自然功率因素达不到上述要求时，应采用电容器人工补偿的方法，以满足规定的功率因数要求。实践表明，每千乏补偿电容每年可节电150～200kWh，是一项值得推广的节电技术。特别是对于下列运行条件的电动机要首先应用：

（1）远离电源的水源泵站电动机；

（2）距离供电点200m以上的连续运行电动机；

（3）轻载或空载运行时间较长的电动机；

（4）YZR、YZ系列电动机；

（5）高负载率变压器供电的电动机。

3）无功补偿设计原则为：

（1）高、低压电容器补偿相结合，即变压器和高压用电设备的无功功率由高压电容器来补偿，其余的无功功率则需按经济合理的原则对高、低压电容器容量进行分配。

（2）固定与自动补偿相结合，即最小运行方式下的无功功率采用固定补偿，经常变动的负荷采用自动补偿。

（3）分散与集中补偿相结合，对无功容量较大、负荷较平稳、距供电点较远的用电设备，采用单独就地补偿；对用电设备集中的地方采用成组补偿，其他的无功功率则在变电所内集中补偿。

有必要指出的是，就地安装无功补偿装置，可有效减少线路上的无功负荷传输，其节能效果比集中安装、异地补偿要好。

还有一点，对于电梯、自动扶梯、自动步行道等不平稳的断续负载，不应在电动机端加装补偿电容器。因为负荷变动时，电机端电压也变化，使补偿电容器没有放完电又充电，这时电容器会产生无功浪涌电流，使电机易产生过电压而损坏。

另外，如星三角起动的异步电动机也不能在电动机端加装补偿电容器，因为它起动过程中有开路、闭路瞬时转换，使电容器在放电瞬间又充电，也会使电机过电压而损坏。

6 照明系统的节能

因建筑照明量大而面广，故照明节能的潜力很大。在满足照度、色温、显色指数等相关技术参数要求的前提下，照明节能设计应从下列几方面着手。

6.1 选用高效光源

按工作场所的条件，选用不同种类的高效光源，可降低电能消耗，节约能源。其具体要求如下：

一般室内场所照明，优先采用荧光灯或小功率高压钠灯等高效光源，推荐采用 T5 细管、U 型管节能荧光灯，以满足《建筑照明设计标准》GB 50034—2004 对照明功率密度（LPD）的限值要求。不宜采用白炽灯，只有在开合频繁或特殊需要时，方可使用白炽灯，但宜选用双螺旋（双绞丝）白炽灯。

高大空间和室外场所的一般照明、道路照明，应采用金属卤化物灯、高压钠灯等高光强气体放电灯。

气体放电灯应采用耗能低的镇流器，且荧光灯和气体放电灯，必须安装电容器，补偿无功损耗。

6.2 选用高效灯具

除装饰需要外，应优先选用直射光通比例高、控光性能合理；反射或透射系数高、配光特性稳定的高效灯具：

采用非对称光分布灯具。由于它具有减弱工作区反射眩光的特点，在一定的照度下，能够大大改善视觉条件，因此可获得较高的效能。

选用变质速度较慢的材料制成的灯具，如玻璃灯罩、搪瓷反射罩等，以减少光能衰减率。

室内灯具效率不应低于 70%（装有遮光栅格时，不应低于 55%）；室外灯具效率不应低于 40%（但室外投光灯不应低于 55%）。

6.3 选用合理的照明方案

采用光通利用系数较高的布灯方案，优先采用分区一般照明方式。

在有集中空调且照明容量大的场所，采用照明灯具与空调回风口结合的形式。

在需要有高照度或有改善光色要求的场所，采用两种以上光源组成的混光照明。

室内表面采用高反射率的浅色饰面材料，以更加有效地利用光能。

6.4 照明控制和管理

（1）充分利用自然光，根据自然光的照度变化，分组分片控制灯具开停。设计时适当增加照明开关点，即每个开关控制灯的数量不要过多，以便管理和有利节能。

（2）对大面积场所的照明设计，采取分区控制方式，这样可增加照明分支回路控制的灵活性，使不需照明的地方不开灯，有利节电。

（3）有条件时，应尽量采用调光器、定时开关、节电开关等控制电气照明。公共场所照明，可采用集中控制的照明方式，并安装带延时的光电自动控制装置。大面积公共区域，宜设置智能照明控制系统。

（4）室外照明系统，为防止白天亮灯，最好采用光电控制器代替照明开关，或采用智能照明控制系统，以利节电。

（5）在插座面板上设置翘板开关控制，当用电设备不使用时，可方便切断插座电源，消除设备空载损耗、达到节电的目的。

7 电动机的节能

7.1 选用高效率电动机

提高电动机的效率和功率因素，是减少电动机的电能损耗的主要途径。与普通电动机相比，高效电动机的效率要高 3%～6%，平均功率因数高 7%～9%，总损耗减少 20%～30%，因而具有较好的节电效果。所以在设计和技术改造中，应选用 Y、YZ、YZR 等新系列高效率电动机，以节省电能。

另一方面要看到，高效电机价格比普通电机要高 20%～30%，故采用时要考虑资金回收期，即能在短期内靠节电费用收回多付的设备费用。一般符合下列条件时可选用高效电机：

（1）负载率在 0.6 以上；

（2）每年连续运行时间在 3000h 以上；

（3）电机运行时无频繁启、制动（最好是轻载启动，如风机、水泵类负载）；

（4）单机容量较大。

7.2　选用交流变频调速装置

推广交流电机调速节电技术，是当前我国节约电能的措施之一。采用变频调速装置，使电机在负载下降时，自动调节转速，从而与负载的变化相适应，即提高了电机在轻载时的效率，达到节能的目的。

目前，用普通晶闸管、GTR、GTO、IGBT 等电力电子器件组成的静止变频器对异步电动机进行调速已广泛应用。在设计中，根据变频的种类和需调速的电机设备，选用适合的变频调速装置。

7.3　选用软起动器设备

采用软件起动是另一种比变频器更经济的节能措施。软起动器设备是按起动时间逐步调节可控硅的导通角，以控制电压的变化。由于电压可连续调节，因此起动平稳，起动完毕，则全压投入运行。软起动器也可采用测速反馈、电压负反馈或电流正反馈，利用反馈信息控制可控硅导通角，以达到转速随负载的变化而变化。

软起动器通常用在电机容量较大、又需要频繁起动的水泵设备中，以及附近用电设备对电压的稳定要求较高的场合。因为它从起动到运行，其电流变化不超过 3 倍，可保证电网电压的波动在所要求的范围内。但由于它是采用可控硅调压，正弦波未导通部分的电能全部消耗在可控硅上，不会返回电网。因此，它要求散热条件较好、通风措施完善。

7.4　选用智能化节能控制装置

对中央空调水系统，设置智能化变频调速节能控制装置，可最大限度地提高整个空调水系统的运行效率，收到良好的节能效果。

这种智能化节能控制技术的控制算法，采用了当代先进的"模糊控制技术"或"模糊控制与改进的 PID 复合控制技术"以取代传统的 PID 控制技术，从而较好克服了传统的 PID 控制不适应中央空调系统时变、大滞后、多参量、强耦合的工况特点，能够实现空调水系统安全、高效的运行。同时，在充分满足空调末端制冷（热）量需求的前提下，通常可使水泵的节能率达到 60%～80%；通过对空调水系统的自动寻优控制，可使空调主机的节能率达到 5%～30%，为用户实现较显著的节能收益。其节能效果，优于传统分散式变频调速节能控制装置（变频器＋动力柜），更是工频动力柜不可比拟的。

8　节电型低压电器的选用

设计时应积极选用具有节电效果的新系列低压电器，以取代功耗大的老产品，例如：

1）用 RT20、RT16（NT）系列熔断器取代 RT0 系列熔断器。

2）用 JR20、T 系列热继电器取代 JR0、JR16 系列热继电器。

3）用 AD1、AD 系列新型信号灯取代原 XD2、XD3、XD5 和 XD6 老系列信号灯。

4）选用带有节电装置的交流接触器。大中容量交流接触器加装节电装置后，接触器的电磁操作线圈的电流由原来的交流改变为直流吸持，既可省去铁芯和短路环中绝大部分的损耗功率，还可降低线圈的温升及噪声，从而取得较高的节电效益，每台平均节电约 50W，一般节电率高达 85% 以上。

9　谐波的产生与治理

在电力系统中，谐波产生源主要有：铁磁性设备（发电机、电动机、变压器等）、电弧性设备（电弧炉、点焊机等）、电子式电力转换器、整流换流设备（整流器 AC/DC、逆变器 DC/AC；变频器（变频空调、变频水泵）、软启动器；气体放电灯镇流器；可控硅调光设备；UPS、EPS、计算机等）。

谐波对公用电网是一种污染，其危害主要体现在：使公用电网中的元件产生了附加的谐波损耗；大量的 3 次谐波电流过中线时，会使线路过热甚至发生火灾；谐波影响各种电力、通信、信息设备的正常工作；引起公用电网中局部的并联谐振和串联谐振，从而使谐波放大，危害加重；谐波会导致继电保护和自动装置的误动作，并会使电气测量仪表计量不正确。

所以谐波治理既是电气节能的需要，也是提高电能质量的需要。治理谐波的措施包括：在电力系统内设置高低压调谐滤波器、谐波滤波器（无源式、有源式 Maxsine）、中性线 3 次谐波滤波器、TSC 晶闸管控制的调谐滤波器等。其应用条件与场所为：

1）调谐滤波器：适用于谐波负载容量小于 200kVA 情况，电容器加串接电抗器组成调谐滤波器，不可使用单纯电容器作无功补偿。

2）无源谐波滤波器：适用于配电系统中相对集中的大容量（200kVA 或以上）非线型、长期稳定运行的负载情况。

3）有源谐波滤波器：适用于配电系统中大容量（200kVA 或以上）非线型、变化较大的负载（如断续工作的设备等）用无源滤波器不能有效工作的情况。

4）有源、无源组合型谐波滤波器：适用于配电系统中既有相对集中、长期稳定运行的大容量（200kVA 或以上）非线型负载，又有较大容量的、经常变化的非线型负载情况。还可选用 D，yn11 变压器供电，为 3 次谐波提供环流通路。

10　太阳能光伏发电系统的设计应用

太阳能光伏系统主要由太阳能电池板、蓄电池、控制器、DC-AC 逆变器和用电负载等组成。其中，太阳能电池板、蓄电池为电源系统，控制器、逆变器为控制保护系统。太阳能光伏系统分为独立系统、群控系统、并网系统、混合系统、并网混合系统等几种运行方式。在建筑领域的设计应用有：

1）太阳能照明系统：可用于路灯、草坪灯、庭院灯、楼道灯等节能灯、LED 灯的照明供电。

2）太阳能水泵：太阳能水泵一般不需要蓄电池，而由太阳能电池板直接带动水泵工作。

3）光伏建筑一体化（BIPV）：如太阳能屋顶，是将太阳能电池板安装在建筑物的屋顶，引出端经过控制器、逆变器与公共电网相连接，由太阳能电池板、电网并联向用户供电，即组成了户用并网光伏系统。这种并网系统因有太阳能、公共电网同时给负载供电，系统随时可向电网中存电或取电，所以供电可靠性得到增强；而且，系统一般不用蓄电池，这既降低了造价，又免去了蓄电池的电能损耗、维护更换；同时，多余的发电可反馈给电网，既充分利用了光伏系统所发的电能，又对电网具有调峰作用。

光伏建筑一体化（BIPV）体现了创新的建筑设计理念和高科技含量，它不仅开辟了光伏技术应用于建筑领域的新天地，而且拉动了光伏技术的产业化发展及在城市的大规模应用，因而具有非常广阔的市场前景。

此外，设置机电设备监控管理系统（BAS）、变电所电能监控管理系统（PMS），亦为电气节能设计的内容。BAS 对大楼内的机电设备如空调、采暖、通风、给排水、电梯及扶梯、变配电系统和照明系统设备的运行工况及状态进行实时的监测，进行运算后的调节与优化控制，可有效降低能耗，达到节能目的。PMS 由微机综合保护单元、后台总线监控系统、网络仪表等组成，数字显示仪表具备通信接口，可实现合理用电、节能管理。

还可采用冷、热、电三联供系统的节能技术，经过能源的梯级利用，使能源利用效率从常规发电系统的 40％左右可提高到 80％左右，当系统配置合理时，既可节省一次能源，又可使发电成本低于电网电价，综合经济效益显著。

11　结语

综上所述，建筑电气的节能潜力很大，应在设计中精心考虑各种可行的技术措施。同时，在选用节能的新设备时，应具体了解其原理、性能、效果，从技术、经济上进行比较后，再合理选定节能设备，以真正达到有效节能的目的。

参考文献

[1] 中华人民共和国住房和城乡建设部. JGJ 16—2008 民用建筑电气设计规范 [S]. 北京：中国建筑工业出版社，2008.

[2] 中国建筑科学研究院. GB 50034—2004 建筑照明设计标准 [S]. 北京：中国建筑工业出版社，2004.

[3] 注册电气工程师执业资格考试专业考试复习指导书 [M]. 北京：中国电力出版社，2004.

电气设计中的节能措施

中国城市规划设计研究院　宫周鼎

【摘　要】　为了更好地贯彻节能环保这一长期国策，我们应当坚持解决现存问题的正确方向，在总结多年来电气节能设计经验的基础上，细化各项准确可靠的节能措施，实现优化设计。根据节能评估和审查的要求，在建筑电气设计中我们应当更好地处理与节能相关的各种要素。

【关键词】　电气设计　节能规划选择　智能建筑

【Abstract】　In order to carry through the national policy of energy saving we must adhere to correct direction. On the basis of our experience in electrical design，we apply a lot of energy saving measures. According to the requirements of energy saving evaluation and examination we should attend to the relations between essential factors and the energy saving measure in the electrical design.

【Keywords】　electrical design，energy saving planning selection，intelligent building

众所周知，节能减排是一项重要国策。毋庸置疑，建筑工程中的电气设计节能措施是落实节能国策的重要方面之一。建筑工程的建设目标是众多使用功能的集成，因此，我们不宜过分强调某些方面，轻视或者忽视另一些方面。我们应当注重优化设计，在电气设计的节能规划中不断总结经验，在统筹兼顾，平衡相关要素的前提下争取较大的节能效果。

1　电气节能设计与工程造价

由于追求效益最大化的市场经济规律的普遍作用所致，建筑工程建设单位现在比以往更加注重性能价格比。在电气设计中，业主不仅看节能方面，更主要的看节省一次性投资。

节能体现在运行费用方面，而工程造价体现在一次投资费用方面。事实上运行费用的节约与一次投资的节省往往是相互矛盾的。例如白炽灯比节能灯造价低却浪费电能。也有的情况下可以兼顾造价低和效果好，例如在较小型的地下室、车库的照明方式，是采用普通照明加应急照明的并用方式，还是全部采用应急照明，只设一个双路终端自动切换电源箱，显然后者较好。由此可引申出：设计超标要具体问题具体分析。国家规范为最低要求，设计标准不能低于国标；所以经济发展超前地区的地方标准往往要求高于国家规范。

电气设备、材料的选择关乎节能，但具体的选择要看具体情况。例如电缆电线截面的选择，从节能的角度看最好选用电阻小的电缆以减少线路的有功损耗，采用较大截面的铜芯线，相对电阻小、节能。在投资条件允许时电缆的选择可以根据线路的计算电流将电缆截面放大一级。这样可节省线路的有功损耗，减削电压损失，提高电能质量。据有关计算资料，如果将电缆截面放大一级，则每米电缆年损耗要小 30kWh 左右（按计算电流为 200A，年最大负荷利用小时为 4000h 计算）。关于电缆的选型也与价格、节能有关（同截面的 YJV 电缆价格要比 VV 型电缆的高），需要设计时注意。

变压器的选型应选用空载损耗和负载损耗低的新型节能产品，例如 SGB11-R 型或 SB10 型干式变压器，SGB11-R 变压器的空载损耗比 SB9 型低。油浸式变压器比干式变压器节能。

变压器的容量选择关乎节能。单台变压器的容量不宜过大。变压器本身是能量变换输入装置，非电动机一类电器，但因本身容量大、电流大，其发热耗电也很可观。阻抗随温升加大，故变压器不宜过大或过小。过大了不利照明、动力、空调分开为专用变压器，且在用电低谷时"大马拉小车"。过小时台数多、易过载、加剧热损耗。因此老的民用建筑电气设计规范将小区单台变压器容量标准限定不大于 630kVA/台，新的民用建筑电气设计规范将标准限量提高到 1250kVA。

变压器的容量越大则空载损耗越大，因此变压器容量不宜过大。如果变压器容量选择过大不仅增加初期投资，而且变压器长期在空载下运行使空载损耗比重增加。建议有条件时选用单台变压器容量不宜超过 1000kVA；选用可节省占地面积及节省设备投资的箱式变压器。在空调地区，对于大、中型建筑或较大的住宅小区内，可以选择设置空调专用变压器，可在非空调季节切除空调变压器（夏用冬停）。

变压器负荷率的确定也与节能有关。一般合理的负荷率为 0.75～0.85。变压器的运行效率与变压器的负荷率有很大关系，当变压器长期空载运行时，空载损耗比重增加，功率因数低于 0.5，造成电力系统的电能损耗增加；当变压器负荷率大于 85% 时，则变压器的寿命将缩短，效率降低，建议变压器长期工作负荷率不宜大于 85%。

供电电压等级应根据用电容量、供电距离、初投资及年运行费用（包括变压器损耗和供电线路损耗）等各种因素综合比较后确定，如果输送功率为 100kW 以下，输送距离为 600m 以下，建议选择 380/220V 供电；如果输送功率为 200～2000kW，输送距离为 6～20km，建议选用 10kV 电压供电。

多层住宅的垂直配电干线宜采用三相配电系统，而且三相应尽量做到三相平衡以减少电网的中性线电流及变压器的损耗。

对于大型住宅小区（建筑面积＞10 万 m^2），应根据总体规划的总图布置，将变电站或箱式变压器设置在负荷中心，尽量减少供电距离，节省电缆数量及节省电能损耗及电压降，从而节省工程投资。在室内，供电半径大小宜控制在干线 200m、支线 50m 以内，太远了电压降加大，电阻变大，电能消耗显著增加。

另外，建筑物中的风机、水泵的电动机容量选择时裕量不要留得太大，特别是互为备用的电动机。

2 电气节能设计与照明质量

在照明设计中贯彻节能标准，严格执行国家、地方的节能规定，按"照度标准、功率密度标准"设计，是设计人员应尽的义务。

照度值满足照度标准，照明功率密度值满足节能要求。这两个方面需要同时兼顾，不应单纯为了节能降低照明质量。

首先，照明是电气节能设计的主要内容，必须给予充分的重视。主要的节能措施就是贯彻执行国家标准《建筑照明设计标准》GB 50034—2004 以及地方节能规定。对于标准中列举的场所，照明平面图上或说明中不仅要标出照度值，还要标出照明功率密度值的实际计算值以及其他需要控制的节能指标，不列出是错误的，不利于各种节能核查。特别是需要二次照明设计的装修区域，虽然其施工图设计由装修设计者完成，但是在土建设计单位的施工图上电气设计应当对装修区域列出所要求的照度值和照明功率密度值。

其次照明质量即标准要求的各种场所的照度值要予以保证。为此，采用新型高效节能灯就成为必要的手段。基本办法就是在灯具和光源选择方面，不用或严格限用白炽灯，多采用节能灯、气体放电灯、太阳能灯、高效荧光灯等高效光源。设计中一般用细管型 T8、T5 型荧光灯，可以满足功率密度要求。显色要求高的地方可以采用显色性好的三基色灯管。同时多用电子式镇流器，镇流器的功率消耗满足国家标准。地下室、机房、走廊等容易忽略的地方也要符合功率密度要求。

在控制方式上，照明控制要注意一室多灯多开关，不应多灯、多路一个开关；灯多时多路控制；多层住宅楼梯灯采用声控自熄方式；高层住宅楼梯灯及电梯厅，用双控开关，或用自熄声控开关并增加强制点亮措施以满足消防要求。住宅的公共部位，除电梯厅外，也应采用节能自熄灯具。

3 电气节能设计与智能化

在社会整体现代化的进程中，人们越来越追求工作、生活环境的舒适、高效、便捷、安全、优美和绿色节能。智能建筑工程就是现代实现这个目标的高新技术手段。随着建筑业本身技术发展，人们对建筑提出了包括智能化、信息化等更高要求。现在，"智能建筑"早成为现代建筑的标志，成为房地产开发商宣传的亮点，同时，这也是电气设计节能的主要途径。

建筑智能化系统一般包括楼宇自控系统、综合布线与信息网络系统、火灾报警与联动控制系统、办公自动化系统、系统集成等子系统。子系统的多少由建筑使用性质、投资规模等因素决定。建筑智能化系统除了通过节省投资（与传统建筑各系统独立建设方法相比）、提高建筑的运行管理效率（与传统的管理方法相比）实现间接节能外，直接的节能主要方式就是使用建筑设备管理系统（BMS）。根据国内外经验，在室内人工环境条件类似的前提下，与传统建筑相比，采用节能措施后可节能 20％左右，经济效益较为可观。

BMS 是智能建筑的支柱之一。其主要任务是对建筑物内的主要机电设备实行全面的监控，内容包括：给排水、空调通风、采暖供热、动力照明、电梯等设备。主要手段是精确调节、集中管理、自动控制。

通过对机电设备尤其是对耗能主力——空调和照明的自动控制（定时、定照度、制订调整节能策略软件等），在不影响环境舒适程度如照度、温度、湿度等前提下，实现尽可能高的节能效果。

4 电气节能设计与夜景、节日照明

"让城市在夜间亮起来！"一度成为不少旅游城市的口号。加之政治的需要，大量的节日照明、标志造型、泛光立面照明、水边照明、广场照明、雕塑照明、临街建筑轮廓线照明以及五光十色的商业霓虹灯涌现在街头，消耗着大量的电能。显然，电气节能设计与夜景、节日要素是矛盾的。要想兼顾两方面：一是加强管理，采用天亮天黑照度自控亮灭、定时自控亮灭的控制方式；二是 LED 灯大量应用。LED 堪称新一代光源，其光效、耗能等指标优越于其他光源。视觉效果好，耗电少。

5 电气节能设计与物业管理

物业管理是实现节能目标的重要因素，是技术手段所不能替代的。如今一些智能建筑不能很好发挥作用，究其原因，就是管理水平、人员素质不能适应智能建筑的管理要求（人数相比大减，素质要求提高）。

物业管理涉及供电、消防、保安、邮电、计算机网络等方面的管理和收费。

首先需要处理好楼宇自控系统与消防的关系。例如，对于照明箱，两者都要控制。楼宇自控系统为了自控节能；消防系统为了强制切除非应急照明、强制接通点亮应急疏散照明。

其次是计量。动力与照明应分开计量装表计费。出租类写字楼宜分层分商户装表；一个大单位宜分部门、科室装表，耗能指标落实到基层，不要吃大锅饭，有奖有罚才能有效利用设备节能潜力。

在变配电室的低压配电系统中的低压母线线路下应该设置无功补偿柜，并使其功率因数大于 0.9，以减少系统和线路的无谓电能损耗。

为了节电，城市居民在住宅内一般都采用节能灯或荧光灯。宜要求居民所安装的灯具内设置电容补偿，使其功率因数大于 0.9，以减少线路的无功损耗。

6 结语

综上所述，电气节能设计是一项涉及多方面的工作，应当细致周到，准确可靠的落实各项节能措施。

eZ 办公区域节能控制系统研发与应用

欧阳东[1]　陈国荣[2]　王　滨[2]

1　中国建筑设计研究院　北京 100044　2　北京华亿创新技术有限公司　北京 100086

【摘　要】　本文对 eZ 办公区域节能控制系统的研发背景、结构和特点及系统应用等进行阐述。

【关键词】　无线通信　待机能耗　节能环保

【Abstract】　The paper introduces the development background, structure and characteristics, and system application of eZ Energy Saving Control System for Office Areas.

【Keybwords】　wireless communication, stand-by energy consumption, energy-saving and environmental protection

eZ 办公区域节能控制系统开发源于办公建筑物对节能的需求，系统立足于智能化、网络化、信息化的现代控制技术，结合国家相关建筑的节能要求，通过对设备电源及照明等的智能控制系统实现办公区域的能源节约。《eZ 办公区域节能控制系统》是住房和城乡建设部的科研课题，该课题已通过专家验收，成果达到了国内先进水平。

1　研发背景

建筑是人类赖以生活和工作的重要场所，随着人类对自然界和环境的认识的加深，人们已经深刻认识到了环境保护的重要性和紧迫性。随着社会日益增加的对环保、节能的要求，建筑物的节能也自然成为了人们关注的重点，目前各种类型的建筑都提出了环保节能的要求，大到公用事业建筑、小到民用住宅，建设部已经出台了一系列相关的要求来规范建筑物的节能。

对建筑物来说，电能是现代建筑必备的能源供应，其中照明能耗在办公等商用建筑中占到了总能耗的 38%；另外在办公建筑中，办公设备的待机能耗要占到该设备总能耗的 5%～10%。由此可见，合理的控制照明以及尽量减少待机能耗，将能够节约大量的电能。因此基于节能为目标的智能照明控制系统已成为现代办公建筑，尤其是智能建筑的重要组成部分，待机能耗的问题也正在被高度重视；与此同时，随着社会的进步，现代社会对智能建筑的安全要求也有了进一步的提高，相关的电器设备及其电力供给的安全性也显得愈来愈重要，所以建筑物内的各种电源的智能化管理也愈来愈重要。《eZ 办公区域节能控制系统》就是基于上述的应用需求而开发的，以满足现代化智能办公建筑节能、舒适的需求。

该系统的实施，将帮助用户能够根据办公建筑的功能以及自己的喜好来控制电源的供给以及照明方式，并可以根据需要对电源、照明系统的状态进行监视、诊断。以此为用户创造一个安全、节能、透明的智能建筑用电环境，并为最终的智能建筑系统集成、数字化社区等应用提供理想的监控支持。

2　总体结构和特点

eZ 办公区域节能控制系统采用符合 IEEE 802.15.4 国际标准的无线通信技术，利用 ZigBee 标准协议，结合先进的嵌入式控制系统技术，实现对建筑物内电源、照明、空调等用电设备的智能化控制和管理，从而实现办公区域节能的目标。

eZ 办公区域节能控制系统的机构框图如图 1 所示。

在 eZ 办公区域节能控制系统中的各个设备通过无线通信使其成为一个有机的整体，能够实现用户的各种诸如场景、照度、节能等需要的控制要求，用户还可以通过网关用电脑对系统进行配置和监控，从而实现远程集中管理和信息采集，为更高一级的系统集成提供必要的条件。

根据目前的国情和具体需求，eZ 办公区域节能控制系统在以下三个方面进行了重点的研发并取得了相应的成果：

1）解决待机能耗的节能问题，这主要是通过控制用电设备的电源插座来实现的。

2）解决单火取电，无线双向即时通讯问题，单火取电主要针对老旧办公场所，该取电方式使在众多老旧办公场所改造时免除了重新设计、布线等大量工作；双向通信，可以保证使用者确知设备的运行状态。

3）在无线控制系统基础上保持了机械灯开关正常使用功能。该功能主要是为了使用户在系统部分或全部损坏的极端情况下，可以通过手动控制各种电器的运行，以防止因系统问题给用户带来的麻烦和损失。

综上所述，eZ办公区域节能控制系统具有以下六个技术特点：

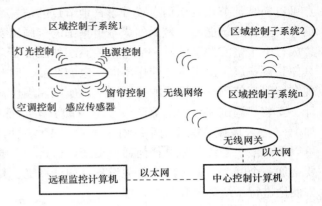

图1　eZ办公区域节能控制系统框图

1）系统组成简单：该系统采用无线网络通信和标准的ZigBee技术，实现系统的低功耗无线通信。该系统可以节约大量的布线设计、施工和维护成本，同时由于采用低功耗设计也可以降低控制设备的能源消耗。

2）系统配置灵活：系统既适合对建筑物内某个独立区域进行独立的节能控制，又可以组成网络对整个建筑进行节能控制。

3）智能化程度高：系统控制设备可以独立于控制中心独立工作，也可以接受控制中心的指令进行工作；系统控制设备间可以自动建立通信路由，方便网络的自动生成。

4）允许功能拓展：标准化的网络平台，允许系统功能节点拓展和第三方节点设备接入。

5）采用无线技术：系统特别适合已有建筑的节能改造，实施方便。由于采用无线技术，减少了系统布线的麻烦；末端控制设备采用86盒的安装方式，而灯光控制面板支持单火线取电方式，因而系统的安装方便简捷。

6）系统可靠性高：由于本系统末端控制设备采用的是基于单片机的控制技术，设备由众多电子元器件组成，当系统出现电子元器件故障的情况下，其末端控制设备都具备原有的手动控制功能。

3　系统应用

eZ办公区域节能控制系统利用先进的无线通信技术和嵌入式系统技术，打造了一个可以满足用户不同个性化需求的智能控制系统。eZ办公区域节能控制系统的主要功能如下：

1）电源管理——控制电源的供给；

2）照明管理——控制照明灯具的通断，可对允许调光的回路进行调光处理；

3）故障诊断——判断设备运行状态，有故障时发出报警讯息；

4）模式管理——允许用户设定状态模式，使电源和照明系统能够满足用户在不同情况下的要求；

5）定时功能——根据用户的要求定时启动相应的模式；

6）手动操作——在故障状态或特殊情况下，允许用户手动操控系统的某些部分；

7）信息采集——采集设备的状态和运行信息；

8）信息管理——储存、分析系统信息，科学管理设备；

9）节能管理——根据实际需求和设备信息科学安排控制照明和电源供给；

10）安全管理——根据设备运行状态，强制关断异常运行的设备；

11）扩展功能——为系统扩展留有资源空间。

eZ办公区域节能控制系统是全数字化的系统：系统中的每一个现场设备（如传感器、执行器等）都具有运算功能的智能节点，它不但可以完成通常的输入输出功能，而且智能节点还可以完成一些诸如控制算法运算、环境参数（环境温度、湿度、相关连锁等）检测以及对节点的自检等功能，另外每个节点可以向其他节点发送信息或分享其他节点的信息。总之，节点可以产生许多对系统控制和管理有用的信息，这样系统能够以较低的成本更精细的刻画出实际现场设备的运行状况，从而为各种现代化的信息集成打下了坚实的基础。一般的楼控系统如图 2 所示，从图中可以看出系统管理是有明显物理分层的，具体到设备层。由于可能使用不同厂家的产品，因此会出现多种控制网络并存和设备兼容等问题。由于现在一般都使用有通讯线的控制网络，所以在现代化的楼控系统中需要布置许多的通讯电缆。这些在设计、安装、调试和维护上都产生了不少的成本，而且随着自动化程度的不断提高，其成本也在不断增加。eZ 办公区域节能控制系统由于采用了无线通信技术，使系统结构更加简单；如图 3 所示。从图中可以看出整个系统不需要任何通讯接线，这将极大地简化系统的设计、安装、调试和维护工作。系统只要增加一个网关，就可以与其他设备（如计算机、其他控制器等）交换信息，这样用户可以根据需要很方便地进行系统集成和监控管理。

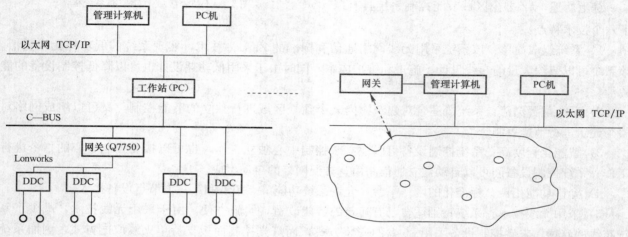

图 2　一般楼宇测控系统网络机构图　　　　　图 3　eZ 办公区域节能控制系统网络结构图

eZ 办公区域节能控制系统是一个可以灵活开放的系统，首先该系统可以根据用户不同的要求自由定制，小到一间办公室几个点的控制，大到一幢办公楼数万个点的控制；简单的可以只对灯、插座等做开关控制，复杂的可以根据不同的环境参数（温度、湿度、照度等），利用不同的执行器控制相应的设备（调光灯具、插座、窗帘、风机盘管等），实现诸如恒照度、恒温、场景等控制要求。其次该系统可以调整和升级，由于可以灵活配置各个节点的相互关系，因此当需要改变系统某一部分或全部功能时，只需要重新配置一下，而不必对硬件重新调整。如果需要增加新的功能只需增加必要的节点和做一些简单的配置就可以了，这样随着用户事业的发展，系统也可以不断地升级。此外，该系统的开放性使用户可以选用使用相同平台的第三方产品加入到系统中。以上这些从长远看既可以节省很多用户的运营维护成本，又可以很好地保护用户的投资。

4　前景展望

节能减排的理念已经被广大民众所接受，这也是人类发展的大势所趋，在这种形式下人们已经或正在建立"节能环保人人有责，节能要从小事做起从我做起"等理念。因此只要能够给人们提供一种安装便捷、使用灵活、成本适中、安全可靠的节能产品，市场是可以很快接受的。这也是 eZ 办公区域节能控制系统的研发依据与目标。

虽然 eZ 办公区域节能控制系统是以办公建筑为蓝本开发的，但其在商用建筑（宾馆、饭店、剧院、展览馆等），以及民用建筑中也有极大的应用空间。随着产品的成熟，人们生活水平以及环保意识的提高，我们相信类似的节能系统会有广阔的发展空间。

《eZ 办公区域节能控制系统》的结构和理念也可以应用于其他控制系统中，相信在满足了相关领域的特殊要求后，该系统的模式可以更广泛被应用在工业、农业、商用等领域。

高效能建筑应用技术概述

中国建筑设计研究院，北京 100044　欧阳东　张文才　吕　丽　马名东

【摘　要】　本文主要介绍了作者在日本技术考察期间了解到的一些新技术在建筑中的应用，其中节能减排已经成为日本智能建筑的一个新特点。例如：LED 技术的应用、燃料电池应用对环境的作用、能源管理器对能源使用的整合和智能家居控制器对今后房屋居住者的身体指标和环境指标的监控情况等各种新技术。

【关键词】　节能减排　LED　燃料电池　节能控制　智能家居

【Abstract】　The authers introduce some new technologies applied in buildings learned during their study visit in Japan，among which energy saving and emission reduction has been a new characteristic in intelligent building there．Those new technologies includes application of LED technology，the effect of application of fuel cell on the environment，the conformity of energy use by energy controller and the smart home controller to monitor the dwellers' health target and environment target in the future．

【Keywords】　energy saving and emission reduction，LED，fuel cell，energy saving control，smart home

1　引言

"低碳经济"是以低能耗、低污染、低排放为基础的经济模式，是人类社会继农业文明、工业文明之后的又一次重大进步。低碳经济实质是能源高效利用、清洁能源开发、追求绿色 GDP 的问题，核心是能源技术和减排技术的创新、产业结构和制度创新以及人类生存发展观念的根本性转变。

"低碳经济"提出的大背景，是全球气候变暖对人类生存和发展的严峻挑战。随着全球人口和经济规模的不断增长，能源使用带来的环境问题及其诱因不断地为人们所认识，不只是烟雾、光化学烟雾和酸雨等的危害，大气中 CO_2 浓度升高带来的全球气候变化也已被确认为不争的事实。

多个国家也已经对节能减排做出了承诺，英国承诺到 2020 年和 2050 年分别减排 34％和 80％，并受法律约束。欧盟承诺通过包括气候与能源一揽子计划和各种能效措施，无条件承诺到 2020 年较 1990 年减排 20％以上。美国承诺到 2020 年碳排放量回落至 1990 年水平，并且美国众议院通过了《清洁能源和安全法案》，拟定到 2020 年减排 17％的目标。日本减排目标由原先较 2005 年减排 15％（较 1990 年减少 8％）抬高至较 1990 年减排 25％。我国承诺到 2020 年碳强度较 2005 年降低 40％～45％。

而我国现在建筑能耗已占总能耗的 30％以上，因此如何通过我们的建筑设计来降低整体建筑能耗，已经成为新的攻关课题。

2010 年 1 月中国建筑设计研究院（集团）院长助理欧阳东、院电气总工张文才、全国智能建筑技术情报网秘书长吕丽及智能化工作室主任马名东应邀赴日本参观考察日本松下公司最新的节能减排技术。在日本期间先后参观了松下历史馆、质量技术评价中心实验室、东京汐留松下电工总部大楼能源管理控制中心、津工厂生产线、松下展示中心等，收获很大，现简要介绍 Eco Ideas House 和东京汐留松下电工总部大楼的概况。

2　与 **Eco Ideas House** 的零距离接触

2.1　概述

Eco Ideas House 是日本松下公司提出家庭整体"$CO_2\pm0$（零）"的生活方式。

通过提高家电产品的节能性能，并且通过有效利用高绝热的建筑材料等方式，彻底地削减 CO_2。对于必需的能源，则通过利用燃料电池、太阳能发电以及蓄电池所进行的能量创造和能量储蓄等方式来供应。

2.2　通风空调系统

如图 1 换气系统利用家庭内地板下方的温度具有冬暖夏凉的特点，全年向室内输送温度稳定的空

气，从而减轻空调的负荷，实现节能。通过使用这种有效利用自然温度的空气流通方式，可实现如空调设备一样的无较大温差的空气调节功能。

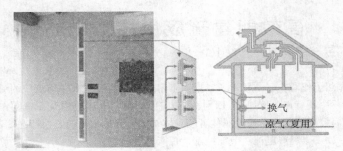

图中为从地板下方和室外来空气的温度

图1 换气系统示意图

空调机传感器感测到人的位置和动作，输送出最合适的气流。例如：在开放暖气时，给正在读书的人送出充足的暖气，而对于正在从事家务、身体正在活动的人，送出的暖气就小一点。当人都离开的时候，系统就会自动关闭电源。

2.3 照明系统

整套住宅的照明系统均采用 LED 光源，并且部分回路可调光，而如果采用白炽灯为光源要达到同等照度的话，能耗将大大提高如图2所示。同时本套住宅采用的 EverLED bulbs 光源承诺使用寿命为19年，大幅度减少了使用者的后期投资。

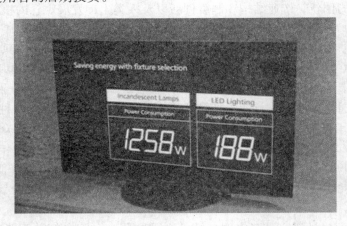

图2 整套住宅采用白炽灯与 LED 光源的能耗数值

照明采用在需要的地方或者需要的时候点亮所需的灯光的策略。将照明器具配置在恰当的地方，不必照亮整个房间，仅照亮所需地方即可，或者采用太阳光、减少照明用灯，实现节能降耗。结合白昼以及黄昏时分的户外光线强弱，将照明的比例控制在最合理的状态，进一步节省了照明所需的电耗如图3，图4。

图3 利用室外光作为采光的餐厅

图4 利用照明灯具采光的餐厅

2.4 能源系统

燃料电池是从城市燃气所含甲烷中抽取的氢与空气中的氧产生反应，同时产生出电能和热水的新型创能系统。虽然使用城市燃气会排放出 CO_2，但却具备不受季节、天气以及时间段的影响稳定发电的特点如图5。

太阳能发电需要使用太阳能，因此会受到季节、天气以及时间段的影响，但发电时完全不排放 CO_2 却是它的最大特点如图6。

家用锂离子蓄电池储存燃料电池以及太阳能发电而获得的电能。通常情况下，创能装置供给日常所需用电，但是在用电高峰时间，或者阴天、下雨天时就会出现供应不足的情况，此时即可使用蓄电池储存的电力。蓄电池最大限度地发挥燃料电池和太阳能发电所具备的功能，成为稳定供给能源不可或缺的装置如图7。

图5　庭院内的燃料电池、　　　　图6　屋顶安装的太阳能板（5kW）　　　　图7　家用锂电池
　　　热电联供系统（1kW）

隔热材料采用真空隔热材料 U-Vacua（是指用薄膜包裹构成芯材的玻璃纤维，使内部形成真空的材料）。该隔热材料除非常薄之外，还具备如同热水瓶一样的高度隔热性能。在家电产品和建材上充分使用真空隔热材料，从而达到节能的效果。

2.5 智能能源管理系统

智能能源管理系统不仅局限于用网络连接空调、冰箱等家电产品，还可连接包括创能、蓄能装置在内的几乎所有设备。通过对家庭能源的使用和供给进行控制，以减少对 CO_2 的排放。与该管理系统连接的设备可显示电源的 ON/OFF 状态、用电量的测量情况、能源的使用状况等信息，并可控制燃料电池、太阳能电池的电力供给以及与蓄电池的联动，通过最合理的控制，将家庭整体的 CO_2 排放量控制在最小限度内。这些通常用眼睛很难看到的信息，均可显示在起居室内的电视机上，任何人都可以非常容易地确认这些信息。

还有通过生活用水的节约利用、直流供电等一系列的节能措施，使这套未来绿色住宅的碳排放达到了很低的程度。

2.6 智能家居展示

日本是智能化家居比较发达的国家，除了实现室内的家用电器自动化联网之外，还通过生物认证实现了自动门识别系统，站在入口处安装的摄像机前约1s的时间，如果确认来人为公寓居民，大门就会自动打开。即使双手提着东西，也能打开大门。日本的智能化家居还在厕所的便器垫圈上安装有血压计，当人坐在便器上时血压计便能检测其血压。而安装在便器内的血糖检测装置，能自行截流尿样并测出血糖值。此外，厕所内洗手池前的体重仪，可在人洗手的同时测量体重。检测结果均能出现在一个显示器上，全家人的检测值都可被分别保存。

2.7 住宅由交流转换成直流供电

未来的住宅供电将朝着交流转换成直流的方向发展。通过省掉 AC/DC 转换，可以实现节能20％的效果，针对家庭中比较费电的电器来说，不仅可以通过减少家电 AC/DC 转换模块降低成本，还可实现节能。

2.8 家电控制采用无线感应传输

未来的 VCD 与电视机之间、数码相机与电视大屏幕之间、电视机不需要电源插座等，均采用通过感应传输控制。

3 汐留松下电工总部大厦

3.1 概述

汐留松下电工总部大厦为地下 4 层、地上 24 层，总建筑面积达 52941m²。大厦的部分楼层具有将照明、空调、百叶窗进行综合调控的功能。

在部分楼层通过嵌入通信控制模块"EMIT"的控制器来调控照明。在大厦的办公区，除亮度传感器、温度/湿度传感器外，还安装了能探测是否有人的人体传感器。通过使用这些传感器的信息，不仅可以达到节能目的，还能对照明、空调、百叶窗进行自动控制，使办公室保持舒适宜人的环境。

3.2 以楼层为单位的节能控制系统

根据企业情况，在管理主机上设定适合本企业的日程表。大厦内的照明、空调等设备均按照日程表进行相应控制。这不仅使工作人员享受到智能化带来的舒适和便捷，还有效地控制了运行成本，节约了能源。

3.2.1 事务所楼层照明控制及空调预热运行

按照日程表，在上班前一段时间，空调开始预热运行。保证工作人员到达办公室后，能有一个适宜的温度。

由于保安巡逻时间相对固定，因此在日程表上设定保安照明开灯时间。时间到后，自动开灯，这一方面督促了保安按时巡逻，另一方面带来了极大的便捷，保安只需专心巡逻而不用在黑暗中到处寻找灯的开关。

办公层照明根据日程表在下班时间段定时熄灯，防止了因忘记关灯而带来的电能浪费。同时办公室内的照明采用恒照度控制，即将照明照度值维持在一个固定的照度。灯具根据照度传感器采集到的照度值自动调光。当白天阳光充足时，灯具的照度被相应调低，以维持照度处于设定值。在设定的午休时间段 12：00～13：00，办公层基础照明同时减光，这不仅带来了舒适的午休环境同时还有效地进行了节能控制。

3.2.2 人体感应联动控制

在无人区设置人体感应器和照度传感器，联动控制此处的照明及 VAV 空调。每 6.4m×6.4m 设置一个人体感应器和照度传感器。当人体感应器探测到有人时，灯具才被点亮。同时为了节能，还要根据照度传感器探测的照度值进行减光控制。如果在白天阳光充足的情况下，此处的照度值高于设定值，那么对灯具进行相应减光。对于 VAV 空调的控制也是基于此原理，当人体感应器探测到有人时，VAV 空调打开，而当收到人体感应器的 OFF 信号时，VAV 空调关闭。

3.2.3 与安全保障系统联动的节能控制

当大厦处于警戒状态时，大楼里的照明、空调设备均被自动关闭。这有效防止了忘记关闭照明、空调设备而造成的浪费。而如果在警戒状态时，人体感应器探测到有人时，报警单元将会发出警报，有效确保了大厦的安全。

3.3 以区域为单位的控制系统

空调和照明共享人体感应器的信号，通过在无人区停止空调运行和进行减光控制来彻底削减不必要的能量消耗。

将办公室划分成不同小区域，根据传感器检测到的人体信号，区域依次亮灯，同时将区域内的照明照度维持在设定值。这样避免了当办公室人员较少情况时，整个办公室内所有的灯均被打开而造成的浪费。只需在有人的区域打开相关的灯。

当办公室处于警戒状态时，一旦出现侵入报警，该报警区域强制亮灯。

3.4 百叶窗控制和日光控制系统

基准楼层办公室东西两侧的电动百叶窗采用自动角度控制，它可以根据太阳光的亮度来控制直射光。同时对百叶窗、照明和空调设备三者之间进行协调控制。通过开关百叶窗控制日光的采光量，当日光充足时，关闭不必要的照明以削减照明用电量；当室外温度合适时，关闭不必要的空调以削减空调用电量。

西侧整面通风玻璃采用换气窗，其采用高度包覆的绝热计划，将侵入热量控制在最小限度，削减空调热负荷与利用日光节能。东侧采用简易换气（自然换气），在不使用空调的情况下维持室内工作环境，有效利用自然能。

3.5 太阳能发电

在楼顶部分设置太阳能发电面板 80W×180 片。将太阳能发电的电力和商用电源并网，在大楼内使用。

据统计，大楼的太阳能发电年发电量约为 1.16 万 kWh。交流额定输出为 10.5kW。这有效节约了能源，减少商用电源的使用，有效控制了大楼用电成本。

4 小结

通过在日本考察所见，我们深刻体会到了智能化带来的种种便捷、舒适及节能等各种优点，也了解到各种先进技术及智能家居方面的应用。这为我们以后的工作提供了参考，同时也让我们更加确信智能化在中国必定会有一个更加广阔的市场。

参考文献

[1] 松下电工株式会社. 环保型大楼事例松下电工 东京本社大楼 [R].
[2] 松下电工株式会社. Eco Ideas House [R].
[3] Panasonic 集团. 绿色创意报告 2009 [R].
[4] "Panasonic 绿色创意住宅"将实现低碳人居生活 [J]. 城市住宅，2010 (2/3)：86.

光伏发电系统在实验住宅中的应用设计

中国建筑设计研究院，北京 100044　曹　磊　王　健　李建波

【摘　要】　介绍了河南郑开森林半岛住宅区生态实验楼并网型光伏发电系统的设计思路，以及系统的功能和主要配置。通过比较分析确定了光伏发电系统的运行形式，提出了系统的并网运行方案；通过对当地气象资料的分析确定了太阳能电池方阵的倾斜角；进而在选定各项配置的基础上实现了整个系统的设计。实现了绿色、节能、环保的设计理念，也实现了该生态实验住宅的示范性作用。

【关键词】　生态实验住宅　并网光伏发电系统　太阳能电池　并网逆变器

【Abstract】　The design ideas of the grid-connected photovoltaic generation system in the eco-house in Henan province is introduced，an well as the function and the main configuration of the system．Through comparison and analysis，the running mode of the system is identified．The obliquity of the solar cell modules is obtained through the analysis of local meteorological data，and the system design is completed based on the selection of the various configurations．A green，energysaving，environmentally friendly design concept is achieved as well as the model role of the eco-house．

【Keywords】　eco-house，grid-connected photovoltaic generation system，solar cell，grid-connected inverter

1　前言

随着我国科技与经济的高速发展，能源的消费量在不断地提高，但是我国矿产资源人均占有量不到世界的一半，而单位产值能耗为世界平均水平的 2 倍，主要产品的能耗比发达国家高 40%，70% 靠火力发电。建筑作为能耗大户，其节能设计显得尤其重要。太阳能作为资源丰富的可再生能源，在建筑物中应用有着其他能源不可比拟的优越性，由此成为许多世界发达国家首选并大力发展的能源，例如日本的"阳光计划"、德国的"百万屋顶计划"、美国的"百万屋顶计划"等等，都是针对太阳能光伏发电所实施的。

我国的光伏产业起步虽晚，但发展迅猛，2007 年已成为世界太阳能电池的第一生产大国，为光伏发电技术的应用发展提供了优越条件。本文针对工程实例分析和阐述了某一生态实验住宅中光伏发电系统的应用设计。

2　工程简介

本工程项目名称为河南郑开森林半岛住宅区生态实验楼，位于河南省开封市，属于寒冷气候区及三类太阳辐射区。工程总建筑面积 1268.4m²，高度为 11.99m，地上 3 层，地下 1 层。其中可供布置太阳能电池板的位置为庭院内两个亭子及生态停车位的顶部，总计 41m²。根据建设方要求，满足使用功能，建成生态示范型住宅：在采用具有示范和推广意义的成熟的生态、节能、减排技术的基础上，同时具备一定的生态、节能、减排前沿技术展示，提高建筑在生态、节能、减排方面的效果。

3　光伏发电系统运行方式的选择

太阳能光伏发电系统的运行方式可分为两大类：独立运行方式和并网运行方式。

独立运行的光伏发电系统由光伏方阵、控制器、蓄电池、逆变器、交流负载组成。先将太阳能光伏发电系统所发出的电能储存到电池组，转换为化学能。然后从电池组把化学能转换成为直流电直接供给直流负载，或通过逆变器变换成为交流电输出供给低压负载。其突出的优点就是发电与用电可以不同步，光伏发电系统所发出的电能可以存储起来，不在发电时使用。其缺点是会增加二次电能——化学能——电能转换损耗，蓄电池占有空间较大，发电容量不易做得很大，此外蓄电池使用几年还得维护。这种系统适用于边远无电网地区。

并网运行的光伏发电系统由光伏电池方阵、控制器、并网逆变器组成。光伏发电系统发出的直流电通过逆变器变换成交流电向电网发送，或与电网端接同时输出到低压负载，也就是当时发电当时使用。其优点是节省了蓄电池占用的空间，发电容量可做得很大，并可保障用电设备电源的可靠性。但由于逆变器输出与电网并联，必须保持两组电源电压、相位、频率等电气特性的一致，否则会造成两组电源相互之间的充放电，引起整个电源系统的内耗和不稳定。

考虑到本工程位于住宅小区内部，有稳定的市电供应，目前并网技术也已较为成熟，且本工程用于安装太阳能电池板的面积有限，即光伏系统发电功率远小于整栋住宅的负载功率。综合考虑，该光伏发电系统拟采用低压并网运行方式，在本工程低压进线实现并网，不考虑将电能输入上级配电网络。该并网系统原理图如图 1 所示。

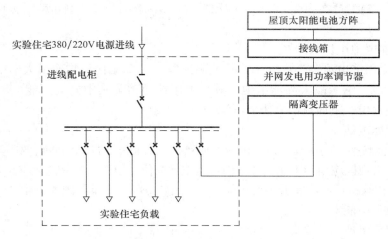

图 1 实验住宅光伏发电系统并网原理图

4 系统设计

4.1 设计计算依据

该系统的设计依据主要有

《太阳光伏能源系统术语》GB/T 2297

《光伏系统并网技术要求》GB/T 19939—2005

《光伏器件》GB/T 6495.2—1996 第 2 部分：标准太阳电池的要求

中国国家气象局提供的当地的气象数据表和建设方提供的相关资料及要求等。

4.2 系统配置方案

在设计中针对河南开封地区的实际情况（地理、气象及负荷等条件），在首先保证系统安全、可靠和满足负荷能够正常使用的前提下，使系统各部分的容量设计达到合理配置。该并网型太阳能光伏发电系统主要由以下几个部分组成：

1）太阳能电池方阵及架台

2）并网功率调节器（含逆变单元、输入输出单元、计量显示单元等）

3）隔离变压器

4）计算机数据采集装置

5）室内显示装置

6）各部件连接电缆

7）其他辅助部件

该系统将要实现的目标功能如下：

有市电的正常情况下，在晴朗白天由太阳电池方阵产生电能，然后经过并网发电用功率调节器控制，首先输出给太阳能系统与市电电网并网点附近的用电负荷设备，如果当时太阳电池方阵的最大发电功率大于用电负荷设备消耗功率，剩余电量自耗。当并网点附近的用电负荷设备消耗的功率大于当时的太阳电池方阵最大发电功率，则用电负荷设备所消耗的功率由太阳电池方阵和市电同时提供，但是优先使用太阳电池方阵所产生的电能。在无市电时，晴朗的白天太阳电池方阵产生的电能可通过功率调节器继续提供给用电负荷设备。

4.2.1 太阳能电池组件的配置方案

4.2.1.1 电池方阵最佳倾角的确定

河南开封地区经纬度为：东经113°51′51″～115°15′42″，北纬34°11′43″～35°11′43″。根据所在地区日照时间的长短，可将我国划分为五类地区，河南开封被划归为三类地区。年均日照率为51%，平均日照时数为2267.6h，辐射量在502～586×104kJ/cm²·a，查阅相关资料可确定太阳能电池方阵最佳倾角为30°。

4.2.1.2 太阳能电池组件的选择

1）目前市场上太阳能电池种类可分为：硅太阳能电池、多元化合物薄膜太阳能电池、聚合物多层修饰电极型太阳能电池、纳米晶太阳能电池、有机太阳能电池，其中硅太阳能电池是目前发展最成熟的，在应用中居主导地位。下面就硅太阳能电池分析如下：

（1）单晶硅太阳能电池

单晶硅太阳能电池转换效率最高，技术也最为成熟。在实验室里最高的转换效率为24.7%，规模生产时的效率为15%。在大规模应用和工业生产中仍占据主导地位，但由于单晶硅成本价格高，大幅度降低其成本很困难，为了节省硅材料，发展了多晶硅薄膜和非晶硅薄膜作为单晶硅太阳能电池的替代产品。

（2）多晶硅薄膜太阳能电池

多晶硅薄膜太阳能电池与单晶硅比较，成本低廉，而效率高于非晶硅薄膜电池，其实验室最高转换效率为18%，工业规模生产的转换效率为10%。

（3）非晶硅薄膜太阳能电池

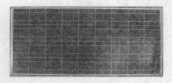

图2 KD180GH-2P太阳能电池组件外形图

非晶硅薄膜太阳能电池成本低重量轻，转换效率较高，便于大规模生产，有极大的潜力。但受制于其材料引发的光电效率衰退效应，稳定性不高，直接影响了它的实际应用。

2）根据上述比选后，确定该系统选用KD180GH-2P多晶硅太阳能电池组件，其外形见图2所示。KD180GH-2P多晶硅太阳能电池组件基本参数见表1。

KD180GH-2P太阳能电池组件参数表　　　　　　　　　　　　　　　　表1

型号	KD180GH-2P
峰值发电功率	180Wp
功率误差范围	+5%～-5%
最大工作电压	23.6V
最大工作电流	7.63A
开路电压	29.5V
短路电流	8.35A
以上数值在光照强度1kW/m²，空气分散系数1.5，芯片温度25℃条件下测量的	
长	1341mm
宽	990mm
厚	36mm
重量	16.5kg

4.2.1.3 太阳能电池组件的布置

本工程可供布置太阳能电池组件的位置为庭院内两个亭子及生态停车位的顶部。其中两个亭子顶部面积各为 6.76m²，分别布置太阳能电池组件 6 块，容量分别为 1.08kWp；生态停车位顶部面积为 27.5m²，可布置太阳能电池组件 30 块，容量为 5.4kWp。倾斜角均为 30°，方位角为 0°（朝向正南方）。该系统总容量为 7.56kWp。三个位置的电池太阳能电池组件总共 42 块、由线缆引至接线箱，接线箱于生态停车位侧墙上挂墙安装，采用 14 串 3 并的接线方式经汇总后送入安装在地下室的功率调节器柜（见图 3）。

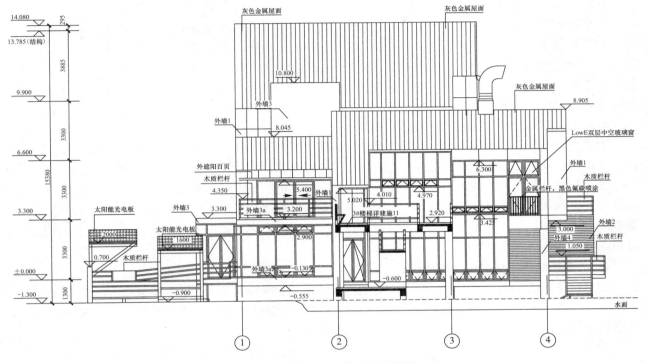

图 3　太阳能电池组件布置示意图

4.2.2　并网功率调节器的选择及配置

并网功率调节器或称并网逆变器是并网光伏系统的重要电力电子设备。其主要功能是把来自太阳能电池方阵输出的直流电转换成与电网电力相同电压和频率的交流电，并把电力输送给与交流系统连接的负载，同时还具有极大限度地发挥太阳能电池方阵性能的功能和异常或故障时的保护功能。

本工程选用的是 LINE BACK α 系列并网功率调节器，如图 4 所示。其内部主要由太阳能主逆变单元、计量显示单元、输入输出单元等组成。

该功率调节器特点为：

1) 适应多种系统组合方式

一台功率调节器可以实现太阳能发电的并网功能、负荷均分功能、峰值斩波功能、融雪功能。

2) 内置并网系统所需的功能

主单元内集中设置了系统并网保护功能、直流分量检出、接地检出等所有功能。

图 4　LINE BACK α 系列
并网功率调节器

3) 体积小、重量轻

采用框架安装方式，因此能够做到体积小、重量轻。

4) 输入电压范围宽，组件可随意组合

直流输入电压范围：200V～500V。

5) 输出功率可以采用 4mA～20mA 输出

6) 系统通信采用 RS—485 方式

采用标准配置的 RS—485 电路，能够进行运行状态、发电状态的监视，以及数据计量。

7）计量显示单元监视运行状态

所有的日射强度、气温、电压、电流、功率、发电量等及状态监视由计量显示单元进行显示。

为消除室外方阵引入的电磁干扰等信号或者由功率调节器产生的一些高次谐波，在功率调节器的输入输出单元端设置有电磁滤波器，可以保证整个系统安全、稳定运行，并且向负载输送高质量的电能。

4.2.3 隔离变压器的选择及配置

本系统的功率调节器输出交流电压为三相三线式的，为了系统安全性的考虑，先将其输出端外加一个三相变压器进行电隔离后，再与外界的三相市电电网连接。本系统目前设计的最大输出功率为10kVA，可把变压器放置在柜内，并在变压器周围留出足够的空间余量，以便在发电功率较高时能够有散热的空间。为满足并网地点不同网压的情况，选择变压器时，其副边设有两路电压抽头（380/400），以满足现场网压正常或升高的要求。

4.2.4 计算机数据采集及显示装置

本系统中设计了一套计算机数据采集及显示装置，通过485接口，计算机能够接收功率调节器发出的系统运行的状态及运行参数，能够在远方进行监视和统计。

显示展板是用来接收功率调节器发出的系统运行及发电量累积数据并进行显示的一个装置，数据显示展板安装在参观者必经的一层门厅，它可以向用户很好地展示发电系统基本运行情况，以及当天和总累积发电量。例如可以在显示屏上显示日射量、温度、发电功率、累积发电量、总累积发电量等数据和注释一些说明性的文字及简图。

4.3 系统防雷接地等安全措施设计

接地设备包括太阳电池方阵的架台、功率调节器。对于室外设备，由于太阳电池方阵的架台为金属材料，可以将接地电缆（线径至少为10mm^{2}的铜芯电缆）接到架台上，然后再将接地电缆接到功率调节器内的接地铜排上。

对于室内设备，将功率调节器的接地铜排与用户配电箱的接地排用接地电缆线（线径至少为10mm^{2}的铜芯电缆）连接起来，使整个太阳能发电系统的地线系统为一个等电位系统。这样对设备的正常运行起到保护作用，并且对人身安全也起到保障作用。

另外，在功率调节器内部的输入、输出端还设置有避雷及消除浪涌的吸收组件。再有，本系统具有过流保护，系统的主回路中全部采用空气开关，系统过流后可以跳闸来切断过流回路；还有，功率调节器柜内部设置有微处理芯片，因此它的运行为全自动方式，只要将输入、输出开关闭合，按下启动按钮即可。如当电网的变化超过其调节功率时，它会发出让输出与电网相关的断路器断开命令，而且通过控制器发出警报，自动保护设备免受危害。

4.4 系统连接电缆选择

由于太阳能发电系统的太阳电池方阵置于室外使用，因此，用于室外与室内设备之间连接的电缆须将其铺设在镀锌钢管（所选材料应该有足够的抗拉、抗弯曲强度）中，以免受到外界环境因素（如阳光、雨、雪及风沙等）的破坏，从而保证发电系统的可靠运行。

5 系统运行的节能及环保效果分析

该并网型光伏发电系统总容量为7.56kWp，其年发电量的统计数字如表2所示：

7.56kWp并网型光伏发电系统年发电量统计表　　　　　　　表2

月份	日射量	发电量			
	（kWh/m^2·d）	日发电量（kWh/d）	天数（d/月）	月发电量（kWh/月）	河南开封 35
1	3.95	23.4	31	725.4	
2	4.21	24.9	28	697.2	方阵容量
3	4.50	26.6	31	824.6	7.56
4	5.57	33.0	30	990	kWp

月份	日射量	发电量			
	(kWh/m² · d)	日发电量 (kWh/d)	天数 (d/月)	月发电量 (kWh/月)	河南开封 35
5	5.52	32.6	31	1010.6	
6	5.48	32.3	30	969	串联数
7	4.87	28.8	31	892.8	14
8	4.95	29.3	31	908.3	并联数
9	4.37	25.8	30	774	3
10	4.31	25.5	31	790.5	
11	4.14	24.4	30	732	最佳倾角
12	3.73	22.0	31	682	30
年间合计			365	9996.4	

从以上统计的内容可以看出，一个 7.56kWp 的太阳电池方阵平均一年总的发电量为 9996.4kWh。如果这些电是用火力发电产生的，则相应地由太阳能发电后，可以减少二氧化碳的排放量约为 8.138t、二氧化硫的排放量约为 0.09t、氮氧化物的排放量约为 0.044t。由此看来，一个 7.56kW 的并网型太阳能光伏发电系统的节能环保效应是非常明显的。

6　结束语

本工程的示范作用在于通过对某一住宅项目中利用太阳能光伏发电技术的研究，从而寻找到更加合理的解决方案，为推动节能环保事业献出微薄之力。随着能源消耗量的不断增加以及国家对节能、环保、减排政策的进一步实施，太阳能光伏发电产业也在迅速发展，成本也在一步步降低，在不远的将来，光伏发电技术也必将在住宅等建筑中得到广泛的应用。希望尽早实现最终目标即以科技创新为载体，以绿色人文为目标，结合建筑特色打造高品质住宅，在节能环保的基础上充分实现个性化的舒适效果。

参考文献

[1] Liang T J，Kuo Y C，Chen J F. Single-stage Photovoltaic Energy Conversion System [J]. IEEE Proceedings Electroic Power Applications，2001，48（4）：339-344.

[2] Jong-Bae Park，Jin-Ho Kim，and Kwang Y. Lee. Generation Expansion Planning in a Competitive Environment Using a Genetic Algorithm [R]. Power Engineering Society Summer Meeting，2002 IEEE Vol3：1169-1172.

[3] 黄亚平. 太阳能光伏发电研究现状与发展前景探讨 [J]. 广东白云学院学报，2007，12（2）：113-117.

[4] 赵为. 太阳能光伏并网发电的研究 [D]. 合肥：合肥工业大学，2003.

[5] 吴钟瑚. 21 世纪处我国能源可持续发展政策框架 [J]. 能源政策研究，2003（1）：20-27.

关于照明设计与照明节能若干问题的探讨

泉州市建设局总工程师办公室，福建省　泉州市　蔡聪耀 362000

【摘　要】　本文拟就照明设计与照明节能方面的一些典型问题提出来进行分析、探讨。

【关键词】　照明设计　电气节能　光源选择　照明控制　环保

【Abstract】　Some typical problems existing in lighting design and energy saving are given in the paper to discuss and analyze.

【Keywords】　lighting design，electrical energy saving，selection of light resource，lighting control，environmental protection

照明设计是建筑电气专业中的一个重要部分。节能工作是落实科学发展观，缓解人口、资源、环境矛盾的重大举措，其经济社会效益显著，是一项政策性、技术性、经济性很强的综合性系统工程。以下对照明设计与照明节能方面存在的一些典型问题进行分析。

1　照明设计

照明设计在建筑电气专业中占有相当的比例，常见的问题主要有：

1.1　对照明灯具未采取防火保护措施

照明灯具靠近可燃物时未采取隔热、散热等防火保护措施。卤钨灯和额定功率大于等于 100W 的白炽灯泡的吸顶灯、槽灯、嵌入式灯，其引入线未明确采用瓷管、矿棉等不燃材料作隔热保护；大于 60W 的白炽灯、卤钨灯、高压钠灯、金属卤灯光源、荧光高压汞灯（包括电感镇流器）等不应直接安装在可燃装修材料或可燃构件上。这些要求，目的是预防和减少火灾事故的发生。

根据试验，不同功率的白炽灯的表面温度及其烤燃可燃物的时间、温度如表 1 所示。

白炽灯泡将可燃物烤至起火的时间、温度　　　　表 1

灯泡功率（W）	摆放形式	可燃物	烤至起火的时间（min）	烤至起火的温度（℃）	备注
75	卧式	稻草	2	360～367	埋入
100	卧式	稻草	12	342～360	紧贴
100	垂式	稻草	50	碳化	紧贴
100	卧式	稻草	2	360	埋入
100	垂式	棉絮被套	13	360～367	紧贴
100	卧式	乱纸	8	333～360	埋入
200	卧式	稻草	8	367	紧贴
200	卧式	乱稻草	4	342	紧贴
200	卧式	稻草	1	360	埋入
200	垂式	玉米秸	15	365	埋入
200	垂式	纸张	12	333	紧贴
200	垂式	多层报纸	125	333～360	紧贴
200	垂式	松木箱	57	398	紧贴
200	垂式	棉被	5	367	紧贴

由表 1 可知，照明灯具靠近可燃物时若未采取隔热、散热等防火保护措施则很容易引发火灾，千万不可大意。

1.2　火灾应急照明位置的设置

对于规范明确规定的场所及部位，一般设计人员都会考虑。但对一些不很明确的如生产车间、仓库、重要办公楼的会议室等，则需要设计人员根据实际情况，从有利于人员安全疏散的角度出发来设置，而这往往容易被设计师忽视。

1.3 备用电池时间的确定

设有人防功能的地下室，有些设计人员未标注战时应急照明的连续供电时间，目前市场上供应的应急照明灯具是按照平时消防疏散要求的时间（一般为30～60min）设置的，而防空地下室则不应小于隔绝防护时间的要求，如最常见的二等人员掩蔽所其战时应急照明连续供电时间为≥3h，二者差别很大，对此，设计师是必须予以明确的。

1.4 灯具的选择

有些设计人员为图省事，不分照明场所的环境条件一律采用荧光灯或吸顶灯。显然，这是不妥的，而应根据视觉要求，作业性质和环境条件对灯具进行选择和配置。如在潮湿的场所，应采用防护等级的防水灯具或防水灯头的开敞式灯具；在有腐蚀性气体或蒸汽的场所，宜采用防腐蚀密闭式灯具，若采用开敞式灯具，各部分应有防腐蚀或防水措施；在装有锻锤、大型桥式吊车等振动、摆动较大场所使用的灯具应有防振和防脱落措施等等。

2 照明节能

2.1 电气节能设计

应该说电气节能设计这一块起步比较早，做得还不错，设计人员能认真贯彻落实国家与我省建筑节能有关政策法规及相关标准、规范要求，节能意识明显增强。能根据建筑物的使用功能和设计标准等要求，合理进行供配电、电气照明、建筑设备及系统的控制设计，以达到安全可靠、经济合理、灵活适用、高效节能。当然，由于科技的发展迅速，节能技术和设备也在不断的改进提高，一些规范标准也在不断地修编，因此，照明设计中也发现还存在一些问题。

1）光源的选择

照明光源应根据不同的使用场合进行选择，选用具有尽可能高的光效以达到节能效果。如高大房间和室外场所的一般照明，由于不易产生眩光，故可采用光效较高的金属卤化物灯、高压钠灯等高光强气体放电光源；办公室、教室、图书馆等房间层高小于4.5m的公共场所一般选用荧光灯。选择荧光灯光源时可优先考虑光效高、寿命长、显色性好的直管稀土三基色细管径荧光灯（T8、T5）。各种节能光源的光效及主要技术指标见表2。

各种节能电光源的主要技术指标　　　　　　　　　　　　　　表2

光源种类	光效（Lm/W）	显色指数（Ra）	色温（K）	平均寿命（h）
普通荧光灯	＞70	70	全系列	10000
三基色荧光灯	＞90	80～98	全系列	12000
紧凑型荧光灯	＞60	85	全系列	8000
金属卤化物灯	＞75	65～92	3000/4500/5600	6000～20000
高压钠灯	＞100	23/60/85	1950/2200/2500	24000
低压钠灯	＞200		1750	28000
高频无极灯	＞60	85	3000～4000	40000～80000

2）空调房间的节能

在有集中空调且照明容量大的场所，可以采用照明灯具与空调回风口结合的形式进行节电，该形式的作用是通过回风系统将照明装置产生的大部分热量带走，以减少空调设备负荷，实现节能目的。

3）因为直射光通比率高低决定了灯具的光通效率，因此，在无装修要求场所应优先采用直射光通比高的灯具。荧光灯灯具和高强度气体放电灯灯具的效率应符合表3的规定。

荧光灯灯具和高强度气体放电灯灯具的效率允许值　　　　　　　　　　　　　　表3

灯具出光口形式	开敞式	保护罩 透明	（玻璃或塑料） 磨砂、棱镜	格栅	格栅或透光罩
荧光灯灯具	75%	65%	55%	60%	—
高强度气体放电灯灯具	75%	—	—	60%	60%

2.2 照明控制

目前设计师大量的采用定时开关、调光开关、光电自动器和照明智能控制系统等措施对照明系统进行分散、集中、手动、自动的经济实用、合理有效的控制。但在最近的建筑节能专项检查中，仍发现存在着未根据照明的灯光布置形式和环境条件选择合适的控制方式等以下几个问题。

1) 每个照明开关所控光源数偏多。有的场所一个开关控制了十几个光源，这显然是不符节能要求的。除只设置 1 个光源的以外，一般是每个房间灯的开关数不少于 2 个。对较小房间每个开关可控 1~2 个光源，中等房间每个开关可控 3~4 个光源，大房间每个开关可控 4~6 个光源。设计人员之所以将每个开关控制的光源数多达十几个，可能是与"每一照明单相分支回路的电流不宜超过 16A，所接光源数不宜超过 25 个"这个概念混淆了。限制每分支回路的电流值和所接灯数，是为了使分支线路或灯内发生短路或过负载等故障时，断开电路的影响范围不致太大，故障发生后检查维修较方便；而每个开关控制的灯数少一些则是从节能的角度考虑的。

2) 楼梯间、走道、门厅的照明未采取节能控制措施，以致出现长明灯。对公共建筑如办公楼、学校、商场、宾馆的走道、楼梯间、门厅等公共场所的照明，可采用集中控制，并按建筑使用条件和天然采光状况采取分区、分组控制措施；医院病房走道夜间应采取能关掉部分灯具或降低照度的控制措施；居住建筑的楼梯间、电梯前室、走道的照明，宜采用自熄开关，应急照明应有应急时强制点亮的措施。因为这类场所在夜间走过的人员不多，深夜更少，但又需要有灯光，采用声光控制等类似的开关方式，有利于节电。

3 环保

随着人民群众生活水平的提高，其环保意识也日益增强，因此，照明设计也应注意环保问题。

1) 伴随着城市化进展的步伐，社会经济的日益繁荣，广大人民群众对文化艺术的需求也日益增长，因此就产生了用五颜六色的灯光把一座座发展中的城市装扮得更加美丽、更具魅力的设想。于是，城市夜景工程或称亮化工程也就应运而生。可是，光污染的问题也伴随而来。

2) 亮化工程是城市夜间景观照明工程，是近年美化城市，体现城市形象的新兴工程。它是电光源与灯饰相结合的人文景象，是照明科技与城市环境美化结合的综合艺术，也是人类文明进步与城市现代化发展到一定历史阶段的产物，是城市风貌在夜间展示的一种形态。

夜晚，观看灯景流光溢彩，确实是一种艺术享受。亮化工程不但丰富了城市的内涵，增添了城市的景观，而且提高了城市的品位。

但是，现在也出现了一哄而起的现象，有些城市不顾当地的财力、物力、能源等实际情况，互相攀比，你亮，我比你更亮；比投资，有些路灯刚装一、二年用得好好的，就被拆掉换上更豪华气派的灯具，群众心痛不已。城市亮化工程并非处处越亮越好，不要以为越亮就越都市化、现代化、国际化。凡事要有个度，该亮的地方亮起来，若不分区域，一味追求亮，都亮了，太亮了，人们反而失去了静谧的空间，则成了"光污染"。因此要做好城市夜景照明规划。遵循突出重点，兼顾一般的原则，强调城市夜间视觉形象的总体效果，做到明暗得当，亮度合适，层次分明，协调美观。如居住小区就不要象商业、娱乐场所那么灯火辉煌，闪烁夺目，而是要营造一个静谧和谐、舒适宜人的生活环境；城市道路则以满足道路照明就可以了，不要攀比求亮，安装了好几套灯具，不但浪费能源，而且造成眩光，易影响司机的安全驾车。因此要科学规划，精心设计，才能达到良好的效果。

3) 城市从没有亮化到过度亮化，这与我国的国情不符。如果以浪费能源和产生光污染为代价来亮化城市，则是得不偿失。故夜景照明的设置应取慎重态度，因其用电量较大且安装位置特殊，所以要特别注意节电原则与灯具维护的方便以及光污染问题。

参考文献

[1] 中华人民共和国公安部. GB 50016—2006 建筑设计防火规范 [S]. 北京：中国计划出版社，2006.
[2] 中国建筑科学研究院. GB 50034—2004 建筑照明设计标准 [S]. 北京：中国建筑工业出版社，2004.
[3] 中国建筑标准研究院. 全国民用建筑工程设计技术措施—电气节能专篇 [S]. 北京：中国建筑工业出版社，2007.

太阳能 LED 照明在住宅节能中的应用

阚　璇　马名东（中国建筑设计研究院机电院，北京 100044）

【摘　要】　本文简要阐述了太阳能 LED 照明的构成及其发展，从住宅小区的应用来看，太阳能 LED 照明在未来住宅节能中将起到非常重要作用，并且会有着广泛的发展空间。

【关键词】　太阳能　LED　照明　节能

【Abstract】　The paper introduces the constitution and development of solar LED briefly，and from the application in residential quarters，the solar LED lighting will play a very important part in the housing energy saving and have a wide developing space.

【Keywords】　solar energy，LED，lighting，energy saving

1　引言

随着中国房地产在一片涨与不涨，降与不降的质疑声中，很多专家或业内人士众说纷纭，各执一词，似乎中国地产的走向很难判断。但在众多的不确定因素中，有一种声音是真实可信的，而且越来越清晰，那就是不管中国楼市如何涨跌，与百姓息息相关的住房将越来越向节能方向发展。

2　太阳能 LED 照明系统的构成

太阳能是地球上清洁、安全、取之不尽的可再生能源，充分开发利用太阳能是世界各国政府可持续发展的能源战略决策，其中太阳能光伏发电则备受瞩目。太阳能光伏发电近期可解决特殊应用领域的需要，作为常规电源的补充；远期希望得到大规模应用。到 2030 年光伏发电在世界总发电量中将占到 5%～10%。太阳能光伏发电独具许多优点，如安全可靠，无噪声，无污染，能量随处可得，不受地域限制，无需消耗燃料，无机械转动部件，故障率低，维护简便，可以无人值守，建设周期短，规模大小随意，可以方便地与建筑物相结合等，这些优点都是常规发电和其他发电方式所不及的。

由于 LED 是使用直流电流，且工作电压较低，当利用常规供电系统（交流电，110V，220V，380V）等作为 LED 电源时，必须将电源转变成低压、直流电才能使用。这不仅增加了照明系统成本，同时又降低了能源的利用率。太阳电池是直接将光能转化为直流电能，且太阳电池组件可以通过串、并联的方式任意组合，得到实际需要的电压。这些特点恰恰是与 LED 匹配而传统供电系统所无法达到的。如果将太阳电池与 LED 结合，将无须任何逆变装置进行交、直流或高、低压电的转换。这种系统将获得很高的能源利用率、较高的安全性能和可靠性。太阳能 LED 照明灯具主要由 LED 光源、太阳能电池板、充放电控制器、蓄电池、灯具结构等组成（如图 1 所示）。

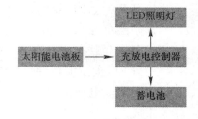

图 1　太阳能 LED 照明灯具构成

3　太阳能 LED 照明在住宅节能中的应用

3.1　太阳能 LED 楼道灯

随着经济社会的发展，人民物质生活水平的提高，城乡居民的居住条件得到了不断改善，各种住宅小区不断拔地而起。然而，许多住宅小区的楼道照明系统还是沿用着传统的市电供电、以普通的节能灯为照明光源的照明系统。这种照明系统普遍存在着以下几个问题：一是楼道灯用电的电费分摊难；二是楼道灯因为频繁的启、闭经常损坏。正是因为以上两个问题，许多现有的楼道都成了"盲道"。

太阳能 LED 楼道灯系统目的是提供一种以太阳能为能源，大功率 LED（发光二极管）为光源，专门用于楼道的节能、环保、安全、免费使用的太阳能 LED 楼道照明系统。其包括太阳能电池、蓄电池、

LED灯泡、控制系统及控制开关，太阳能电池及蓄电池与控制系统连接，LED灯泡及控制开关分别与控制系统连接。在控制方面采用了充放电控制系统、光控系统及时控系统。

1）太阳能LED楼道灯工作原理

该系统包括一个安装在建筑物楼顶的太阳能电池和安装在各个楼层的照明灯，以及统一安放的蓄电池和充放电控制器。蓄电池与各楼层的照明灯通过导线连接。负载采用LED灯具，并配合声光控开关工作。

白天，太阳能电池组件在一定强度的太阳光照射下产生电能，通过太阳能充放电控制器存储到蓄电池内；夜晚，蓄电池通过充放电控制器为负载提供电能。通常，太阳能系统在设计时会根据实际情况增大蓄电池的容量，以保证阴雨天的照明。

2）太阳能LED楼道灯优势

（1）节能：以太阳能光电转换提供电能，取之不尽，用之不竭；

（2）环保：无污染，无噪声，无辐射；

（3）安全：低压直流供电，绝无触电、火灾等意外事故；

（4）方便：安装简捷、使用方便，也没有停电限电顾虑；

（5）寿命长：太阳能电池板在20年以上，蓄电池3～5年，LED光源可达5万h以上；

（6）品位高：科技产品，绿色能源，使用单位重视科技，绿色形象提高，档次提升；

（7）经济性：一次投资，长期受用；

（8）适用广：太阳能源源于自然，所以凡是有日照的地方都可以使用。

楼道灯照明属于公用设施，原则上安装维护管理是业主及物业分摊的，现在楼道灯收费包括两部分，其中一部分是维护费，另一部分是电费。然而在实际中楼道灯收费不尽相同，且没有统一的标准，使得业主与物业管理部门矛盾尖锐。还有许多楼道灯仍使用灯泡和老式开关通宵长亮，若将楼道灯改为LED照明，并采用声光控开关，不仅可以节能降耗使用方便，而且一次投资长期免费，缓解了物业管理部门与业主矛盾，降低了物业管理费用，综合费用更合理。这种以LED为光源的固态照明灯，耗电量只是普通白炽灯的1/8，寿命却是它的10倍。

3.2　太阳能LED草坪灯

由于太阳能草坪灯独特的优点，近年来得到迅速发展。草坪灯功率小，主要以装饰为目的，适于对可移动性要求高、电路铺设困难、防水要求高的场地。

1）LED太阳能草坪灯的基本原理

太阳能草坪灯主要利用太阳能电池的能源来进行工作，当白天太阳光照射在太阳能电池上，把光能转变成电能存贮在蓄电池中，再由蓄电池在晚间为草坪灯的LED（发光二极管）提供电源。

2）LED太阳能草坪灯的结构组成

由太阳能电池组件（光电板）、超高亮LED灯（光源）、免维护可充电蓄电池、自动控制电路和灯具等组成。

3）LED太阳能草坪灯的系统组成

太阳能草坪灯升压IC，能自动对充电和放电行为进行切换，当白天太阳能充电板感应到阳光时，自动关闭灯光进入充电状态，当夜色降临太阳能充电板感应不到阳光时，自动进入电池放电状态开启灯光。太阳能草坪灯升压IC，能把1.5V的充电电池的输出电压提升到3.6V。

一套线路板IC配一节5号充电电池可以驱动1～7个LED发光二极管；多套线路板IC以此类推。太阳能草坪灯控制器的积体电路以及部分周边组件主要功能包含充电电路、驱动电路、光敏控制电路和脉宽调制电路等。该控制器具有高转换效率：80%～85%（典型值），可以减少太阳能电池板的功率要求；低启动电压：0.9V（最大值）；可调输出电流等特点。

4）LED太阳能草坪灯的光源优势

目前多数草坪灯选用LED作为光源，LED寿命长，可以达到10万h以上，工作电压低，非常适合应用在太阳能草坪灯上。特别是 LED 技术已经经历了其关键的突破，并且其特性在过去 5 年中有很大提高，其性能价格比也有较大的提高。

另外，LED 由低压直流供电，其光源控制成本低，使调节明暗，频繁开关都成为可能，并且不会对 LED 的性能产生不良影响。还可以方便地控制颜色，改变光的分布，产生动态幻景。

3.3 太阳能 LED 路灯

目前，太阳能 LED 路灯在小区中的应用相比以上两种应用更广泛、更具有实际意义。因为普通的路灯需要铺设很长的输电线路，而且随着距离的增加，电压会逐渐降低，超过一定距离还要用变压器升压。其电源线路的铺设要投入很高的费用。而太阳能路灯则不然。因为每一根路灯杆都是独立的，不需要铺设输电线路，这就大大降低了架设的费用。

太阳能 LED 路灯由太阳能电池、蓄电池、控制器和灯具（包括 LED 灯头、控制箱、灯杆等支撑部件）组成（如图 2 所示），在设计时必须充分考虑其特点，合理设计，才能保证产品既能稳定可靠地工作，又能使投资最少，达到最好的经济效益。

1）太阳能电池板的选择

从使用的角度看，我们希望即使在无日照时间段，小区内的路灯也能工作，但对于纬度较高的地区，夏天和冬天无日照的时间相差很多。同时光伏方阵夏天接收到的太阳辐射量多，冬天接收到的少。如按无日照时间灯具都需点亮的要求计算，所需太阳电池组件功率很高，不仅整灯成本无法接受，灯杆结构上也很难承受。因为太阳能路灯本身结构紧凑，一般光伏组件安装于灯杆顶端或灯杆中间部分，考虑到灯杆的强度、组件面积和重量如果太大对于灯杆的结构强度和整灯的稳定性不利，特别是在遇到大风时可能无法承受。目前的太阳能路灯一般规定灯具每晚满功率工作的时间，然后计算出整个系统在这一段时间内消耗的总功率，结合灯具安装地的太阳能资源状况计算出所需太阳电池的容量。

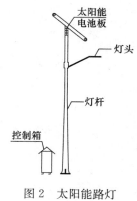

图 2　太阳能路灯
结构示意

2）蓄电池的选择

基于蓄电池在光伏系统中的使用特点，在选择蓄电池时，必须选择优质的铅酸免维护蓄电池。由于实际使用中蓄电池充放电的电流均较小，可能导致蓄电池放电后无法充满的情况。为避免过充电和过放电，充放电控制中最好加入温度补偿控制。LED 路灯中的铅蓄电池是一个问题，一方面是它的寿命问题，一般铅蓄电池的寿命只有 2 年，但是现在有一种卷绕式铅蓄电池因为采用了固态酸，所以其寿命高达 6～8 年。

3）控制器的选择

太阳能充放电控制器的主要作用是保护蓄电池。具备过充保护、过放保护、光控、时控与防反接等基本功能。当蓄电池电压达到设定值后就会改变电路的状态。在选用器件上，目前有采用单片机的，也有采用比较器的，方案较多，各有特点和优点，应该根据实际情况选定相应的方案。

4）控制箱的设置

与常规的路灯不同，太阳能路灯一般都要配备控制箱，用以放置蓄电池和控制器。控制箱通常置于灯杆下部，也可以和基座相结合。目前一般采用将蓄电池放于地面上的控制箱内的做法，但这种方法影响个灯具的外观；因此也经常可见将蓄电池埋设于地下的产品，但维护保养较为困难，对控制箱防水防潮要求较高，其合理性有待进一步确认。

5）LED 灯具的设计

太阳能路灯必须选用低功耗、高亮度、寿命长的照明光源，大功率 LED（1W 以上）由于可靠性高，寿命达 5 万 h 且发光效率较高而被认为是太阳能路灯比较理想的光源。目前，由于 LED 发光效率和成本的制约，太阳能 LED 路灯更适合用于住宅小区的道路照明。

4　结束语

太阳能是人类取之不尽的无污染的绿色可再生能源，随着太阳能光伏电池转换效率的提高，成本的进一步降低，LED 发光效率的提高，太阳能 LED 照明灯具必将取代室外普通照明，实现真正意义上的绿色照明。以上列举了太阳能 LED 照明在小区节能中的几点应用，除充分发挥其节能、环保、绿色的特点外，要将智能化、人文化、艺术化设计理念融入其中，以实现其管理方便，意蕴深邃、美观靓丽的观瞻效果。

综上所述，太阳能 LED 照明既可节能降耗、绿色环保、提高人们的生活质量，还可造就一个情趣盎然、令人陶醉的缤纷世界，必将成为城市景观照明的首选。

参考文献

［1］ 谢伦华. 太阳能 LED 照明灯具的原理及应用［J］. 中国科技成果，2005（10）.
［2］ 杨宝柱. 太阳能灯的结构与原理［J］. 光源与照明，2007（1）.

绿色建筑电气设计的探讨

成都华宇建筑设计有限公司，四川 成都　曾　卓　610081

【摘　要】　作者根据《绿色建筑评价标准》的要求，结合现行相关标准、规范的规定，论述了绿色建筑电气设计中应注意的主要问题和具体设计做法。

【关键词】　绿色建筑　建筑电气设计　电能质量　照度计算　照明控制

【Abstract】　According to the requirements of "Green Building Evaluation Standard", the author introduces the main problems which should be pay more attention in the electrical design of green buildings and the specific design methods.

【Keywords】　green building，electrical design，energy quality，calculation of illuminance，lighting control

1　概述

随着我国社会经济的快速发展，我国政府提出了："应加快建设节约型社会，大力推进能源节约，落实《节能中长期专项规划》提出的十大重点节能工程"。其中就包括要大力发展绿色建筑，并启动了绿色照明节能工程。

绿色建筑是指在建筑的全寿命周期内，最大限度地节约资源（节能、节地、节水、节材）、保护环境和减少污染，为人们提供健康、适用和高效的使用空间，与自然和谐共生的建筑。根据中华人民共和国国家标准《绿色建筑评价标准》GB/T 50378—2006（以下简称《绿标》）的规定，我国把"绿色建筑"按照"节地与室外环境、节能与能源利用、节水与水资源利用、节材与材料资源利用、室内环境质量和运营管理"六类指标进行评定，划分为三个等级：一星～三星（★、★★、★★★）级的绿色建筑。住宅建筑、公共建筑在评定绿色建筑时，应满足所有控制项的要求，并按满足一般项数和优选项数的程度来评定绿色建筑的等级。

2　根据《绿标》的规定，绿色建筑设计中建筑电气设计应考虑的内容

2.1　绿色住宅电气设计的有关项目

在绿色住宅建筑设计中与建筑电气设计有关的项目详见表1。

绿色住宅建筑中与建筑电气设计有关的项目 表1

"绿标"条文号	项别	内容
4.1.2	控制项	建筑场地安全范围内无电磁辐射危害和火、爆、有毒物质等危险源。
4.1.11	一般项	住区环境噪声符合现行国家标准《城市区域环境噪声标准》GB 3096 的规定。
4.2.5	一般项	选用效率高的用能设备和系统。
4.2.7	一般项	公共场所和部位的照明采用高效光源、高效灯具和低损耗镇流器等附件，并采取其他节能控制措施，在有自然采光的区域设定时或光电控制。
4.2.9	一般项	根据当地气候和自然资源条件，充分利用太阳能、地热能等可再生能源。可再生能源的使用量占建筑总能耗的比例大于 5%。
4.2.11	优选项	可再生能源的使用量占建筑总能耗的比例大于 10%
4.5.3	控制项	对建筑围护结构采取有效的隔声、减噪措施。卧室、起居室的允许噪声级在关窗状态下白天不大于 45dB（A），夜间不大于 35dB（A）。楼板和分户墙的空气声计权隔声量不小于 45dB，楼板的计权标准化撞击声声压级不大于 70dB。户门的空气声计权隔声量不小于 30dB；外窗的空气声计权隔声量不小于 25dB，沿街时不小于 30dB。

"绿标"条文号	项别	内容
4.5.9	一般项	设采暖或空调系统（设备）的住宅，运行时用户可根据需要对室温进行调控。
4.6.2	控制项	住宅水、电、燃气分户、分类计量与收费。
4.6.6	一般项	智能化系统定位正确，采用的技术先进、实用、可靠，达到安全防范子系统、管理与设备监控子系统与信息网络子系统的基本配置要求。
4.6.11	一般项	设备、管道的设置便于维修、改造和更换。

2.2 绿色公共建筑电气设计的有关项目

绿色公共建筑设计中与建筑电气设计有关的项目详见表2。

绿色公共建筑中与建筑电气设计有关的项目　　　　　　　　　　　　　　　　表2

"绿标"条文号	项别	内容
5.1.2	控制项	建筑场地安全范围内无电磁辐射危害和火、爆、有毒物质等危险源。
5.1.6	一般项	场地环境噪声符合现行国家标准《城市区域环境噪声标准》GB 3096 的规定。
5.2.3	控制项	不采用电热锅炉、电热水器作为直接采暖和空气调节系统的热源。
5.2.4	控制项	各房间或场所的照明功率密度值不高于现行国家标准《建筑照明设计标准》GB 50034 规定的现行值。
5.2.5	控制项	新建的公共建筑，冷热源、输配系统和照明等各部分能耗进行独立分项计量。
5.2.15	一般项	改建和扩建的公共建筑，冷热源、输配系统和照明等各部分能耗进行独立分项计量。
5.2.17	优选项	采用分布式热电冷联供技术，提高能源的综合利用率。
5.2.18	优选项	根据当地气候和自然资源条件，充分利用太阳能、地热能等可再生能源，可再生能源产生的热水量不低于建筑生活热水消耗量的 10%，或可再生能源发电量不低于建筑用电量的 2%。
5.2.19	优选项	各房间或场所的照明功率密度值不高于现行国家标准《建筑照明设计标准》GB 50034 规定的目标值。
5.5.5	控制项	宾馆和办公建筑室内背景噪声符合现行国家标准《民用建筑隔声设计规范》GBJ 118 中室内允许噪声标准中的二级要求；商场类建筑室内背景噪声水平满足现行国家标准《商场（店）、书店卫生标准》GB 9670 的相关要求。
5.5.6	控制项	建筑室内照度、统一眩光值、一般显色指数等指标满足现行国家标准《建筑照明设计标准》GB 50034 中的有关要求。
5.6.6	一般项	设备、管道的设置便于维修、改造和更换。
5.6.8	一般项	建筑智能化系统定位合理，信息网络系统功能完善。
5.6.9	一般项	建筑通风、空调、照明等设备自动监控系统技术合理，系统高效运营。
5.6.10	一般项	办公、商场类建筑耗电、冷热量等实行计量收费。

3 达到《绿标》要求的绿色建筑，在建筑电气设计中的具体实施方法及注意事项

3.1 对建筑场地的要求

"建筑场地安全范围内无电磁辐射危害和火、爆、有毒物质等危险源。"

建筑电气设计时应特别注意住宅建筑、公共建筑与有电磁辐射危害和火、爆、有毒物质等危害源的距离应满足规范要求。在民用建筑电气设计中主要需注意几点：

1）一些大型住宅小区或某些特殊建筑群，需要设置 110kV 的变电站或高压开关站。我们在选择 110kV 变电站和高压开关站位置时应当满足《建筑设计防火规范》GB 50016—2006（以下简称《防火规》）3.4.11 条"电力系统电压为 35～500kV 且每台变压器容量在 10MVA 以上的室外变、配电站以及工业企业的变压器总油量大于 5t 的室外降压变电站，与建筑之间的防火间距不应小于本规范第 3.4.1 条和第 3.5.1 条的规定。"的要求。

2）小区内箱式变电站与建筑的间距应符合《防火规》5.2.2 条"10kV 以下的箱式变压器与建筑物

的防火间距不应小于 3m"。

3.2 对环境噪声的要求

"环境噪声符合现行国家标准《城市区域环境噪声标准》GB 3096 的规定。"

2008 年我国已修订《城市区域环境噪声标准》GB 3096—93，新的标准已改为《声环境质量标准》GB 3096—2008，标准规定了五类声环境功能区的环境噪声限值及测量方法。各类声环境功能区使用的环境噪声等效声级限值见表 3。

各类声环境功能区使用的环境噪声等效声级限值　　　　表 3

时段 声环境功能区类别		昼间（dB）	夜间（dB）
0		50	40
1		55	45
2		60	50
3		65	55
4 类	4a 类	70	55
	4b 类	70	60

各类标准的适用区域分为以下五种类型：

0 类声环境功能区：指康复疗养区等特别需要安静的区域。

1 类声环境功能区：指以居民住宅、医疗卫生、文化教育、科研设计、行政办公为主要功能，需要保持安静的区域。

2 类声环境功能区：指以商业金融、集市贸易为主要功能，或者居住、商业、工业混杂，需要维护住宅安静的区域。

3 类声环境功能区：指以工业生产、仓储物流为主要功能，需要防止工业噪声对周围环境产生严重影响的区域。

4 类声环境功能区：指交通干线两侧一定距离之内，需要防止交通噪声对周围环境产生严重影响的区域，包括 4a 类和 4b 类两种类型。4a 类为高速公路、一级公路、二级公路、城市快速路、城市主干路、城市次干路、城市轨道交通（地面段）、内河航道两侧区域；4b 类为铁路干线两侧区域。

在住宅小区、公共建筑设计时要特别注意：柴油发电机组、空调机组、水泵运行的噪声应符合环境噪声等效声级限值的要求。柴油发电机房应有隔声、降噪、减震措施，排烟井应排烟至屋顶（或设消声除尘后再排至室外）。水泵的安装基础应按照规范要求设减震措施。

3.3 选用效率高的用能设备和系统

1）不选用淘汰产品及设备

电气淘汰产品目录可查阅国家经济贸易委员会发布的《淘汰落后生产能力、工艺和产品的目录》以及《全国民用建筑工程设计技术措施》电气 2003 年版附录四：淘汰产品汇编。除不得选用淘汰产品外，选用的电气设备、器件和线路还应满足产品制造标准中的节能指标要求。

2）设计高效节能的供配电系统

供配电系统设计时，应满足电能质量的要求。提高电能质量主要包括：减少供电电压的偏差、降低三相低压配电系统的不对称度、将供配电系统的谐波抑制在规定范围内。在实际设计中应特别注意以下几点：

（1）使用节能型变压器（尤其应选用空载损耗低的节能型变压器），正确选择变压器的变压比和电压分接头。

（2）降低系统阻抗。合理选用导线材质和截面，当供电距离较远时应计算至用电末端的电压降。

（3）合理采取无功补偿措施。10(6) kV 及以下的无功补偿宜优先设置就地补偿，并在配电变压器的低压侧集中补偿，且功率因数不宜低于 0.9。高压侧的功率因数指标应符合当地供电部门的规定。

（4）尽量使三相负荷平衡。特别在低压侧，单相负荷宜均衡分配到三相上，降低三相配电系统的不对称度。

（5）采用抑制谐波措施。在供配电系统中谐波产生的根本原因是由于非线性负载所致。当电流流经负载时，与所加的电压不呈线性关系，就形成非正弦电流，即电路中有谐波产生。在平衡的三相系统中，由于对称关系，偶次谐波被消除，只有奇次谐波存在，所以我们抑制谐波主要是抑制奇次谐波。在民用建筑中产生谐波的用电设备主要有水泵、风机、电梯、空调、气体放电灯、电子设备、变频装置等。对于大型的非线性负载宜就近采用滤波器、谐波吸收器等措施抑制谐波。选用的气体放电灯光源应采取就地无功补偿措施。在变配电所的低压集中自动补偿柜中，应设置具有抑制谐波功能的电抗器。谐波使配电系统产生了附加的谐波损耗，大量的 3 次谐波流过中性线时会使线路过热甚至发生火灾，当选择线路时应考虑线路上的谐波损耗，适当增加中性线的截面。

3.4 公共场所和部位的照明

"公共场所和部位的照明采用高效光源、高效灯具和低损耗镇流器等附件，并采取其他节能控制措施，在有自然采光的区域设定时或光电控制。"

根据《住宅建筑设计规范》GB 50368—2005 10.1.4 条的强制性要求，住宅公共部位的照明应采用高效光源、高效灯具和节能控制措施。在设计灯具光源时，除特殊用途外，不宜选用白炽灯光源，宜采用节能光源。例如高效的三基色荧光灯、LED 光源等。气体放电灯具应采用节能型电感镇流器或电子镇流器。

公共部位的灯具控制宜采用光电、人体红外感应等能自动延时关闭的控制开关或定时开关，在有条件时可采用 I-BUS 等总线制照明控制系统。在光照充足的地区应考虑太阳能照明。在风力充足的地区可考虑风力发电照明等。

3.5 各房间或场所的照明

"各房间或场所的照明功率密度值不高于现行国家标准《建筑照明设计标准》GB 50034 规定的现行值。""建筑室内照度、统一眩光值、一般显色指数等指标满足现行国家标准《建筑照明设计标准》GB 50034 中的有关要求。"

1）根据《建筑照明设计标准》GB 50034（以下简称《照明标》）的强制性要求，办公建筑、商业建筑、医院建筑、学校建筑内的房间或场所的照度以及对应的照明功率密度值（LPD）应符合 6.1.2、6.1.3、6.1.4、6.1.5、6.1.6 条的规定。在设计中要注意以下几点：

（1）在《照明标》中规定的照度值均为作业面或参考平面上的维持平均照度值。在设计时首先应满足照度要求，在满足照度要求的情况下，应通过计算，选用节能光源和灯具来满足照明功率密度值（LPD）的要求。

（2）根据《照明标》4.1.7 条的规定，设计照度值与照度标准值相比较，可有－10％～＋10％的偏差。但应注意，设计照度值改变了，对应的 LPD 值也要按比例提高或折减，这样才能满足该标准的规定。

2）根据《照明标》4.4.2 条的规定，在公共建筑中，长期工作或停留的房间或场所照明光源的一般显色指数（Ra）不宜小于 80，在例如手术室、美术教室等房间内 Ra 值应达到 90。请注意在选用荧光灯光源时，应选用高 Ra 的三基色荧光灯光管。

3）在满足眩光限制和配光要求的条件下，应选用效率高的灯具。采用气体放电灯光源的灯具应配用电子镇流器或节能型电感镇流器。请注意，T5 荧光灯光源只能配用电子镇流器。

4）眩光对于生理和心理有严重的危害性，眼睛在视野内遇到非常强烈的光或光不太强而背景很暗时就会引起可见度降低，以致于难以看到物体——称为眩目；还会引起眼睛流泪、疼痛，甚至眼睑痉挛等——称为羞明。眩光对于心理也有着明显的作用，影响着人们的情绪，给人不舒适的感觉。我们通常所说的统一眩光值（UGR）是国际照明委员会制定的 CIE 统一眩光值（UGR），用来度量处于视觉环境中的照明装置发出的光对人眼引起不舒适感主观反应的心理参量。UGR 值与房间大小、视线方向、灯具选择及位置有密切关系，请注意 UGR 值的计算公式对应的应用条件是有局限性的。UGR 值对应的不舒适眩光的主观感受见表 4。

UGR	不舒适眩光的主观感受	28	严重眩光，不能忍受
25	有眩光，有不舒适感	22	有眩光，刚好有不舒适感
19	轻微眩光，可忍受	16	轻微眩光，可忽略
13	极轻微眩光，无不舒适感	10	无眩光

5）照度计算中应注意的问题

（1）计算出的照度值与房间大小、高度、灯具布置、家具布置、装修材料、工作面高度、选用灯具的特性有密切关系。在选择灯具时，一些设计师按规范要求的 LPD 值反推算灯具数量，这是完全错误的。应按照标准公式，明确各种相关条件进行合理地计算。

（2）选择光源时应注意相同类型的光源，各厂家的参数指标是不一样的。选用不同色温的灯管，其光通量也有差别。所以，我们在计算以及编写设备选用表时应明确所选光源的光通量值。选择光源时，还应注意光通维持率的选择，在一定对比时间内，高的光通维持率将使实际工作照度能在较长时间里维持设计照度。

（3）因照度计算条件的复杂性，建议大家采用专业照度计算软件。例如免费的 DIALux、AGI32、灯具厂家提供的照度计算软件等。这些软件的好处就是能进行复杂场景计算、能绘制三维效果图、能自动生成计算书、报表。用 DIALux 软件计算的一个办公室三维效果图见图 1，等照度图见图 2，计算报表见图 3。

图 1　三维效果图

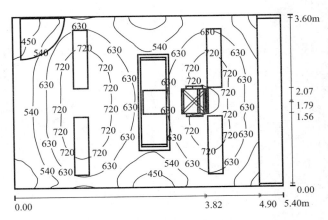

图 2　等照度图

空间高度：2.8m，安装高度：2.8m，维护系数：0.80　　　　　　　　　　　　　　　　单位：lx　比例：1：47

表面	ρ(%)	平均照度	最小照度	最大照度	最小照度/平均照度
工作面	/	619	364	797	0.588
地板	42	420	21	615	0.050
天花板	70	166	107	225	0.646
墙壁	73	248	3.26	853	/

工作面：高度：0.75m　网格：128×128 点　边界：0.000m

灯具表

编号	数量	名称（修正系数）	φ(lm)	p(W)
1	4	OPPLE　140002683MDP61236-Y（1.000）	6500	83.0

总数：26000　332.0

图 3　计算报表

3.6　住宅及办公、商场类建筑能耗计量

"住宅水、电、燃气分户、分类计量与收费"，"办公、商场类建筑耗电、冷热量等实行计量收费。"

各地供电部门对电能的计量有着不同的规定，在设计电能计量点时应符合当地供电部门的要求。各住宅的电能计量应分户计量，不应采用合表计量方式。有供冷、暖气的建筑，为节约能源，应采用措施

（例如流量监控、末端设备用电量评估等方法）对各用冷热量的单位分设计量装置实行计量收费。

4 结束语

在进行绿色建筑电气设计时应结合国家政策和现行的国家标准、规范进行设计，并采用高效、节能设备及产品，采用正确的设计方法设计出合格、节能的绿色建筑。

参考文献

［1］ 中华人民共和国住房和城乡建设部. GB/T 50378—2006 绿色建筑评价标准［S］. 北京：中国建筑工业出版社，2006.

［2］ 中华人民共和国公安部. GB 50016—2006 建筑设计防火规范［S］. 北京：中国计划出版社，2006.

［3］ 中国建筑科学研究院. GB 50034—2004 建筑照明设计标准［S］. 北京：中国建筑工业出版社，2004.

楼宇能源监测系统在世博园区能源管理中的应用研究

上海建坤信息技术有限责任公司，上海200032 瞿 斌 俞 俪 胡 琦 徐 乾

【摘 要】 世博园区各类场馆、片区在运营过程中将耗费大量的能源，为了倡导低碳生活，减少二氧化碳排放量，经世博事务协调局研究决定在世博园区实施楼宇能源监测系统，本文利用分项计量标准的要求，结合世博园区各场馆 BA 系统和传感器中采集的数据，设计了一套符合世博运营要求的分层结构的楼宇能源监测系统。通过该系统的使用，不仅为世博园区运营提供第一手、翔实的能源实时数据，而为节能和安全运行提供预测和分析功能。

【关键词】 楼宇能源监测 BA 系统

【Abstract】 It would exhaust tons of energy during the operation of different categories of exhibition hall and zone in the Expo park. In order to advocate low-carbon life，minimize the emission of CO_2，after related research and decision of Bureau of Shanghai World Expo Coordination，building energy monitoring system would be executed in Expo Park. The system is designed based on the criteria of item-measure，combined with related data from exhibition hall BA system and sensors in Expo Park. By the execution and usage of the system，not only the first hand，rich and valuable real-time data would be provided，but also forecasting and analysis functions for energy saving and secure running would be provided.

【Keywords】 energy monitoring system，BA system

1 引言

随着我国经济社会的发展和环境资源压力越来越大，节能减排形势越来越严峻。据统计，我国有近30％的能源消耗在建筑物上，做好建筑尤其是大型建筑的节能管理工作，不仅直接关系到"十一五"单位 GDP 能耗降低 20％的节能战略目标的实现，而且对整个节能减排工作有着强有力的示范作用。

目前建筑节能大多从两方面入手：一方面是建筑设计，另一方面是建筑智能化系统。在建筑设计节能方面，包括建筑物的整体结构、建筑物的围护结构以及从室内环境的舒适性。建筑智能化系统节能方面包括 BA 控制系统、计费系统、灯光控制系统及配电管理系统。

这些建筑智能化系统都是针对建筑能耗中的单一环节进行评估的，并没有把整个建筑物或建筑群的耗能评估作为一个有机整体进行分析和优化其系统方案和技术实现。因此，建筑能源管理系统属于当前建筑智能系统中的一个新领域，该项技术的实现填补了目前建筑能耗评估工具的空白。

参照发达国家的经验，实现建筑节能管理首先需要全面、准确的掌握建筑能耗情况，这可以通过建立楼宇能源监测系统来实现。

2 能源监测系统概况及其架构

2.1 术语解释

分类能耗是指根据建筑楼宇消耗的主要能源种类划分进行采集和整理的能耗数据，如：电、燃气、水等。

分项能耗是指根据建筑楼宇消耗的各类能源的主要用途划分进行采集和整理的能耗数据，如电能应分为 4 大项分项，包括照明插座用电、空调用电、动力用电和特殊用电，根据要求可以在这四大分项的基础上划分二级分项。

楼宇能源监测系统是指通过对大型建筑安装分类和分项能耗计量装置，采用远程传输等手段及时采集能耗数据，实现重点建筑能耗的在线监测和动态分析功能的硬件系统和软件系统的统称。它是建立和完善能效测评、用能标准、能耗统计、能源审计、能效公示、用能定额、节能服务等各项制度的重要基础性工作。本文主要展示能源信息管理二级平台，即永久建筑的能源监测系统。

2.2 世博园区能源监测系统概况

2010年世博会在上海举办，世博园区规划用地范围为5.28km²，围栏区域范围约为3.28km²。上海世博会规划方案采用"园、区、片、组、团"5个层次的结构布局，将拥有外国国家馆、国际组织馆、企业馆、中国馆、主题馆、城市最佳实践区等各类展馆76.6万m²以及世博轴、公共活动中心等各类公共设施和配套服务设施。这些场馆和配套设施中既有永久性保留的建筑，也有临时性的场馆和设施，如何在世博会期间对这些场馆和设施的能源系统消耗状况有个全面的了解和掌握，从而提升世博园区的能源管理水平，成为了2010年世博会信息化建设的重要任务之一。

世博园区能源监测系统的开发和应用，能够为城市未来管理、特别是城区能源监测和管理提供解决方案；保障世博园区能源系统高效节能运行，充分演绎了世博会推动城市科技创新的理念；使"城市，让生活更美好"的理念真正在我们的城市中得到最广泛的诠释，提高城市管理水平。

2.3 世博园区能源监测系统架构

世博园区能源监测系统分为两层架构，在园区指挥中心设立能源信息管理一级平台，在永久建筑内设立二级平台，实现分级管理。

能源信息管理一级平台主要为决策指挥层和园区管理层服务；全面展示园区内各片、组、团、重点场馆、区域能源使用情况（总量、正常、异常、事故等）；在世博会期间为能源系统的高效、安全、经济的运行提供保障。

能源信息管理二级平台的主要使用对象为各永久场馆的运行管理部门，提供建筑能源监测、能源诊断、能效分析和能源管理等服务，在世博会期间和会后为建筑能源的高效合理利用和优化运行管理提供信息化保障。

3 世博园区能源监测架构系统设计

世博园区能源监测系统架构图如图1所示，各个模块功能说明如下：

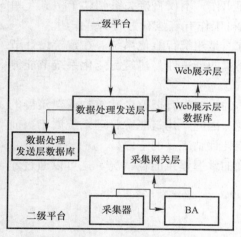

图1 世博园区能源监测系统架构图

（1）采集仪表用来采集各类能耗参数和与用能有关的其他参数，如：单功能电表能采集电流、电压、用电量等能耗参数；多功能电表能采集电流、电压、有功功率、无功功率、功率因数、用电量等参数。

（2）BA系统实现仪表数据的周期性采集（每10min采集一次）和具有临时储存功能。

（3）采集网关层实现能耗数据纠错、数据筛选、向数据处理发送层发送数据等功能。

（4）数据处理发生层实现数据处理、数据入库、向一级平台发送数据等功能。

（5）Web展示层实现实时能耗数据监测；故障及信息报警；能耗数据的环比、同期比、组成比分析；能耗数据分析诊断等功能。

4 世博园区能源监测系统功能的实现

4.1 软件功能结构

世博园区能源监测系统软件功能结构示意图如图2所示，对其中的楼宇信息采集模块，故障报警模块、仪表设置及检测模块说明如下：

（1）楼宇信息采集。

采集建筑的基本项信息包括建筑名称、建筑类型、建筑层数、地上层数、地下层数、建筑地址、建筑总面积、空调面积、竣工日期、供冷方式、供热方式等信息以及影像资料的其他附加信息。

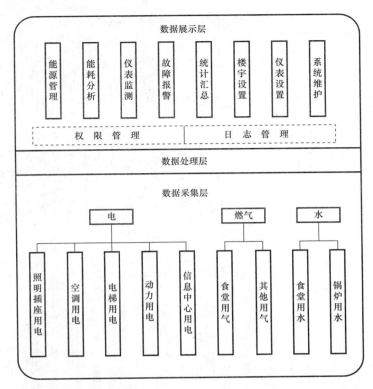

图 2　软件功能结构图

（2）仪表设置。

对仪表信息进行维护，对仪表进行分类、分项、设置最大量程、初始读数等属性。仪表记录根据现场安装的仪表个数和类型预先在系统中预置。

（3）仪表检测。

主要对建筑的各分项计量仪表和各楼层仪表的读数、通讯状况进行实时监测。依据安全预警模型进行有效识别，在故障仪表位置显示闪烁图标实时报警，并在右边页面的下面显示报警列表。发现报警后，用户可以根据报警信息，实地排查；发现问题后，填写反馈日志；当故障确认排除后，报警撤销，仪表恢复正常。

（4）能源报警。

通过事先在系统中设置各类报警条件和报警级别信息，实现实时动态的报警功能，对于那些级别比较高的报警信息可以通过流程发送到一级平台，一级平台对那些没有得到及时处理的报警信息可以发送督办指令进行督办。

4.2　数据分析与讨论

图 3 给出的是该楼宇能源检测系统对各类分项能耗进行监测得到的历史变化曲线。在这基础上，对能源监测数据的统计分析包括了各类能源按时间、总量、人均量、单位面积均量进行环比、组成比、同期比的数据分析统计，结果如图 3、图 4 所示。

结合统计数据，便可对能源诊断和能效进行分析。利用在节能诊断工作基础上建立的案例库，可以形成一套针对具体能耗问题的诊断方法。通过在系统内预设各类参数，辅助管理人员及早发现不合理用能情况。例如通过设置工作时段，可以对非工作时段用能过高进行提醒和报警；通过设置房间类型，可以对同类型房间用能情况进行比对和分析。

空调能耗占了建筑能耗的较大比例，系统通过分析冷站能效比，冷机能效比来反映空调系统的用能效率评价。其中：冷站能效比＝空调系统的总流量×空调系统的温差/（冷机＋冷却水泵＋冷却塔）耗电量；冷机能效比＝冷机供冷量/冷机耗电量。

图3　历史电度总量曲线图

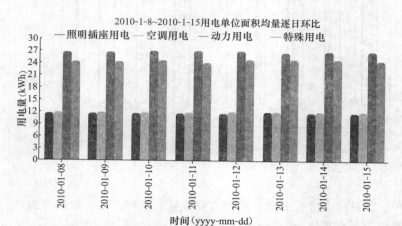

照明插座用电：最大值:11.98 最小值:11.45；空调用电：最大值:12.11 最小值:11.78；
动力用电：最大值:27.05 最小值:26.54；特殊用电：最大值:25.08 最小值:24.14

图4　单位面积能耗逐日环比图

5　结论与展望

在国际大型公共活动中采用能源监测系统，是中国2010年上海世博会的创举，同时也是上海世博会组织者向世界展示对节能减排的高度重视和成效。

通过能源监测系统在世博园区的探索应用，将为城市管理，特别是城区能源监测和管理、保障城市节能减排提供示范效应和借鉴经验，提高城市管理水平；充分演绎了世博会推动城市科技创新和可持续发展的理念——"城市，让生活更美好"。

世博会指挥者通过能源监测系统，能直观、实时了解园区内能源系统的使用情况，为实现有效指挥提供信息支撑；通过系统有效运行，及时发现、纠正用能浪费现象，建筑能耗可降低5％～10％，并可有效缓解环境压力，符合当前城市节能减排和可持续发展目标，体现"节俭办博"。

参考文献

[1]　住房和城乡建设部. 国家机关办公建筑和大型公共建筑能耗监测系统软件开发指导说明书［Z］. 2009，2.
[2]　清华大学建筑节能研究中心. 中国建筑节能年度发展研究报告（2008）［M］. 北京：中国建筑工业出版社，2008.
[3]　张信高. 浅谈楼宇自控节能［J］. 能源与环境，2007，3：41-42.

建筑电气照明节能评价标准的研究

中国建筑科学研究院，北京 100044　赵建平

【摘　要】　本文主要介绍了建筑电气照明节能评价的思路和一些规定。论文包涵了我国编制节能评价标准的依据和原则、目前国家有关节能的政策、法规、我国产品能效标准和设计标准、国外节能评价标准以及我国制订节能评价标准建议。

【关键词】　节能建筑　节能评价　照明标准　照明功率密度

【Abstract】　This paper mainly introduces the ideas and some regulations of electrical lighting energy saving evaluation in buildings. The basis and principle of energy saving evaluation standard compiling in our country, the relative domestic policy and laws at present, the standards of energy efficiency and design of product, foreign energy saving standards and the suggestion to energy saving evaluation standard compiling in our country are contained in the paper.

【Keywords】　energy saving building, energy saving evaluation, lighting standard, lighting power density

1　前言

建设节约型社会已成为我国的一项重要国策，各行各业都要认真做好节能、节地、节材、节水工作。

节能建筑的定义：遵循当地的地理环境和节能的基本方法，设计和建造的达到或优于国家有关节能标准的建筑。目标：实现"以人为本"、"人—建筑—自然"三者和谐统一的重要途径，也是我国实施21世纪可持续发展战略的重要组成部分。我国政府从基本国情出发，提出发展"节能省地型住宅和公共建筑"，主要内容是节能、节地、节水、节材与环境保护，注重以人为本，强调可持续发展。为此国家颁布了多项有关电气照明节能的法规、标准及规范。照明标准和法规是进行城市照明建设的依据，是评价照明工程设计方案是否节能的重要准则。必须按标准规范办事的原则应引起设计、建设和管理人员的高度重视。

2　节能评价标准制订的依据与原则

标准及规范制订的依据包括国家的相关政策和法规、我国的电气照明技术水平（包括产品性能指标及设计水平）、国际上一些发达国家的标准、大量的调查数据结果以及通过验证的综合技术经济分析。

指导思想是满足在我国全面建设小康社会的需要，以人为本，创造良好的光环境；反映我国电气照明的技术进步，推进绿色照明工程的实施；具有科学性、实用性、前瞻性。做到技术先进、经济合理、维修方便、使用安全、节约能源、保护环境、保障健康、绿色照明。

节能降耗的原则是要满足人们正常的视觉需求，也就是要满足照明标准的要求（保证照明品质），不应该一味强调节能而降低照明质量的要求。照明品质包括了合适的照度；良好的均匀度、色温、显色指数；可接受的眩光、光污染、节能及其他。

节能必须坚持以人为本、全心全意为人民服务的原则；坚持经济实用、节约用电、保护环境的原则；坚持照明建设与当地经济水平相适应的原则。

3　目前国家有关节能的政策、法规

·2010 年 4 月 2 日，国务院办公厅转发发展改革委等部门《关于加快推行合同能源管理促进节能服务产业发展意见的通知》国办发〔2010〕25 号。

·2010 年 6 月 3 日，财政部/国家发展改革委关于印发《合同能源管理项目财政奖励资金管理暂行办法》的通知。

・2010 年 6 月 17 日，国家发改委/住房和城乡建设部《关于切实加强城市照明节能管理严格控制景观照明的通知》建城〔2010〕92 号。

・2010 年 5 月 27 日，住房和城乡建设部发布第 4 号令《城市照明管理规定》。

・已于 2008 年 10 月 1 日起开始实施《民用建筑节能条例》的第十九条："建筑的公共走廊、楼梯等部位，应当安装、使用节能灯具和电气控制装置。"

・2009 年 5 月 18 日，财政部、国家发展改革委发布《关于开展"节能产品惠民工程"的通知》（财建〔2009〕213 号），决定安排专项资金，采取财政补贴方式，支持高效节能产品的推广使用。

・2008 年 8 月 1 日，《国务院办公厅关于深入开展全民节能行动的通知》国办发〔2008〕106 号。

控制路灯和景观照明。在保证车辆、行人安全的前提下，合理开启和关闭路灯，试行间隔开灯，推广使用可再生能源路灯。在用电高峰时段，城市景观照明、娱乐场所霓虹灯等要减少用电。各级行政机关、公共场所应关闭不必要的夜间照明，除重大的庆祝活动外，一律关闭景观照明。

・2008 年 8 月 1 日，《国务院关于进一步加强节油节电工作的通知》国发〔2008〕23 号。

加快淘汰低效照明产品、减少城市照明用电、加强照明节电管理。

・《高效照明产品推广财政补贴资金管理暂行办法》财建〔2007〕1027 号。

财政补贴重点支持高效照明产品替代在用的白炽灯和其他低效照明产品，主要是普通照明用自镇流荧光灯、三基色双端直管荧光灯（T8、T5 型）和金属卤化物灯、高压钠灯等电光源产品，半导体（LED）照明产品，以及必要的配套镇流器。国家采取间接补贴方式进行推广，即统一招标确定高效照明产品推广企业及协议供货价格，财政补贴资金补给中标企业，再由中标企业按中标协议供货价格减去财政补贴资金后的价格销售给终端用户，最终受益人是大宗用户和城乡居民。

・《"十一五"城市绿色照明工程规划纲要》建办城〔2006〕48 号。

以 2005 年底为基数，年城市照明节电目标 5%，5 年（2006～2010 年）累计节电 25%。

・《关于进一步加强城市照明节电工作的通知》建城函〔2005〕234 号。

・《关于进一步加强城市照明管理促进节约用电工作的意见》建城函〔2004〕204 号。

国务院、建设部于 2004～2008 年相继制定了 10 个有关照明节能的文件。

4 产品能效标准

1997 年，我国开始了电气产品能效标准的研究工作，并于 1999 年 11 月正式发布我国第一个照明产品能效标准《管型荧光灯镇流器能效限定值及节能评价值》GB 17896—1999。之后，我国加快了照明产品能效标准的研究、制定工作，先后组织研究制定了自镇流荧光灯、双端荧光灯、高压钠灯和金属卤化物灯以及高压钠灯镇流器、金属卤化物灯镇流器、单端荧光灯等产品的能效标准。到目前为止，我国已正式发布的电气产品能效标准已有 11 项，如表 1 所示。从数量和质量两方面讲，我国电气产品能效标准的研究水平已位居世界前列。

我国已制定的电气照明产品能效标准 表 1

序号	标准编号	标准名称	发布日期	实施日期
1	GB 17896—1999	管型荧光灯镇流器能效限定值及节能评价值	1999-11-01	2000-06-01
2	GB 19043—2003	普通照明用双端荧光灯能效限定值及能效等级	2003-03-17	2003-09-01
3	GB 19044—2003	普通照明用自镇流荧光灯能效限定值及能效等级	2003-03-17	2003-09-01
4	GB 19415—2003	单端荧光灯能效限定值及节能评价值	2003-11-27	2004-06-01
5	GB 19573—2004	高压钠灯能效限定值及能效等级	2004-08-17	2005-02-01
6	GB 19574—2004	高压钠灯用镇流器能效限定值及节能评价值	2004-08-17	2005-02-01
7	GB 20053—2006	金属卤化物灯用镇流器能效限定值及能效等级	2006-01-09	2006-07-01
8	GB 20054—2006	金属卤化物灯能效限定值及能效等级	2006-01-09	2006-07-01
9	GB 20052—2006	三相配电变压器能效限定值及节能评价值	2006-01-09	2006-07-01
10	GB 18613—2002	中小型三相异步电动机能效限定值及能效等级	2006-12-12	2007-07-01
11	GB 21518—2008	交流接触器能效限定值及能效等级	2008-04-01	2008-11-01

我国的电气产品能效等级均分为 3 级；1 级最高，是国际先进水平，市场上只有少数产品能够达到；2 级是国内先进、高效产品，是节能评价值，达到 2 级及以上的产品经过认证可以取得节能认证标志；3 级及以下为淘汰产品，禁止在市场上出售，是能效限定值。同时，在上述一些标准中规定该标准实施若干年（如三相配电变压器在该标准实施 4 年后，节能评价值变成了能效限定值）。

5 我国照明工程应用的设计标准

节约能源、保护环境、提高照明品质是我们实施绿色照明的宗旨。目前我国工程建设的标准体系建立的比较完善，不同的照明场所都已经制订或正在制订相应的设计标准（见表 2）。这些标准均是针对人们的视觉工作需求而制订，具有一定的科学性和可行性，并尽量和国际标准靠拢，具有一定的先进性。

我国的照明设计、测量标准　　　　表 2

序号	标准编号	标准名称	发布日期	实施日期	主编单位
1	GB 50034—2004	建筑照明设计标准	2004-06-18	2004-12-01	中国建筑科学研究院
2	GB×××××—200×	室外工作场所照明设计标准	待报批	/	
3	GB/T 50×××—200×	节能建筑评价标准	待报批	/	
4	JGJ/T 119—2008	建筑照明术语标准	2008-11-23	2009-06-01	
5	CJJ 45—2006	城市道路照明设计标准	2006-12-19	2007-07-01	
6	JGJ 153—2007	体育场馆照明设计及检测标准	2007-03-17	2007-09-01	
7	JGJ/T 163—2008	城市夜景照明设计规范	2008-11-04	2009-05-01	
8	GB/T 23863—2009	博物馆照明设计标准	2009-05-04	2009-12-01	
9	GB/T 5700—2008	照明测量方法	2008-07-16	2009-01-01	
10	JGJ 16—2008	民用建筑电气设计规范	2008-01-31	2008-08-01	东北建筑设计研究院
11	JGJ/T×××—200×	城市景观照明规划规范	正在制订	/	清华规划设计研究院

5.1 强制性条文

《建筑照明设计标准》（GB 50034—2004）首次规定了居住、办公、商业、旅馆、医院、学校和工业等七类建筑 108 种常用房间或场所的室内照明节能标准值，以照明功率密度（LPD）作为节能的评价指标，单位为 W/m^2，规定能耗指标的对应照度值，最大允许照明功率密度值。除居住建筑外，其他六类建筑的照明功率密度限值属强制性标准，必须严格执行。要求用较少的电能，在保证满足标准要求的照度时，达到节约能源、保护环境、提高照明质量，实施绿色照明的宗旨。

《城市道路照明设计标准》（CJJ 45—2006）完善了对道路照明标准的规定；借鉴国外道路照明的研究成果，使我国的标准与国际先进水平靠拢；增加道路交会区和人行交通道路的照明规定，增加节能标准和指标，提出对影响道路交通的非功能性照明的限制等内容。机动车交通道路照明采用照明功率密度值（LPD）作为照明节能的评价指标。

在上述两个标准中规定的照明功率密度值均属强制性条文，必须严格执行。照明功率密度值的规定将为有关主管部门、节能监督部门、设计图纸审查部门提供明确的、容易检查、实施的标准，对照明设计、安装、运行维护进行有效的监督和管理。

5.2 其他节能规定

除了上述两个标准规定的强制性条文外，我国的照明设计标准都从使用高光效照明光源、推广高效率节能灯具、合理使用节能电气附件、正确选择照度标准值、合理选择照明方式、严格执行照明功率密度值、采用合理的配电及控制方式、充分利用天然光等方面进行明确的规定。

落实按标准和法规设计和建设城市照明工程的原则，要求设计和管理人员认真学习有关标准、规范和文件，深刻理解其内容，并贯彻到城市照明工程的设计和建设中去。

5.3 存在的问题

虽然上述这些标准适应我国经济发展水平和城市建设的需要，基本与国际相关标准接轨，并且特别关注环保和节能，包括了照明功率密度限值（LPD）和防止光污染的条款，并且一些照明功率密度限值规定为强制性条款。但耗电量是与时间有关的一个参数，耗电量（kW·h）是功率和时间的乘积，仅规定控制照明安装功率是远远不够的，还应该考核限定电气设备运行的时间，特别是在建筑投入使用后进行的评价，更应该引入运行时间的参数，考核全寿命期节能综合评价体系的思路才能达到真正节能评价的目的。

6 国外照明节能评价的情况

6.1 美国照明节能评价

美国空调、制冷和供暖工程师学会与北美照明学会自 1975 年联合在建筑节能标准（ASHRAE/IES 90—75）中提出这一照明节能概念以来，引入了照明功率密度限值（LPD），标准已进行过多次修订，LPD 有大幅度的下降。例如，ASHRAE/IES 90.1—2004 比 ASHRAE/IES 90.1—1999 规定的照明功率密度平均下降 25%，其中旅馆照明的最大降幅达 41%。新版的 ASHRAE/IES 90.1—2007 也已经出版，规定的照明功率密度有大幅下降。

6.2 新加坡照明节能评价

新加坡采用单位面积照明用电密度（Unit Power Density，简称 UPD）评价照明节能。将照明区域内照明用电量除以照明区域面积，既得出单位面积照明用电密度。

6.3 日本照明节能评价

日本采用照明能耗系数（Coefficient of Energy Comsumption for Lighting，简称 CEC/L），即用年实际能耗量或计划能耗量作为年照明能耗量与规定的标准能耗量之比来评价照明节能。年计划能耗量不仅考虑了被照面的总能耗，而且考虑了年照明时间以及采用不同照明控制方式的修正系数。日本的照明节能评价的特点是：（1）对某一建筑的所有房间和通道的耗电量相加后取平均值，对整栋建筑进行评价考核；（2）对建筑物能耗量的统计比较全面而且较为准确，考虑了影响能耗量的各种因素，如不同的年点灯时间、照明设备的控制方法、照明种类和不同的照明场所；（3）评价标准给出了计算法和照明能耗系数法两种计算能耗方法的举例和程序，便于应用。

7 我国节能建筑评价标准的建议

我国节能建筑评价标准规定每类指标包括控制项、一般项和优选项。进行节能建筑评价时，应首先审查是否满足本标准中全部控制项的要求。一般项和优选项是划分节能建筑等级的可选条件。

7.1 控制项

控制项为节能建筑的必备条件，全部满足本标准中控制项要求的建筑，方可认为已经具备节能建筑评价的基本申请资格。因此，满足产品能效限定值和工程设计标准强制性条文时，可以参加节能建筑的评价。如满足《建筑照明设计标准》GB 50034—2004、《城市道路照明设计标准》CJJ 45—2006 中强制性条文要求以及选用的产品满足表 1 中相应标准规定的产品能效限定值的要求。

7.2 一般项

满足产品节能评价值和工程设计标准中节能规定的目标值或在正常情况下标准规定均"应"这样做的条文。如：

（1）产品的能效值要满足表 1 中标准规定的产品节能评价值的要求；

（2）对设计标准来讲满足《建筑照明设计标准》GB 50034—2004 目标值的要求；

（3）变配电所位于负荷中心；

（4）当用电设备容量达到 250kW 或变压器容量在 160kVA 以上者，采用 10kV 或以上供电电源；

（5）电力变压器工作在经济运行区；

（6）走廊、楼梯间、门厅等公共场所的照明，采用集中控制；

（7）楼梯间、走道采用半导体发光二极管（LED）照明；

（8）体育馆、影剧院、候机厅、候车厅等公共场所照明采用集中控制，并按建筑使用条件和天然采光状况采取分区、分组控制措施；

（9）电开水器等电热设备，设置时间控制模式；

（10）设置建筑设备监控系统；

（11）公共建筑未使用普通照明白炽灯。

7.3 优选项

满足产品能效等级 1 级和工程设计标准中条件许可时首先应这样做的，也就是标准规定"宜"这样做的条文。如：

（1）产品的能效值要满足表 1 中标准规定的产品能效等级 1 级的要求；

（2）没有采用间接照明或漫射发光顶棚的照明方式；

（3）天然采光良好的场所，按该场所照度自动开关灯或调光；

（4）旅馆的门厅、电梯大堂和客房层走廊等场所，采用夜间降低照度的自动控制装置；

（5）大中型建筑，按具体条件采用合适的照明自动控制系统；

（6）大型用电设备、大型舞台可控硅调光设备，当谐波不满足《电能质量公用电网谐波》GB/T 14549—1993 有关要求时，就地设置谐波抑制装置。

8 结束语

建筑电气照明节能评价只是我国节能建筑评价体系的一部分，节能建筑评价也只是刚刚开始，或许还有有待完善的地方，特别是在未来修订照明设计标准时，除规定照明功率密度限制外，也要研究考虑照明延续时间的因素。

中国、美国和日本照明节能标准的比较与分析

中国建筑科学研究院，北京 100044　张绍刚

【摘　要】 本文介绍了一些国家的照明用电量及美国和日本照明节能标准中的照明功率密度，并与我国的《建筑照明设计标准》中的照明功率密度进行比较。

【关键词】 照明　照度　照明功率密度　照明能耗系数（CEC/L）

【Abstract】 The paper introduces the quantity of lighting power supply in several countries and lighting power densities in lighting energy saving standards of USA and Japan. A comparison is made between the standard mentioned above with Chinese standard for lighting design of buildings.

【Keywords】 lighting, illuminance, lighting power density (LPD), coefficient of energy consumption (CEC/L)

1　前言

当今全球气候变化正在深刻影响着人类生存和可持续发展，是全球面临的重大挑战，已成为世界各国普遍关注的重大问题。为应对气候变化，一些发达国家相继制定节能减排的政策、措施和法规。我国为应对气候变化制定了到 2020 年控制温室气体排放的行动目标，提出要发展绿色经济和低碳经济，这是促进我国节能减排，解决我国能源和环境问题的内在要求，也是应对气候变化的重要举措。而照明节能减排应对气候变化和建设资源节约型和环境友好型社会具有重要的影响作用。为此我国从 2004 年颁布实施了照明节能标准，规定了照明功率密度的限制要求，这对于我国实施绿色照明，实现我国的节能减排目标具有巨大的促进作用。本文在介绍一些国家照明用电量的基础上，主要简要地介绍美国和日本的最新照明节能标准，并与我国的照明节能标准进行比较和分析，这对今后进一步提高和完善我国的照明节能标准是有所裨益的。

2　一些国家的照明用电量

根据国际能源协会（IEA）公布的结果，2005 年全世界的照明用电量为 2650Twh，世界各国平均照明用电量约占全球总发电量的 19%。其中全世界约 28% 的电能用于居住生活，48% 用于公共设施，10% 用于工业生产，8% 用于道路和其他照明。

在发达国家中照明用电量占总电能的 5%～15%。而在有些发展中国家中的照明用电量甚至约占总发电量的 85%。

欧盟的建筑用电能月占总电能的 40%，其中在照明用电中，50% 用于办公室，20%～30% 用于医院，15% 用于工业企业，10%～15% 用于学校，10% 用于住宅。

日本建筑和住宅用电约占总电能的 33%，照明电能约占总用电量的 15%，其中家庭占 16%，办公室占 33%，其余为其他照明用电。

美国照明用电量占总用电量的比例高达 30%，而加州照明用电量为 25%，低于美国平均水平。

俄罗斯的照明用电量约占总用电量的 14%。

中国 2009 年的发电量为 35965 亿 kWh，如照明用电量按 12%～14% 的总发电量比例计算，则照明用电量为 4315 亿～5035 亿 kWh。

由上可见照明用电量之大，照明节能减排之重要。

3　美国的《建筑物用能量标准》（ANSI /ASHRAE Standard 90. 1—2007）

美国的标准除规定了照明用能标准外，还规定了建筑外外围护结构、供暖、通风和空调、热水、动力以及其他设备的用能标准。在照明用能量标准中，以照明功率密度（LPD，本文以后以此称谓）作为照明

用电能的限制指标。该标准已经过多次修订，本文介绍的是最新标准，该标准用整栋面积法（见表1）和逐个场所面积法（见表2）规定了LPD值。此外，还根据不同室外建筑场地类型和场所规定了LPD值（本文略）。

用整栋建筑面积法的照明功率密度值（ANSI/ASHRAE/90.1—2007） 表1

建筑物类型	照明功率密度 W/m²	建筑物类型	照明功率密度 W/m²
汽车用设施	10	公寓	8
法院建筑	13	博物馆	12
会议中心	13	办公建筑	11
就餐：酒吧/休息室/休闲室	14	停车库	3
就餐：自助食堂/快餐店	15	监狱	11
就餐：家庭餐厅	17	表演艺术剧院	17
宿舍	11	警察派出所/消防站	11
运动中心	11	邮政局	12
体育馆	12	宗教建筑	14
医院	13	零售商店	16
健康护理	11	学校/大学	13
旅馆	11	体育场	12
图书馆	14	市政厅	12
生产制造设施	14	运输	11
汽车旅馆	11	仓库	9
电影院	13	车间	15

用逐个场所面积法的照明功率密度值（ANSI/ASHRAE 90.1—2007） 表2

通用场所	照明功率密度 W/m²	建筑特殊场所	照明功率密度 W/m²
封闭式办公室	12	体育馆/锻炼中心：运动区	15
开放式办公室	12	练习区	10
大会厅/会议厅/多功能厅	14	法院/公安派出所/监狱：法院房间	20
		禁闭室	10
教室/讲堂/培训室	15	审判庭	14
监狱	14	消防站：消防站的救火车库	9
大堂：	14	宿舍	3
旅馆	12	邮局分拣区	13
表演艺术剧院	36	会议中心—展览场所	14
电影院	12	图书馆：目录室	12
公众/坐席区：	10	书库	18
体育馆	4	阅览室	13
健身中心	3	医院：急诊室	29
会议中心	8	康复室	9
监狱	8	护士站	11
宗教建筑	18	检查/治疗	16
体育场地	4	药房	13
表演艺术剧院	28	病房	8
电影院	13	手术室	24
交通运输	5	细菌室	6
前室：前三层	6	医疗供应	15
前室：每个附加层	2	理疗室	10
客厅/娱乐室：	13	放射室	4
医院	9	洗衣-洗涤室	6

通用场所	照明功率密度 W/m²	建筑特殊场所	照明功率密度 W/m²
用餐区：	10	汽车保养/修理	8
监狱	14	工厂：	
旅馆	14	低厂房（地面至顶棚高小于 7.6m）	13
汽车旅馆	13	高厂房	
酒吧/休闲用餐	15	（地面至顶棚高大于或等于 7.6m）	18
家庭用餐	23	精细加工厂房	23
食物准备	13	设备室	13
实验室	15	控制室	5
休息室	10	旅馆/汽车旅馆客房	12
衣服/橱柜/用品间	6	宿舍	12
走廊/过渡段：	5	博物馆：展厅	11
医院	11	修复室	18
工厂加工设备	5	银行/办公室—银行活动区	16
楼梯间（常用的）	6	宗教建筑：讲堂	26
常用储藏室：	9	会员大厅	10
医院	10	零售商店：销售区	18
待用储藏室：	3	购物中心大厅	18
博物馆	9	体育场所：环形体育场地	29
电气间/机械间	16	球场	25
车间	20	室内运动场地	15
		仓库：精细材料储存库	15
		中等/体积大的材料储存库	10
		停车库—车库场地	2
		交通运输：空港—中央大厅	6
		航空/火车/汽车—行李区	11
		售票处	16

美国照明节能标准的特点：

（1）规定 LPD 值的场所比较多，几乎包括了所有建筑和场所，如有 32 种建筑类型，91 个不同场所，15 个建筑室外场地，但工业建筑方面的场所很少。

（2）可以选用两种方法评定照明标准：一是整栋建筑面积法；二是用逐个场所面积法。

（3）关于整栋面积法的 LPD 值，2007 年标准比 1999 年标准平均降 4W/m² 以上，即平均降低照明用电量在 20% 以上，降低用电量幅度很大。

（4）关于逐个场所面积法的 LPD 值，2007 年标准比 1999 年的标准也有相当程度的降低。如以学校教室为例，1999 年标准为 17W/m²，而 2007 年标准为 15W/m²；开放式办公室 1999 年标准为 14W/m²，而 2007 年标准为 12W/m²，二者均降低 2W，平均降低为 10% 以上。

（5）除一般照明外，为装饰目的，装有枝形吊灯、墙上装蜡烛灯以及高亮度要求的艺术品和展品等场所的照明，其 LPD 值可增加到不超过 10.8W/m²。在商业建筑零售区装设的特殊设计和指向商品的高亮度照明，其可增加的 LPD 值可按下式计算：

$$\begin{aligned}允许室内照明的增加电量 &= 1000W + (零售区\ 1 \times 11W/m^2) \\ &= 1000W + (零售区\ 2 \times 18W/m^2) \\ &= 1000W + (零售区\ 3 \times 28W/m^2) \\ &= 1000W + (零售区\ 4 \times 45W/m^2) \end{aligned} \qquad (1)$$

式中：

零售区 1——2、3 和 4 区以外的商品楼层区；

零售区 2——销售自行车、运动物品和小电子产品的楼层区；

零售区 3——销售家具、服装、化妆品和工艺品的楼层区；

零售区 4——销售珠宝、晶体、和陶瓷制品的楼层区。

（6）此外，还规定了不计算 LPD 值的场所照明项目。

4 日本的《建筑物合理用能评价标准》（2003）

该标准最早于 1979 年制订，中间经过多次修订，于 2003 年由日本经济产业省和国土交通省发布实施。该标准适用于 2000m² 以上的建筑，前版标准只对办公、旅馆、学校、医院、商店、餐饮六种建筑的房间规定了照明功率密度值，而在 2003 年后，标准范围扩大到了其他建筑。新版标准 2000m² 以上建筑面积用照明能耗系数（CEC/L）来评价（见表 3），而对于 2000m² ～ 5000m² 的建筑还可用计点法（point 法）来评价（本文略）。

日本照明节能标准的特点：

（1）规定评价照明能耗系数的建筑物种类范围广，几乎包括所有建筑（见表 3）。

CEC/L 评价标准（建筑物合理用能评价标准—2003）　　　　　　　表 3

用　途	举　例	评价标准 CEC/L
旅馆等	宾馆、类似旅馆的其他场所	
医院等	医院、老人房间、残疾人福利房间	
商店等	百货店、超市	
办公楼等	办公楼、税务局、警察局、消防局、地方公共团体的分支办公机构、图书馆、博物馆、邮局	
学校等	小学校、中等学校、高等学校、研究生院、高等专科学校、专修学校、其他学校	1.0
餐馆店等	餐饮店、食堂、茶馆、有歌舞助兴的餐馆	
集会场所等	球场、体育馆、剧场、电影院	
工场等	工场、宿舍、汽车库、自行车停车场、仓库、观览场所、火葬场、批发市场	

（2）给出各种一般房间和特殊房间标准照明耗电量（见表 4、表 5），包括了所有常用和特殊的房间，但缺少各种车间的标准照明耗电量。

（3）标准规定了对某一种建筑物所有房间和通道的耗电量进行相加后取平均值，作为整栋建筑的能耗评价。其中可能有某些房间超出了规定的标准照明耗电量，只要平均值不超，即为满足要求。

（4）对建筑物能耗量的统计比较全面且较为准确，考虑到影响能耗量的各种因素，由对不同的点灯时间、控制方式、种类和用途的照明设备的照度均给出修正系数。

4.1 评价标准

用照明能耗系数（CEC/L）作为评价照明设备能效利用程度，即用年实际能耗量或计划能耗量作为照明能耗量与假设的标准能耗量之比来判断，可用（2）式表示：

$$照明能耗系数 = CEC/L = \frac{年照明能耗系数 \times 电能的一次能耗换算值}{假设的标准能耗量 \times 电能的一次能源换算值} \tag{2}$$

年照明能耗系数单位：kWh/年；一次能耗换算值单位：kJ/kWh；假设的标准能耗量单位：kWh/年。

CEC/L 值评价如表 1 所示，其值不应大于 1.0，且其值越小，越节能，说明能源利用效率好。

如果需换算成一次能源能耗量，需乘换算值 9760kJ/kWh。

4.2 CEC/L 的计算方法

4.2.1 年照明能耗量（$\sum E_T$）

式（2）分子中的年照明能耗量实际上是在建筑物照明计划中表示该建筑物计划的年能耗量，具体将包括各室和通道等的照明能耗量相加的总和（$\sum E_T$），$\sum E_T$ 用式（3）表示如下：

$$\sum E_T = W_T \times A \times T \times F/1000 \tag{3}$$

式中 W_T——各室及通道等单位面积照明计划耗电量（W/m²）；

　　A——各室及通道等的面积（m²）；

　　T——各室及通道等的年照明点灯时间（h）；

　　F——由照明设备控制方法决定的修正系数。

4.2.2　年假定照明耗电量（$\sum E_s$）

式（2）中分母的年假定照明耗电量表示，标准照明设备车间保持一定照明质量条件下所需要的照明耗电量，即各室及通道等预先设定的标准照明耗电量的相加总和（$\sum E_s$），用式（4）表示如下：

$$\sum E_s = W_s \times A \times T \times Q_1 \times Q_2 / 1000 \tag{4}$$

式中 W_s——各室及通道等单位面积照明计划耗电量（W/m²）；

　　A——各室及通道等的面积（m²）；

　　T——各室及通道等的年照明点灯时间（h）；

　　Q_1——由照明设备种类所决定的系数；

　　Q_2——由照明用途的照度所决定的修正系数。

4.2.3　单位面积照明计划耗电量（W_T）

在实际计算中，W_T 是各室及通道等所使用 1 台灯具的功率（包括镇流器功耗）乘以室内所用台数再除以室的面积。

4.2.4　单位面积假定的标准照明耗电量（W_s）

单位面积假定的标准照明耗电量如表 4 和表 5 所示。

标准照明耗电量（一般空间）W_s　　　　表 4

类别	空间名称	W/m²
1	门厅、入口（店铺）	55
2	营业室（政府、银行、证券、金融、保险、商社、不动产、所有建设业）	40
3	门厅、入口（店铺以外）、休息室、前台、问讯处、电脑室、管理室、控制室、监视室、防灾中心、商品展示室、展示空间、店铺营业厅	30
4	电梯厅、自动电梯空间、办公室、会议室、接待室、谈话室、书库、文件室、资料室、印刷室、图书室、阅览室、媒体视听室、教室、讲义室、研修室、实习室、准备室、集会室、CAD/VDT 室、语言实验室、体育馆、集会场、商店、食堂、餐厅、茶馆、厨房	20
5	厕所、洗手间、浴室、吸烟室、休息空间、开水房、更衣室、休养室、候机车船室、值班室、卧室、员工室、走廊、通道、楼梯（客用）	15
6	走廊、通道、楼梯（员工用）、仓库（出入频度大）、装卸货物场所、后庭	10
7	机械室、电气室、停车场、车道、停车位、应急楼梯、仓库（出入频度小以及无人仓库）、车库	5

标准照明耗电量（特殊空间）W_s　　　　表 5

类别	房间名称	W/m²
1	手术室、分娩室	55
2	应急窗口、精密机械组装带配色的精细视作业工场	40
3	正式体育比赛、诊室、药房、展示场所（石雕刻、金属雕刻、陶瓷器）、宴会厅、礼堂、大厅、卡拉 OK 厅、比赛场、娱乐设施等的游戏场所	30
4	体育一般比赛、室内体育比赛、检查室、处置室、集中治疗室、准备室、护士站、康复室、物理疗法室、放射线检查室、幼儿园、保育所的保育室、游戏室、一般制造工场、修理工厂（一般照明）、展览场所（木雕、雕塑）、化妆室、演员休息室、讲师休息室、美容室、理发室、更衣室	20
5	电影/电视/摄影等大厅（一般照明）、体育训练、业余体育、住宿客房	15

类别	房间名称	W/m²
6	病房、纱布器材储存室、老人室、福利室、儿童福利设施的居室、住宿用贮存室、观众席（体育场、室内比赛场、剧场、电影院、讲演厅等）自动化制造工场、展示场所（绘画、书法）、神社/寺院/教会等的礼拜堂	10
7	酒吧屋/带跳舞的餐馆/夜总会等的坐席、舞厅/迪斯科厅等的舞池、展示场所（版画、染色录制）	5

5 中国与美国和日本的照明节能标准的比较和分析

中国与美国和日本的照明节能标准的比较和分析见表 6。

中国与美国和日本照明节能标准比较表　　　　　　　　　表 6

房间或场所		照明功率密度（W/m²）				对应照度（lx）		
		中国 GB 50034—2004		美国 ANSI/SHRAE90.1—2007	日本合理用能标准-2003	中国 GB 50034-2007	美国照明手册-2000	日本 JISZ 911—1979
		现行值	目标值	现行值	现行值			
办公建筑	普通办公室	11	9	12	20	300	300	250～750
	高档办公室	18	15	16	20	500	500	250～1500
	设计室	18	15	16	20	500	500	750～1500
	会议室	11	9	14	20	300	300	200～750
	营业厅	13	11	16	40	300	300	750～1500
商业建筑	一般商店营业厅	12	10	18	20	300	500	500～750
	高档商店营业厅	19	16	18	30	500	500	750～1000
	一般超市营业厅	13	11	18	20	300	500	300～750
	高档超市营业厅	20	17	18	30	500	500	750～1000
旅馆建筑	客房	15	13	12	15	—	100～300	75～150
	多功能厅	18	15	14	30	300	300	200～500
	客房层走廊	5	4	5	10	50	50	75～100
	大堂	15	13	12	30	300	100～300	750～1500
医院建筑	治疗室、诊室	11	9	16	30	300	300～500	300～750
	手术室	30	25	24	55	750	500～1000	750～1500
	病房	6	5	8	10	100	50	100～200
	护士站	11	9	11	20	300	300	300～750
	药房	20	17	13	30	500	500	300～750
学校建筑	教室、阅览室	11	9	15	20	300	500	200～750
	实验室	11	9	15	20	300	500	200～750
工业建筑	精细加工	19	17	23	—	500	500～1000	—
	控制室	11	9	5	30	300	—	—

从以上三国的照明节能标准的比较和分析可得出如下结果：

（1）从节能的评价标准上来比较和分析

三国的照明节能标准均以 LPD 作为基本的评价指标。但美国标准除逐个房间规定 LPD 值外，还对整栋建筑 LPD 值做了规定，这就更加可以整体评价照明节能状况。而日本的标准用照明能耗系数（CEC/L）作为整栋建筑是否达到 1.0 的评价指标来判断，并接规定了房间的 LPD 值。中国的标准只能对房间的照明节能作评价，而对整栋建筑的照明节能状况无判断标准。

（2）从标准规定的建筑类型和房间类型上来比较和分析

美国标准规定了 32 种建筑类型和 91 种房间类型的 LPD 值，规定建筑和房间类型比较全面，几乎覆盖所有的公共建筑类型和房间，但工业建筑很少。日本标准规定了 8 种建筑类型、74 种普通房间类型和 60 种特殊房间类型，比较全面，但不足的也是工业类型极少。中国标准规定了 38 种居住和公共建筑的房间类型和 69 种工业建筑车间类型的 LPD 值，不足的是尚有许多公共建筑房间的 LPD 值未有规定，但是工业建筑的 LPD 值比美、日两国均多。

（3）从节能计算上来比较和分析

美国的计算由各房间的 LPD 值算出整栋的 LPD 值，计算简单。日本标准的计算方法是按前面给出的式（3）和式（4）计算后，再按照式（2）计算是否满足表 3 的评价标准，计算方法准确和科学，并在计算式中考虑了照明场所的点灯时间、照明控制方法以及照明设备种类等因素。而中国标准只能按房间来评价是否满足规定的 LPD 值，方法简单，不能准确评价整栋建筑的能耗。

（4）从相同类型房间的 LPD 值来比较和分析

中国和美国的办公室 LPD 值大体一致，而中、美的 LPD 值均低于日本标准的 LPD 值，这是因为日本办公室照度标准高，一般在 500～750lx 之间之故。

中国商店营业厅规定了一般和高档两类标准的 LPD 值，而美、日两国营业厅均相当于中国的高档营业厅，但因日本营业厅照度标准比中、美两国的标准高，所以其 LPD 值均高于中、美两国的 LPD 值。

中、美两国的旅馆建筑房间的 LPD 值大体接近，而日本的 LPD 值比中、美 LPD 值高了一倍，这是因为日本的照度标准高于中美两国的照度标准一倍以上所致。

中国学校教室等房间的 LPD 值低于美、日两国的标准，而美国的教室 LPD 值介于中、日之间，这是因为美国的照度标准介于中、日之间之故。

中国工业建筑众多的通用车间均规定了 LPD 值，而美、日两国标准对工业建筑车间规定的很少，美国仅对高、低厂房、精细加工、设备室和控制室规定了 LPD 值；而日本只对一般制造和修理工厂以及自动化制造工厂规定了 LPD 值。

6 结束语

通过上述节能标准的介绍及与我国节能标准的比较和分析，可以得到重要的启发和借鉴。我国的照明节能标准实施已近六年，虽已取得明显的节能效果，但照度节能的工作任重道远，还有许多的工作要做：一是扩大公共建筑节能标准范围；二是尽可能制订出整栋建筑的照明节能标准；三是制订统一的照明节能统计计算方法；四是经过标准的实践和调查研究，可否由标准的主管部门宣布实施节能的目标值；六是加大监督审查和管理力度，提高各类人员的节能意识。为我国的节能和环保，为实施绿色照明的目标做出新的贡献。

参考文献

[1] International Energy Agency（IEA）. Light's Lost [J]. IEA Publication，2006. 360.

[2] Mills, E. Why We're Here：The ＄320-billion Global Lighting Energy Bill [J]. Right Light，2002（5）：369-385.

[3] 捷特利埃，哈洛宁勒. 节能照明的经济问题 [J]. 照明技术. 2009（5）：58.

[4] 井上隆，吉泽望. 为实现京都议定书照明领域的实施手法 [A]. 见：照明学会志 [C]. 2009，93（86）：497.

[5] 埃真别格 尤. 比.. 莫斯科照明日 [J]. 照明技术. 2009（3）：74.

[6] ASHRAE. ANSI/ASHRAE 90.1-2007，Energy standard for Buildings Except Low-Rise Residential Buildings [S]. Atlanta：American Society of Heating，Refrigerating and Air Conditioning Engineers. Inc，2007.

[7] 日本经济产业省/国土交通省. 照明设备的节能标准 [S]. 建筑物节能合理化判断基准，2003.

[8] 中国建筑科学研究院. GB 50034—2004 建筑照明设计标准 [S]. 中国建筑工业出版社，2004.

论民用建筑工程照明设计中的节能

抚宁县建筑设计所，河北 秦皇岛 066300　高晋峰

【摘　要】　节约能源是我国的一项基本国策，也是电气设计者必须贯彻的重要技术政策。本文阐述了民用建筑工程照明设计中的节能途径，从照明节能、供配电系统、减少线路损耗、提高功率因数等环节进行探讨。

【关键词】　照明设计节能　供配电系统　功率因数　节能光源

【Abstract】　The paper expounds the energy saving method of engineering lighting design for civil buildings and makes discussion on lighting energy saving，power supply and distribution system，reducing line loss，increasing power factor，etc.

【Keywords】　energy saving of lighting design，power supply and distribution system，power factor，energy-saving light source

1　引言

现代社会生活中，随着人口的增加、工业的发展，人们生活水平的提高，自然能源的过度开采，社会化大生产使能源的消耗急剧增加，能源出现危机。各国各行各业都提出了节能的要求，节约电能成了建筑电气设计行业中的重点。节约能源是我国的一项基本国策，也是电气设计者必须贯彻的重要技术政策。本文就民用建筑工程照明设计中的节能环节进行探讨。

2　照明节能

民用建筑中照明的面积大、供电负荷高，应倡导绿色照明。绿色照明是节能、环保、有益于提高人们生产、工作、学习效率和生活质量，保护身心健康的照明。民用建筑照明节能潜力巨大。

2.1　光源节能

采用高效光源。白炽灯过去用得最广泛，因为它便宜，安装维护简单，它致命的弱点是发光率太低，因此目前常被各种发光率高，光色好，显色性能优异的新光源取代。低压钠灯和高压钠灯的发光率最高，但由于色温低，光色偏暖，显色指数在 40～60 之间，颜色失真度大，只能在路灯或广场照明用；显色指数在 60 的高显色性钠灯可与汞灯组成混合灯，用于工厂及体育馆照明，这也是量大面广的照明部分；发光率很高的金属卤化物灯，三基色荧光灯及稀土金属荧光灯，由于色温范围广（3200～4000K），光色选择性好，显色指数高（可达 80～95），颜色失真度小，尤其金属卤化物灯对人的皮肤显色性特别好，因此除用作商场、展厅的照明外，还广泛用在车站的候车室、码头的候船室、航空港的候机楼以及舞台的灯光照明等；一般荧光灯及稀土金属荧光灯可用在写字楼、住宅的照明；荧光高压汞灯、自整流高压汞灯、钠灯及三者组合的混光灯，常用于生产厂房的照明。尽量不用或少用白炽灯，只有在局部艺术照明或防止高频光谱照射的古董字画照明中才使用，虽然它光色好，显色指数最高，但达不到节能的目的。

2.2　改善照明器的控制方式

照明器的控制，要根据各房间使用的不同特点和要求区别对待，尽可能做到使用方便，又为节电创造条件。

1）面积较小的居住、办公用房或类似的房间，宜采用一灯一控或二灯一控的方式，在经济条件允许时可采用变光开关。

2）面积较大的房间宜采用多灯一控的方式，当整个房间有均匀照度要求时，可采用隔一控一的方式，无均匀照度要求时可分区控制，此时，应考虑适当数量的单控灯。

3）居住、办公建筑内的楼梯间、走廊等公共通道，照明器宜采用定时开关控制。

4) 在远离侧窗的天然采光不足的区域内的电气照明，宜采用光电控制的自动调光装置，以随天然光的变化而自动地调节电气照明的强弱，保证室内照明的稳定。

5) 室外照明宜采用光电自动开关或光电定时开关控制，按预定的照度和预定的时间自动接通或断开电源。

2.3 充分利用自然光

建筑物内尽量利用自然采光，靠近室外部分的建筑面积，应将门窗开大，采用透光率较好的玻璃门窗，以达到充分利用自然光的目的。凡是可以利用自然光的这部分的照明，可采用按照度标准检测现场照度，进行灯光自动调节。

照明节能中，在满足照度、光色、显色指数要求下，应采用高效光源及高效灯具，对能利用自然光部分的灯具或可变照度的照明采用成组分片的自动控制开停方式，可达到照明节能的效果。

3 供配电系统的节能

1) 设计供配电系统时应简单可靠，配电级数不宜过多，同一电压等级的配电级数高压不宜多于两极，低压一般不宜多于三级，三级负荷不宜多于四级。

2) 三相电源分相单独供电时，会使流过的三相电的电流产生不平衡。这种不平衡的状态会引起电网的失调，中线电位升高及变压器本体损耗增加，三相不平衡越大，损耗增加越大。因此三相配电干线的各相负荷宜分配平衡，最大相负荷不宜超过三相负荷平均值的 115%，最小相负荷不宜小于三相负荷平均值的 85%。

3) 每一照明单相分支回路的电流不宜超过 16A，所接光源数不宜超过 25 个；连接建筑组合灯具时，回路电流不宜超过 25A，光源数不宜超过 60 个；连接高强度气体放电灯的单相分支回路的电流不应超过 30A。

4) 合理设置计量装置

民用建筑照明设计中的计量装置宜按下列原则设置：

(1) 单元总配电箱设于首层，内设总计量表，层配电箱内设分户表，由总配电箱至层配电箱宜采用树干式配电，层配电箱至各户分户箱采用放射式配电。

(2) 单元不设总计量表，只在分层配电箱内设分户表，其配电干线、支线的配电方式同上项。

(3) 分户计量表全部集中于首层（或中间某层）电表间内，配电支线以放射式配电至户内。

(4) 多层住宅照明计量应一户一表，其公用走道，楼梯间照明计量可采取：当供电部门收费到户时，可设公用电度表，如收费到楼总表时，一般不另设表。

4 提高自然功率因数是节能的一个重要环节

供配电系统未投入无功补偿装置时的有功功率与视在功率的比值称为自然功率因数。提高功率因数就可以在负荷的有功功率保持不变的条件下，减少负荷的无功功率和负荷电流从而达到降低线损耗的目的。荧光灯提高自然功率因数的途径主要在于镇流器的选用。

4.1 选用功率因素高的用电设备

荧光灯可采用高次谐波系数低于 15% 的电子镇流器；采用电子镇流器的气体放电灯，单灯安装电容器等，都可使自然功率因数提高到 0.85～0.95，这就可减少系统高、低压线路传输的超前无功功率。

节能型电感镇流器与传统电感镇流器相比，在自身功耗上和光效比上也有了很大改善。而与电子镇流器相比，它也有开机浪涌电流低、电源电流谐波小、抗电源瞬时过电压能力强、使用寿命长等优势，正被越来越多的专业人士认同。

4.2 减少电能在线路传输上的损耗

由于电路上存在电阻，当电流流过时，就会产生有功功率损耗。线路上的电流是不能改变的，要减少线路损耗，只有减小线路电阻。在一个工程中，线路左右上下纵横交错，小工程线路全长不下万米，大工程更是不计其数，所以线路上的总有功损耗是相当可观的，减少线路上的能耗必须引起重视。因此减少线路的损耗应从以下几方面入手。

4.2.1　应选用电导率较小的材质做导线

铜芯最佳，但又要贯彻节约用铜的原则。因此，在负荷较大的二类、一类建筑中采用铜导线，在三类或负荷量较小的建筑中采用铝芯导线。

4.2.2　减小导线长度

首先，线路尽可能走直线，少走弯路，以减少导线长度；其次，低压线路应不走或少走回头线，以减少来回线路上的电能损失；第三，变压器尽量接近负荷中心，以减少供电距离，当建筑物每层平面在1万 m² 左右时，至少要设两个配电所，以减少干线的长度；第四，在高层建筑中，低压配电室应靠近竖井，而且由低压配电室提供给每个竖井的干线，不至于产生支线沿着干线倒送的现象。亦即低压配电室与竖井位置的布局上应使线路都分向前送，尽可能减少回头输送电能的支线。

5　结束语

节约电能在民用建筑工程照明设计的每个环节都有相应的技术措施，我们设计人员要重视节能，掌握先进的节能设计方法和新型电力电子节能产品信息，把节能措施运用到每项工程中。

参考文献

[1] 中国建筑科学研究院. 建筑照明设计标准 GB 50034—2004 [S]. 北京：中国建筑工业出版社，2004.
[2] 中国建筑标准设计研究院. 全国民用建筑工程设计技术措施—电气节能专篇 [S]. 北京：中国建筑工业出版社，2007.
[3] 杨彤. 现代建筑电气节能设计 [J]. 电气应用，2005（08）.

会展中心照明控制与节能

北京建筑工程学院 电信学院，北京 100044　马鸿雁　韩京京

【摘　要】　选用高效节能的照明装置和合理的照明控制系统可实现节能。结合会展中心的特点，比较了传统照明控制和智能照明控制，进行了标准展厅的照明设计，实现了大面积办公区域智能照明控制。探讨了智能照明控制系统的节能和降低成本。

【关键词】　会展中心　照明设计　照明控制　节能

【Abstract】　Energy saving is fulfilled by using high efficiency illumination devices and properly lighting control system. Considering the characteristic of exhibition center, traditional lighting control system and intelligent lighting control system are compared. Lighting design of standard exhibition hall is designed. Intelligent lighting control of big space office room is implemented. Energy-saving and cost-lowering of intelligent lighting control system are discussed.

【Keywords】　exhibition center, lighting design, lighting control, energy-saving

1　引言

《中华人民共和国节能法》2008 年开始实施，建筑能耗已经达到我国能源总消耗的 1/3 左右。根据一项调查的结果，照明设备的能量消耗占整个建筑能耗量的 15%～25%。照明节能的主要途径有：使用高效节能的照明装置和选择合理的照明控制系统。随着我国国民经济的高速发展，会展业的发展举世瞩目，会展建筑在各地不断涌现。为适应多功能、综合性展览的使用要求，专业展厅一般设计成为大跨度无柱空间。本文主要针对某会展中心的照明系统，分析照明控制与照明节能之间的密切联系，从而达到节能环保的绿色照明目的。

某会展中心拥有 10 个 1 万多 m^2 的平层标准展厅、两个特色展厅和一个多功能馆。

2　标准展厅照明设计

照明设计包括光照设计和电气设计。光照设计主要包括照度的选择、光源的选用、灯具的选择和布置、照明计算、眩光评价、方案确定、照明控制策略和方式及其控制系统的组成。电气设计主要依据光照设计确定的方案，计算负荷，确定配电系统，选择开关、导线、电缆和其他电气设备，选择供电电压和供电方式。

标准展厅高 16m，大跨度平屋顶，南北向采用间距为 18m 的三角桁架支撑，东西向布有间距为 3.9m 的檩条。展厅室内展览面积约 $11268m^2$。

根据《建筑照明设计标准》（GB 50034—2004）可知，以地面为参考平面，展览馆展厅照度标准值为：一般展厅的照度标准值为 200lx，高档展厅为 300lx。本设计中的展厅均按照高档展厅进行设计，因此均采用 300lx 的照度标准值。照明方式为一般照明，有正常照明和应急照明，采用直接照明。展厅的显色性要求较高，应选用平均显色指数 $Ra \geqslant 80$ 的光源；当悬挂高度在 4m 以上时，宜采用高强气体放电灯；考虑到维修和高效节约，尽量选用新型光源如 LED、无极荧光灯；本着绿色照明的设计推荐采用金属卤化物灯。结合本工程的特点，选择 400W 的陶瓷金属卤化物灯和 200W 的无极荧光灯。

2.1　正常照明设计

标准展厅高 16m，400W 金属卤化物灯选用防潮型高天棚灯具 YBC15714，灯罩选用玻璃质涂层的高天棚灯具用灯罩 YKC34110，吊装安装，吊杆 1m。光源采用金属卤化物灯 FAC43651P，色温 5000K，显色指数 $\geqslant 60$，光通量 32400lm。本标准展厅的布灯方式为 12 列灯具均匀布置，每列灯具都有两个 400W 陶瓷金属卤化物灯光源。

（1）确定灯具数量

展厅平均照度设计值＝300lx，本展厅的面积 A＝11268m²，查《建筑照明设计标准》表 4.1.6 可得展厅的维护系数 K＝0.7，利用系数 U 和光通量 φ 可通过所选用的灯具光源决定，U＝0.712，φ＝32400lm。

应用利用系数法计算展厅地平面上平均照度的公式如式（1）所示。

$$E_{\mathrm{av}} = \frac{\varphi \cdot N \cdot U \cdot K}{A} \tag{1}$$

灯具的数量 N 可由公式（2）求得。

$$N = \frac{E_{\mathrm{w}} \cdot A}{\varphi \cdot U \cdot K} \tag{2}$$

所需灯具的个数 N＝209 盏。

考虑到灯具布置的均匀度和空间的布置，本展厅共设 12 列，根据实际调整共需安装 N'＝216 盏灯。

（2）照度校验

实际的照度值可根据式（3）获得。

$$E'_{\mathrm{av}} = \frac{\varphi \cdot N \cdot U \cdot K}{A} \tag{3}$$

则 E'_{av}＝309.5lx。

该展厅的照度值的实际值与设计值的偏差为＋3.2％，符合《建筑照明设计标准》中 4.1.7 条"在一般情况下，设计照度值与照度标准值相比较可有－10％～＋10％的偏差"。满足设计要求。

2.2 应急照明设计

光源的选择：采用高效节能、免维护、寿命长达 6 万 h 以上的无极荧光灯，采用型号为 HD156 的 200W 无极荧光灯。根据正常照明 400W 金属卤化物灯的位置布局，在其每条灯带左右对称放置应急照明的无极荧光灯，共 48 盏。

校验照度，利用系数和光通量可通过所选用的灯具光源决定，U＝0.78，φ＝18000lm。此时的实际照度为 41.9lx。该结果满足《民用建筑电气设计规范》中，一般人员密集场所备用照明设计不低于正常照明的 10％。

3 照明控制

3.1 照明控制的作用

照明控制是照明系统的组成部分之一，过去照明控制的内容主要是灯光回路的开关，现代照明控制的作用主要有以下几个方面：

1）营造良好的光环境：采用先进的技术对照明进行控制，使光线得到合理分配，创造不同的意境和效果。通过自动控制事项照明功能的多样性，获得最优的照明效果；

2）延长照明系统寿命：智能照明控制系统采用软启动和软关断技术，抑制了电压突变，从而使光源的寿命可以延长 2～4 倍；

3）节能：采用高光效的光源和灯具；实现对能源的合理利用；优化运行模式，大大降低了运行和管理的费用。

3.2 智能照明控制

智能照明系统与传统照明系统相比，在以下几个方面具有优势。

1）线路系统

（1）传统照明系统，控制开关直接接在负载回路中。

· 当负载较大时，需相应增大控制开关的容量；

· 当开关离负载较远时，大截面积电缆用量增加；

· 只能实现简单的开关功能。

（2）智能照明系统，负载回路连接到输出单元的输出端，控制开关用 EIB 总线与输出单元相连。

· 负载容量较大时仅考虑加大输出单元容量，控制开关不受影响；

· 开关距离较远时，只需加长控制总线的长度，节省大截面积电缆用量；

· 可通过软件设置多种功能（开/关、调光、定时等）。

2）控制方式

（1）传统照明控制采用手动开关，须一路一路地开或关；

（2）智能照明控制，控制功能强、方式多、范围广、自动化程度高，通过实现场景的预设置和记忆功能，操作时只需按一下控制面板上某一个键即可启动一个灯光场景（各照明回路不同的亮暗搭配组成一种灯光效果），各照明回路随即自动变换到相应的状态。上述功能也可以通过其他界面如遥控器等实现。

3）照明方式

（1）传统照明控制方式单一，只有开和关；

（2）智能照明控制系统采用"调光模块"，通过灯光的调光在不同使用场合产生不同灯光效果，营造出不同的舒适氛围；也可采用"定时模块"，通过对"定时模块"的预设值，例如：可设置早晨、中午和夜晚三种场景，分时段开闭所需区域的光源。

4）管理方式

（1）传统照明控制对照明的管理是人为化的管理；

（2）智能控制系统可实现能源管理自动化，通过分布式网络，只需一台计算机就可实现对整幢大楼的管理。

3.3　智能照明控制系统的节能分析

1）集中管理，减少人为浪费

管理人员通过智能照明系统可关闭无人房间的照明灯。

2）自动调光，充分利用自然光

智能照明系统中的光线感应开关通过测定工作面的照度，与设定值比较，来控制照明开关，这样可以最大限度地利用自然光，达到节能的目的。

3）安装便捷，节省线缆

智能照明系统采用总线控制，将系统中的各个输入、输出和系统元件连接起来，在输出单元和负载之间使用负载线缆连接，与传统控制方法相比节省了大量的线缆，也缩短了安装施工的时间，节省人工费用。

4）延长灯具寿命

智能照明控制系统采用软启动的方式，使灯具寿命延长 2～4 倍，有效地降低了照明系统的运行费用。

4　特色展厅的智能照明控制

4.1　ABB i-bus EIB/KNX 智能照明控制系统

i-bus 系统是一个基于开放式的 EIB/KNX 总线标准，ABB i-bus EIB/KNX 智能建筑控制系统采用 EIB/KNX 总线标准，通过一条总线将各个分散的元件连接起来，各个元件均为智能化模块。通过电脑编程的各个元件既可独立完成控制工作，又可根据要求进行不同组合，从而实现不增加元件数量而使功能倍增的效果。i-bus 工作原理示意图如图 1 所示。

4.2　EIB/KNX 系统的功能特点

1）兼容性好：不同厂家的元件、软件可以无缝兼容，可保障系统运行、维保的稳定性。

2）EIB/KNX 楼宇智能安装系统结构是分布总线式结构，系统内各智能模块不依赖于其他模块而能够独立工作，模块之间应是对等关系。

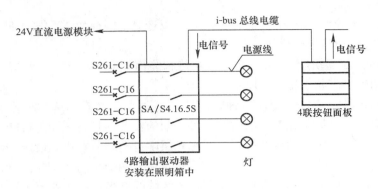

图1 i-bus工作原理示意图

3）任何系统模块的损坏不会影响到系统其他模块和功能的运行，系统维护保养方便。

4）可扩展性好，针对于功能的增加或控制回路、电器的增加，只需增加挂接相应的模块，系统内原有的硬件，接线无需改动，便能达到要求。

5）控制面板只需一条i-bus总线进行连接，采用24V安全低压供电方式，安全可靠，操作方便。

6）功能和控制修改方便灵活，只需很少的程序调整，不需现场重新布线就可以实现节约能源，提高效率。通过时钟，光线控制设定，自动运行到最佳状态，合理节约能源，方便管理和维护。

7）i-bus系统采用总线形的网络拓扑结构，干线可使用局域网技术。

8）系统支线中的信号，经过线路耦合器过滤，才能被允许进入干线中，以增加干线速率。

9）带电流检测功能的开关控制模块，可以监视灯光回路是否损坏并报警。

4.3 ABB i-bus智能控制系统在特色展厅照明控制中的应用

4.3.1 特色展厅首层大面积办公室

首层大面积办公室智能照明控制系统图如图2所示。

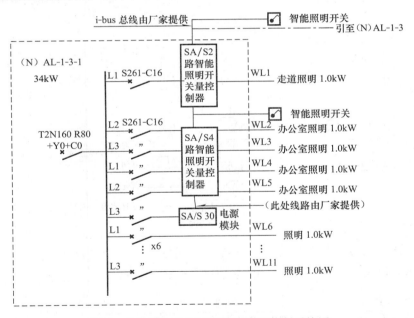

图2 大面积办公区域的智能照明控制系统图

1）开闭模块

本办公室控制回路设计为4路，考虑为进行二次装修的扩充留有余量，选择模数为8路的开关控制单元SA/S8.16.1，对8路16A负载设备进行开闭控制，适合高冲击电流的负载如荧光灯负载。

2）调光控制元件：荧光灯调光器，选用SD/S8.16.1，对8路荧光灯电子镇流器进行调节。

3）耦合器：线路耦合器选用LK/S 4.1。

4）电源模块：选用电源模块均为 24 直流电压，所以选择电源模块 NT/S24.800。

5）定时模块：选用 4 通道定时模块 SW/S4.5。

6）智能开关控制面板：选用德韵 solo 系列多功能智能面板 6127，4 联。每联可以控制一路调光或一路卷帘或 2 路开闭回路，带状态指示 LED。

采用智能照明控制系统，通过"智能时钟管理器"可预先设置若干基本工作状态，分为白天、晚上、清扫、安全、午饭等，根据预先设定的时间段可自动的在各种状态之间进行转换。

如：上班时间来临时，系统自动将灯打开，并将光照度自动调节在预先设定的水平。午餐时间，灯将自动变换到一个舒适、柔和的灯光场景，使工作人员能够很好地休息和放松。当一个工作日结束时，在"智能时钟管理器"的作用下，系统将自动地调暗各区域的灯光，进入晚上工作状态。同时智能传感器的动静探测功能将自动生效。系统处于清扫状态时，该区域的灯保持基本的亮度，当清扫人员扫到该区域时，智能传感器的动静探测功能自动生效。

4.3.2 特色展厅非网架类照明

非网架类照明的特色展厅 i-bus 智能照明系统拓扑结构图如图 3 所示。

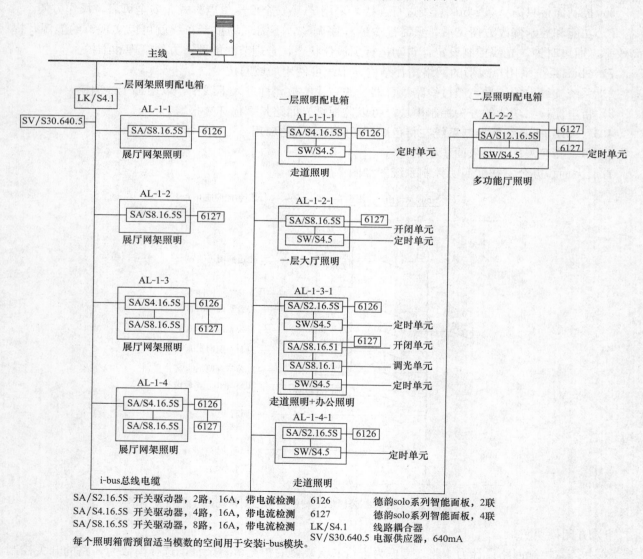

图 3 特色展厅 i-bus 智能照明系统拓扑结构图

例如当会展闭幕时，通过预设的程序，定时模块实现自动关闭展厅某些区域的灯光；在展厅举办某些特殊活动时，通过控制来开闭展厅特定区域的灯光，从而达到所需灯光效果。

特色展厅首层走道照明由照明配电箱 AL-1-1-1、AL-1-4-1 和 AL-1-3-1 控制的照明回路，可以通过智能开关面板控制走道照明。夜晚来临时，通过预设的程序，定时模块实现自动关闭；会展活动开始时，在值班人员来临之前，自动开启，实现控制自控化。

特色展厅首层由照明配电箱 AL-1-3-1 控制的大面积办公室照明，通过调光模块，实现当办公场所接收自然光较强时，通过光感应器向调光模块发出电信号，控制荧光灯调光镇流器，进而调低光源的亮度，达到节能的目的。通过上班工作时间、午休时间和下班时间三种场景，对定时单元进行预设值，以达到不同场景需要的效果，同时也达到了照明节能的目的。

5 结语

通过在会展中心进行照明设计，尤其是采用智能照明控制系统，在保证了多样性的照明效果的前提下，达到了节能、环保的目的。

参考文献

[1] 中国建筑科学研究院. GB 50034—2004 建筑照明设计标准 [S]. 北京：中国计划出版社，2004.
[2] 照明学会 [日]. 李农，杨燕译. 照明手册（原书第二版）[M]. 北京：科学出版社，2005.
[3] 周太明，等. 高效照明系统设计指南 [M]. 上海：复旦大学出版社，2004.
[4] 李恭慰. 建筑照明设计手册 [M]. 北京：中国建筑工业出版社，2004.
[5] 建筑电气工程师手册编委会. 建筑电气工程师手册 [M]. 北京：中国电力出版社，2010.
[6] 中华人民共和国住房和城乡建设部. JGJ 16—2008 民用建筑电气设计规范 [S]. 北京：中国建筑工业出版社，2008.

一种改进调度算法的电梯节能新技术

王 波[1] 段 军[1] 卿晓霞[2] 王文章[1]

1. 重庆大学计算机学院建筑智能化研究室，重庆 400044

2. 重庆大学城市建设与环境工程学院，重庆 400045

【摘 要】 针对现有电梯调度算法存在的重服务效率轻节能的不足，提出了一种基于电梯等待时间的电梯节能调度方法。设计了基于等待时间的两种电梯节能调度算法，并利用这两种算法开发了群控电梯模拟运行测试软件平台，并在该模拟软件平台上，分别对加与不加等待时间的电梯运行能耗进行了模拟测试及结果分析。结果表明，基于等待时间的电梯节能调度技术应用于群控电梯的运行节能，一般能实现节能 3%～15%。

【关键词】 模糊逻辑 电梯节能 电梯交通模式 等待时间 电梯调度算法

【Abstract】 A new elevator scheduling technique based on waiting-time for energy saving is presented as a solution to the disadvantages of existing elevator scheduling algorithms. A software platform is developed to simulate the operation of the group-controlled elevators. On this platform the operation of the elevators are simulated respectively whether the factor waiting time applied in the scheduling algorithm or not，and the simulation data were analyzed. The results show that the new algorithm based on the waiting time can save energy about 3%～15%.

【Keywords】 fuzzy logic，elevator energy-saving，elevator traffic pattern，waiting time，elevator scheduling algorithm

1 引言

建筑能耗约占我国社会总能耗的 1/3。建筑能耗主要包括 HVAC、照明、水泵、风机和电梯能耗。2004 年全国在用电梯数量约有 55 万台，其中 54 万台的电机功率在 11～27kW，平均每台电梯功率为 15kW 左右。近几年全国电梯数量以每年近 8 万台的速度增长，2009 年在用电梯数量估计约有 100 万台左右，已成为全球电梯保有量最大的国家。

全国 100 万台电梯若一天运行 4h，按平均每台电梯功率 15kW 计，每天运行耗电为 0.6 亿度，再加上一些电梯全天开启及电梯控制、照明用电，每天使用电梯的耗电超亿度，每月耗电 30 亿度，全年耗电 365 亿度，已接近三峡电站总装机容量 1820 万 kW 满负荷发电情况下 847 亿度年总发电量的一半。

目前电梯节能主要通过四大途径来实现：

（1）提高电机拖动系统的运行效率，如电梯曳引机采用变频调速取代三相异步电动机的调压调速；

（2）采用节电的永磁同步电动机取代三相异步电动机；

（3）将运动中负载的机械能（位能，动能）通过能量回馈器变换成电能（再生电能）并回送给交流电网；

（4）优化群控电梯的运行控制，如采用模糊、神经网络电梯调度算法等。

目前国内外的电梯调度算法，都是使电梯对任意请求做出立即反应，以最快速度将电梯调度到呼叫楼层，追求候梯人等待时间的最小化。因此，在传统电梯调度方式下，电梯载客率常较低，电梯调度算法在效率和能耗之间缺乏优化设计。

为兼顾电梯服务效率和电梯节能，提出基于电梯等待时间（从电梯到达呼叫楼层至电梯启动时的时间）的电梯节能新思想及技术：根据建筑客流特点，通过交通模式的自动识别以确定加不加等待时间并进行派梯，即在电梯高峰交通模式下不加等待时间，而在电梯非高峰交通模式下加入等待时间，从而提高电梯满载率、减小启停次数和运行里程，实现电梯节能。

2 电梯节能调度算法的设计

电梯节能调度算法的设计包含电梯交通模式识别算法和派梯算法设计。

电梯交通模式的识别是确定加或不加等待时间的前提条件，交通模式识别的准确性是实现电梯节能调度的基础。典型的办公大楼，根据其客流量分布特点可分成六种交通模式[1]：上行高峰交通模式、下行高峰交通模式、两路交通模式、空闲交通模式、四路交通模式以及层间交通模式。在基于等待时间的调度算法中，可简化为高峰模式和非高峰模式两种。高峰模式包括上述的上行高峰和下行高峰模式，非高峰模式包括除去高峰模式和空闲模式之外的其他交通模式。高峰模式时，应以提高电梯服务效率为主，系统不加等待时间；非高峰模式时，以降低电梯能耗为主，系统可适当加入等待时间以减少电梯的启停次数和运行里程；空闲交通模式下乘客很少，所以不考虑该交通模式的识别。

本文分别采用简约法和模糊法两种电梯调度算法，简约法先使用时段法识别出非高峰交通模式后加入电梯等待时间，然后采用最小距离算法进行派梯；模糊法则通过模糊方法识别出交通模式，如果是非高峰模式则加入等待时间，否则不加入等待时间，采用模糊算法进行派梯。

2.1 简约法

受建筑物的类型、人们生活和工作方式、季节的变化以及其他偶然因素影响，通常不同类型的建筑物的客流情况各有特点，即使是同类建筑的客流情况也是千差万别的。但是，同一建筑物每天的交通状况却基本相同，其统计结果存在一定的规律[2]。时段法是指统计建筑物不同时段客流特点的方法。根据这些规律便能容易地实现电梯的交通模式识别，所以时段法可方便快捷地识别高峰交通模式和非高峰交通模式的时间段。

若当前属于非高峰时间段，则群控系统加入等待时间，通过最小距离派梯算法进行派梯。最小距离派梯算法是根据轿厢内的选层信号和已经发生的各层召唤信号及电梯的运行方向，计算响应本次召唤的各部电梯的距离，最小距离的电梯则作为本次召唤的响应电梯派出[3]。

2.2 模糊法

模糊法分为两个部分：电梯交通模式的模糊识别和模糊派梯。

通过电梯的总体利用率和系统实时时间识别电梯的交通模式。

在不同的交通模式下，对电梯群控系统评价标准的要求是不同的，综合考虑乘客的平均候梯时间（AWT）、长时间候梯率（LWP）和能源消耗（RNC）等主要指标的加权平均函数作为新的最优评价函数[4][5]。AWT、LWP、RNC是派梯算法的重要参数，AWT 与 LWP 能够反映乘客对电梯服务的满意程度，而 RNC 则是表示电梯的耗能情况，将 AWT，LWP 与 RNC 一起作为电梯的评价参数，既考虑了乘客满意度又考虑了电梯耗能情况。

一般来说，交通强度的变化对能耗少的权系数影响较大；而交通模式的变化则对平均候梯时间 AWT、长时间候梯率 LWP 的权系数影响较大。随着交通强度的增加，客流的到达率逐渐增大，此时要求电梯的输送能力也有相应的提高，对电梯群控系统的能耗要求则相对降低，因而此时 RNC 的权系数一般随着交通强度的增大而减小；综合考虑 AWT、LWP、RNC 的权系数，以使系统的总体性能最高。例如：在进入高峰交通模式下，乘客到达率很高，因而电梯能耗少 RNC 的权系数较小；而客流较少，处于非高峰交通模式下，应该优先考虑 RNC 的权系数，平均候梯时间 AWT 和长时间候梯率 LWP 的权系数则较小。于是电梯群控系统通过不同交通模式下评价函数的权系数的改变，实现在不同交通模式下不同交通目标的优化控制，从而提高群控系统的总体运行性能。

3 电梯模拟运行测试软件的开发

电梯群控系统中电梯是同步运行的，采用JAVA线程编程，根据上行队列和下行队列中的客流数据模拟电梯运行情况。运行过程中如有新乘客加入队列则采用中断处理。系统界面采用 Swing 和 AWT 技术，软件功能结构如图 1 所示。

电梯在模拟运行时需要相应的客流，系统通过设置的建筑物固定参数，随机产生客流的请求层、目的层、呼梯时间。根据产生的客流情况选择电梯调度算法，加入等待时间，模拟电梯运行，得出电梯运行后的能耗数据，比较在随机产生相同客流情况下的加等待时间和不加等待时间电梯运行能耗数据，分析能耗数据得出电梯节能效果。

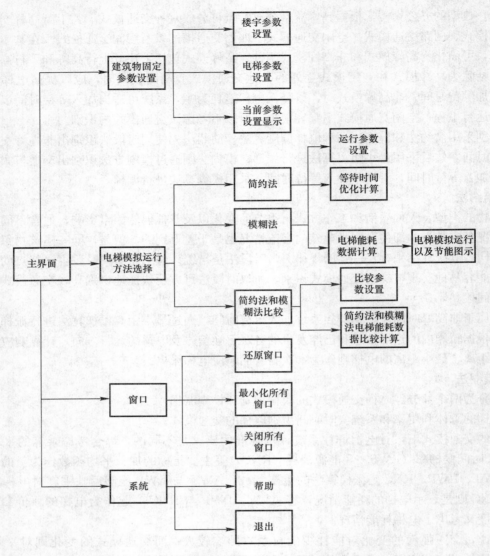

图 1　电梯模拟运行软件功能结构图

4　电梯模拟运行测试及结果分析

4.1　电梯模拟运行测试方案

电梯系统的测试主要测试电梯模拟运行产生的能耗数据，应根据楼宇实际情况选择不同的参数组合设置对电梯运行进行模拟。针对相同的客流量，模拟电梯在加入等待时间和不加等待时间情况下的能耗数据，并进行比较分析。

由于电梯群控系统的多目标性、不确定性以及信息的不准确性加上影响电梯调度的环境因素较多，所以在模拟电梯调度运行的时候采用了一些常量参数，如建筑物高度、电梯额定人数、楼层高度、电价、楼宇楼层高度、心理容忍度等。另考虑一些变量参数，如电梯台数、等待时间、乘客到达最大和最小时间间隔等。

设置不同的参数组合，分别运行基于简约法或模糊法的电梯调度算法，通过记录每次运行过程中电梯启停的次数、运行里程等数据，最后得出电梯运行的能耗，通过对测试能耗数据的比较分析，获知不同的参数设置对电梯能耗的影响。

4.2　测试参数设置

（1）在模拟测试时，设置的等待时间应该大于乘客到达时间的最小间隔。因为等待时间如果小于乘客到达时间的最小间隔，那么在等待时间内没有等到乘客，从而不会提高电梯满载率，不能实现电梯节能；

（2）在设置等待时间时应考虑乘客心理容忍度（60s），所以一般电梯等待时间设置为 60s 以内，如果超过 60s 会使乘客候梯时间增加，使乘客心情焦躁[1]，而且因为乘客到达的少，在等待时间内等到的乘客也少，节能效果不明显；有的情况属于空闲交通模式，这样加入等待时间和不加入等待时间消耗的电能一样，因为在等待时间内没有等到乘客，从而和不加等待时间的电梯能耗效果一样；

（3）设置楼层高度为 11、18、30 层进行测试，分析不同楼层对能耗的影响；

（4）设置不同的额定人数（13 人、20 人），测试其对电梯能耗数据的影响；

（5）设置非高峰时段的乘客到达最小和最大间隔时间时，考虑到现实情况中乘客到达乘梯的频率范围，选择设置为 1～15s、15～30s、30～60s、60～180s 进行模拟的客流产生。

4.3 部分测试数据

见表 1，表 2。

简约法测试数据 表 1

电梯台数	等待时间（s）	乘客到达最小时间间隔（s）	乘客到达最大时间间隔（s）	服务人数	总启停次数		总运行里程（m）		总耗电（kWh）		总耗电成本（元）		加比不加等待时间节能效果
					加等待时间	不加等待时间	加等待时间	不加等待时间	加等待时间	不加等待时间	加等待时间	不加等待时间	
2	10	1	15	258	478	495	5931	6924	38.52	42.55	20.03	22.13	9.47%
2	20	1	15	227	423	445	4896	6648	32.89	39.69	17.1	20.64	17.13%
2	30	1	15	241	431	469	4872	6771	33.12	41.03	17.22	21.34	19.28%
2	40	1	15	255	439	496	4023	6972	30.54	42.59	15.88	22.15	28.29%
2	20	15	30	83	165	166	2508	2604	14.9	15.19	7.75	7.9	1.95%
2	30	15	30	84	166	168	2703	2793	15.57	15.95	8.09	8.29	2.38%
2	40	15	30	84	164	168	2574	2652	15.05	15.47	7.83	8.04	2.71%
2	40	30	60	42	83	84	1182	1212	7.2	7.34	3.75	3.82	1.91%
2	50	30	60	40	80	80	1320	1368	7.56	7.73	3.93	4.02	2.20%
2	30	60	180	16	32	32	654	654	3.45	3.45	1.79	1.79	0.00%
4	10	1	15	247	483	489	6903	7380	42	43.87	21.84	22.81	4.26%
4	20	1	15	247	476	490	6312	7011	39.74	42.65	20.66	22.19	6.82%
4	30	1	15	247	467	489	5811	6933	37.69	42.35	19.6	22.02	11%
4	40	1	15	241	436	473	4773	6582	32.96	40.55	17.15	21.08	18.72%
4	20	15	30	79	155	158	2028	2010	12.82	12.9	6.68	6.7	0.47%
4	30	15	30	80	157	160	2313	2358	13.89	14.16	7.23	7.37	1.91%
4	40	15	30	85	169	170	2154	2274	13.84	14.22	7.2	7.39	2.75%
4	40	30	60	40	80	80	1113	1185	6.86	7.09	3.57	3.7	3.24%
4	50	30	60	41	82	82	1032	1107	6.65	6.9	3.46	3.6	3.62%

模糊法测试数据 表 2

电梯台数	等待时间（s）	乘客到达最小时间间隔（s）	乘客到达最大时间间隔（s）	总启停次数		总运行里程（m）		总耗电（kWh）		总耗电成本（元）		加比不加等待时间节能效果
				加等待时间	不加等待时间	加等待时间	不加等待时间	加等待时间	不加等待时间	加等待时间	不加等待时间	
2	10	1	15	279	284	3864	4332	23.85	25.63	12.4	13.33	6.94%
2	20	1	15	281	292	3696	4308	23.36	25.87	12.15	13.44	9.70%
2	30	1	15	279	287	3390	4149	22.24	25.12	11.56	13.06	11.46%
2	40	1	15	279	288	3102	4248	21.26	25.5	11.06	13.26	16.63%
2	20	15	30	298	300	4953	5154	28.28	29.05	14.7	15.1	2.65%
2	30	15	30	295	300	4230	4650	25.71	27.33	13.37	14.21	5.93%

电梯台数	等待时间（s）	乘客到达最小时间间隔（s）	乘客到达最大时间间隔（s）	总启停次数		总运行里程（m）		总耗电（kWh）		总耗电成本（元）		加比不加等待时间节能效果
				加等待时间	不加等待时间	加等待时间	不加等待时间	加等待时间	不加等待时间	加等待时间	不加等待时间	
2	40	15	30	296	299	4512	5154	26.71	29.0	13.89	15.08	7.90%
2	40	30	60	299	300	5292	5361	29.51	29.7	15.35	15.45	0.64%
2	50	30	60	298	300	5148	5340	29.02	29.6	15.09	15.39	2.00%
2	30	60	180	300	300	5256	5256	29.38	29.38	15.28	15.28	0.00%
4	10	1	15	293	293	5310	5592	29.31	30.26	15.24	15.74	3.14%
4	20	1	15	294	295	5094	5694	28.6	30.68	14.87	15.96	6.78%
4	30	1	15	284	290	4008	4851	24.54	27.63	12.75	14.37	11.18%
4	40	1	15	291	297	4485	5442	26.42	29.9	13.74	15.55	11.64%
4	20	15	30	300	300	5787	6030	31.2	32.02	16.22	16.65	2.56%
4	30	15	30	299	300	5862	6138	31.41	32.39	16.33	16.85	3.03%
4	40	15	30	298	300	5670	6009	30.73	31.95	15.97	16.61	3.82%
4	40	30	60	297	300	4713	4767	27.43	27.73	14.26	14.42	1.08%
4	50	30	60	300	300	4830	5091	27.94	28.83	14.53	15.0	3.19%

4.4 测试分析

（1）加等待时间比不加等待时间节能数据为正的情况

测试结果表明加等待时间后电梯能耗比不加等待时间电梯能耗要小，这正是期望达到的结果。这种情况占绝大多数，尤其是在非高峰乘客到达时间间隔为 1～15s 以及 15～30s 的情况下。节能效果最好是在非高峰乘客到达时间间隔为 1～15s 以及 15～30s 且加入等待时间为 30s、电梯台数为 1 或 2 时（见表 3）。

（2）加等待时间比不加等待时间节能数据等于零的情况

测试结果表明加等待时间后与不加等待时间的耗电量是相同的，这是由于在等待时间内没有一个乘客到达。

电梯运行模拟测试节能效果　　　　表 3

乘客到达时间间隔设置范围 ＼ 等待时间设置范围	1～15s	15～30s	30～60s
15s 以内	节能约 5%	节能约 15%	节能约 15% 以上
15～30s	节能率为 0（因为在等待时间内等不到乘客不会提高电梯满载率，所以不节能）	节能约 3%	节能约 5%
30～60s	节能率为 0（原因同上）	节能率为 0（原因同左）	节能约 3%

5 结束语

本文在多种典型电梯参数情况下，进行了加与不加等待时间的电梯模拟运行测试，从能耗数据测试结果可以看出：

（1）在非高峰交通模式，考虑乘客心理容忍度的情况下，可加入 1～60s 等时待时间。加入等待时间可减少电梯启停次数和运行里程，从而减少电梯能耗；

（2）乘客到达时间间隔越小，加入等待时间后电梯节能效果越好。

研究及测试表明，基于等待时间的电梯节能调度算法确实能够实现节能。如果能够实现平均 10% 的节能，按照我国全年电梯耗电 365 亿 kWh 计算，即可实现节电近 36.5 亿度。按每度电 0.8 元计，可每年节约用电成本 29 亿元人民币。

基于等待时间的电梯节能新方法可在现有电梯系统的基础上通过修改其电梯调度程序加以实现，便于推广应用。

参考文献

［1］ 朱德文，付国江. 电梯群控技术［M］. 中国电力出版社，2006：14-18.

［2］ Tsung-Che Chiang，Li-Chen Fu. Design of Modern Elevator Group Control System［M］. International Conference on Roboties & Automation，2002，(5)：1465-1470.

［3］ 冯叶，董慧颖，韩凌. 群控电梯的计算机最小距离派梯算法［J］. 辽宁师专学报，2005，7 (4)：106-107.

［4］ 王松青. 基于模糊控制技术的电梯群控最优调度策略研究［D］. 重庆大学，2005，21-50.

［5］ 姚玉刚，柏逢明. 模糊控制在电梯群控系统中的应用［J］. 长春理工大学学报（自然科学版），2008，31 (1)：107-110.

建筑智能化与节能设计

王　柯（山东同圆设计集团有限公司，山东 济南 250101）

【摘　要】　本文主要从空调系统、电动机及风机的节能设计、照明节能设计及控制、变配电系统的智能控制及新技术的应用四个方面对建筑节能设计进行了探讨。

【关键词】　BAS　建筑智能化　电气节能　照明节能

【Abstract】　This paper mainly discussed building energy efficiency design on four aspects such as the design for air conditioning system, electric motor and fan, lighting energy-saving and control, and the intelligent control and application of new technology of power distribution system.

【Keywords】　BAS, building intelligence, electrical energy saving, lighting energy saving

1　前言

我国是个能源消费大国，能源相对短缺，然而能源浪费却相当严重。作为二次能源的电能供需矛盾近年来越来越突出，能源的缺乏已严重制约着国民经济的发展。节能问题一直是我国发展国民经济的一项长远战略方针，那么节约电能就成为每位电气设计人员必须认真考虑的问题。下面就建筑智能化设计中的几种节能措施谈谈一些看法。

2　空调系统的节能设计

公共建筑空调系统的能耗至少占建筑总能耗的 50％以上，系统节能潜力是巨大的，优化系统设计是节能的前提，系统的自动控制则是节能成败的关键。目前，空调系统的自动控制基本上采用建筑设备自动化系统，简称 BAS 或 BA 系统。BA 系统是智能建筑的特征之一，也是建筑节能的有效途径之一，节能效率达 10％～30％。

2.1　系统接口设计

BA 系统工程师应与空调系统、强电系统工程师密切配合，以优化系统的接口设计，主要包括：

（1）检测参数与传感器的选择；

（2）风、水、蒸汽阀门管径的计算；

（3）电动调节节阀的流量特性选择；

（4）电力与照明配电柜（箱）的一次、二次接线原理图设计；

（5）与独立运行控制系统的通信接口设计。

2.2　节能控制优化设计措施

BA 系统控制方案的优化应将节约能耗和提高控制水平放在首位，对系统的结构和参数进行最佳匹配，使整体效能最佳。从整体上讲，暖通空调系统的自动控制应考虑下列策略：（1）机电设备启停优化控制；（2）变风量、变流量系统最优控制；（3）冬夏季部分负荷时水泵分设控制；（4）与冰蓄冷相结合的低温送风系统控制；（5）参数设定节能控制，包括温度标准设定、焓值控制、利用室内 CO_2 浓度控制新风量等。

3　电动机及风机的节能设计

在各类公共建筑中，风机、泵类设备应用范围非常广泛，但据有关资料显示，其电能消耗和诸如阀门、挡板相关设备的节流损失费用占到维护成本的 7％以上，是笔不小的费用开支。所以对这类设备的节能降耗显得很有必要，除了从产品设计来提高这类设备的效率外，还有一个方式就是改进其调速方式从而实现节能。在设计中常采用的是变频调速、调压调速、电磁调速、变极对数调速、串级调速（或转子串电阻)、无换向器电动机调速等。

4 照明节能设计及控制

对于高大的公共空间可以采用智能照明控制系统，然而由于投资或具体使用的问题等原因，有很多的房间照明仍然是采取就地控制的方式。针对照明能源的利用，如何做到既满足工作、生活的照度标准要求，又达到节约能源的目的，这是我们在进行照明设计时必须认真考虑的问题。照明设计，首先离不开对被照明空间的了解，确定采用何种照明方式。一旦确定了照明方式，则应考虑照明的种类。概括起来主要从四方面进行。

4.1 照明光源的选择

主要考虑以下几个要素：光效、色温、显色指数、光源寿命和价格。这是在照明设计中做到切合实际应用很重要的要素。在民用建筑中，主要应用的光源有白炽灯、荧光灯、HID 灯，根据技术的发展，还有一些新的光源也逐渐得到应用，例如光纤照明、LED 等。各种光源均有其应用范围，但必须做到合理地应用。在工程实际应用中如何合理地选择光源，应根据工程的具体性质、使用的场所、人员的视觉要求、照明的数量和质量来确定。

4.2 照明灯具及其附属装置的选择

在实际的应用中，以上各类光源是很少单独使用。光源必须配备各种灯具，才能真正体现其实用价值。因此在照明设计中，应注意选择控光效果好、效率高的灯具；还应注意灯具的配光曲线，这是我们进行照明设计时的依据之一，以便对确切的照度值等做到心中有数。要设计好照明，应针对不同面积和高度的房间，计算室内空间比，然后确定选用宽、中、窄光束的照明灯具，再根据房间中天花板、墙面以及地面的反射系数，求出所选用灯具在该房间的利用系数，这才是较为科学的照明设计方式。根据计算得出的空间比值来确定采用何种灯具的配光，采用合理的灯具配光可提高光的利用率，达到节能的效果。在附属装置的选择方面主要是针对镇流器。从荧光灯到 HID 的高压钠灯、金属卤化物灯，均需采用镇流器。而目前市场上的镇流器种类较多，主要分为普通电感型、节能型电感型、电子型三大类。不同类型的镇流器，其功耗有所不同，在考虑照明节能时，必须认真加以考虑，合理地选择。

4.3 照明标准值

在《建筑照明设计标准》中给出了各类民用和工业建筑的照明标准值，为了与国际照明委员会的推荐值相一致，不同房间或场所的照度标准值仅给出一个，设计人员可根据所设计的工程，参照标准值进行设计。若有必要时，也可在标准值的基础上适当加以调整。但不能盲目提高照度标准，以免造成不必要的能源浪费。在照明设计中，最终的结果是要求所设计的照度值应满足要求。针对不同的建筑，其照度值是多少，应根据国家标准、国际照明学会的推荐值以及使用方对其建筑设置的标准来确定。当光源、灯具、附件、照度值选定后，则可确定灯具的数量，进行灯具的布置。

4.4 智能照明控制

智能照明控制系统是借助于各种不同的"预设置"控制方式和控制元件，对不同时间、不同环境的光照度进行精确设置和合理管理以实现节能。这种节能自动调节照度的方式，充分利用室外的自然光，只有必要时才把灯点亮或点到要求的高度，利用最少的能源保证所要求的照度水平。此外智能照明控制系统中还能对荧光灯进行调光控制，由于荧光灯采用了有源滤波技术的可调光电子镇流器，降低了谐波的含量，提高了功率因数，降低了低压无功损耗。

5 变配电系统的智能控制

变配电系统智能控制系统是智能建筑的重要组成部分，这种系统以计算机局域网络为通信基础，以计算机技术为核心，具有分散监控和集中管理的功能。它是与数据通信、图形显示、人机接口、输入输出接口技术相结合的，用于设备运行管理、数据采集和过程控制的自动化系统。

配电系统智能控制系统主要监测控制内容有以下几个方面：

（1）电源监测　对高低压电源进出线的电压、电流、功率、功率因数、频率的状态监测及供电量计算。

（2）变压器监测　变压器温度监测、风冷变压器通风机运行情况、油冷变压器油温和油位监测。

（3）负荷监测　各级负荷的电压、电流、功率的监测，当超负荷时系统停止低优先级的负荷。

（4）线路状态监测　高压进线、出线、二路进线的联络线的断路器状态监测、故障报警。

（5）用电源控制　在主要电源供电中断时自动启动柴油发电机或燃气轮机发电机组，在恢复供电时停止备用电源，并进行倒闸操作。通过对高低压控制柜自动的切换，对系统进行节能控制；通过对交连开关的切换，实现动力设备联动控制；对租户的用电量进行自动统计计量。

（6）供电恢复控制　当供电恢复时，按照设定的优先程序，启动各个设备电机，迅速恢复运行，避免同时启动各个设备，而使供电系统跳闸。

变配电系统智能控制系统的输入信号由传感器提供，输出信号使各种开关动作或报警，在监控中心可以安装动态模拟显示器和操作台。它具有显示和控制主开关或断路器状态的功能，可以取代普通的控制和信号屏。变配电所一般不需要重复设置信号控制屏。普通的监测系统是在变配电设备上增加一些传感器，如果是智能化断路器或继电器，它有内置传感器，可以从通信接口取得信号。

变配电智能控制系统有对各种电量的计量、监测、报警作用。为满足不同的应用要求如进线和馈线、变压器、电动机、母线的保护，具有相应产品。它提供完善的监控保护功能，一般提供网络通信接口：如 RS232，RS485 网络通信接口，可以实现远方监控。微机保护监控系统可以减少控制室的面积，控制电缆和维修工作量，进一步提高供电可靠性。

6　结束语

大力推广符合"四节一环保"节能建筑是目前建筑节能的主要趋势，而电气节能是绿色节能建筑的重要组成部分，设计人员应在设计中精心考虑，进行方案比较，从安全性、可靠性、经济性及节能等方面进行综合考虑，选择合理的供配电方案，实施电网的经济运行技术。在选用节能的新设备上，应具体了解其原理、性能、效果，从技术、经济上进行比较，选择低能耗设备及节能等先进的设备，减少中间过程的各种损耗，以达到真正节能的目的，为提高社会效益及经济效益作贡献。

参考文献

[1]　罗建华. 建筑电气设计中的节能措施 [J]. 广东科技，2007.

[2]　陈伟. 民用建筑工程中电气节能技术的应用 [J]. 安徽科技，2007.

[3]　徐云，刘付平等. 节能照明系统工程设计 [M]. 北京：中国电力出版社，2009.

建筑设备节能控制与管理系统在工程中的应用

朱立泉　吕景惠（山东同圆设计集团有限公司，山东 济南 250101）

【摘　要】　节能减排是国家"十一五"经济发展的主题，而建筑设备节能是实现建筑节能的关键所在。本文通过对建筑设备节能控制与管理系统的分析，阐述了在建筑设备中更好地应用节能控制装置，能达到最好的节能效果。

【关键词】　建筑设备节能　节能控制　能源管理　数据采集　能耗分析

【Abstract】　The energy saving is the theme of economic development during "the Eleventh Five-Year" in China，and the energy conservation for building equipments is the key to achieve building energy efficiency. Based on the analysis on building equipment energy-saving control and management systems，the paper expounds that rightly application of energy-saving control devices in building equipment will achieve the best effect of energy saving.

【Keywords】　energy-saving for building equipment，energy-saving control，energy management，data collection，analysis of energy consumption

1　序言

节能减排是当前国家对全国各行各业的要求，科学地制定节能减排措施已是各级政府部门安排工作的重中之重。本文通过一政府机关办公楼实际工程项目，就办公楼的中央空调节能系统、楼层配电照明节能系统、低压配电节能系统（包括滤波补偿及能耗分项统计）、太阳能热水节能系统、房间末端控制节能系统、建筑能源管理统计系统（包括软件及配套设备）等，做一详细介绍。作为山东省政府节能示范工程之一，其电气节能设计所包含的主要系统如下。

2　中央空调系统

2.1　冷、热源

该项目冷源：夏季选用四台模块式风冷冷水机组，单台制冷量为126kW，冷冻水供回水温度为12～7℃；热源：由市政供热管网提供0.4MPa的饱和蒸汽，经螺旋螺纹管换热器换热后，制备60/50℃的热水供冬季空调使用。空调负荷：夏季负荷467kW，冬季负荷：352kW。

2.2　控制循环水泵

安装REAL-A中央空调节能系统来控制3台循环水泵，功率为7.5kW，2用1备。采集室外温湿度，系统出、回水温度，出、回水压力，控制循环水泵运行，根据水温度及负荷量自动调节。

2.3　空调新风机

新风机控制柜4台，功率分别为3kW×2台，1.5kW×2台；空调风机控制柜2台，功率分别为7.5kW和5.5kW；1F候谈大厅和4F大会议室分别安装2个温湿度传感器。空调风机根据采集的送风区域的温湿度情况，来实时调节风机的风量以及风机进水电动阀（6个）的开度，新风机设置定时开停机，并且可以在上位机上进行集中监控。

2.4　空调主机

空调主机4台，风冷模块机组，采集主机的运行状态，可在上位机上监视主机的运行数据，同时可实现上位机对主机的开停控制。

空调系统采用相关节能措施后可节约空调系统30%以上的耗电量。

3　楼层配电照明系统

3.1　各楼层负荷

各楼层负荷分别为：1楼25kW，2～4楼分别为30kW，供每层的照明及各办公室插座使用；3楼计

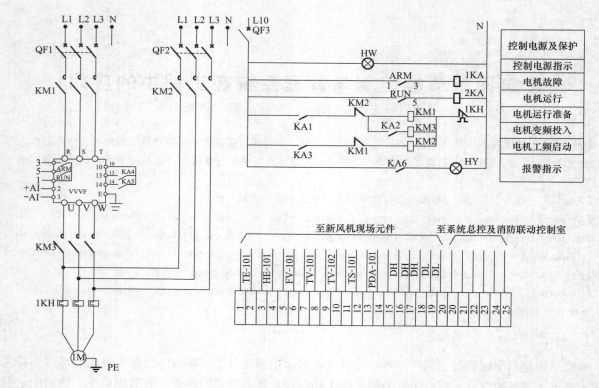

图 1　新风处理机组二管制配电系统图

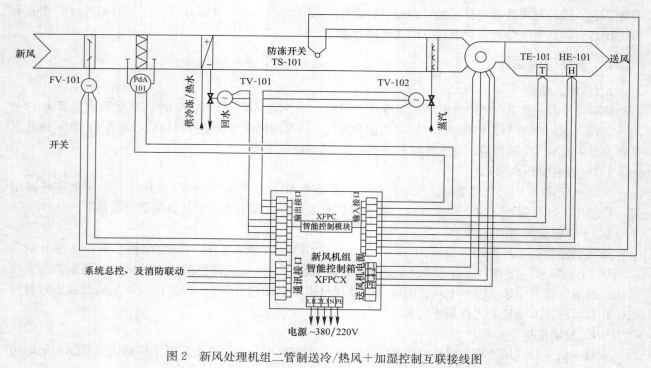

图 2　新风处理机组二管制送冷/热风＋加湿控制互联接线图

算机房负荷为 50kW。照明控制器：Q8 路开关模块 3 个，Q12 路开关模块 8 个。

3.2　节能控制

　　地下 1 层及 1～2 层每层安装 1 台小系统节电器；3～4 层每层安装 2 台小系统节电器，功率分别为：10kW×2 台，20kW×2 台，25kW×1 台，30kW×1 台；计算机房各安装 1 台系统节电器，功率为 50kW，共计 7 台。节能的同时，可以在上位机实时监视每个系统节电器所对应的系统的运行状态（A、

B、C 各相电压和电流）；安装照明控制器后可以在上位机上监控各回路照明情况，并对每回路进行开停控制。

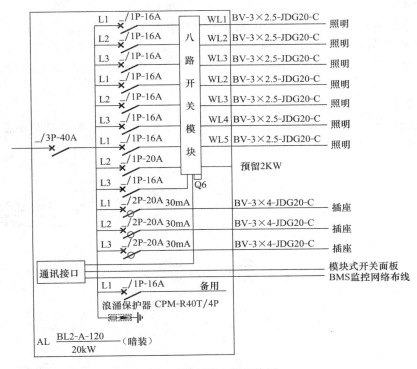

图 3　楼层配电箱系统图

3.3　工作原理

根据供用电质量的波动性、平衡性及负荷的综合性，通过实时采集供用电参数与负荷需求，将可变电抗调节技术、小电流连续调节电压换流技术、分相平衡调节技术、用电能耗统计技术、运行管理技术融为一体，在保证用电设备功效不变的条件下，降低 10％以上的能源损耗，对动力照明混合负载可节电 10％以上。

3.4　红外感应照明灯

地下车库、走廊、电梯间等公共区域安装 REAL-LED 红外感应照明灯，可根据区域亮度及人员情况自动控制灯的开关，免装灯控开关，减少布线等费用。LED 照明灯的功率为 4W，亮度等同于 40W 日光灯，节能效果可达 90％。

4　低压配电系统

4.1　功率因数补偿和谐波治理

低压配电系统的功率因数补偿和谐波治理采用电容补偿与有源滤波相结合的方式。由于两段母线分段运行，每段母线侧均选用一套低压电容补偿柜和一套有源滤波柜。考虑负荷侧重，有源滤波选用补偿型有源滤波器，容量为 380V/100A，不仅可以滤波，也可以有效调节功率因数，更好地达到设计目的，提高供电质量。装设谐波抑制系统、无功补偿系统、电能测量统计及远程抄表装置，实时了解系统耗电量，便于用户进行管理。其功能如下：

（1）提高功率因数，降低线损。通过就地补偿与集中补偿相结合和固定补偿与动态补偿相结合的方法，合理分配无功功率，提高功率因数，降低线损，减少电能损耗。

（2）谐波控制，降低谐波损耗，抑制谐波污染对设备造成的危害，避免故障的发生。

（3）电能质量监测软件：电能质量监测软件，作为电能质量监控的关键环节，在系统运行管理和技术监督中起着重要的作用，同时也是保证系统供电质量的必要条件。功能强大的电能质量监测系统的建立，为改善供电质量，保证用户设备使用安全提供了依据。系统可同时采集三相电压、三相电流、零序电流、频率、有功功率、无功功率、31次以下谐波等相关电能质量参数，经过电能质量软件分析计算，可显示和打印变化曲线。

（4）电能质量监测系统特点：集三相/单相交流电量测量、综合显示、谐波分析、越限控制、网络通信于一体；通过实时监测、历史记录数据分析，使用户及时掌握每天或季节负载特性，便于用户平衡和改善负荷特性，优化能耗分配，提高用电效率，减少潜在停电事件；保证设备运行更安全、可靠、经济的运行。

4.2　能耗分项统计

低压配电能耗分项统计部分，根据设备回路及功用，共装设备支路耗电量模块总计22个，其中正常使用15个，备用5个，总回路耗电量模块2个。

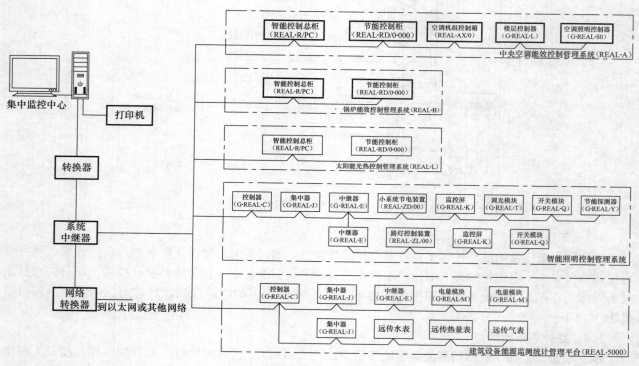

图4　建筑设备节能控制与管理系统

5　太阳能热水系统

太阳能热水系统为各楼层开水器及部分公共区域洗浴用热水供热，设备安装在5楼水箱间。本工程为200人饮用水预热；6个办公室带浴室；男女各一个含4个淋浴头的浴室，每天约20～30人洗浴。太阳能系统控制柜安装在水箱间内，阴雨天有辅助加热系统，管路楼顶对接。设计参数：200人饮水按每人每天4L共计0.8t；6个浴室按每天80L，共计0.48t；公共浴室每天20～30人洗浴，共计1.7t；热水总计3t，设计集热面积约53m²。

5.1　集热系统

集热元件采用全玻璃真空集热管，真空管直径58mm。能承受25mm冰雹的冲击，要求为三靶管。联集装箱内胆材料为SUS304—2B食品级不锈钢，内胆厚度0.8mm，聚氨酯保温厚度不低于60mm；集热器的支架采用热镀锌钢材。

5.2　储水箱

内胆材料为SUS304-2B食品级不锈钢，6mm聚氨酯发泡保温。清洗时操作简便且不影响整个热水系统的使用。

5.3 控制系统

太阳能系统启动前,现场的水压、电源应该正常。当光照开始后,集热器联集管内水温升高,当水温探测点达到设定温度时(人工任意设定,比如 60℃),太阳能定温放水电磁阀自动启动,冷水将真空管集热器联集管内的定温热水推向蓄热水箱。当真空管集热器定温点的水温下降大约 3℃时,电磁阀自动停止工作。当集热器内水温又一次达到 60℃时,电磁阀再次启动,这样反复运行,直到水箱充满为止。夏天产水量大,如水箱充满热水后,系统自动进入温差强迫循环状态。即当联集管内的水温探测点温度高于水箱(底部)温度探测点 5℃时,循环水泵自动启动,将水箱底部的水通过集热器联集管将较高的热水推回水箱,这样反复运行,逐步将水箱内的水再加热,此过程完全自动控制。

5.4 辅助加热系统

当阴雨天或冬季的水温达不到洗浴要求时,辅助加热系统工作,以达到洗浴要求的温度。

5.5 防冻问题

考虑冬季停用的防冻问题,需采取一定的防冻措施。太阳能热水系统进入冬季后,控制系统自动检测室外管道温度,当管道温度低于 4℃时,控制系统自动启动温差循环水泵,将蓄热水箱内热水送入管道,同时将管道内冷水送回蓄热水箱。当管道温度大于 10℃时,温差循环泵自动关闭。在太阳能的连接管道还铺设电伴热带备用,一旦循环防冻功能遇到故障,控制系统会根据管道内温度变化自动转换到电伴热带防冻模式,加热管道,以防引起大的损坏。

5.6 数据传输

要求太阳能系统具有数据传输功能,使之融入整个办公楼的能效监督管理系统。可在上位机中显示太阳能系统的各出回水温度,水泵的运行状态,以及太阳能集热系统的累计集热量等数据。

5.7 循环泵及热水供水泵

所有水泵均要求低噪声运行,控制柜实现手动/全自动控制。

5.8 防雷接地系统

太阳能热水系统的防雷接地系统应接入原有建筑物的防雷接地系统,电气控制系统应具有漏电保护器等安全保护装置。

6 房间末端控制系统

每个房间内的风机盘管均安装了电动二通阀,根据采集的室内实际温度,控制阀门及风机的开停。每层安装楼层控制器,可在上位机上监视并控制每个房间的实际温度及风机盘管的实际运行状态,实现在上位机开停风机以及设定风机的开停温度。其中 88 个控制器具有灯具控制功能,可在上位机显示、设定手动、定时开关功能。

7 建筑能源管理统计系统

在需求侧,中央空调、锅炉、风机、泵类、照明、给水排水、供配电等系统的能源管理,是以分项计量统计、评价管理技术为基础;以提高系统能效为目标,采用了集成化的系统设备多重能效跟踪控制技术。在提高公共建筑设备系统能效、确保用能质量及设备安全的前提下,为用户提供高能效与个性化的需求侧能源统计、设备能效跟踪控制管理平台。

7.1 系统应实现功能

(1)多重能效技术集成

系统集成了分项计量统计评价技术、能效跟踪控制技术、运行效率评价管理技术、变频节能技术、供电分相调节平衡技术、可变电抗调节技术、小系统电流连续调节电压换流技术、太阳能综合利用技术、网络通信技术、远程跟踪诊断技术、GSM 远程故障定位、动态无功补偿 SVC 与有源滤波器 APF

等多重能效跟踪控制技术的集成。

（2）分布式结构、模块化设计

系统采用"分层分布式"结构，硬件模块化、软件组态化设计，侧重投资经济性、实用性、可扩展性和可维修性，满足不同用户个性化需要。

· 可靠性：各子系统独立运行，互不影响，具有双回路节能与工频切换。

· 可扩展性：具有2个多功能通信口与RS485接口，可连接多文本显示器、大屏幕显示器、自由协议仪表等；标准的MODBUS通信协议，使得系统扩展、升级均不必改变现有设备的状态。

· 可维修性：系统设有远程维护服务站，可以在远方通过计算机和网络监控设备实现远程故障诊断、软件升级，保障系统可靠运行，具有GSM远程故障定位系统。

· 经济性：可以在原有设备基础上实施系统节能技术改造；可以配合设计院设计选型，形成节能应用的整体节能设计方案；也可供用户选择子系统改造和设计的多途径选择。

· 兼容性：本系统具有与上级能源监测平台计算机通过Internet网络，实现省、市级能源统计的联网功能，同时具备与本单位PLC、RTU、DCS的联网功能。

（3）智能化控制、可视化操作

系统控制通过中央控制站实现对所有耗能设备实现智能化能效监测、跟踪控制与用能管理，在设备现场设有子系统操作站，用户可就地或通过远程控制站实现可视化操作。

（4）各子系统自寻优控制

每个子系统可独立运行和实现全系统联网通讯，通过现场数据采集，经中央控制器与专家数据库系统参数比较运算，决定系统最佳的运行控制策略，确保系统始终处于最优控制模式。

（5）分项耗能数据采集与能效分析

采用分布式数据采集装置将实时能耗数据传送给能效分析软件，进行统计分析、趋势分析，把能效分析结果传送至中央控制器，作为模糊控制的一个重要参数。

（6）运行能效的网络化管理

通过中央控制站网络设置，将分布在建筑中各子系统运行数据和水、电、汽、分项计量数据通过远程数据采集，实现需求侧能源效率统计管理和跟踪控制，分项计量数据可通过网络上传至上级能源统计管理平台。

通过对本单位设备运行数据进行自动巡回监测，显示用户设备运行状况，可查询并回放设备运行记录，使用户随时了解设备运行状况及统计管理数据。给用户提供运行能效分析报告，提供管理依据。

（7）远程跟踪诊断

系统设有远程控制站，用户可以在远方通过计算机和网络监控设备进行能效与远程故障诊断，保障系统安全可靠运行。

7.2 软件功能

（1）报告自动生成：分项计量，能效统计、自动生成"能源效率审计诊断报告"。

（2）标准格式报表：将能源效率统计分析结果，以标准报表格式，通过因特网自动传输上报至上级公共建筑监管平台。

（3）数据格式转换：数据的自动转换与实时自动传输，免人工填报，数据准确。

（4）系统能效诊断：依据国家相关能效标准、规范及本单位能源管理指标，诊断用能效率，为技术与管理节能提供分析依据。

（5）能效预警管理：设备运行异常或能效超限报警记录。

在对公共建筑全部用能设备采用用能分类计量、分类统计基础上，实现对建筑能源设备及可再生资源利用的能效跟踪控制与节能运行管理，有效地解决了用户由于缺乏准确的能耗计量统计数据、难以为能耗诊断、节能管理和节能改造提供决策依据的问题。通过有效配置资源、建立相关的数学模型和进行有效的算法分析，实现系统能效的全面提高。

8 结束语

节能、低碳已经被提到议事日程上来了，通过建筑设备节能控制与管理系统在工程中的广泛应用，可以使我们所建设的工程更节能，更环保。以上是笔者结合实际的工程案例，对建筑设备节能控制与管理系统的一点理解，有不妥之处，敬请予以指正。

参考文献

[1] 中华人民共和国住房和城乡建设部. JGJ 176—2009 公共建筑节能改造技术规范 [S]. 北京：中国建筑工业出版社，2009.

[2] 中国建筑标准研究院. 全国民用建筑工程设计技术措施-电气节能专篇 [S]. 北京：中国建筑工业出版社，2007.

[3] 中华人民共和国住房和城乡建设部. GB 50189—2005 公共建筑节能设计标准 [S]. 北京：中国建筑工业出版社，2005.

[4] 任致程，周中. 电力电测数字仪表原理与应用指南 [M]. 北京：中国电力出版社，2007：11-215.

VRV 空调系统节能与计量的探讨

考秀芳（山东同圆设计集团有限公司，山东 济南 250101）

【摘　要】　结合实际工程，阐述 VRV 空调系统节能的原理和必要性，并探讨计量、控制方式与节能的关系。

【关键词】　VRV 空调系统　节能　计量　控制方式

【Abstract】　Based on the example of design, this paper introduces the principle and necessity of VRV air-conditioning system, and discusses the relationship between measurement, control method and energy-saving.

【Keywords】　VRV air-conditioning system, energy-saving, measurement, control method

1　前言

为贯彻落实《国务院关于进一步加大工作力度确保实现"十一五"节能减排目标的通知》要求，切实加强公共建筑节能管理，确保完成公共建筑"十一五"节能减排任务，住房和城乡建设部下发了《关于切实加强政府办公和大型公共建筑节能管理工作的通知》。通知明确要求加强大中型公共建筑节能管理，其中一条要求加强对空调温度控制情况的监督检查，对辖区内的政府办公建筑和公共建筑执行空调温度控制情况至少进行一次专项检查，对不符合《公共建筑节能设计标准》和《公共建筑空调温度控制管理办法》规定的要责令其整改，并向社会公布检查结果。标准规定室内空气相对湿度低于 70% 时，公共建筑内夏季室内空调温度设置不得低于 26℃，冬季室内空调温度设置不得高于 20℃。各省住房城乡建设主管部门要加强对所辖市县执行情况的监督检查，并于当年 10 月底前，将本年度本省（自治区、直辖市）公共建筑空调温度控制情况进行总结、上报住建部。通知要求深入推进建筑能耗监测体系建设，并对空调系统的能耗（用电量）单独监测。通知中明确必须将公共建筑节能管理工作和 2010 年公共机构能源消耗指标在去年基础上降低 5%。据统计，在 VRV 空调系统使用季节，VRV 空调系统的用电量一般占建筑总用电量的 70%～80%，个别建筑某些时期甚至高达 90%，在这种情形下 VRV 空调系统的节能就尤为重要。

2　VRV 空调系统简介

2.1　VRV 空调系统的组成

VRV（Varied Refrigerant Volume）空调系统是一种变制冷剂式空调系统，主要由室外机、室内机、冷媒管、冷凝水管以及控制系统组成。室外机主要由风冷冷凝器、变频压缩机和其他制冷附件组成，通过变频控制器控制压缩机转速，使系统内的冷媒流量进行自动控制，以满足室内冷、热负荷的要求。同时调节制冷系统中的电子膨胀阀的开度以调节进入室内机的制冷剂流量；通过控制室内机风扇风量、转速以调节换热量；保证室内环境的舒适性，并使空调系统稳定工作在最佳状态。

2.2　VRV 空调系统的特点

VRV 空调系统节能、舒适效果明显，且具有占用室内有效空间和面积少、设计安装方便、使用方便、可靠性高、运行费用低等优点。近几年 VRV 空调系统在别墅、中小型办公、综合楼项目中得到广泛应用。但实际应用中，有些项目 VRV 空调系统应该表现出的节能效果却未得到充分体现；同时对 VRV 系统目前的计费现状（多数按建筑面积收费，固定数额收取或均摊室外机电量；部分按建筑面积及使用时间收费），租住业主均表现出强烈不满。本文根据某工程实例，对 VRV 空调系统的节能与计量进行探讨。

3　VRV 空调系统实际应用案例分析

3.1　工程简介

该项目为一栋 2010 年 1 月正式启用的办公楼，地下 1 层，地上 21 层，总建筑面积 3.7 万余 m²。

在 9 层裙楼顶及 21 层顶设置 VRV 室外机机组，分别负责 9 层及以下和 10～21 层的室内机。各办公室的室内机均以线控温控器或遥控器就地控制，未设新风换气。以标准层的设备运行数据为例：实际标准层每层建筑面积 1200m²，安装两台室外机组，其单台铭牌数据制冷/制热量：45.0/50.0kW；额定输入功率：14.56/13.16kW；额定电流：24.6/22.2A；最大输入功率：23.1kW；最大电流：39.1A。

根据实际监测数据，每台室外机运行电流值为 30～37.5A，白天自 8：30～17：00 上班时间时段用电 180kW/h（平均每小时用电量 21.18kW/h），自 17：00～次日 8：30 下班时段用电量为 320kW/h（平均每小时用电量 20.64kW/h，是上班时段的 97.5%）。由此可见，下班时段与上班时段实际用电负荷基本持平，实际 VRV 系统基本为全天候运行。本应带 10 层共 20 台室外机的回路仅在 8 层使用的情况下已接近设计负荷，部分时间过负荷，并出现配电回路主母线发热、主保护时有跳闸的现象。经测算，上班时间段平均功率 21.18kW，下班时间段平均功率 20.65kW，均远远超过其额定输入功率，已接近设备最大输入功率运行。

3.2　本工程 VRV 空调系统设计参数

本工程主要设计气象参数：

空调室外计算干球温度：夏季 34.8℃；冬季－10℃

夏季空调室外计算湿球温度：Tws＝26.7℃

冬季空调室外计算相对湿度（最冷月月平均相对湿度）＝54%

大气压力：夏季 1020.2mbar；冬季 998.5mbar

室内设计参数：

写字间、会议室、商业用房：夏季温度 26℃，相对湿度 65%

冬季温度 18～20℃，相对湿度 40%

本工程空调系统设计冷负荷：1940.5kW，热负荷 3325kW。

3.3　现状分析

这种运行状况是极其不正常的，VRV 各室外机的正常运行情况一般在额定功率以下，通常在 15%～100% 的容量范围内进行控制，并根据实际负荷的变化来实现压缩机容量控制、进入室内机的制冷剂流量控制、通过控制室内外换热器的风扇转速以调节换热器，进行稳定的运转控制，满足不同季节负荷的调节要求。出现这种状况的原因分析如下：

1）气候原因。

当时正值济南最冷的时间，平均气温连续几天在－15℃以下，且刚下过一场大雪，正值化雪期，室外湿度也较大。这就造成正常使用所需的制热负荷极大，并已超过设计选取的最不利气候条件。

2）人为原因。

人为原因又分为两方面：一是当时室内刚装修完毕就搬入，兼之新增添了些办公家具，担心室内还残存有毒气体，几乎所有办公室在开着空调的同时，门窗都是大开，有的办公室连晚上也不关窗户；这样，所需的制热负荷就不仅是 1200m² 的负荷，还包括部分室外新风的负荷，相当于无新风状态下建筑面积增加。二是温控器设置温度过高，达到 32℃，多数人员认为设置温度越高，自然升温就越快，其实这是一个误区。在正常运行情况下，电子膨胀阀的开度主要与设置温度和室外温度的差值有关，接近一定数值时，电子膨胀阀的开度即可达到 100%，超过这一数值则基本无关。

3）计量原因。

经了解，已入住的 7 层中有 5 层为建设单位自用，另两层整体出租给某关系单位，对 VRV 空调的收费目前定为按建筑面积分摊。多数人认为既然按面积收费，用电多少是否节能都无所谓，而且"如果别人都用得多，我用得少岂不是吃亏了"。这种心理也助长了浪费的风气。而该项目的物业管理方属于建设单位的子公司，只能口头上说一说要求人们随走随关空调，开空调时不要一直开着门窗，却不能采取进一步的措施。

4）设备专业对设备选型的原因。

在设计建筑物空调系统时，虽然是从冬、夏季空调室外设计参数（见 3.2 条）出发进行负荷计算、方案设计和设备选型，即以全年中气候条件最不利的情况为设计依据。但这种情况只占全年时间的 1％，绝大部分时间是处于部分负荷运行状态，因此，设计人员将 VRV 机组设计成在机组的实际负荷为满负荷的 40％时，机组的节能性能最好，满负荷时的能耗为最佳能耗的两倍左右，过负荷时能耗更大。

4 解决方案

经过对现状的分析，现在的末端就地控制方式虽然极灵活方便，但牺牲了能耗。虽然当时的运行状态具有一定的偶然性，如持续的低温、门窗常开也会随时间日趋减轻，但控制和计量的问题不解决，浪费能源的情况就一定会存在。只有解决控制和计量问题，真正做到按需要和合理温度开启空调、用多少冷量/热量就交多少费用，才能从根源上杜绝人为浪费。因此，对 VRV 空调系统的控制和计量改造就迫在眉睫。根据工程实际，提出下列改造方案：

4.1 方案一

保持目前的末端就地控制模式，但对每个需要独立计量的末端进行计量。

本方案可以利用强电解决，配合配电回路改造对每个需要独立计量的末端加设电表进行计量。原设计中，每层两台 VRV 室外机，分别单设回路，改造时每台 VRV 室外机回路均增加电表计量，再根据其所带的各室内机的用电量按比例分摊。该工程末端配电现状为大面积办公室内设单独配电箱，其内的 VRV 室内机设单独的配电回路；一般办公室内不设配电箱，均由层配电箱统一供电。VRV 室内机设单独配电回路，虽与其他性质负荷分开，但前面未设总保护。在以层为单位出租的楼层改造时需在层配电箱处，所有 VRV 室内机配电回路前加设总保护及电表。在以办公室为单位出租的楼层改造时需在层配电箱处，将各出租单位所有 VRV 室内机单设配电回路，并加设总保护及电表。

本方案还可以以增设能耗监测系统的方式解决，对每个需要独立计量的末端计量监测。这种方案保持了灵活方便的末端就地控制方式，计量方面符合建设部要求。但该方案无法对各室内机温度设定等进行监控，在节能方面只是通过经济手段解决，虽有一定成效但效果不明显，且需投资改造现有系统，最终未采用。

4.2 方案二

改为集中控制方式，按出租单位或楼层设控制室，在控制室设集中控制器。集中控制器既能对空调系统进行独立控制，也能对整个系统内的室内机进行统一的电源开关控制，以及运转状态和故障的监视、温度设定、计量等。这种方案是一种比较完善的控制方式，节能效果明显，计量、空调系统监测方面也符合建设部要求，但所需投资较大，且需专人管理，最终未采用。

4.3 方案三

增设智能化管理系统。智能化管理系统由监控计算机、现场控制器、仪表及通信网络四个主要部分组成。

1）监控计算机

监控计算机设于控制室内，包括服务器、工作站及控制台、打印机等外围设备。在软硬件的支持下，可达到以下功能：

（1）日程设定。

可依据实际日程进行合适的空调设定，设定后空调系统能依据已完成的日程设定自动运转。具体的设定可精确到每台室内机，并且只需按动鼠标就可轻松实现。

（2）舒适管理。

可设置温度权限，利于节能并可保障用户身体健康。设置后用户只能在权限范围内更改温度。防止由于个人原因或误操作造成设置过高/低温度而导致高能耗及室内人员身体的不适。

（3）电量划分。

可以根据空调的实际使用情况，如运行时间、设定温度、室内温度、压缩机运转状态、室内机模式、室内机风扇运转状态、电子膨胀阀的开启程度等，计算出每台室内机电量占室外机电量的使用比例，按比例划分用电量，使电量划分更公平。并能自动而迅捷地执行空调账单的计算工作，甚至可以在办公桌前进行费用总览和计算。

（4）操作权限管理。

可对用户末端控制器设置不同的使用权限，既可确保空调系统保持合适的运转状态，又使用户有一定的自由度，有利于节能并有效防止误操作。

（5）超级分区。

根据区域的用途等对空调进行区域划分，并可随时根据装潢等的改变对空调区域进行重新划分，方便的对应租户或装潢的改变。

（6）故障监测。

自动检测系统运行状况，通过系统运行数据进行分析比较，对空调的健康状况进行诊断，及时发现故障隐患的存在，能够在空调系统发生故障时进行自动报警。建立空调运行数据库，便于空调的维护维修。

2）现场控制器

现场控制器是安装于现场监控对象附近的小型专用计算机控制设备，其主要功能为：对现场仪表信号进行数据转换和采集，进行基本控制运算，输出控制信号至现场执行机构，与监控计算机及其他现场控制器进行数据通信。本工程根据实际输入/输出点数，各楼层每一至二间办公室即需设置一台现场控制器，顶层 VRV 室外机处设置现场控制器。

3）仪表

仪表分为检测仪表和执行仪表两大类。本工程中检测仪表主要包括温度传感器、湿度传感器、流量检测仪表、电量检测仪表等；执行仪表主要包括电动控制阀、电动调节阀（室内机处电子膨胀阀即为电动调节阀的一种）。

4）通信网络

通常采用多层次的网络结构。在连接监控计算机的网络层次上选用以太网，在连接现场控制器的网络层次上选用现场总线或控制总线。

智能化管理系统方案可由空调厂家提供，也可由建筑设备监控系统厂家完成，并可与其他弱电系统实现总集成，在节能、控制、计量等各方面优越性非常明显。该方案如由建筑设备监控系统厂家完成，需增设总控制设备、现场控制器、仪表等；因本工程原本未设置该系统，需增加投资较大，故仍未采用。智能化管理系统方案如由空调厂家提供，仅需在控制室增设总控制设备，并在室外机与控制室间增设控制线，不必另设现场控制器及仪表，利用原 VRV 系统元器件及控制总线，新增加投资额较低、改造施工难度低、工期短，故经多方面考虑，建设方选择采用该方案。

5 结束语

目前，该项目正在进行施工改造。就改造方案测算，下班时间将节约用电量近 100%，上班时间将节约用电量 50%以上。

参考文献

［1］ 住房和城乡建设部科学技术司，中国建筑标准设计研究院. 全国民用建筑工程设计技术措施［S］. 北京：中国计划出版社，2009.
［2］ 住房和城乡建设部科学技术司. 关于切实加强政府办公和大型公共建筑节能管理工作的通知［S］. 2010.
［3］ 住房和城乡建设部科学技术司. 公共建筑空调温度控制管理办法［S］. 2010.

零能耗建筑的电气设计与应用

王东林　董维华　吴闻婧　孙　玲（天津市建筑设计院机电研发中心，天津 300074）

【摘　要】　通过对零能耗建筑——中新天津生态城公屋展示中心项目的介绍，探讨零能耗建筑实现的相关技术，并着重分析光伏发电系统、微网系统、能耗计算、能耗控制以及绿色建筑标准在零能耗建筑中应用的内容。

【关键词】　零能耗建筑　绿色建筑　光伏发电　微网系统　能耗计算　能耗控制

【Abstract】　Through the project introduction of the zero-energy buildings the Exhibition Center Public Housing of Singapore Tianjin Eco City，the paper discusses the relevant zero-energy building techniques，and analyzes the photovoltaic power generation system，microgrid，energy consumption calculation，energy control and application of green building standards.

【Keywords】　zero-energy buildings，green building，photovoltaic power generation system，microgrid，energy consumption calculation，energy control

1　概述

近年来，随着环境保护和节约能源的呼声越来越高，使得零能耗建筑日益受到关注。零能耗建筑指的是建筑的零能源消耗，它通过各种节能技术的应用和节能管理水平的提高，来增强人们的环保和节能意识。

零能耗建筑的面积通常不会太大，楼层不会太高，功能也不会太复杂，一般用于展示节能及环保等方面的技术和成果，不会具有很强的使用功能，如生产或餐饮等功能。

零能耗建筑是指应用到现场和用可再生能源的能量来运作的建筑，使一年中现场产生能量的净额等于建筑所必需的能源净额[1]。由于一年里不同时间段，建筑物所需能量与通过现场光伏发电产生的能量二者并不一致，因此，零能耗建筑只有与电网交换能量才能达到净能量的平衡。

下面以中新天津生态城——公屋展示中心项目为例，探讨有关零能耗建筑的相关技术。本项目建筑面积 $3467m^2$，其中地上两层 $3013m^2$，地下一层 $454m^2$，建筑高度 15m。建筑功能为：公屋展示、销售和房管部门办公及有关档案储存等。

本项目按照零能耗建筑进行设计，通过被动式技术使建筑物能耗达到最小，主动式技术实现设备的高效率运行，利用太阳能和地热能等可再生能源满足建筑能源的需求，达到现场零能耗的可持续性运转的示范作用。

为实现建筑零能耗采取了两方面的技术手段：供电方面采用由光伏发电、锂电池储能等组成的微网系统；用电方面采用由各种控制技术组成的合理调节设备用能的控制系统。

2　零能耗相关技术

对于零能耗建筑，首先要考虑保障其正常运转的能量来源，通常由太阳能光伏发电系统为其提供能源，而建筑物可以设置太阳能光伏电池板的区域非常有限，因此，选用电池板的首要问题就是确定建筑物的能耗。

2.1　建筑能耗分析

建筑能耗分两种：一种是广义建筑能耗，指的是从建筑材料制造、建筑施工，一直到建筑使用的全过程能耗；另一种是狭义建筑能耗，指的是维持建筑功能所消耗的能量，包括照明、采暖、空调、电梯、热水供应、烹调、家用电器及办公设备等的能耗。零能耗建筑使用的是狭义建筑能耗。

建筑能耗分析并非简单的数值计算，它需要综合建筑物可能出现的各种复杂的用能情况。常采用

IES软件对建筑物的能耗进行分析模拟，其中的建筑环境，是由室外气候条件、光照情况、室内各种热源的发热状况以及室内外通风状况所决定。要满足建筑物的舒适及使用要求，就必须对建筑环境的变化进行相应的控制。由于建筑环境变化是由众多因素所决定，因此只有通过计算机模拟分析的方法才能有效地预测出建筑环境在有和没有控制时的能耗状况，才能较准确和全面地给出建筑物内相关设备的能耗。最后可以运用时间分类的方法对计算机、热水器等设备及各房间能耗进行分析校核，最终确定建筑物的能耗。本项目的建筑物年能耗见表1。

建筑物能耗计算分析结果 表1

	暖通空调设备	给排水设备	照明插座设备	其他	总计
能耗（kWh/a）	129590	3556	76513.24	43057.17	252716.4
单位面积能耗（kWh/m² · a）	37.38	1.03	22.1	12.4	72.9

注：其他是指与办公直接有关的设备，如：多媒体显示屏、复印机、打印机、投影仪、碎纸机、客梯、货梯、银行及弱电设备等，约占建筑物能耗的17%。

以上的分析计算结果是在采用了主动节能与被动节能技术（如：建筑围护结构、地道风、天然光导光系统等）以后得到的。对比于新加坡一所学校的技术培训楼，其建筑面积4500m²，按照"零能耗建筑"进行改造，总能耗仅为45.8kWh/m² · a。由此可见其能耗是非常低的。

2.2 光伏发电系统的确定

以计算出的建筑物能耗作为选用光伏电池板的基本参数，根据当地太阳能资源情况和建筑物可安装电池板的面积确定光伏电池板的类型和相关参数。

（1）天津地区的太阳能资源情况

根据《天津市太阳能资源评估报告》，近30年来天津太阳总辐射特征，按照中国太阳能资源的区划标准属于ⅡC/X（5/7）h。总辐射为5977.6MJ/m²，可利用的太阳辐射为3880MJ/m²，占总辐射的65%；天数为199天，占全年的54.5%。

（2）本项目可以设置太阳能光伏电池板的区域有：建筑物的屋顶、立面和自行车棚等。

（3）安装区域首先考虑屋顶，其次是自行车棚，最后考虑建筑物立面。电池板按照转换效率最高的原则进行选择（见表2），其安装角度以总发电量最大为目标。

相同安装面积下的光伏电池发电量比较表 表2

光伏板型号	光伏板类型	组件效率	可用场地面积 m²	总装机容量 kWp	年发电量 MWh
YL260C-30b（英利）	单晶硅	15.9%		270.66	263.07
PLUTO200-Ade（尚德）	单晶硅	15.7%	2572	281.80	285.52
HIT210W（三洋）	HIT	16.7%		295.89	299.24

采用HIT210W光伏电池板需要在该区域铺设1409块，总装机容量为295.89kWp，年发电量为299.24MWh/a。具体安装数据见表3。

光伏电池安装参数 表3

	装机容量 kWp	年发电量 MWh/a	安装倾角	光伏板数量
中心弧形前、后区	64.68	69.6	32°	308
中心弧形中心区	46.2	50.36	0°	220
东、西侧三角区	125.37	114.96	0°	597
车棚	59.64	64.33	13°（随车棚角度）	284
总计	295.89	299.24		1409

本项目的光伏发电量为299240kWh/a，而总能耗为252716kWh/a。预留出不小于10%的不可预见量。对比于新加坡的技术培训楼，其光伏发电量为207000kWh/a，能耗为206100kWh/a。

在确定光伏发电系统时应注意：

（1）遮挡分析：周边建筑物对本建筑屋顶电池板的遮挡分析，建筑自身对电池板的遮挡分析，如：建筑物屋顶女儿墙、建筑物屋顶设备机房、突出屋面的设备等。

（2）光伏发电系统的分析：光伏组件参数、光伏方阵排列间距、光伏组件倾斜角度、光伏方阵模数、逆变器参数及配置情况、系统装机容量、预计年发电量等。

（3）利用 PVSYST 软件进行模拟分析计算：根据天津地区的经度和纬度，通过模拟分析比较，获取光伏组件利用效率最高的安装倾角和安装间距，并根据可用场地面积，设计合理的光伏组件方阵和逆变器，模拟计算出年光伏发电量。

（4）光伏发电系统的经济性分析：在可用场地面积和技术条件一定的前提下，以满足零能耗建筑的用能需求为目标进行投资的分析比较。从表 4 的比较结果可以看出，采用转换效率最高的光伏板其装机容量和发电量是最高的，同时投资也是最高的。

光伏电池板的静态投资比较　　　　表 4

光伏板型号	总装机容量（kWp）	单价（元/Wp）	总造价（万元）
YL 260C-30b（英利）	270.66	32	866
PLUTO200-Ade（尚德）	281.8	30	845
HIT210W（三洋）	295.89	43	1272

2.3　微网及储能技术

由于光伏发电系统受外部环境气候影响较大，其发电量并不稳定，与建筑物的用能情况并非一一对应，因此，必须采用与外电网并网运行的方式，才能实现建筑物用能平衡。

本项目采用由光伏发电、锂电池储能及负荷构成的微网系统。

微网系统根据其规模的大小分为，低压微网系统、馈线级微网系统和变电站级微网系统。由于本项目是基于用户的接入模式接入到配电变压器的 400V 侧，因此采用低压微网系统。

2.3.1　低压微网系统

微网系统有并网和孤岛两种运行模式。本项目低压微网组建模式如图 1 所示。将所有光伏发电和重要负荷接入到 400V 交流母线 M1，并配置一定规模储能装置，共同组成低压微网。通过微网联络开关实现与 400V 母线 M2 的连接。微网范围为图 1 中红色椭圆部分，具体要求如下：

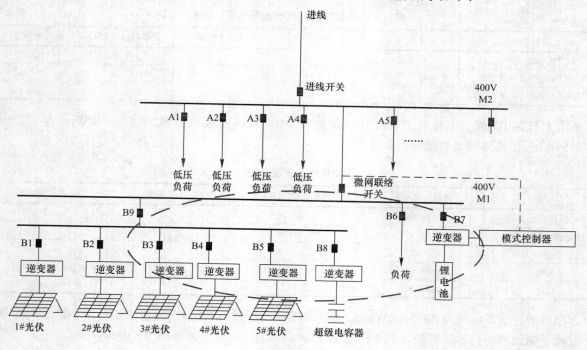

图 1　微网组网模式

（1）在光伏电池和负荷的出口处分别设置断路器（B1～B6，必须具有过载保护），通过微网联络开关接入 400V 母线 M2。

（2）微网所包括的断路器均由微网监控系统进行监控，并确保在断路器下级设备发生故障时动作，在上级发生故障时不动作。

（3）在外部电网故障时，关断电源逆变器和全部微网负荷，断开微网联络开关。随后微网监控系统控制储能放电，闭合重要负荷的回路，建立微网电压。微网电压建立后，根据微网运行需要，逐步投入剩余负荷，微网转入孤网模式。以储能为主控单元，以光伏发电为辅助控制单元，孤网运行。

（4）在微网内部设备发生故障或进行检修时，断开相应断路器。

2.3.2 锂电池储能

锂电池储能具有利用峰谷电价，调节用电的功能，但在微网中主要还是稳定系统的运行。储能功率在配置时不应小于重要负荷的用电量；同时还应满足在孤网运行时，电网电压、频率的控制需求；在并网运行时，储能发挥一定的功率控制作用；电池的容量按照光伏发电量与建筑物能耗差值最大的月份来确定。储能系统配置基于以下条件：

（1）光伏出力曲线；

（2）在孤网运行时，储能系统按 30% 初始容量计算，通过储能放电（满放）保证重要负荷持续工作 2h；

（3）在并网运行时，储能系统按 25%～85% 容量进行控制，控制一天不超过一次充放电循环。

2.4 能耗控制

零能耗建筑正常运转不仅需要足够的可再生能源——光伏发电，同时，还需要通过主动节能的各种措施，合理调节设备用能需求，降低建筑物的总能耗。

2.4.1 智能照明控制系统

照明用电在建筑中占有一定的比重，照明是否控制得好对照明能耗影响较大。本项目采用 KNX/DALI 数字化照明技术。要求所有办公区域的荧光灯配置具有 DALI 数字通信接口的高频电子镇流器，LED 灯配置具有 DALI 数字通信接口的变压器。每个镇流器、变压器都通过数字寻址通信。其主要控制功能：

（1）每个光源作为一个独立的通信对象，可以分别访问和控制；

（2）光源和镇流器状态信息可实时通过总线传至弱电机房的主机；

（3）荧光灯和 LED 调光可实现由 1%～100% 的亮度调节；

（4）设置集亮度感应、恒照度控制和人体感应于一体的吸顶式感应器；

（5）根据室外光线的变化，通过 DALI 总线对每个灯具进行断开或调光控制。

2.4.2 空调节能控制系统

暖通空调系统消耗的能量在建筑物内占有相当大的比重。空调设备包括：地源热泵、空调机组、新风机组、排风机、机房空调等。通过对空调设备的节能控制，可以提高空调设备的运行效率，降低运行能耗。其主要控制功能：

（1）直流无刷风机盘管采用联网控制系统，系统自带温度传感器。不仅可以利用现场的温控器实现对盘管的电动阀和风机的控制，也可从后台主机对盘管进行统一监控。

（2）根据室内温度传感器与后台设定的温度相比较，通过控制模块自动调节地板采暖系统分配器上电动阀的开闭，实现室内温度的调节。

（3）根据室内吸顶式感应器的信号，通过输出继电器调节风机盘管或采暖系统分配器上电动阀的开闭，实现人走设备停。

（4）空调季通过窗磁信号和输入模块实现对风机盘管的软开闭。房间无人时，延时断开室内的照明和风机盘管的供电；当规定的下班时间到时，在确定无人后延时断开室内所有供电回路，包括照明、插座、风机盘管等。

2.4.3　能耗分配控制策略

与建筑物一年的用能情况相比，光伏发电因受外部环境气候影响，发电量波动较大，对实现建筑的零能耗带来一定困难，因此，采用了一种建筑能耗指标预测和基于光伏发电的能源分配控制策略的方法来保证零能耗建筑一年用能的平衡。

首先通过模拟分析软件，建立初始能耗指标体系；根据能耗与光伏发电动态特性曲线，以能耗监测系统为基础，建立能耗与光伏发电数据库，用实际建筑能耗指标，修正初始预测的能耗指标，形成能耗指标体系；以光伏发电实际数据为依据，修正光伏发电特性曲线；以能耗指标为依据，建立能耗预警机制，最终构建均衡的能源分配控制系统，实现建筑的"零能耗"。

3　零能耗建筑与绿色建筑

绿色建筑就是在建筑全寿命周期内，最大限度地节约资源、保护环境和减少污染，为人们提供健康、适用和高效的使用空间，以及与自然和谐共生的建筑。绿色建筑的实施不仅需要生态环保的理念和相应的设计方法，还需要管理人员和业主具有较强的环保意识。这种多层次和多专业合作关系，需要在整个过程中确定明晰的评定和认证体系，以定量的方式检测建筑设计生态目标达到的效果，用一定的指标来衡量其所达到的预期环境性能。引导建筑向节能、环保、健康、舒适和高效的方向发展。世界许多国家、地区都制定了绿色建筑评价体系，如美国 LEED、英国 BREEAM、新加坡 GREEN MARK、中国绿色建筑和中新生态城绿色建筑等等。

零能耗建筑强调的是建筑要超低能耗运转，更精细化的控制，100％的可再生能源的使用，确保一年中建筑现场产生的能量净额与建筑所必需的能源净额相等。因此，零能耗建筑与绿色建筑相比，既有相同点又有不同点，见表5。

零能耗建筑与绿色建筑的电气比较　　　　　　　　　　　　　　　　　　　　　　　表5

	相同点	最大不同点	满足绿建评价体系	增量成本
零能耗建筑	主动及被动节能	建筑物能耗最小；光伏发电量＝100％建筑用电量	满足	高
绿色建筑	主动及被动节能	建筑物能耗满足评价标准；光伏发电量＝2％～3％建筑用电量或更高（但不会达到100％建筑用电量）	满足	低

按照绿色建筑评价标准体系，零能耗建筑通常能达到最高等级。本项目按照美国 LEED 白金奖、新加坡 GREEN MARK、国家绿色建筑认证三星级、中新生态城绿色建筑认证白金奖进行设计，基本上都满足要求，但在照明方面因认证标准不同而有所不同，GREEN MARK 对照度标准、照明功率密度都有具体要求；LEED 仅对不同区域的照明功率密度有严格限制；在国家绿建标准和中新生态城绿建标准中，对照度标准和照明功率密度也有要求，见表6。

不同标准的照度与照明功率密度值的对照表　　　　　　　　　　　　　　　　　　　表6

部分区域及房间名称	GREEN MARK		LEED	国家绿建标准 & 中新生态城绿建标准		设计功率密度计算值（W/m²）
	照度标准（lx）	功率密度（W/m²）	功率密度（W/m²）	照度标准（lx）	功率密度（目标值）（W/m²）	
休息厅	200	10	13	200	7	7
走廊	100	10	5	100	—	4
卫生间	200	10	10	75	—	7
办公室	500	15	12	500	15	11.84
会议室	500	15	14	500	15	13.99
楼梯间	150	6	6	75	—	6
大堂	200	10	14	200	7	7
展览厅	200	10	14	200	7	7
更衣	200	10	6	200	—	6
银行	500	15	16	500	15	15
中庭	200	10	6	200	7	6

4 结束语

零能耗建筑在设计、建造和使用过程中会采用许多新技术以及各种成熟的技术，同时，也对运营管理提出了更高的要求。通过实施零能耗建筑，可以为我们探索和积累更多的经验。也为以后的零能耗建筑、绿色建筑和其他节能建筑的设计建造及运营，提供更多的基础数据和帮助。以使我们更好地建设资源节约型、环境友好型的家园。

参考文献

［1］ 许俊民. 探讨零能耗建筑和零碳建筑［J］. 智能建筑科技，2010，43：1-6.
［2］ 中华人民共和国住房和城乡建设部. GB/T 50378—2006 绿色建筑评价标准［S］. 北京：中国建筑工业出版社，2006.
［3］ 天津市城乡建设和交通委员会. DB/T 29—192—2009 中新天津生态城绿色建筑评价标准［S］. 天津，2009.

低碳节能控制技术在金融园建筑组群中的应用探讨

徐　挺[1]　王世平[2]

1. 江苏省昆山花桥经济开发区规划建设局，江苏 昆山 215332；
2. 上海国际汽车城发展有限公司，上海 201805

【摘　要】　本文简介了低碳节能控制技术在园区 BAS 统一管理平台上的应用，包括楼宇智能化节能控制技术、中央空调管理专家技术及 i-bus KNX 建筑楼宇环境智能控制技术。探讨了金融园建筑组群中的能源中心系统、外遮阳系统的架构、特点和节能应用。

【关键词】　中央空调管理专家　模糊控制　变频控制　建筑楼宇环境智能控制　分布控制　低碳　节能

【Abstract】　The article introduces low carbon and energy conservation technology applied in BAS management system in the Financial Park. The application includes intelligent energy-saving technology in buildings，central air conditioning management system，and i-bus KNX intelligent building environment control. This article also discusses characteristics and energy conservation in energy center system and outside sun-shading architecture in building complex.

【Keywords】　central air-conditioning management system，fuzzy control，frequency control，intelligent control over building environment，distribution control，low carbon，energy conservation

1　工程概况

昆山花桥服务外包产业园（金融园）总面积达 10.6km²，分 A、B 两个区，总建筑面积为 154983.8m²。园区由 9 个组团、29 栋楼建筑组群构成，为高度低、体量小、建筑间距大、低容积率的绿色庭院式建筑组群。该项目充分细化绿色建筑的目标，拟建一个"绿色"、"低碳"、"生态"、"智能化"的金融产业园；打造一个国家三星级绿色建筑。

A 区建筑面积为 59171.6m²，由三个建筑组团和一栋楼组成，形成办公楼、配套和 A 区能源中心。B 区建筑面积为 95812.2m²，由六个建筑组团组成，形成办公楼、配套和 B 区能源中心。

2　低碳节能技术在金融园建筑组群中的应用

由于建筑仍是全社会的耗能大户，建筑能耗约占总能耗的 27%，而建筑空调的能耗占整个建筑能耗的 60% 左右。因此，为了使金融园项目满足国家三星级绿色建筑的要求，在 BAS 中，采用了我国自主研发的 ECS2010 楼宇智能化节能控制系统和中央空调管理专家系统，对 A、B 区两个独立能源中心和换热系统，即地源热泵、冷水机组复合系统进行节能监控管理。以模糊控制理论为指导、以计算机技术、系统集成技术、变频技术为控制手段，最大限度地减少能源浪费，达到节能目的。

同时在 BAS 中，对全分散分布式外遮阳系统进行节能监控，采用了 i-bus KNX 建筑楼宇环境智能控制系统。在基于总线基础上，每个控制模块都有控制芯片，当探测到室外的温度和室内的温度有差别时，自动调节外遮阳相应的开启角度，减少室内能量能耗从而达到节能目的。

2.1　金融园建筑组群节能需求分析

2.1.1　能源中心空调主机的节能

金融园区共有 2 个能源中心，分别设于 A、B 区。每个能源中心空调主机由地源热泵和冷水机组构成，其能耗是空调系统主要能耗的一部分，利用能源中心监控系统进行节能控制。地源热泵系统示意见图 1。

2.1.2　地源热泵、冷水机组的水系统节能

能源中心除空调主机外，还有地源循环水泵、冷水机循环水泵、冷却水循环泵、冷却塔、电动调节阀和压差旁通阀等，他们的能耗是空调系统主要能耗的另一部分，利用水控制系统达到节能目的。

1）冷冻水的系统节能

冷冻水系统采用输出能量的动态控制（供回水温度、温差、压差和流量对比控制），实现空调主机冷媒流量跟随末端负荷的需求供应，利用现代变频高速技术，调节冷冻水泵的转速，改变其流量使冷冻水系统的温差、供回水温度、压差和流量运行在模糊控制器给定的最优值。使空调系统在各种负荷情况下，保证末端用户的舒适性，最大限度地节省冷冻水的输送，减少能耗。

2）冷却水的系统节能

冷却水系统采用最佳效率控制，利用模糊控制器所采集到的实时数据，运用冷却水系统优化控制算法模型，计算出主机冷凝器的最佳冷却转

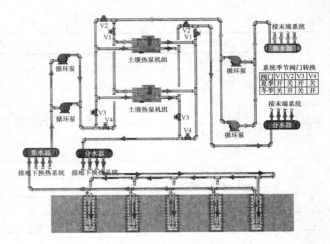

图 1 地源热泵系统示意图

换温度及冷却水最佳出、入口温度；向水泵智能控制柜输出优化的控制参数，调节冷却水泵转速，动态调节冷却水的流量，使冷却水的进、出口温度逼近模糊控制器给定的最优值。从而保证空调主机的运行随时处于最佳效率状态，保证空调主机在满负荷和部分负荷的情况下，最大限度地节省冷却水泵和冷却塔风机的能量消耗。

2.1.3　外遮阳智能控制系统的保温隔热节能

外遮阳智能控制系统依据房间人员情况，采用不同的控制方式，如：房间有人时，采用阳光（太阳）保护方式控制；房间无人时，采用自动控制方式。当功能和控制修改时，只需调整程序，不需要重新布线就可以实现。

2.2　低碳节能技术在金融园建筑组群中的应用

2.2.1　能源中心系统的节能控制

1）能源中心系统节能架构

能源中心节能控制系统对冷热源设备进行整体节能控制，先测量冷热源所有设备的实时功率，并监视设备功率之和的变化情况，采用最优化综合策略，调整空调机组、冷冻/热水泵、地源水泵的启停台数与供电频率时，保持冷热源设备功率之和最小，达到节能效果。

系统采用 ECS2010 楼宇智能化节能控制系统和中央空调管理专家系统，以当今先进的模糊控制理论为指导，以计算机技术、系统集成技术、变频技术为控制手段，最大限度地减少了能源中心系统能源浪费，从而达到节约能耗的目的。ECS2010 由数据采集控制柜、水泵智能变频控制柜、风机智能变频控制柜、现场电脑控制主柜、各种传感器件以及系统软件组成。

该控制系统在地源水泵、空调侧循环水泵、冷却水泵、冷却塔、电动调节阀和压差旁通阀、传感器采集柜各设 1 套 PLC，各 PLC 站通过 Modbus 通信协议、RS485 的标准接口进行手牵手通讯，最后连接到中央监控站。并通过智能电表监测各个水泵和机组的用电量，通过流量计计算地源热泵系统的冬夏季冷热量。系统中各个子系统都有独立的 CPU，可以独立操作。

2）能源中心设备组成

能源中心设备组成见表1。

能源中心设备组成 表1

A 区	台数、功率	备 注
地源热泵机组	3 台制冷功率 180kW；制热功率 236kW	
冷水机组	1 台 261.7kW	
空调循环水泵	4 台 30kW	三用一备
空调循环水泵	2 台 37kW	一用一备
地源循环水泵	4 台 30kW	三用一备

A 区	台数、功率	备 注
冷却塔循环水泵	2 台 30kW	一用一备
冷却塔风机	2 台 5.5kW	
B 区		
地源热泵机组	3 台制冷功率 320kW；制热功率 417kW	
冷水机组	1 台 505.2kW	
空调循环水泵	4 台 37kW	三用一备
空调循环水泵	2 台 75kW	一用一备
地源循环水泵	4 台 45kW	三用一备
冷却塔循环水泵	3 台 30kW	两用一备
冷却塔风机	4 台 5.5kW	

3）能源中心控制系统监控点内容

监视与控制点共有 471 个，其中：

模拟量输入（AI）：201 点；模拟量输出（AO）：19 点；

数字量输入（DI）：177 点；数字量输出（DO）：74 点。

被监视与控制设备有如下：

（1）地源热泵机组：手自动/运行、故障、启停控制、供/回水温度、冬/夏季转换蝶阀控制、机组进出口蝶阀。AI/DI：12/62，AO/DO：0/30。

（2）冷水机组：手自动/运行、故障、启停控制、冷冻/冷却水温度、机组进出口蝶阀。

AI/DI：4/14，AO/DO：0/6。

（3）空调循环泵：手自动/运行、故障、启停控制、变频控制。

AI/DI：8/36，AO/DO：8/12。

（4）地源循环泵：手自动/运行、故障、启停控制、变频控制、冷冻水/供回水压差旁通阀。

AI/DI：8/24，AO/DO：6/8。

（5）冷却塔循环泵：手自动/运行、故障、启停控制、变频控制。

AI/DI：3/15，AO/DO：3/6。

（6）冷却塔：手自动/运行、故障、启停控制、变频控制、冷却塔 1、2 出水温度、冷却塔进出口蝶阀。

AI/DI：6/26，AO/DO：2/12。

（7）末端冷冻水总管：冷冻供/回水温度、总管流量。AI/DI：6/0。

（8）冷却水总管：供/回水温度、总管流量。

AI/DI：6/0。

（9）地源总管：供/回水温度、总管流量。

AI/DI：60/0。

（10）土壤：温度。AI/DI：88/0。

2.2.2 能源中心地源热泵机组、冷水机组的群控节能控制策略

（1）外界温度

a）当室外温度低于设定要求时：机组停止运行；

b）当室外温度＞设定点＋波动范围：冷水机组和地源热泵重启；

c）当室外温度接近设定温度参数：空调末端设备增大新风量，机组停止运行。

（2）地源热泵机组启停逻辑控制

a）开启相关冬夏季节转换的阀门、选定机组阀门两端的电动蝶阀，系统进入 b）。

b）启动地源循环水泵，根据水流开关判断地源水流是否建立，如没有，控制系统判断该地源水泵

发生故障，停止故障水泵的运行，同时发出故障报警，并自动启动备用地源循环水泵；如水流建立，系统进入 c）。

c）启动空调循环水泵，根据水流开关判断水流是否建立，如没有，控制系统判断该空调循环水泵发生故障，停止故障水泵的运行，同时发出故障报警，并自动启动备用空调循环水泵；如水流建立，系统进入 d）。

d）启动热泵机组，判断热泵机组是否运行，如没有运行，控制系统判断该热泵机组为故障，停止故障机组的运行，同时发出故障报警，并自动启动备用热泵机组。

热泵机组关机顺序与开机顺序正好相反，当热泵机组停机后，空调循环水泵和地源泵延时关闭（通常为 10~15min）。

通过上述机组群控策略的应用，可以实现机组高效节能安全可靠的目的。

（3）冷水机组启停逻辑控制

a）开启相关冬夏季节转换的阀门、选定机组阀门两端的电动蝶阀，系统进入 c）。

b）启动空调循环泵，根据水流开关判断冷冻水流是否建立，如没有，控制系统判该冻水泵发生故障，停止该水泵的运行，同时发出故障报警，并自动启动备用冷冻泵，如果水流建立，系统进入 c）。

c）启动冷却水循环泵，根据水流开关判断冷却水流是否建立，如没有，控制系统判断该冷却水泵发生故障，停止该水泵的运行，同时发出故障报警，并自动启动备用冷却泵。如水流建立，**系统进入 d）**。

d）启动冷却塔风机，判断冷却塔风机是否运行，如没有，控制系统判断该冷却塔风机发生故障，停止该风机的运行，同时发出故障报警，并自动启动备用冷却塔风机。如风机运行，系统进入 e）。

e）启动冷水机组，判断冷水机组是否运行，如没有，控制系统判断该冷水机组发生故障，停止故障机组的运行，同时发出故障报警，并自动启动备用冷水机组。

（4）加载机组的逻辑控制应满足下列三个要求，下一台机组才能被启动：

a）冷冻水出水温度＞冷冻水温度设定＋波动范围；

b）已经运行的机组的电流＞95%；

c）上述情况保持时间＞加载延时时间。

（5）减载机组的逻辑控制

应该满足下述两个要求，下载一台机组：

a）冷冻水进/出水温差＜减载温差；

b）上述情况保持时间＞减载延时时间；

c）减载温差＝（DDT×（CCE－CTS）/TCC）－STD

DDT——冷冻水设计温差

CTS——减载冷量

CCE——运行总冷量

STD——加载温度波动范围

TCC——设计总冷量

2.2.3 地源热泵机组、冷水机组的水系统节能控制策略

1）冷冻水节能控制系统

冷冻水控制系统由 1 套 ECS2010/D03001 型标准水泵智能控制柜，1 套 ECS2010/D03002 型切换水泵智能控制柜组成。每个水泵智能控制柜内都有变频器、1 套基本接口单元及 1 套数字接口单元，控制 3 台 30kW 的冷冻水泵。水泵智能控制柜与 ECS2010/Z 主电脑控制柜连接。冷冻水系统见图 2。

水泵智能控制柜有本地/远程转换开关，当处"本地"时，在柜上进行水泵起、停、调速等操作；当处"远程"时，电脑主控制器控制冷冻水泵和空调主机的起、停，对冷冻水泵进行调节。

（1）冷冻水泵变频节能：控制器把采集到的实时数据对照历史运行数据（制冷量、温度、温差、

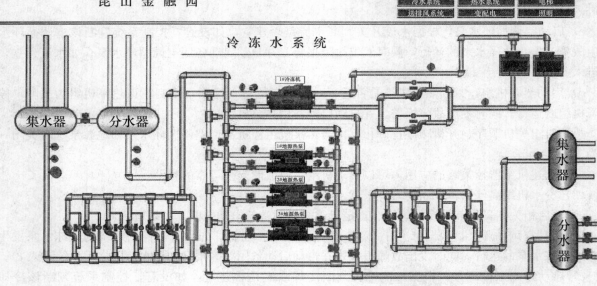

图2　冷冻水系统图

压差和流量值)，根据偏差调节频率控制冷冻水泵的转速，保证末端舒适度的同时，实现最大限度的节能。

(2) 有效控制空调主机和水泵台数来节能：若空调末端负荷增减至某一限度时，控制器将采集的实时数据与历史运行数据进行对照，计算出制冷量及最佳主机和水泵的运行台数，实现节能。

2) 冷却水节能控制系统

冷却水控制系统由 1 套 ECS2010/Q03001 型标准水泵智能控制柜及 1 套 ECS2010/03002 型切换水泵智能控制柜组成。每个水泵智能控制柜内都有变频器、1 套基本接口单元、1 套数字接口单元。ECS2010/Q03001 用于控制一台 30kW 冷却水泵，ECS2010/Q03002 用于控制两台 30kW 的冷却水泵；水泵智能控制柜与 ECS2010/Z 主电脑控制柜连接。

水泵智能控制柜有本地/远程转换开关，当处"本地"时，在柜上进行水泵启、停、调速等操作。当处"远程"时，由模糊控制器控制冷却水泵和空调主机的启、停，由控制器对冷却水泵进行调节。

(1) 冷却水泵变频节能：

当控制柜起动后，控制器向对应变频器发出指令，软起动冷却水泵（从 0Hz 升至设定低限频率值约 10s)。冷却水泵起动后，按控制器输出的控制参数值，调节各冷却水泵变频器的输出频率，控制转速，动态调节冷却水的流量，使冷却水的进、出口温度逼近控制器给定的最优值，保证空调主机处于最佳状态下节能运行。

(2) 变频节能运行安全保证：

控制器设定了冷却水泵的最低运行频率（略大于空调主机冷却水容许最低流量时对应的水泵运行频率)，确保了空调主机冷却水的安全运行。

3) 冷却塔风机节能控制系统

冷却风控制系统配置 1 套 ECS2010/Q03700 控制 3 台冷却塔风机。ECS2010/Q03700 内配置 1 套数字接口单元、1 套控制电路，用于冷却塔风机的起、停控制。冷却塔风机智能控制箱与 ECS2010/Z 主电脑控制柜通讯总线连接。

有效控制冷却塔风机台数：当收到启动指令后，控制器向对应的冷却塔风机发出起动指令。根据控制器输出的控制参数值，动态调整风机的运行台数和运行时间，使冷却水的进口温度逼近模糊控制器给定的最优值，使冷却水入口温度保证空调主机处于最佳运行工况。

4）地源循环泵节能控制系统

地源循环水泵控制系统由 1 套 ECS2010/D03001 型标准水泵智能控制柜和 1 套 ECS2010/D03002 型切换水泵智能控制柜组成。每个水泵智能控制柜内有变频器、1 套基本接口单元及 1 套数字接口单元，控制 3 台 30kW 的冷冻水泵。水泵智能控制柜与 ECS2010/Z 主电脑控制柜连接。

水泵智能控制柜有本地/远程转换开关，当处"本地"时，在柜上进行水泵启、停、调速等操作。当处"远程"时，由电脑主控制器控制冷冻水泵和空调主机的启、停，对冷冻水泵进行调节。

（1）地源循环水泵变频节能：控制器依据系统的历史运行数据，计算出负荷需用制冷量及最佳温度、温差、压差和流量值，与采集到的实际数据进行比较，根据其偏差来变频控制地源循环水泵的转速，改变其流量使地源水系统的供回水温度、温差、和流量趋于模糊控制器给定的最优值，使系统保证末端空调用户的舒适度需求，达到最大限度的节能。

（2）有效控制地源循环水泵台数来节能：当空调末端负荷增减至某一限度时，控制器根据采集到的实时数据对比系统的历史运行数据，实时计算出末端空调负荷所需的制冷量及最佳主机运行台数，及时发出相应指令，增减热泵机组和水泵的运行台数，最终达到节能目的。

2.2.4 遮阳百叶系统节能控制策略

i-bus KNX 智能控制技术依据建筑物位置、纬度、经度、日期、时间、太阳与建筑物位置（角度），调整电动外遮阳百叶角度，使得室内既遮阳又有足够的采光，达到最大化节能。见图 3。该系统由遮阳百叶、气象中心（由雨水/风/亮度传感器等组成）和窗帘控制单元组成。

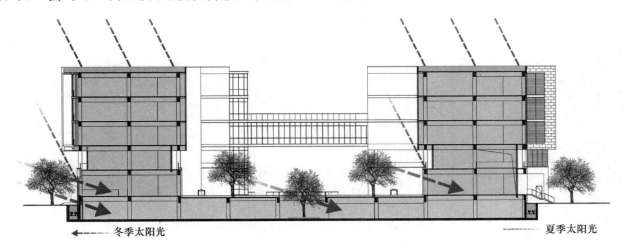

图 3 日照分析图

i-bus KNX 系统可以通过中央控制的图形化界面、气象中心、现场智能面板等对整个办公楼的遮阳进行集中监视和控制，还可根据自然光线变化自动控制。

（1）电脑图形化中央控制方式：在监控中心电脑可视化软件上，手动对每层楼电动外遮阳帘、整个立面电动外遮阳帘、整幢楼电动外遮阳帘分别进行上、下、停、调整角度等控制。可视化软件带有控制设备状态反馈功能，可在第一时间清晰地了解控制对象的状态。

（2）气象中心控制方式：i-bus KNX 系统依据气象中心信息自动对每栋楼每个楼层东、西立面的外遮阳百叶集中控制实现上、下、停，遮阳百叶角度调整始终与太阳角度同步，做到室内既遮阳又有采光，既降低冷、热负荷又节能。

（3）智能面板控制方式：在室内墙面上有智能面板，分别对电动外遮阳帘上、下、停等多种控制方式，智能面板开关带状态指示灯，功能标签，操作方便。

3 结论

金融园 BAS 利用了当代最新科技成果，采用智能控制功能，使系统不仅对能源中心、外遮阳系统等各个环节进行全面节能控制，而且采用系统集成技术，实现被控系统在物理上、逻辑上和功能上连在一起，信息综合、资源共享、集中控制和统一管理，最终使金融园 BAS 的系统整体协调运行和综合性能优化。

同时，实现了节能降耗，低碳环保，延长设备寿命，既降低运维成本，又取得建筑最高的经济效益。

参考文献

[1] 周戎，王宇波. 土壤源热泵在汉某大楼应用的可行性研究［J］. 经营管理者，2008（14）：161-162.
[2] 欧洲安装总线协会. EIBA 标准［S］.
[3] 钟国安. 试论变频水泵的选型［J］. 暖通空调，2010（1）：17-18.

浅谈应急照明的节能

徐　华　钟　新（清华大学建筑设计研究院，北京 100084）

【摘　要】 文章论述了应急照明规范要求，提出了在光源、灯具、控制系统方面的节能方法。

【关键词】 应急照明　节能　LED

【Abstract】 The paper expounds the requirements of code for emergency lighting and puts forwards the energy-saving method of light source, lamps & lanterns and control system.

【Keywords】 emergency lighting, energy saving, LED

应急照明作为工业及民用建筑照明设施的一个部分，与人身安全和建筑物、设备安全密切相关。当建筑物内发生火灾或其他灾害而电源中断时，应急照明对人员疏散、保证人身安全，保证工作的继续进行、生产或运行中进行必需的操作或处置、以防止导致再生事故，都占有特殊地位。目前，国家和行业规范对应急照明都作了具体规定，由于应急照明是照明中最重要的部分，在火灾等灾害发生时需要持续工作，在设计时，往往忽略了节能方面的考虑，不仅浪费能源，系统的可靠性也有所降低，这是设计师需要重视的。

1　应急照明规范要求

新的《建筑设计防火规范》所作的相关规定，是应急照明设计应遵循的原则，建筑内消防应急照明灯具的照度应符合下列规定：

1）疏散走道的地面最低水平照度不应低于 0.5lx；

2）人员密集的场所内的地面最低水平照度不应低于 1.0lx；

3）楼梯间内的地面最低水平照度不应低于 5.0lx；

4）消防控制室、消防水泵房、自备发电机房、配电室、防烟和排烟机房以及发生火灾时仍需正常工作的其他房间的消防应急照明，应保证正常照明的照度。

2　应急照明光源

由于应急照明要求电源停电恢复时应能瞬时再启动，因此光源一般使用白炽灯、荧光灯、卤钨灯、LED、场致发光光源等，不应使用高强气体放电灯。

白炽灯、卤钨灯不节能，属于淘汰产品，建议不再使用。

荧光灯做成的灯具体积较大，在装修要求较高时，不够美观，特别是暗装时需要留洞，不易专业配合。

对于疏散指示灯，要求疏散标志面面板的图形、文字呈现的最低亮度不应小于 $15cd/m^2$，而最高亮度不应超过 $300cd/m^2$，并且要求任何一个标志面上的最高亮度不应超过最低亮度的 10 倍，场致发光光源的亮度不易满足要求，而 LED 在光效、亮度、体积等方面有了长足的发展，其作为应急照明光源是其他光源无法比拟的。

3　灯具

根据《建筑设计防火规范》要求，"应急照明灯和灯光疏散指示标志，应设玻璃或其他不燃烧材料制作的保护罩"。以前在设计应急照明时，可以采用一般照明的一部分作为应急照明；而现在，如果采用一般照明的一部分作为应急照明，其灯具都应满足上述要求才能满足应急照明灯的要求。为了满足应急照明灯的要求而使一般照明的灯具标准提高，显然是不经济的。另外，应急照明灯的主要功能是应急照明，其型号较少，美观性一般较差，这就要求照明设计时，应急照明灯与一般照明灯分开设置，才能兼顾美观和功能的要求。LED 灯具功率小，亮度高，即使自带电池也可以设计得较小，容易达到美观和功能的统一。当然，对于疏散标志的图形、颜色、文字与尺寸应满足国家标准《消防应急灯具》GB 17945 的要求。

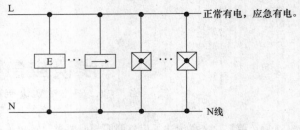

图 1　应急照明长明灯接线

4　常用的应急照明设计方法

目前，应急照明设计各地不尽相同，但大致方法没有太大区别。一种情况是应急照明采用长明灯，由自带蓄电池或 EPS 集中供电，见图 1。

此种情况，不分何种建筑不分场所的情况十分常见。例如对于体育场馆等使用不频繁的建筑物，即使无人时应急灯也处于点亮状态，既不节能，也降低了灯具的使用寿命。

另一种情况是应急灯自带蓄电池，平时蓄电池处于充电状态，在应急时切断电源使电池放电，见图 2。

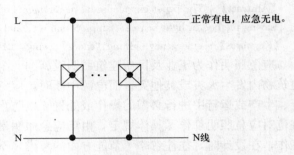

图 2　应急灯自带蓄电池型式

此种情况，必须保证应急时切断电源，如果此电源由应急照明箱供电，消防时是不切断电源的；如果采用一般照明箱供电，其供电电源又不能满足消防供电要求，是十分矛盾的。

应急灯在现场受控与长明灯组合，见图 3。

此种情况，应急灯在现场开关控制，也可以保证消防时强制点亮。但平时灯具状态受人为影响较大，如应急灯平时不亮，在应急时点亮，要保证应急灯状态良好平时维护工作量较大。

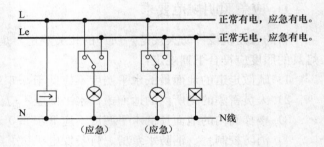

图 3　长明灯与受控灯结合

5　控制

根据《火灾自动报警规范》GB 50116—98 规定，消防控制室应能显示消防应急照明系统的主电工作状态。在以前的设计中，要显示应急照明系统的主电工作状态是十分困难的，随着 LED 技术的发展，LED 控制协议可以采用 DMX512 协议，使得控制与显示非常容易。目前市场上已经出现了 LED 智能型应急照明系统，代表了应急照明向系统化方向发展，该系统特别适用于功能复杂的大型建筑物。

5.1　主要功能

1）日常维护巡检功能

LED 集中控制型消防应急灯具对底层灯具、上层主机以及集中控制型消防应急灯具各个环节的通信设备工作状态进行严格监控，实时主报工作状态。对较容易出现产品致命问题的环节具备监测措施。

（1）疏散指示标志灯具

・检测灯具电池开路、短路。

・检测灯具内部每一路光源的开路、短路。

・检测灯具应急回路欠压状态。

（2）集中控制型消防应急灯具主机

・检测主机备用电源开路、短路。

・检测主机光源（显示设备）的开路、短路。

·检测主机电压回路欠压状态。

（3）集中控制型消防应急灯具整体功能监测

具有通信自检功能，监测集中控制型消防应急灯具内部每一回路的通信线路。此外，一个回路中的通信故障不会影响其他回路正常通讯。

（4）灯具定期自检

集中控制型消防应急灯具还必须定期进行灯具自检，自主设定灯具自检的周期，人员较少的情况下主机自动将灯具和其他设备切换到应急状态，对设备的应急转换功能、应急时间等进行检测，将不符合规范标准的灯具筛选出来，声光报警提醒维护人员及时更换设备。

2）火灾疏散应急联动功能

（1）集中控制型消防应急灯具应具备和消防报警系统联动的接口。

（2）在火灾发生时，能根据联动信息调整疏散标志灯具指示方向。

（3）方向指示标志灯具具备换向功能，语言标志灯具具备语音功能，保持视觉连续的导向疏散标志具备换向功能。

（4）集中控制型消防应急灯具主机应能远程手动或自动控制疏散标志灯具的工作状态。

3）中央主机应具有日志记录功能、查询功能、打印功能、声光报警功能、实时显示现场设备工作状态的功能等。

5.2 设置主要特点（见设置示意图 4～图 7）

（1）中央主机应设置于消防控制中心或有人值班的场所。

（2）任一防火分区疏散通道末端处应设置具有语音功能、频闪功能、灭灯功能以及故障自检功能的安全出口标志灯具。

（3）任一防火分区疏散通道内应设置具有频闪功能、换向功能的疏散指示标志灯具。

（4）任一防火分区疏散通道末端外侧应加设烟感探头。

（5）在楼梯休息平台应设置具有照明功能的楼层显示标志灯具，距地面高度 1.0m 以下的墙面上。

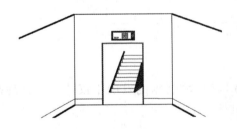

图 4　语音出口标志灯

（语音功能、频闪功能、灭灯功能，以及故障自检功能）

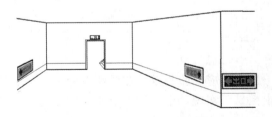

图 5　双向可调标志灯（频闪功能、换向功能）

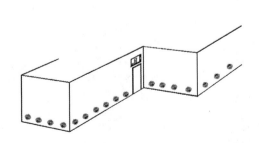

图 6　导向光流标志灯（保持视觉连续、可换向）

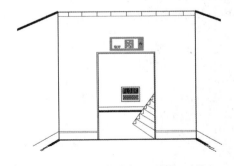

图 7　楼层照明标志灯（照明、频闪）

6　系统图

由于采用 LED 灯具，系统功率小，集中电池供电易于实现。LED 采用直流 24V 电源供电，控制回路与电源回路可共管敷设，增加了系统安全性及施工便利性，也节省材料，其典型系统图见图 8。

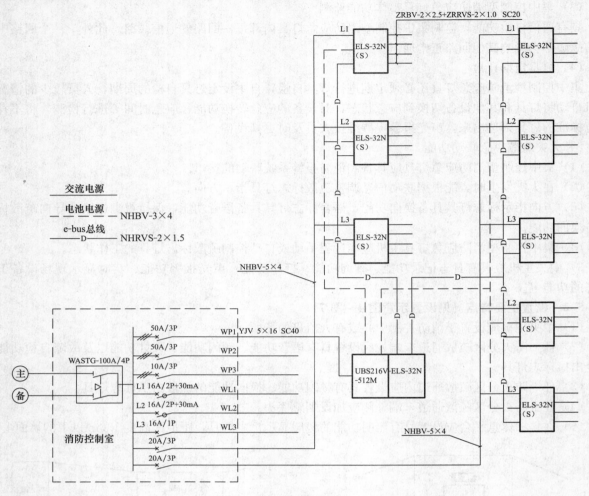

图 8　系统图

总之，应急照明设计在照明设计中是十分重要的内容，LED 照明技术的发展不仅使得设计规范的要求更易于实现，也有利于节能，笔者抛砖引玉，希望同仁批评指正。

参考文献

［1］ 北京照明学会设计专业委员. 照明设计手册（2 版）［M］. 北京：中国电力出版社，2006.
［2］ 中华人民共和国公安部. GB 50016—2006 建筑设计防火规范［S］. 北京：中国计划出版社，2006.

某售楼展示中心绿色建筑电气设计

韩全胜（北京市建筑设计研究院，北京 100045）

【摘　要】　售楼展示中心对楼盘销售和房地产公司的品牌形象有着十分重要的作用，电气设计师应该把握好售楼展示中心的建筑特点，以实现低碳绿色建筑为目标，采用切实可行的低碳绿色建筑电气技术，处理好灯光设计与照明节能、电气系统与设备选型节能、工程投资与节能新产品应用等问题，追求实用性和经济性的统一，为节能、减排做贡献。

【关键词】　售楼展示中心　电气设计　绿色建筑　光导照明系统

【Abstract】　House-sales office is very important for house selling. This paper discusses the green electrical design of house-sales office，including illumination，power distribution and suntube system etc，and gives out some helpful reference for energy-saving and green building design of house-sales office.

【Keywords】　building-sales office, electrical design, green building, suntube system

1　引言

目前，节能减排已成为全社会的共识。据统计，我国建筑能耗占全国总能耗的 27.5%，建筑业在二氧化碳排放总量中占到 50%，这一比例远远高于运输和工业领域。建设绿色、低碳的建筑已成为实施节能减排、保护生态环境的重要内容。

建筑物不论大小，都应该追求低碳绿色建筑的目标，为节能减排做贡献。售楼展示中心作为楼盘展示的第一窗口，对楼盘销售和房地产公司的品牌形象起到至关重要的作用。随着房地产市场竞争的日趋激烈，不少开发商将绿色、环保概念引入开发项目，并希望通过售楼展示中心这一窗口展示给客户，因此售楼展示中心的绿色、低碳设计具有对建筑物本身的节能运行和开发商环保形象展示的双重作用。

2　绿色建筑与低碳绿色建筑电气技术

绿色建筑是指：在建筑的全寿命周期内，最大限度地节约资源（节能、节地、节水、节材）、保护环境和减少污染，为人们提供健康、适用和高效的使用空间，与自然和谐共生的建筑。

绿色建筑的基本特征是与当地气候条件、自然资源等要素的高度契合，并不是高技术、高成本的堆砌。特别要关注建筑全寿命周期中的碳排放强度，不仅要减少二氧化碳的排放，更重要的是如何把握住资源的消耗总量和利用效率，保证可持续发展。目前我国对绿色建筑的认证工作逐步开展，认证标准主要有美国 LEED 认证（美国绿色建筑协会《绿色建筑评估体系》）和中国的绿色建筑三星认证（《绿色建筑评价标准》GB 50378—2006）。通过认证的绿色建筑都具备三方面基本特点：1）节能，减少各种资源的浪费。2）保护环境，减少环境污染，减少二氧化碳排放。3）满足人们使用上的要求，为人们提供健康、高效、舒适的使用空间。

绿色建筑设计是一项综合工程，需要各专业协作配合。低碳绿色建筑电气技术主要包括四方面内容：1）系统设计的优化，2）电气产品的节能，3）可再生能源利用，4）运行管理的智能化。建筑电气系统节能潜力最大的部分，应该以采暖、空调、照明等最大耗能点为重点。建筑节能设计需要有系统优化的思想，最优的方案应该是能满足使用需求、社会成本最低、能源效率较高的方案。

售楼展示中心在设计上追求强烈的视觉冲击感和可识别性，采用各种建筑手法和装修风格吸引客户，达到促销楼房这一特殊商品的目的。楼盘销售结束后，售楼展示中心往往改作他用，如社区服务站、会所等。作为电气设计师，应该针对售楼展示中心的建筑特点，处理好豪华装修灯光设计与照明节能、电气系统与设备选型节能、工程投资与节能新产品应用的关系，追求实用性和经济性的统一。电气系统还要符合可持续发展的要求，具有一定的灵活性，适当留有余量，减少后期拆改。

3 低碳绿色建筑电气技术的设计应用

售楼展示中心的建筑规模一般为：建筑面积 $3000m^2$ 左右，单层或二层，通常包括大门辐射区、接待迎宾区、模型展示区、户型样板区、签约区、休闲区、内部办公区及室外园林景观、停车场等功能分区。

售楼展示中心虽然建筑规模不大，但电气节能还是大有可为的。例如：某售楼展示中心建筑面积约 $2500m^2$，额定功率 250kW，按需要系数 0.4，每天运行 8h 计算，年耗电约 292MWh，如果能节电 5%，其节能减排数据如表 1。

某售楼展示中心节能减排数据 表 1

名　称	数量	单位	备注
年耗电量	292	MWh	
采取技术措施节电 5%	14.6	MWh	
每年可节约电费	14600	元	按 1.0 元/kWh
相当于每年节约标准煤	5.84	t	按 0.4kg/kWh
相当于每年节约水	29.2	t	按 2kg/kWh
相当于每年减少 CO_2（二氧化碳）排放	14.6	t	按 0.997kg/kWh
相当于每年减少 SO_2（二氧化硫）排放	0.44	t	按 0.03kg/kWh
相当于每年减少 NO_2（二氧化氮）排放	0.22	t	按 0.015kg/kWh
相当于每年减少粉尘排放	4.0	t	按 0.272kg/kWh

因此，在售楼展示中心设计中应该积极采用措施，结合建筑特点，以经济合理、效果明显为基本出发点，实现节能减排。低碳绿色建筑电气技术主要应用在以下几个方面。

3.1 照明设计

3.1.1 合理选取照度标准

大约有 90% 以上的楼房销售是在售楼展示中心发生的，为了凸显项目特点、烘托销售气氛、展示开发商实力，灯光设计与建筑造型和装饰装修完美配合极其重要，良好的照明环境给人以轻松舒适的感觉，可以充分展示项目细节，激发客户的购买欲望。

售楼展示中心的照明不能片面追求高照度，而应针对各功能分区对照明的不同要求，综合运用一般照明、分区一般照明、混合照明等方式达到照度适中、显色性良好、色温与装修风格协调、避免眩光的照明效果。通过选取适当的照度标准、优化灯具布置、选用节能灯具和光源等措施减小照明功率密度，实现照明节能。特别是景观照明要注意与周边环境协调，突出重点，避免过多采用大功率光源造成光污染和无谓的电能消耗。

在设计中可参照《建筑照明设计标准》GB 50034—2004 中商业建筑物及展览馆展厅的标准来确定售楼展示中心的照明标准，具体见表 2。

售楼展示中心建筑照明标准值及功率密度值 表 2

房间或场所	参考平面及其高度	照度标准值（lx）	GUR	Ra	功率密度现行值（W/m^2）
接待迎宾区	地面	300	—	80	13[3]
模型展示区	0.75m 水平面	300	22	80[1]	13[3]
签约区	台面	500	22	80	18
休闲区	地面	200	22	80	8
办公室	0.75m 水平面	300	19	80	11
走廊、流动区域	地面	100	—	80	6
楼梯、平台	地面	75	—	80	5
厕所、盥洗室	地面	150	—	80	8

房间或场所		参考平面及其高度	照度标准值（lx）	GUR	Ra	功率密度现行值（W/m²）
样板间	起居室	0.75m 水平面	100	—	80	7
	卧室	0.75m 水平面	75	—	80	7
	餐厅	0.75m 餐桌面	150	—	80	7
	厨房	操作台台面	150(2)	—	80	7（对应 100lx）
	书房	0.75m 水平面	300(2)	—	80	11

注：1. 模型展示区空间高于 6m 时，Ra 可降至 60。
　　2. 宜用混合照明。
　　3. 设有装饰性灯具的场所，功率密度值计算时装饰性灯具可按 50% 计入总照明功率。

3.1.2　光源及灯具选择

售楼展示中心的建筑规模和精装修对各功能分区照明的不同要求，决定了售楼展示中心的照明灯具有种类多、数量较少的特点，在设计时要优先选用高光效、长寿命的光源和高效灯具。例如：在接待区、模型展示区的高大空间场所，可以采用金属卤化物灯、大功率紧凑型节能灯，提供合理的照度和较高的显色性，光源的色温要与装修风格协调，和谐的背景照明与精致的沙盘模型，给客户立体、直观的感受；在签约区、办公区宜采用细管径三基色荧光灯、紧凑型节能灯，保证照度适当、避免眩光。在休闲区可以采用紧凑型节能灯、LED 灯，创造舒适、亲切的光环境；夜景照明可以采用金属卤化物灯、LED 灯、紧凑型节能灯等，展现建筑物夜间全新的风貌，加深人们对于楼盘和开发商的印象，起到夜间广告效果。庭院照明可以采用太阳能灯或 LED 灯，最大限度减小电能消耗，向客户展示节能环保理念。

荧光灯、气体放电灯应选用低谐波电子镇流器或节能型电感镇流器提高功率因数，并选用能效等级高的产品。

3.1.3　智能照明控制

智能照明控制系统通过预设场景控制、时间控制、照度控制、人体感应控制等方式自动控制灯具亮灭，关闭不用的灯具，达到节能目的。售楼展示中心往往有较大面积的采光窗、落地观景窗，采用智能照明控制系统，将人工照明分区域控制，实现随室外天然光的变化调节人工照明，充分利用自然光。智能照明控制系统还可以自动记录灯具使用时间，及时提醒清洁维护和更换光源，保证灯具工作在高效状态。采用智能照明控制系统，照明节电可达 30% 左右。

售楼展示中心智能照明控制系统从三个方面的实现照明节能：一是对于公共区域照明的自动控制，其主要措施是在公共走廊上设置红外线探测器及光强探测器，在光线阴暗的时候，自动开启照明。二是对于会议室、展厅、办公室的照明设置各种情景模式，既可以满足产品展示、会议、幻灯放映、清扫等不同使用需求，又达到节约用电的目的。三是对于建筑物景观照明及庭院照明的自动控制，根据不同方案，编制如重大庆典、节日、基本轮廓等多种模式进行自动控制。

3.2　供配电设计

3.2.1　供配电系统

售楼展示中心用电指标大致在 $70\sim100\text{W/m}^2$，在进行供电方案设计时，应执行《民用建筑电气设计规范》JGJ 16—2008 的相关规定，当用电设备总容量在 250kW 及以上时，宜以 10kV 供电。可在售楼展示中心附近设置箱式变电站，减小 0.4kV 供电线路上的损耗及低压电缆长度。箱式变电站采用节能型变压器并使其负载率在经济运行范围内；设置无功功率自动补偿装置，提高系统功率因数。

3.2.2　用电设备的控制

售楼展示中心除照明外的其他用电设备相对简单，主要有空调机组、电热风幕、通风机、电开水炉、水泵等。

售楼展示中心大多采用模块式风冷冷（热）水机组或 VRV 空调系统，这两种空调系统都不需要机房、安装方便，可根据建筑物不同使用需求分区灵活使用，适合于售楼展示中心这类中小型建筑物。

VRV空调系统采用变频控制方式,室外机输出可根据室内负荷的大小自动调节,相对于模块式风冷冷(热)水机组更为节能。由于空调系统高效点集中在30%~70%负荷区间,空调设备选型往往裕量偏大,在配电设计时,应避免不恰当的冗余造成电缆和配电设备的浪费。

售楼展示中心建筑规模不大,单独设置楼宇自控系统性价比不高,可以利用智能照明控制系统对电热风幕、通风机、电开水炉、水泵等用电设备进行自动控制,节约电能。如:根据上下班时间对电热风幕、电开水炉电源进行控制;预先设定时间对通风机、景观水池水泵进行循环启停控制等。还可以利用智能照明控制系统自动控制电动窗帘,减小太阳光的热辐射,减轻空调负荷。

3.2.3 导体选择

售楼展示中心用电负荷主要为三级负荷,除少量消防负荷外,配电可以选用铝芯或合金导体。特别是铝合金电缆,既解决了铝不稳定、导电性差的问题,又节约了铜资源,减少了铜冶炼中需要的能耗和排放的二氧化碳量。

3.2.4 电能计量

售楼展示中心电能计费一般不分照明、动力,在变电所统一计量。可以根据节能和管理的需要分区域、分系统装设智能电表,分别计量动力、空调、照明用电情况,并利用智能电表管理系统自动记录和生成报表,为开展能效管理提供依据。

3.3 利用自然光

自然光线照明全频谱、无闪烁、无眩光、无污染,具有更好的视觉效果和心理作用,最大限度地保护人们的身心健康,应该加以充分利用。光导照明系统是国内外推崇的一种绿色健康、节能环保的新型照明产品,它利用自然光,无能耗,无需维护,产品能够回收利用,在生产和消费过程中符合生态标识标准。适合于售楼展示中心这类层数不多的建筑物白天照明。

光导照明系统主要由采光装置、导光装置、漫射装置组成。系统通过采光装置聚集室外的自然光线,再经过导光装置强化与高效传输后,由漫射装置把自然光线均匀导入到室内,得到自然光的特殊照明效果。光导照明系统如1图所示。

光导照明系统使自然光与建筑完美结合,光线柔和、均匀,光强可以根据需要实时调节。采光系统无需电源和导线,避免了因线路老化引起的火灾隐患。系统具有防水、防火、防尘、隔热、隔音、保温以及防紫外线等特点,产品外形

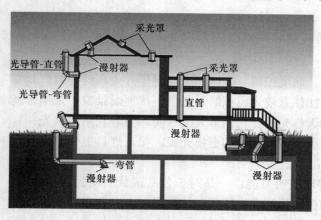

图1 光导照明系统示意图

美观,可以和建筑物融为一体。

4 结语

节能减排是我国长期发展战略,节约电能就能减少碳排放,就能保护我们的生存环境。无论建筑规模大小,节能设计无处不在,永无止境。作为电气设计师,要身体力行,在设计工作中采用综合解决方案,积极应用成熟的节能技术,探索节能新途径,为建筑物节能运行打好硬件基础。

参考文献

[1] 北京照明学会照明设计专业委员会. 照明设计手册(2版)[M]. 北京:中国电力出版社 2006. 10.
[2] 建设部工程质量安全监督与行业发展司/中国建筑标准研究院. 全国民用建筑工程设计技术措施节能专篇-电气[M]. 北京:中国计划出版社,2007. 3.

公共建筑照明、控制与节能概论

王玉卿　王浩然（中国建筑设计研究院机电院，北京 100044）

【摘　要】　本文对建筑能耗、常用照明光源和照明控制方式进行了简单的分析，并提出了在今后的公共建筑照明的设计和使用过程中，应尽量选用高效节能的照明光源和高效的灯具，选用经济合理的智能控制方式，采取切实有效的措施，争取把公共建筑照明能耗降低到更合理水平。

【关键词】　公共建筑能耗　高效照明光源　节能　智能照明控制

【Abstract】　This paper briefly analyzed the building energy consumption，the common lighting source and lighting control mode. During the lighting design for public buildings for the future，it ought to select energy-saving and efficient lightings，to use economic and reasonable intelligent control mode and to adapt practical and effective measures in order to reduce the energy consumption of public building lighting to a more reasonable level.

【Keywords】　public building consumption, efficient lighting, energy saving, intelligent lighting control

1　建筑能耗

照明在公共建筑能耗中举足轻重，因此在节能方面具有很大的挖掘潜力。伴随世界经济的发展，人们通常会新修道路、公共设施，扩展居民区，这些措施都会相应带来照明设施的增加，甚至从太空中也能看到灯光强度的增加。有些科学家通过对夜间灯光的卫星数据与国内生产总值统计数据进行比较，发现夜间灯光强度与一个国家的国内生产总值存在关联，找到了一种评估某国国内生产总值的方法。

图 1 是 1 张卫星合成图，图上的人工照明显示出亚洲财富分布不均。我们能够看到日本稠密的灯光覆盖情况，还可以看到中印两国不同经济发展地区的灯光情况。亚洲既有发达国家，也有发展中国家，从夜间灯光强度能够很好体现其经济发展的状况。

建筑能耗（包括建造能耗和使用能耗等）约占全社会总能耗的 30%，而这还仅仅是建筑物在建造和使用过程中所消耗的能源比例，如果再加上建材生产过程中耗掉的能源（占全社会总能耗的 16.7%），建筑总能耗大约占到社会总能耗的 46.7%。

我国现阶段公共建筑单位建筑面积的耗电量为住宅的 5～15 倍，是建筑能源消耗的高密度领域。公共建筑面积占不到城镇建筑总量的 4%，但是却消耗了建筑能耗总量的 22%。除了设计上的原因，相对来说普通个人住宅的节能意识比较强。公共建筑用能比较集中，设计比较复杂，片面追求形式。在使用过程中，公共建筑因为是公

图 1　卫星合成照明图

用的，管理不到位、节能意识差等各种原因，造成能源和资源的浪费。再好的建筑，如果使用不好，建筑能耗还是会很大。据统计，有些节能绿色建筑在长期的使用过程中节约的能源价值要远远超出其前期投入的费用。

照明在建筑中必不可少，公共建筑一般照明标准设置较高，照明设施使用时间长，照明在公共建筑使用能耗占能耗总量的 15%。采用高效节能照明光源和高效的灯具，选取合理的智能控制方式，在建筑节能中是必须采取的有效措施。

2 常用光源

1）白炽灯

电流通过固体加热到白炽状态而发光。光效一般为 10～15lm/W，显色指数接近 100，可瞬间点燃，易于调控光，寿命较短，售价低。白炽灯已经被欧洲多数国家淘汰，我国虽然没有给出淘汰的时间表，但对于这种低光效光源，正在逐渐被其他光源替代。

2）荧光灯

真空玻璃管内涂荧光粉，管内封入汞蒸汽和稀有气体。通过两极间弧光放电，发出可见光和紫外线。紫外线又激发管内壁的荧光粉而发光。光效一般为 50～100lm/W 左右。色温为 2500～6500K，显色指数可达 60～96，功率范围 4～200W，寿命长、售价稍高。需要通过电感镇流器或电子镇流器短时间预热点燃并运行。包括：直管荧光灯、环管荧光灯、紧凑型荧光灯等。

高效能 T5 细管荧光灯和 T8 三基色荧光灯光效可达 90lm/W 以上，是现阶段比较理想的节能光源。虽然我们现在能够对 T5、T8 荧光灯进行调光，但是调光会引起色温变化和光源寿命降低，再加上调光电子镇流器和调光控制设备一次性投资费用较高等因素，使用时还需要慎重考虑。

紧凑型荧光灯光效一般为 50～70lm/W 左右。个别高效能紧凑型荧光灯（节能灯）光效甚至达到 80lm/W，是现阶段另外一个比较理想的节能光源。节能灯可以调光，但是调光会引起色温较大变化，光源寿命急剧降低。再加上可调光节能灯和调光控制设备的高额费用，在工程使用较少。

3）高压钠灯

在氧化铝陶瓷放电管内充钠和氙，镇流器接入电流，经过预热及镇流器电路产生的反电势使灯点燃，放电管内的钠蒸汽通过电极产生弧光放电，钠原子激发后产生可见光。高效高压钠灯光效高达 100～140lm/W，但是显色指数约 23～30。高显色高压钠灯光效大约 40～50lm/W，显色指数可高达 80 以上。对显色没有严格要求的空间，采用高效高压钠灯是很好的选择。

4）高压汞灯

采用透明石英玻璃做放电管，管内充汞及氙气，壳内涂荧光粉。当电流经镇流器与放电管接通后，使两主电极间的弧光放电。汞原子激发后产生可见光和紫外线，紫外线照射荧光粉转换为可见光。光效为 30～50lm/W，显色指数只有 30～40。对比其他光源发展，高压汞灯正在逐渐失去往日的风采。

5）金属卤化物灯

在高压汞灯的基础上进行改进而成的。在放电管内添加某些金属卤化物，靠金属卤化物的循环作用，不断向电弧提供相应的金属蒸汽，金属原子在电弧作用下受激发而辐射该金属的特征光谱。选择不同的金属卤化物按一定比例充入灯内，使灯的光色呈白光，接近日光灯。光效可达 80～100lm/W 以上，其显色指数 60～95，功率范围 35～2000W，寿命长、售价偏高。对于有一定高度的高照度空间，他的使用优势可以与高效能直管荧光灯一决高下。对于高大、高照明要求空间，其使用优势无人能比。

虽然在技术理论上能够对金属卤化物灯进行调光，但是调光会引起色温变化和光源寿命的急剧降低，再加上调光电子镇流器和调光控制设备高额的一次投资费用，无论从节能角度还是从使用角度进行评价，金属卤化物灯调光还是不采用为好。

6）LED（发光二极管）

是一种固态的半导体器件，它可以直接把电转化为光。LED 的心脏是半导体的晶片，当电流通过电极作用于这个晶片的时候，电子在两极间移动并复合，会以光子的形式发出能量。蓝光 LED 基片安装在碗形反射腔中，覆盖以荧光粉薄层。LED 基片发出的蓝光，而蓝光与荧光粉激发发出的混合光，可以获得色温 3500～10000K 的各色白光，LED 灯显色指数最高达到 90。这种通过蓝光 LED 得到白光的方法，构造简单、成本低廉、技术成熟，得到了广泛的运用。LED 在实验室最高光效已达 260lm/W，可见其前景非常广阔。现在市面上的单颗大功率 LED 的光效已经突破 100lm/W，但制成的 LED 节能灯，由于电源效率损耗、灯罩的光通损耗等因素，实际光效在 60lm/W。LED 节能灯作为新一代的光源，易于调控光、寿命极长，但售价偏高。

LED 节能灯的价格偏高，是由于其单体价、铝制散热器、高效恒流电源、高透光率柔和灯罩的成本都高造成的。目前 LED 节能灯已经可以作为筒灯、射灯及吊灯使用，但是，如果想要 LED 节能灯大规模取代普通节能灯，就必须提高光效、降低成本，才具备竞争的优势。

7）光导照明系统

主要由采光罩、光导管、漫射器三大部分组成。其工作原理是通过室外（一般在屋顶）的采光装置捕获室外的日光，并将其导入系统内部；然后经过光导装置强化并高效传输后，由漫射器将自然光均匀导入室内需要光线的任何地方。它节约电力，但是受到屋顶防水工程复杂、占用空间大、投资高等条件限制，无法大面积推广。

3 常用智能照明控制系统

智能照明控制系统是针对不同的时间、不同的亮度、不同的功能分布来对某一个区域或若干区域进行自动调节和控制的照明设备。通过定时控制、提供开启保持和关闭延时功能、照度控制和调节，将照度控制在一定的范围之内，能够实现集中控制、统一管理和监控的功能。它解决了传统控制方式的布线复杂、场景照明单一、人工控制繁琐、控制点分散、无法有效管理等问题。不但照度达到要求，舒适明亮，也实现了绿色节能。再结合科学的管理方式，能大量减少管理和维护人员，从而降低管理费用、提高工作效率和管理水平。

1）I-BUS 系统

采用欧洲 EIB/KNX 开放式总线标准（现已成中国国家 GB/Z 20965—2007），它是通过一条总线（4 芯屏蔽双绞线）将各个分散的元件连接起来，每个元件均为智能化模块。通过电脑编程的各个元件既可独立完成控制工作，又可根据要求进行不同组合，从而达到不增加元件数量而使功能倍增的效果。系统具有强大的兼容性，不同厂家的元件、软件可无缝兼容。通信速率干线用局域网，可达 10Mbit，系统内 9600b/s，系统最大的容量是 14400 总线元件。

2）欧洲 DALI 数字化可寻址调光接口系统

DALI 是一种开放式系统，是为不同制造商生产的可调光镇流器进行互换的一项国际标准。它定义了电子镇流器与设备控制器之间的通信方式，其受控对象为可调光电子镇流器。遵循 DALI 协议中规定的镇流器使用低电压配线连接成一条照明总线，另外，系统中的每个镇流器都分配一个地址，从而实现荧光灯的独立控制和任意分组控制。系统内通信速率 1200bit，系统总线最大的容量是 64 个地址，每个地址带 64 个装置。

3）澳大利亚 C-BUS 系统

C-BUS 系统是一个分布式、二线制、专业化的智能照明控制系统。控制单元均有内置微处理器和存储单元，由一对非屏蔽信号线（UTP5）链接成网络，同时传送数据信号和电源。通过软件对所有单元进行编程，实现相应的控制功能。系统内通信速率 9600bit，系统最大容量为 14400 总线元件。

4）美国 X-10 智能照明控制系统

X-10 协议直接利用电力线作为控制总线，并通过电力线将各传感器、执行元件和网关等设备连接起来，各设备通过设定地址绑定组成协调一致的系统。X-10 控制总线使用电力线窄带载波技术，实现系统内部各设备节点间的相互通信，无需布线，安装方便。利用现有资源，无需重新布线是 X-10 系统的一大特点。单系统 256 个地址，系统内通信速率 100b/s，非常适合小公共空间或者家庭使用。但是，由于我国电网波动较大，接入的干扰噪声较多，没有进行较好的抑制，系统运行容易出现差错，给推广和使用带来了相当大的困难。

5）我国智能照明控制系统现状

同建筑设备管理系统（BMS）一样，受制于工业控制器（PLC）产业落后、没有自主通信协议的限制，我国自主智能照明控制系统至今没有得到发展壮大。可喜的是，经过多年的积极开拓和奋勇拼搏，一批有识之士在仿制小型控制系统及各种无线控制系统等方面，取得了长足进步。一些非网络的集探测、控制、调节为一体的高可靠微型系统，以其极佳的经济性和灵活性，已经得到大批照明节能用户的青睐。

4　结束语

必须重视自然采光。外窗作为建筑的原始采光、通风重要功能构件，而后赋予了观景的功能和建筑外立面景观效果的功能。在一些公共建筑中，为追求华丽的外部及形式，外窗的功能已经本末倒置。太阳散（漫）射光是最好的光线，太阳光直射照度高达几万 lx，光线太强，甚至是眩光，在公共建筑中往往采用遮阳板和遮光帘的方式一"遮"了之。太阳光虽然存在从黎明、中午到黄昏；晴天、多云、阴天；东、西、高、低等等诸多变化，但它和公共建筑大部分使用时间段是吻合的，且量大面广、无穷无尽。通过科技手段，把建筑外窗太阳直射光高效地转换成太阳散射光，导入室内需要光线的地方，并且把其他太阳散射光通过建筑外窗尽量多地导入室内，是建筑照明节能最好和最广阔的前景。

照明光源发光效率从 40～100lm/W 以上不等，为满足相同的照明要求，采用光效 40lm/W 的光源要比采用光效 100lm/W 的光源多消耗一倍多的电能。显而易见，建筑所有光源尽量采用合适的、最高效的照明光源；尽量采用合适的、最高效的灯具，是建筑照明节能必需的手段。

智能照明控制系统可以在满足基本照明要求的前提条件下通过分时间、分区域、分照度、分场景、是否有工作人员等实施控制，做到最大限度地避免浪费。智能控制采光窗帘与智能调光照明控制系统的有效联动能够达到最佳的节能效果，但高昂的可调光灯具和控制系统造价在一般工程中难以被接收。一种变通的方案是：智能控制采光窗帘与多光源灯具、智能开关照明控制系统组成照度分级控制，同样可以达到比较好的节能效果。现阶段，多光源灯具、智能开关照明控制系统组成照度分级控制，不论在整栋大楼的超大网络系统，还是一个区域、一个房间的独立小系统，都是不错的选择。

现阶段智能照明控制系统推广受制于国产化程度较低，大部分需要进口，产品价格高等诸多因素。在这里呼吁，国家有关部门需要象支持节能光源一样，大力支持国产智能照明控制系统产业，把相对成熟的小型控制系统、无线控制系统作为突破口，加强产品可靠性的管理，形成产业化，降低生产成本。成熟一批，推广一批，逐步完善，最终使得我国智能照明控制系统达到国际水平，打开影响我国公共建筑节能事业发展的瓶颈。

谐波治理与节能

冯菊梅　王　娟　黄鹏洲　马　鑫　（中国建筑设计咨询公司，北京 100120）

【摘　要】　本文论述了谐波产生的原因及危害，并提出治理谐波的必要性。针对某项目阐述了谐波治理方案和节能效益分析。

【关键词】　谐波治理　节能

【Abstract】　This paper discusses the causes and harm of harmonic，and puts forward the necessity of harmonic control．According to a project the authors introduce the method of harmonic control and analyse the benefit of energy saving.

【Keywords】　harmonic control，energy saving

1　谐波治理的必要性

1.1　谐波的主要来源

影响电源质量的主要因素是非线性用电设备，非线性用电设备主要有以下四大类型：

（1）交流整流再逆变用电设备：如变频调速、变频空调和双速风机等。

（2）用于舞台、影剧院和可控硅调光设备。

（3）设备：如电视、电脑等。

（4）大量的直管荧光灯的电子整流器等。

1.2　谐波的危害

电力谐波存在的危害有：

（1）谐波导致保护和自动装置误动或拒动，引发非正常断电和设备损坏，导致重大的无法估量的损失。

（2）谐波电流频率增高会引起明显的集肤效应，使电力电缆和配电线路的导线电阻增大，线损加大，发热增加，绝缘过早老化，易发生接地短路，形成火灾隐患。

（3）诱发电网谐振，导致谐波过电压和过电流，损坏电容器补偿等电气设备。

（4）导致电机和变压器产生附加损耗和过热，产生机械振动、噪声和谐波过电压，降低效率和利用率，缩短使用寿命。

（5）对邻近的通信、电子或自动控制设备产生干扰，甚至使其无法正常工作。

2　某项目谐波产生及治理方案

2.1　谐波源

该项目大部分是商业、写字楼、娱乐楼和影城等，由于大量的日光灯、电梯和动力用电等用电设备的使用，使得配电系统中存在大量的谐波源。谐波电流在配电系统中产生谐波电压畸变，使得配电系统的电能质量恶化。因此谐波亟待治理。

2.2　谐波治理方案

（1）谐波治理的目标

使相电流总谐波电流大幅降低，在不超出滤波器容量的情况下谐波滤除率大于 80%。使系统相电流谐波含量和电压谐波总畸变率达到国家标准要求。使中性线电流三次谐波电流降低到国家标准限值以内，降低过大的电流对中性线造成的压力。

（2）治理方案

对本项目进行实地检测，掌握具体的谐波数据，并分析谐波产生的原因。基于实测数据，在相应的位置有针对性地安装有源滤波装置。经过实际验证，该方案切实可行并达到了治理谐波和节能的预期目的。下面就具体方案和节能效益进行探讨和分析。

3 项目介绍及节能分析

3.1 项目供电系统

该项目共有变压器 15 台，主要负载为照明和动力等。

15 台变压器配电系统图接线基本类似，本次对 1～6 号变压器进行测试。系统组成如图 1、表 1 所示。

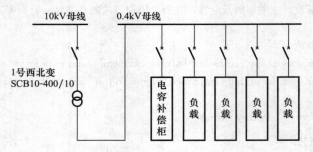

图 1 配电系统示意图

变压器主要情况表 表 1

变压器	型号	主要负载
1 号	SCB10-1600/10	照明、动力
2 号	SCB10-1250/10	照明、动力
3 号	SCB10-1250/10	照明、动力
4 号	SCB10-1600/10	照明、动力
5 号	SCB10-1600/10	照明、动力
6 号	SCB10-1600/10	照明、动力

3.2 测试系统

测试点：各变压器 0.4kV 出线侧，分析软件：HIOKI3197 专用软件。

3.3 测试数据及分析

以 6 号变压器为例，图 2 是 6 号变压器的测试数据及分析。

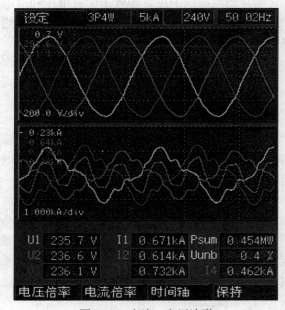

图 2（a）电流、电压数据　　　　　　图 2（b）电流、电压波形

图 2　6 号变压器的测试数据及分析（一）

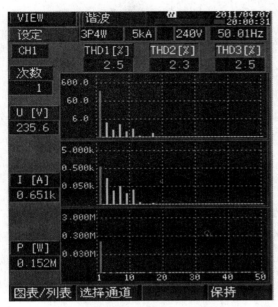 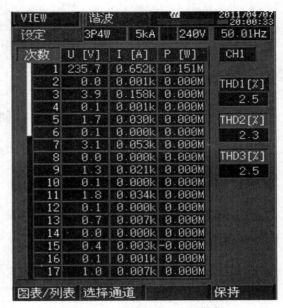

图 2（c）谐波电流、电压柱状图　　　　　　　图 2（d）谐波电流、电压数据

图 2　6 号变压器的测试数据及分析（二）

从测量数据可以看出，由于存在大量单相负载，造成三相不平衡度很大；使谐波源设备产生大量 3、5、7 次谐波电流，其中 3 次谐波电流在中性线中叠加，使电流波形畸变率最高达到 25.9%，谐波含量为 732A×25.9%＝189.59A。根据测试数据，需在变压器低压侧加装三相四线滤波装置，以治理负载产生的大量 3、5、7 次谐波电流。

3.4　谐波治理装置选型

1 号变压器谐波含量为 245A×8%＝19.6A，考虑到滤波装置需留有足够的裕量，因此在 1 号变压器低压负载侧安装了一台 50A 三相四线有源电力滤波器。

2 号变压器谐波含量为 501A×10.8%＝254.12A，在变压器低压负载侧安装一台 300A 三相四线有源电力滤波器。

3 号变压器谐波含量为 796A×20.8%＝165.57A，在变压器低压负载侧安装一台 200A 三相四线有源电力滤波器。

4 号变压器谐波含量为 877A×14.3%＝125.41A，在变压器低压负载侧安装一台 150A 三相四线有源电力滤波器。

5 号变压器谐波含量为 689A×23.1%＝159.16A，在变压器低压负载侧安装一台 200A 三相四线有源电力滤波器。

6 号变压器谐波含量为 732A×25.9%＝189.59A，在变压器低压负载侧安装一台 200A 三相四线有源电力滤波器。

3.5　安装方式

如图 3 所示的是 1 号变压器谐波治理装置的安装位置，其他几台变压器类同。

3.6　节能分析

谐波电流治理后，节能分析如下：

1）滤波后减少的无功损耗 P_H：

$$P_H = \sum_{H=5,7,11,13} \sqrt{3} \times U_H \times (I_{H1} - I_{H2}) \times \sin\phi_H$$
$$= 0.49\text{kW}$$

2）滤波后减少的有功损耗 P_0：

$$P_0 = \sqrt{3} \times U_1 \times (I - I_1) \times \cos\phi_1 = 7.4\text{kW}$$

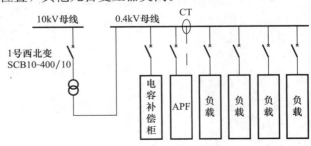

图 3　谐波治理装置安装位置

3）谐波在变压器中的有功能量损耗 P_T：

$$P_T = 3 \sum_{h=2}^{\infty} I_h^2 R_T K_{hT} = 15.57 \text{kW}$$

式中　I_h——通过变压器的 h 次谐波电流；

　　　R_T——变压器工频等值电阻；

　　　K_{hT}——由于谐波的集肤效应和邻近效应使电阻增加的系数，当 h 为 5、7、11 和 13 时，K_{hT} 可分别取 2.1、2.5、3.2 和 3.7。

4）谐波无功的能量损耗 D_i：

$$D = \frac{I_H}{I_1} \times Q_1 = 3.53 \text{kVar}$$

其中 $Q_1 = \sqrt{3} \times U_1 \times I_1 \times \sin\phi_1$

有源滤波器的功率损耗，按照平均 2kW 计算，则：

滤波总有功节省为：

$$P = P_H + P_T + P_0 - 2\text{kW} = 21.46 \text{kW}$$

滤波总无功节省为：

$$D = 3.53 \text{kVar}$$

（1）每年节省有功电费（按照每年 12 个月，每月工作 22d，每天 12h 计算）：

$$P \times 12 \text{月} \times 22\text{d} \times 12\text{h} \times 0.6 \text{元}/\text{kWh} = 4.08 \text{万元}$$

（2）每年节省谐波无功电费（无功功率 18.00 元/kVar/月，按照每年 12 个月计算）：

$$18 \text{元}/\text{kVar}/\text{月} \times \text{d} \times 12 \text{月} = 762.48 \text{元}$$

（3）总节省电费费用（按照每年 12 个月计算）：

$$\text{总节省电费费用(RMB)} = \text{a 项} + \text{b 项} = 4.16 \text{万元}$$

注：以上结果是在测量值和其他估计值的基础上计算而得，测量的误差和估计值的误差将会直接影响最终计算结果。本计算仅供参考。

4　小结

通过以上分析可以看出，因为谐波电流，使得电网的可靠性、安全运行存在很大隐患。有源电力滤波器并联在电网中，可有效缓解谐波对电网的压力，将谐波危害降低到最低。同时，经过谐波治理，还有一定的节能效果，会降低线路及变压器损耗，提高输电设备的使用寿命，节约社会资源。

供电系统的安全始终是第一位的，如何保证电网系统安全，需要从各个方面考虑，尽可能减少或者降低存在的供电安全隐患，实现绿色电网、节能降耗，符合现代化企业发展要求，谐波治理势在必行。

参考文献

[1] 褚俊伟. 电力系统分析 [M]. 北京：水利电力出版社，1995.
[2] 胡铭，陈衍. 有源滤波技术及其应用 [J]. 电力系统自动化，2000，24（3）：28.
[3] 罗安. 电网谐波治理和无功补偿技术及装备 [M]. 北京：中国电力出版社，2006.
[4] 姜齐荣，赵东元，陈建业. 有源电力滤波器：结构·原理·控制 [M]. 北京：科学出版社，2005.

中央空调冷水机组能源效率与负荷率动态匹配节能技术

李玉街　王琪玮（贵州汇通华城股份有限公司，贵州 贵阳 550018）

【摘　要】　冷水机组是中央空调系统运行过程中能耗最大的设备。本文分析了冷水机组的部分负荷性能和部分负荷率对其能源效率的影响，提出了基于能源效率与负荷率动态匹配的冷水机组节能控制技术，并介绍了冷水机组能源效率与负荷率的动态匹配方法。

【关键词】　中央空调　冷水机组　部分负荷性能　COP　PLR　动态匹配

【Abstract】　The chillers are the equipments which have the highest energy consumption in the operation of the central air-conditioning. The article analyzes the influence towards the energy efficiency from partial load performance and partial load rate of the chillers，proposes energy-saving control technologies based on dynamic adaptation between energy efficiency and load rate for the chillers，and introduces the method of dynamically adaptation between energy efficiency and load rate for the chillers.

【Keywords】　central air-conditioning，chillers，partial load performance，COP，PLR，dynamically adaptation

1　引言

在各种中央空调系统中，冷水机组的能耗都是最大的，因此，有效降低冷水机组的能耗尤为重要。

由于空调系统的负荷总是随着室外气象条件和室内人流量的改变而变化的，据统计，冷水机组满负荷的运行时间不到总运行时间的3％，其余绝大部分时间都是在部分负荷下运行，由此可见，冷水机组的能耗其实主要是在部分负荷工况下运行的能耗。因此，如何降低部分负荷工况下冷水机组的能耗，就成为中央空调节能的关键所在。

2　冷水机组的部分负荷性能

冷水机组的运行能耗与其性能有关，而冷水机组的性能包括全负荷性能和部分负荷性能。

评价冷水机组的性能参数很多，但衡量冷水机组的动力经济性指标通常采用制冷性能系数 COP（Coefficient of Performance），也称制冷系数。它是指在规定的工况下冷水机组的制冷量与所消耗的功率之比，即消耗单位功率所获得的制冷量。因此，COP 表示了冷水机组的能源利用效率。

冷水机组的 COP 越大，表示冷水机组能源利用效率越高，冷水机组的性能就越好，反之就越差。但冷水机组的 COP 并不是固定不变的，它不仅随运行工况的不同而不同，而且随空调负荷的变化而变化。

冷水机组在部分负荷工况下的运行性能称为冷水机组的部分负荷性能。冷水机组部分负荷性能的优劣对其运行能耗的影响是很大的。

目前，评价冷水机组部分负荷性能的指标一般都采用"综合部分负荷性能系数"IPLV（Integrate Partial Load Value）。美国空调与制冷学会在 ARI 550/59098 标准中规定的 IPLV 计算公式见式（1）：

$$IPLV = 0.01A + 0.42B + 0.45C + 0.12D \tag{1}$$

式中　A、B、C、D 分别是冷水机组在100％、75％、50％和25％负荷下的 EER，式中的系数是冷水机组在评价负荷点运行时的权重系数。

我国国家标准《公共建筑节能设计标准》GB 50189—2005 中规定的 IPLV 计算公式和检测条件见式（2）：

$$IPLV = 2.3\% \times A + 41.5\% \times B + 46.1\% \times C + 10.1\% \times D \tag{2}$$

式中

A——100％负荷时的性能系数（W/W），冷却水进水温度30℃；

B——75％负荷时的性能系数（W/W），冷却水进水温度26℃；

C——50％负荷时的性能系数（W/W），冷却水进水温度23℃；

D——25％负荷时的性能系数（W/W），冷却水进水温度19℃。

可见，无论是美国标准中，还是我国标准中，IPLV都是在部分负荷时的权重系数高，以强化冷水机组的部分负荷性能。

随着冷水机组技术的不断进步，先进的冷水机组都有较完善的自动控制装置，能够根据负荷变化自动调节机组内制冷剂的循环流量，使制冷量的输出跟随负荷的变化而改变，从而大大改善了机组的部分负荷性能。

3　负荷率对冷水机组COP的影响

冷水机组的性能特别是能源利用效率COP，与众多因素有关，如运行工况——使用侧的冷冻水温度和放热侧的冷却水温度，以及部分负荷率（Part Load Rate 简称PLR）。

运行工况直接反映了冷水机组外部因素对机组性能的影响；而部分负荷率PLR指的是冷水机组实际制冷量与额定制冷量的比值，它反映了冷水机组内部因素对机组性能的影响。

工程上，通常将COP表示成PLR的函数，见式（3）。

$$COP = f(PLR) \tag{3}$$

函数 f 的形式一般为多项式，可通过现场试验曲线拟合得到。不同类型冷水机组的COP与PLR的函数关系也不同。

例如，某制冷量650RT/h离心式冷水机组，其制冷量、耗电量与负荷率PLR的关系，如表1所示。

某离心式冷水机组制冷量、电量与负荷率PLR的关系　　　　　　表1

负荷率（PLR％）	制冷量（Rt/h）	耗电量（kW）	单位冷量耗电（kW/RT）
100	650	429	0.660
90	585	355	0.607
80	520	296	0.569
70	455	250	0.549
60	390	213	0.546
50	325	182	0.560
40	260	158	0.608
30	195	134	0.687
20	130	109	0.838
13	85	93	1.094

可见，当负荷率在60％时该冷水机组制冷效率最高，单位冷量的耗电最少，其单位冷量的耗电比100％负荷时低17.27％。

又如，某螺杆式冷水机组的部分负荷性能参数如表2所示：

某螺杆式冷水机组的部分负荷性能参数　　　　　　表2

负荷率PLR（％）	20	30	40	50	60	70	80	90	100
实际制冷量（kW）	82	123	164	205	246	286	327	368	409
输入功率（kW）	21	24	27	32	38	46	57	70	116
性能系数（COP）	3.9	5.1	6.1	6.4	6.5	6.2	5.7	5.3	3.5

从表2中数据可以看出，在负荷率为60％时，COP最高，比100％负荷时高83.8％。

对于吸收式冷水机组，其COP最大点亦在部分负荷区域内。如某直燃机COP与负荷率的关系，见表3。

负荷率 PLR（%）	COP	加权系数	综合结果
100%	1.370	0.01	0.0137
75%	1.581	0.42	0.6640
50%	1.631	0.45	0.7340
25%	1.269	0.12	0.1523

PLR 在 50% 时，该直燃机 COP 最高，比额定负荷时高 19.05%。

可见，不论何种类型的冷水机组，当其负荷率 PLR 改变时，冷水机组的能源效率 COP 都会变化，并在某一负荷率下具有最大值。

当冷水机组部分负荷性能优于全负荷性能时，若使冷水机组在其高效的部分负荷区域内运行，必将显著地提高其能源效率，这无疑是实现冷水机组节能的一种有效途径。

4 冷水机组制冷量与负荷需冷量的匹配

中央空调系统不可能总在满负荷下运行，随着建筑物内部和外部热量的变化，空调系统实际上就是一个动态的部分负荷率 PLR 随变系统。

当冷水机组的制冷量与空调负荷需冷量一致时，制冷剂在蒸发器内吸收的热量正好等于空调负荷的热量，此时的冷水机组工作点称为平衡点。

冷水机组的制冷量是否与空调负荷平衡，不仅关系到建筑物内部空气环境的质量，也关系到空调系统的效率与能耗。当冷水机组制冷量大于负荷需冷量（即冷量过剩）时，必定存在冷量的浪费；当冷水机组制冷量小于负荷需冷量（即冷量不足）时，又会影响建筑物内的空调效果。

因此，在变负荷工况下，如何实现冷水机组制冷量与负荷的匹配，同时又使冷水机组运行在高效的负荷率区域，这就是冷水机组节能需要研究的重要技术课题。

目前，中央空调系统运行时，往往通过冷水机组运行台数组合来适应建筑物对冷量的需求。但由于缺乏必要的技术手段和装备，不少中央空调系统的运行管理人员并不了解自己所操控的冷水机组的性能，也不知道冷水机组 COP 的高效负荷区域，还以为冷水机组在满负荷甚至超负荷运行时最节能。殊不知，正是这种盲目地让冷水机组总是工作于满负荷甚至超负荷的低 COP 状态，才造成了中央空调系统能源效率的低下。

近年来，为了降低冷水机组的能耗，人们研制了冷水机组的群控技术，即根据空调负荷的大小，对多台冷水机组的运行台数进行调控，但绝大多数都是根据冷冻水的供回水温度或温差来控制机组的运行台数。

而在《公共建筑节能设计标准》GB 50189—2005 中第 5.5.4 条，要求"冷水机组优先采用由冷量优化控制运行台数的方式"。因为冷水机组 COP 的最高点通常位于该机组的某一部分负荷区域，所以，采用冷量控制的方式比采用温度或温差控制的方式更有利于冷水机组在高效率区域运行而实现节能。

采用冷量优化控制方式，就是根据空调负荷所需的冷量多少来确定机组运行的台数组合，以实现冷量的供需平衡，确保空调的服务质量。同时使冷水机组工作于高效的部分负荷区域，最大限度地降低机组的运行能耗。

5 基于能源效率与负荷率动态匹配的冷水机组节能控制技术

在多台冷水机组联合运行时，应用了计算机技术、自动控制技术等先进的技术手段，根据空调负荷变化和各台冷水机组的部分负荷效率（COP-PLR）特性，择优选择机组运行台数组合并动态分配其负荷，使每台机组都能在高 COP 负荷区域内运行，从而实现冷水机组效率与负荷的匹配，在保证空调效果的前提下使冷水机组总能耗最低。这就是基于能源效率 COP 与负荷率 PLR 动态匹配的冷水机组节能控制技术，它是一种采用由冷量优化控制运行台数的方式。

实现冷水机组能源效率 COP 与负荷率 PLR 动态匹配，需要注意以下几个环节：

1）建立冷水机组运行特性分析模型

不同类型的冷水机组其部分负荷性能各不相同，相同类型的冷水机组其部分负荷性能也有差异。因此，只有准确掌握了各台冷水机组的性能（即能源效率 COP 与负荷率 PLR 的关系），才可能实现其效率与负荷率的匹配。

实际工程中，被普遍忽视的一个问题是：当同一型号的冷水机组在相同工作环境中运行时，其实际性能（COP）也往往存在较大的差异。因此，需要应用信息采集技术获取冷水机组在各种负荷率下运行的制冷量和能耗数据，再应用计算机技术建立起冷水机组运行特性分析模型，从而获得各台冷水机组能源效率 COP 与 PLR 的关系曲线。即各台冷水机组实际的部分负荷性能特性，充分掌握每台冷水机组高效运行的负荷率范围，为机组效率与负荷率的最佳匹配提供依据。

2）建立空调负荷预测分析模型

中央空调负荷的时变性为冷水机组的能源效率与负荷率匹配增加了难度，盲目的调控往往难以获得预期的效果。只有准确地知道了空调负荷的大小及其变化规律，才能为其选择合适的机组运行台数组合，在保障其负荷需求的情况下实现机组的经济运行。为此，需要对空调系统的负荷进行动态预测。

通过空调负荷预测，可获得建筑物当日的逐时负荷信息，建立起反映建筑物空调负荷变化规律的负荷曲线，进而得到当日各个时段的负荷工况，为冷水机组的运行调控提供科学的依据，以防止盲目或频繁地启停机组。

3）建立冷水机组效率与负荷动态匹配模型

当多台冷水机组联合运行时，冷水机组总能耗不仅与运行机组的性能有关，而且与运行机组间的负荷分配有关。因此，应根据建筑物空调负荷的变化和各台机组的部分负荷性能，动态分配每台机组所承担的负荷，使每台机组都运行在自己的高效负荷区域内，从而实现机组效率与负荷动态匹配。

为此，需要建立冷水机组效率与负荷动态匹配模型，根据不同空调季节、不同负荷时段所处的不同负荷工况，以及所配置的冷水机组台数及每台机组的 COP-PLR 特性，择优选择机组的运行台数组合。

当空调负荷和机组运行组合确定后，各台运行机组之间的负荷分配方案不同，机组效率与负荷率的匹配优劣不同，则运行机组总能耗也会不同。因此，运行机组间的负荷分配是影响机组效率与负荷率匹配优劣的又一关键所在。显然，这种负荷分配既要动态分配，又要优化分配，才能使每台机组都能高效运行，实现机组总能耗最低。

4）建立基于运行机组总效率最佳的群控策略

在同一个空调日内的不同负荷时段，往往会采用不同的机组运行组合，各种机组运行组合之间的交叉和衔接好坏（比如加机、减机、停机条件和时间的控制），同样会对机组的总能耗产生影响。为此，需要建立基于运行机组总效率最佳的群控策略。

所谓的群控策略，就是冷水机组的控制逻辑，即在什么条件下开机或加机，什么条件下减机或停机。虽然通过冷水机组效率与负荷动态匹配模型可以获得优化的运行组合方案，但运行组合方案并不是控制逻辑，只有建立了相应的群控策略，优化的运行组合方案才有可能实现。

根据空调负荷变化情况、机组运行组合方案和群控策略，实时推测和判断开机、加机、减机或停机的条件及最佳时刻；预测开机、加机、减机后各台机组的负荷率、COP 及运行机组总的 COPs，并与实际检测值进行比较、验证；若有偏差，分析其原因并采取针对性措施，动态调节各台机组之间的负荷分配，以实现机组效率与负荷率的最佳匹配，使运行机组的总能耗最低。

6 结语

当今，冷水机组已是一个制冷量可调节的系统，在其制冷量可调节范围内，使其制冷量输出始终工作于高效的负荷率上，这就是冷水机组节能的控制目标，也是冷水机组节能的有效方法。

空调负荷多变，各台机组 COP 随 PLR 的变化特性又不一致，要在保障建筑物的冷量需求下实现冷水机组效率与负荷率的动态匹配和优化匹配，虽不是很难的事，但也并不简单。

只有应用当今先进的技术手段，才能在变负荷工况下择优选择冷水机组的优化运行组合，并动态分配运行组合内各台机组间的负荷，确保每台机组都工作在其 COP 的高效负荷区，使运行机组的整体效率最佳、总能耗最低。

目前，基于能源利用效率 COP 与负荷率 PLR 动态匹配的冷水机组节能控制技术已在全国各地众多的中央空调节能工程项目中得到成功应用，实现了冷水机组节能 10％～30％的良好效果。

参考文献

［1］ 中国建筑科学研究院，中国建筑业协会建筑节能专业委员会. 公共建筑节能设计标准 GB 50189—2005［S］. 北京：中国建筑工业出版社，2005.

［2］ 李玉街，蔡小兵，郭林. 中央空调系统模糊控制节能技术及应用［M］. 北京：中国建筑工业出版社，2009.

［3］ 蒋小强，龙惟定，李敏. 部分负荷下冷水机组运行方案的优化［J］. 制冷与空调，2009，9（3）：96-97.

浅谈铁路客站电气的绿色节能设计

吴建云　都治强（中铁第五勘察设计院集团有限公司建筑设计院，北京 102600）

【摘　要】　本文简要介绍了铁路客站电气绿色节能设计的方案及实施策略，对已有绿色铁路客站建筑进行了分析，最后阐述了铁路客站进行绿色电气节能设计的必要性。

【关键词】　铁路客站　绿色节能　必要性

【Abstract】　This article briefly introduced the green energy-saving electrical design and implementation strategy of the railway station. According to the analysis of the existing green railway station buildings, it explained the necessity for green electrical energy-saving design of railway station.

【Keywords】　railway station，green energy-saving，necessity

1　前言

能源是人类可持续发展的宝贵资源，世界各国在发展经济的同时，越来越重视节约能源。"节能降耗"是我国的基本国策之一。近年来，随着我国铁路运输事业的快速发展，特别是高速铁路的跨越式发展，我国迎来了铁路站房建设的高潮。为认真贯彻国家节能减排的要求，铁道部近年来先后印发了《关于铁路做好建设节约型社会和加快发展循环经济的实施意见》和《关于加强铁路节能工作的实施意见》，为铁路节能减排提供指导。本文从以下几个方面针对火车站房电气节能和环保设计，阐述了笔者的设计思想和观点，希望对同行及专家在设计和建设火车站房时提供参考。

2　供配电系统

2.1　负荷计算

1）火车站房的主要用电负荷包括：空调用电、照明用电、信息系统用电、商业用电等。负荷计算方法基本上都采用单位指标法、需用系数法以及负荷密度法。方案阶段可采用单位指标法确定变压器的容量及台数。初步设计和施工图设计阶段则采用需用系数法。

2）变电所应尽可能的靠近负荷中心设置，低压配电间靠近电气竖井，合理布置供电网络，使低压供电半径尽量的短；供电线路的电压损失满足规范要求的允许值，减少线路的电压损失，提高供电网络的供电质量及网络运行的经济效益。火车站房居中部分基本为旅客活动场所，主要有候车大厅、售票厅、旅客服务用房等，空调机房、电力系统用房等设备用房主要集中在火车站房两侧。火车站房变电所的设置宜靠近站房负荷中心，火车站房规模较小时，空调系统用电量相对比较大并且集中，条件允许的前提下，变电所宜靠近空调机房侧布置；火车站房规模较大时，按负荷中心分散设置变电所。尽量减少低压侧线路长度，降低线路损耗。选用高效低损耗的变压器，力求使变压器的实际负荷接近设计的最佳负荷，提高变压器的技术经济效益，减少变压器能耗。优化变压器的经济运行方式，即采用最小损耗的运行方式。对于季节性负荷（如空调机组）或专用的设备可考虑设置专用变压器，以降低变压器损耗。合理地选择线路路径，配电线路尽量短，以降低线路损耗。

3）由于普通塑料（橡胶）电缆以及普通阻燃电缆、电线在燃烧时存在高发烟、高毒性的弊端，被困人员以及消防人员易吸入有毒的含卤气体导致窒息伤亡，造成火灾的二次灾害。火车站房设计中，普通负荷配电宜采用辐照交联聚乙烯绝缘（聚烯烃护套）A 级阻燃低烟无卤型 WDZA-YJ（F）E（BYJ（F））电缆和导线，其阻燃级别选用 A 级。消防负荷配电宜采用 A 级阻燃耐火低烟无卤型 WDZAN-YJ（F）E（BYJ（F））电缆和导线。

2.2　功率因数补偿及谐波治理

1）火车客站的电力负荷如电动机、变压器、气体放电灯等设备，大多属于电感性负荷，这些设备在运行过程中不仅需要向电力系统吸收有功功率，还同时吸收无功功率。因此，需要安装电容器无功补偿设备，补偿感性负荷所消耗的无功功率，减少电源侧向感性负荷提供的无功功率。减少无功功率在供电回路中的流动，降低输配电线路、变压器及母线因输送无功功率造成的电能损耗。

2) 火车客站电气设计中，在变压器低压母线段，采用电容器集中分步自动补偿，以提高功率因数；对于容量比较大、负载相对稳定且长期运行的用电设备，无功功率宜单独就地补偿；气体放电灯宜自带补偿电容。由于采用大量气体放电灯、变频设备及 UPS 电源，会产生很多的谐波电流，而铁路专业的通信、信号、信息化系统用电设备，以及建筑物智能化系统用电设备对电源的质量要求较高。除对这类设备采取单独供电的处理措施外，还应在变压器低压母线侧安装无源和有源谐波的装置。

3) 安装调谐式电抗电容器组达到无源滤波的目的，调谐式电抗电容器组在进行功率因数补偿、改善功率因数的同时，可以有效地吸收谐波电流、降低谐波电压，大大的降低谐波对电气设备的危害，并净化电源。补偿后，要求变压器低压侧功率因数大于 0.95、高压侧功率因数大于 0.94，满足供用电规划的要求。

4) 在变压器的个别敏感负荷位置安装有源滤波器，达到有源滤波的目的。有源滤波器基于直接相电流控制（DPCC）技术，具备优异的动态性能，响应时间小于 1ms，可补偿的三相补偿谐波电流谐波次数可以达 50 次，并能应用三相四线的补偿技术消除中性线电流的 3 次谐波，达到最佳的谐波滤出效果。当三相 UPS、EPS 电源输出端接地形式为 TN 系统时，中性线应接地，以钳制由谐波引起的中性线点位升高。

5) 由于谐波分布的多变性和谐波工程计算的复杂性，要在设计阶段完全的解决谐波问题是非常困难的，故工程调试与试运行阶段的谐波实测与分析，对于电力系统的谐波治理和最终提高电能利用率起着决定性作用。铁路站房的相关配电系统主干线的谐波骚扰强度宜达到一级标准。

2.3 变配电设备选择

1) 配电用变压器、在线式静止逆变应急电源等设备是配电系统中主要电源设备，但自身也消耗一定电能。通电运行后长期在电网上运行，一般只有在检修时才退出电网，若选择不当其本身耗电量的累积值也很大。因此，选择变压器和在线式静止逆变应急电源时应注意：

（1）选择自身功耗低的变配电设备；

（2）选择国家认证机构确认的节能型设备；

（3）选择符合国家节能标准的配电设备。

2) 变压器的选择

（1）节能变压器的能效标准：

节能变压器是空载、负载损耗相对较小的变压器，根据行业标准的要求，某一型号或系列的变压器，新型号的自身功耗比前一个型号低 10%。例如：S10 型应比 S9 的空载、负载损耗低 10%。国家关于变压器的能效标准促进了变压器自身损耗的降低。

（2）变压器的选择原则：

① 变压器台数选择应根据负荷特点和经济运行进行选择，当符合下列条件之一时，宜装设两台及以上变压器。

• 有大量重要及以上级别的负荷；

• 季节性负荷比较大；

• 集中性负荷较大。

② 装有两台及以上变压器的变配电所，当其中一台变压器因故断开时，其余变压器的容量应能够满足重要及以上级别负荷的用电，并满足用户主要设备的用电要求。

③ 变压器容量应根据计算负荷选择。对昼夜或季节性波动较大的负荷供电的变压器，经技术经济比较可选用容量不一致的变压器。

④ 在一般情况下，动力和照明负荷宜共用变压器。属下列情况之一时，可设置专用变压器：

- 当照明负荷比较大，或由于负荷变动引起的电压闪变或电压升高，严重影响照明质量及光源寿命时，可设置照明专用变压器；
- 当火车站房的空调负荷等季节性的负荷容量较大时，可设专用变压器。

⑤ 在一般情况下应选用 D，yn11 接线方式的变压器，使变压器容量在三相不平衡负荷下得以充分利用，并有利于抑制 3 次谐波电流。

3　电气照明

3.1　照明设计和设备选择

照明节能设计应在保证不降低作业面视觉要求和照明质量的前提下，力求最大限度的减少照明系统中的光能损失，最大限度的采取措施来利用电能、太阳能。

1）照明分类

根据火车站房的功能特点，其人工照明按使用类别分为正常照明、应急照明、值班照明、广告照明和景观照明等，其中应急照明分为备用照明、安全和疏散照明。

候车大厅、站台层、出站通道等大空间的照明分为主体照明和辅助照明两种。主体照明为在建筑内所能进行的各种活动提供必需的一般照明照度水平，辅助照明包括局部区域照明、广告照明和装饰照明，以提供高于一般照明的照度水平。两种照明分别控制，以达到节能的目的。管理办公检查场所设置一般照明，并根据需要设置局部照明以增加照度水平。

对正常照明因故障熄灭后，尚需确保正常工作或活动继续进行的场所，装设备用照明，如客运主控室、通信信息机房、售票室、变配电房、消防控制室、消防水泵房、候车厅等处。

对正常照明熄灭后，尚需确保人员安全疏散的出口和通道，楼梯以及进出站厅、旅客地道、候车厅、售票厅等公共场所应装设疏散照明。

值班照明利用平时照明的一部分。

2）灯具及光源种类的选择

室内高大空间选用金卤灯，一般场所则选用 T5 高光效荧光灯或 T8 三基色荧光灯配电子镇流器、紧凑型节能荧光灯为主，疏散指示灯则选用 LED 光源。

灯具效率根据其出口光形式，须满足国家规范的最低效率要求。光源显色指数不低于 80。灯具维护系数按安装场所选择。

3）一般照明设计

（1）光源：

一般场所为荧光灯或节能型灯具，候车厅、入口大厅、站台等高大空间采用金卤灯光源。

（2）照明指标：

一般照明的照度均匀度不低于 0.8，若受筑限制无法均匀布灯，可放宽至 0.6。统一眩光值一般不高于 22，办公作业场所不高于 19。

水平照度值按现行国家标准《建筑照明设计标准》GB 50034—2004 执行。

（3）大厅一般照明：

大厅、站台等公共区域的一般照明，采用两个相互独立的电源分别交叉供电至均匀分组布置的灯具上，各占 50%。当失去一路电源时，仍能保证公共场所有比较均匀的照度。使一般照明也兼具了部分应急照明的功能，可以作为公共区的备用照明。

由于不同的灯具和光源，其参数不一致，不同的建筑装修，其反射系数也不一样。因此，在设计施工图前，应根据所选定灯具的型号，采用专业照度计算软件进行分析计算，以确定灯具的布置和数量。

4）景观照明

景观照明即建筑物立面照明，应配合建筑装修风格、城市特点和周围景观，由建筑设计师和照明设计师共同设计。配电设计预留为景观照明供电的条件，预留管线通道，景观照明应符合以下要求：尽量采用绿色节能光源，如 LED 灯及光导纤维等；不产生光污染，不对行人及车辆产生眩光；能独立控制和计费；不同组团的景观照明器分别控制。

3.2 照明控制

1）火车站房的智能照明控制系统包括照明控制的范围和功能要求，以及整个系统的系统结构。办公区走廊、候车室、贵宾门厅等公共位置宜采用智能照明控制系统。

2）智能照明采用分区控制的概念，系统将建筑分为不同的控制区域：第一类为办公区走廊；第二类包括候车室；第三类为贵宾门厅。办公室走廊区域通过设置移动探测器进行人体感应，实现有人时自动开灯，无人时自动延时关灯的功能。候车室、贵宾门厅根据不同时段候车人员不同的特点，分场景控制。

3）场景设置：照明可分为全部开启、1/2 灯具开启、1/4 灯具开启、1/8 灯具开启、全部关闭和分区域开启等模式。现场已设置场景调节面板，方便专业人员进行现场调节。

4）设备要求

（1）照明控制设备宜采用被动冷却方式，以保证设备的免维护性。

（2）系统在湿度为 90％，温度为 45℃环境下能正常运行。

（3）系统可实现以天、周、年为周期的定时设定功能，实现各受控区域的自动化管理。系统分区就地控制完全独立，互不干扰，一个分区停止工作不影响其他分区和设备的正常运行；系统中任意器件损坏也不影响本区内其他器件正常工作；系统分区就地控制由独立的控制面板操作完成。

（4）系统模块记忆的预设置灯光场景，不因停电而丢失；且每个智能照明控制模块应有断电后恢复供电时，保持断电前场景及原有场景设置功能。

（5）监控中心可利用其图文界面方便地监控相应分区或整个系统。

5）系统在监控中心的电脑能对整个照明系统进行实时的监控，包括操作各照明回路的开、关，显示各回路灯具的位置（图形显示）及其运行状态（开或关），提供运行时间和事件记录功能，并具有事件发生时提示功能。系统可根据一年 365 天或每天的需求按照程序照明控制系统进行调光或开关控制设定。系统操作功能应具有高度灵活方便性，维护与编程人员分为多级（最多五级）权限管理，并通过不同权限可在控制系统总线上的任意控制点进行监控、程序修改及编程。

6）系统具有可扩展性，有开放的通信接口和协议，方便与总集成联动。

3.3 天然光的利用

为了在设计火车客站中充分贯彻国家的节能法规和技术经济政策，实施绿色照明，根据项目情况宜尽可能利用技术措施将天然光引入室内进行日间照明。根据工程的具体位置、日照情况来进行经济、技术比较，合理的选择导光和反光装置进行设计。对日光有较高要求的场所，宜采用主动式导光系统；一般场所可以采用被动式导光系统。当采用天然光导光或反光系统时，采用照明控制系统对人工照明进行智能控制，当天然光对室内照明达不到照度要求时，控制系统自动打开人工照明，直到满足照度要求。

4 建筑设备的电气节能

4.1 空调系统

1）冷冻水及冷却水系统

（1）系统应监测冷水机组或热交换器、阀门、水泵、冷却塔风机等设备的状态、供回水的温度、压差及流量。

（2）控制冷水机组、水泵、冷却塔风机等设备的启停及投入运行的台数，在条件允许时能进行调速控制。

2）通风及空气调节系统

（1）监测空调和新风机组等设备的风机运行状态、空气的温湿度、CO_2 浓度等。

（2）控制空调及新风机组等设备的启停、变新风比焓值控制和变风量时的变速控制。

3）中央空调变流量系统

该系统是对制冷机房的空调设备进行集中节能控制，是一套完整的节能控制系统。采用模糊控制和变频技术，由变流量控制器将定流量系统转变为变流量控制系统。

4.2 给排水系统

为了实现给排水系统的节能控制，应对生活给水、中水及排水系统的水泵、水箱（水池）的水位及系统压力进行监测。根据水位及压力的状态，自动控制相应水泵的启停，自动控制系统主、备用泵的启停顺序。对系统故障、超高低水位及超时间运行等进行报警。

4.3 电梯

电梯一般是成套定型设备，楼控系统仅对电梯、扶梯的状态监测及进行启停控制，不提具体节能控制要求。

5 可再生能源利用

我国铁路客站不仅数量多，而且能源消耗巨大。针对铁路旅客站进行可再生能源利用的设计是极为必要的。利用太阳能进行辅助发电，既可以满足铁路旅客站实际使用的需求，又达到了减少非可再生资源消耗的目的，符合国家倡导的可持续发展的指导精神。铁路客站太阳能的利用可结合站房形式的特点进行设计。以北京南站为例，在设计时将太阳能发电系统与车站建筑美学相结合，在高架候车厅屋顶设置太阳能光板，每年可发电18万度。成为铁路系统实现绿色运输、可持续发展思路中的闪光点。

6 结束语

综上所述，建筑电气节能的原则是：在充分满足、完善建筑物功能需求的前提下，尽量减少能源消耗，提高能源利用率。而不是降低建筑物的功能要求，简化其功能标准。本文主要对火车客站电气节能设计的方案、实施策略等内容做了分析讨论。在生态环境备受关注的今天，认真做好铁路客站的绿色节能设计是极其紧迫和必要的，对中国交通发展和城市化建设有重大的影响，对实现整体高效绿色环保有积极意义。

参考文献

[1] 赵奕. 建立中国绿色铁路客站标准的必要性探索 [J]. 铁道经济研究. 2010（3）.
[2] 盛晖、李传成. 绿色铁路旅客站建筑设计探讨 [J]. 铁道经济研究. 2010（1）.
[3] 江心. 绿色铁路新客站. 铁道知识 [J]. 2009（2）.
[4] 沈瑞珠. 智能照明系统在智能建筑中的应用. 低压电器. 2002（5）：20～22.
[5] 铁道部工程设计鉴定中心. 铁路客站站房照明设计细则 [S]. 2009.
[6] 中国建筑标准研究院. 全国民用建筑工程设计技术措施电气节能专篇 [S]. 北京：中国建筑工业出版社，2007.

地铁车站 LED 照明质量和节能效果分析

张建平　李卫军　皮雁南（北京地铁运营技术研发中心，北京102208）

【摘　要】　本文以北京地铁车站LED照明示范工程为研究对象，通过对该工程车站照明质量及节能效果的测试、分析，评价了工程的整体质量，并分析了地铁的用电环境，对LED照明产生的影响，对LED照明在地铁进一步推广应用有着重要的意义。

【关键词】　LED照明　轨道交通　地铁车站　示范工程　照明质量　节能效果

【Abstract】　This article takes Beijing subway station LED lighting demonstration project as the research object. Through the tests and analysis on the lighting quality and the energy saving effect in the stations，it estimates the general quality of the project and analyses the electrical environment of the station and the effect on the LED lighting，which has a significant meaning to the further applying and spreading of the LED lighting in subway stations.

【Keywords】　LED lighting，rail transit，subway station，demonstration project，lighting quality，energy-saving effect

1　引言

城市轨道交通系统中照明电力消耗约占电力整体消耗的13％左右，因此提高照明系统的节能性，对于促进整个城市轨道交通的可持续发展具有不可忽视的重要作用，同时也是城市轨道交通主管部门不可推卸的社会责任。LED作为第四代照明产品，它具有发光效率高、能耗低、寿命长、响应快、无频闪、不含汞、无污染和控制灵活等特点，若能在地铁照明系统中成为主要照明光源，将对于节能减排，建设"低碳经济"具有十分重要的意义。北京地铁在2010年开展、实施了LED照明应用示范工程，在满足国家相关标准、规范的前提下，采用T8LED照明产品，对地铁部分车站公共区的照明灯具进行了替换，并依据相关标准，进行了一年多的相关现场测试，对照明质量及节能效果进行了测试与分析。同时采用问卷方式，进行了照明环境的视觉评价，跟踪记录了灯具现场运行使用维护的情况。限于篇幅有限，因此本文仅列出车公庄站、传媒大学站的测试数据。

2　工程概况

北京地铁承载着数百万首都市民的日常出行，地铁车站LED照明示范工程示范车站的选取优先考虑了运营安全、工程实施改造难度等因素，同时兼顾考虑了车站的建筑结构、车站的建设及开通年代、车站所在地理位置、车站客流特征等因素，确定了示范工程实施地点为地铁2号线车公庄车站、5号线北新桥车站、八通线传媒大学车站和2号线车公庄——阜成门区间隧道。示范工程采用近几年技术飞速发展，并具有节能、环保、寿命长、可智能控制等优点优势的半导体照明产品，对车站和区间隧道内既有照明灯具进行替换。

示范车站及灯具基本情况见表1和表2。

车站及灯具基本情况　　　　　　　　　　　　　　　　表1

示范地点	改造场所	灯具类型及布置方式	灯具安装高度及功率（LED）
车公庄站	站台、站厅	格栅、顶部光带	站台5m～6m，站厅3m，20W
北新桥站	站台	格栅、顶部光带	站厅3m，20W
传媒大学站	站台、站厅	格栅、顶部光带	站台3.2m，站厅3.2m，20W
车—阜区间	区间隧道	投光灯、单侧布置	3.8m，11W

车站及灯具基本情况　　　　　　　　　　　　　　表2

示范地点	原灯具形式	替换灯具数量（支）	车站结构
车公庄站	T8 直管荧光灯	T8LED-1.2656	地下站、岛式站台
北新桥站	T8 直管荧光灯	T8LED-1.2292 T8LED-0.664	地下站、岛式站台
传媒大学站	T8 直管荧光灯＋筒灯	T8LED-1.2593	地上站、侧式站台
车—阜区间	隧道灯	直管 LED 隧道灯 161	地下区间隧道

3　测试与分析

为科学、合理地分析本次照明示范工程的照明质量和节能效果，依据国家、行业的相关标准与规范，确定了测试包括三个方面：

1) 车站照明现场测试，包括现场照度、照度均匀度、现场色温、显色指数和照明功率密度等特性指标的测试；

2) 车站照明现场主观评价；

3) 车站照明运行。

3.1　测试与分析

车站照明现场测试是对 LED 照明改造示范工程改造后现场的现场照度、照度均匀度、现场色温、显色指数和照明功率密度等指标，进行近一年的连续测试，并记录、分析变化过程。

水平照度测点的布置为横向间距 2m，纵向间距 5m，所有测点均匀布置，垂直照度的测量方向为垂直于列车并指向站台内侧方向，平均每个月测试一次，连续测试时间接近一年。

车公庄站及传媒大学站 LED 照明测试数据汇总见表3、表4。

车公庄站测试数据汇总　　　　　　　　　　　　　　表3

测量项目	设计标准值	测量值
站台水平照度 Ehave（lx）	150	230
站台水平照度均匀度 U	0.7	0.5
南站厅水平照度 Ehave（lx）	200	190
南站厅水平照度均匀度 U	0.7	0.6
北站厅水平照度 Ehave（lx）	200	228
北站厅水平照度均匀度 U	0.7	0.6
站台照度功率密度 LPD（W/m²）	10	7.8
现场色温 Tcp（K）	3300～5300	5602
现场一般显色指数 Ra	80	70

传媒大学站测试数据汇总　　　　　　　　　　　　　　表4

测量项目	设计标准值	测量值
站台水平照度 Ehave（lx）	100	252
站台水平照度均匀度 U	0.7	0.5
换乘大厅水平照度 Ehave（lx）	150	237
换乘大厅水平照度均匀度 U	0.7	0.6
站台照度功率密度 LPD（W/m²）	10	6.5
换乘大厅照度功率密度 LPD（W/m²）	11	7.0
现场色温 Tcp（K）	3300～5300	6245
现场一般显色指数 Ra	80	72

通过对测量值与标准值的比对，得出：

1) 各场所实测照度平均值大部分远高于标准照度值规定，最高已高于标准值的 150％ 以上，所测照度低于标准值的场所，经勘查是由于堆放了部分物品而造成了照度降低。

在实际运营中，过高强度的 LED 照明，有时甚至还会引来乘客对 LED 灯光过于"刺眼"的投诉；在满足照明标准要求下，降低照射强度，不但可以获得投入成本、能源的节约，还可以获得"柔和"的照明环境。

2）现场照度均匀度均低于标准值规定，影响了场所的照明质量。

针对现场实测的照度值计算分析，在满足照度标准的情况下，适当的降低现场照明的平均亮度，使照度均匀度提高，既能达到同样的识别辨认物体的视觉效果，同时又能降低用电量，达到节能降耗减排的目的。

3）现场色温高于标准值，没有达到标准要求。虽然过高的色温，光效会高，但人的视觉舒适度会大大受到影响。

4）现场一般显色指数低于标准要求。

5）照明功率密度均符合标准中规定的现行值的要求，并超过了目标值的规定。表明采用 LED 照明的节能效果是明显的，传媒大学站最高，平均节电达到 35%～40% 之间。

3.2 车站照明现场主观视觉评价

现场主观视觉评价主要是了解乘客及地铁工作人员对 LED 照明示范工程照明效果的满意状况，并从多方面分析照明改造的效果。采用现场填写调查问卷的形式，共收回有效问卷 599 份。问卷包括两大部分内容：一为乘客基本信息统计，包括乘客性别、年龄、学历、职业、是否经常乘坐地铁等；另一部分为照明环境视觉满意度调查，包括以下几个指标：照度、眩光、照度分布、光斑和阴影、光色、颜色显现、站内装修、站内空间与陈设、同站外的视觉联系和整体印象等。

被调查人员包括了示范车站的地铁工作人员及乘客，还有照明专业人员。问卷涉及了视觉环境影响人的工作效率与舒适的评价项目，每个项目包括五个等级，被调查人员进行现场观察与判断，并填写调查问卷相关问题。采用综合评价体系，完成照明环境对乘客和工作人员主观影响的综合评价。如图 1 所示。

3.3 灯具运行情况

1）在测试期间，通过现场巡视，发现 LED 灯具在地铁使用，还存在部分工艺质量问题。安装在车站出入口的灯具，使用初期，有很多灯具

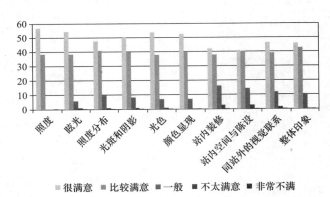

图 1　视觉评价指标满意度分布

出现黑斑。经厂家回厂解剖、分析，发现问题是电路板出现虚焊或脱焊现象，一方面是厂家工艺质量有问题；另一方面，安装在地铁出入口位置的灯具，受外界环境影响，日常使用中，灯具晃动较大，造成部分焊点脱焊。后期，厂家改变了灯具内部电路板工艺，有效解决了问题，效果良好。

2）北京地铁车站出入口使用的荧光灯在冬季通常会出现不能启动、闪烁现象，使得灯具不能正常工作，现场照明质量严重降低。在使用了 LED 照明产品后，此类问题得到解决。

3）地铁列车的运行，会产生大量的粉尘，车站大功率电器设备的开启，造成电磁干扰、电压波动、瞬间电流冲击等，使地铁的用电环境不同于其他行业。在运行测试期间，出现一到两支灯具电源器件被部分击穿的现象，现阶段即使是专业做电源研发的企业对这个问题都没有很好的处理方案。

4　结语

北京地铁车站 LED 照明示范工程的实施，经近一年的测试，能耗方面，平均节能 30% 以上。通过对示范车站进行环境视觉评价，广大司乘人员对照明效果比较满意，与 LED 灯具照明质量相关问题的满意率均在 86% 以上。而地铁特殊的环境，由于粉尘、电磁干扰、电压波动、冲击电流等的存在，对

LED 照明产品的电器等级、防护等级等参数，提出了不同于其他应用环境的要求。随着 LED 照明产品技术的发展，产品性能更加稳定，各项指标都有很大的提高，在现阶段通过逐步推广应用 LED 照明产品，也是对 LED 照明行业技术发展的促进。

参考文献

[1] 杨思甜. LED 照明在地铁节能工作中的应用 [J]. 山西建筑，2010，36（2）：185-186.

停车场管理系统在某商业综合体中的应用

张　亮（广州市瑞立德信息系统有限公司，广州 510630）

【摘　要】　本文主要介绍了智能停车场管理系统在某商业综合体中的综合设计，使用该系统后，停车场的管理更加方便、快捷，有效提高了停车场的使用效率。

【关键词】　停车场出入口管理　车位引导　区域诱导　视频车位引导

【Abstract】　The paper mainly introduces the comprehensive design of intelligent parking management system in commercial complex，the system makes the management of park become more easy and fast，and improve the efficiency of parking.

【Keywords】　management of parking access，parking guidance，regional induction，video parking guidance

1　概述

高端商业综合体是将城市中商业、办公、居住、旅店、展览、餐饮、会议和文娱等城市生活空间的三项以上功能进行组合，并在各部分间建立一种相互依存、相互裨益的能动关系，从而形成一个多功能、高效率、复杂而统一的综合体。

随着城市的不断发展和高端商业综合体的不断涌现，机动车的停车管理及大量人员进出管理问题迫在眉睫，许多高端商业综合体都面临着每天数百辆车和数百位内部人员及访客的日常管理工作。近几年，将人性化的管理思想与科学精确的管理手段相结合的智能商业综合体管理系统引起了众多业主和物业管理机构的重视，并已成为智能建筑中的重要组成部分。

因此在设计高端商业综合体一卡通整体解决方案时，必须考虑上述问题，设计是工程建设的先行官，优化设计对确保技术先进及工程质量是至关重要的。

2　某项目概况

某高端商业综合体是集商业、商务、酒店、公寓为一体的综合群体建筑。该项目地理位置绝佳，建成后将成为该市最大的商业项目。目前，已吸引多家著名金融机构以及企业进驻。该项目地面下停车场共3个出入口，其中2个出入口可下负一层或负二层，标记为1号出入口、2号出入口；另1个口设置为固定车辆进出口；标记为3号口；地下二层K轴以北车位为银行专属车位，需封闭，禁止外部车辆驶入。项目地下停车场共有两层，分别为负一层、负二层，目前设计平面车位数100个；机械停车位390个，其中一层车位170个，双层车位110套。

3　项目设计分析

3.1　停车场出入口管理系统

停车场出入口管理系统是对整个车库进行统一的管理和收费。系统采用中央管理、出口岗亭收费模式，月保车辆、固定用户车辆可采用远距离卡识别；临时来访车辆采用入口取临时卡，出口收费并收卡；系统具有图像对比、车牌自动识别功能和区域车位引导功能。系统通过验证出入卡、车牌识别和图像对比识别各进出车辆，从而防止车辆被盗。停车场中央管理系统具有多出入口的联网与管理功能，可在线监控整个停车场系统、收支的记账与报表、停车场系统的当前状况及历史记录、卡数据库管理等。系统采用基于以太网的中心联网管理，各出入口与中心服务器数据进行远程传送，数据共享。具有标准、开放的通信接口和协议，以便进行系统集成。

根据出入口分布，该项目停车场共包括地下2层，负一层部分为商铺，允许停放车辆类型有：临时车辆、月保车辆、固定用户车辆；负二层原则上为月保车位、银行专属车位，也允许部分临时车辆停放，因此对于3个出入口，主要设计如下：

（1）1号、2号口分别设置1进1出，用于固定车辆、临时车辆进出，临时车辆取卡进入，在停车场出入口安装票箱、道闸、远距离读卡器、车牌识别摄像机等设备；固定车辆进出采用远距离读卡模式，可实现不停车进出，结合车牌识别技术，保证车辆的停放安全；对于临时车辆在入口票箱处安装自动发卡机，用于临时车辆通过按键取卡方式进入；出口设置岗亭及收费设备，用于临时车辆出场收费。

（2）3号口设置1进1出，主要用于持远距离卡片的月保车辆进出；在停车场出入口安装道闸、远距离读卡器、车牌识别摄像机等设备。

（3）负二层K轴以北为银行专属车位停车区，对这部分车位不允许外部车辆驶入，因此有必要设置管理设备，根据车行轨迹，此部分车位管理可设置1进1出停车出入口管理设备，以远距离读卡为主，不设置临时取卡设备，不需收费；主要安装道闸、远距离读卡器。

3.2 车位引导系统

考虑到该项目车流量较大，停车场属中大型停车场，为了提高车位使用效率，有以下几种解决方案。

1）设置车位引导系统

（1）该项目地下停车场平面车位初步估计100个，该部分车位管理采用超声波一体式探测器，不需联网管理，只需显示即可；探测器探测到车位有车时显示红灯，探测器探测到车位无车时显示绿灯，车辆可通过红绿灯找空余车位。

（2）该项目机械车位数为390，其中一层车位170个，双层车位110个。

对于机械停车位则采用视频车位监测方式，一个视频头可监测2个停车位。

视频车位引导系统是通过在车场的每个或每两个停车位上前方安装视频车位检测终端，对停车位的图像信息实时抓拍，视频车位检测终端将抓拍到的车位图像信息进行车位状态处理及车牌识别，再通过网络交换机把车位状态及识别的车牌号码信息、有停车车位的汽车图像信息、汽车停车时间、汽车停放位置信息与服务器进行通信，并最终把这些信息传输给到服务器的数据库中进行统一管理。车位管理系统如图1所示。

当车主通过安装在车场的寻车查询终端输入自己汽车的车牌时，触摸屏接收指令后会调取服务器的数据，并在屏幕上显示车主当前所在的停车场地图，地图上会标明车主所处位子和其车辆所停放的位子，并根据停车场总体路线情况选择一条最佳取车路线显示在该停车场地图上，从而引导车主取车。

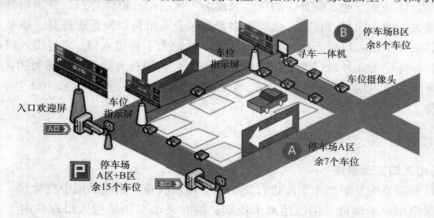

图1 停车场管理系统图

对比传统方案，该方案从硬件设备到系统结构都体现出简洁可靠的优势。硬件设备方面，采用网络摄像头代替车位探测器，提高了5倍使用寿命；车辆引导采用液晶显示器代替LED显示屏，提高了信息容量，还方便内容更换；系统结构方面，监控、引导、出入控制统一管理，减少系统复杂度，提高管理效率。

2）区域诱导系统

该项目采用在停车场内部设置停车区域诱导系统，在停车场出入口及停车场内部交叉路口设置地感线圈，检测车辆进出停车场情况；在内部车道设置区域诱导显示屏，显示区域剩余车位数量，指引车主停车。为了达到区域引导的效果，需清晰划分负一层及负二层停车场的区域及行车路线；区域引导系统作为停车场管理系统的一个子系统，可以独立运行。也可与计算机联接，由区域管理器采集数据，中央控制器处理区域剩余车位数据和驱动显示。

在 3 个停车场主入口设置大区剩余车位显示组合屏作为车辆进入室内停车场的一级引导屏；同时针对每个大区进行小区分割，比如对负二层根据行驶路线将区域分割为 A、B、C、D 四个校区，在每个小区区位的入口处和出口处各设置一个车辆感应器，每个停车区位入口处设置一个导向显示屏，导向显示屏滚动显示各区位的车位总数、剩余车位数等提示信息。每个区位安装区域管理器；当管理器检测到区位入口车辆感应器有信号输入时，作"加 1"操作；当管理器检测到区位出口车辆感应器有信号输入时，作"减 1"操作。控制器将"减 1"、"加 1"操作的结果计算出来，并且通过导向显示屏实时显示车位的动态信息。

在实施了停车区域引导或车位引导系统后的，寻找空车位时间减少了 50%，无效行驶历程减少了50%，停车位的使用总效率增加了 10%。

4 系统设备组成

4.1 停车场出入口管理系统

停车场管理设备包括入口设备、出口设备、收费处设备、管理处设备四大部分，如图 2 所示。

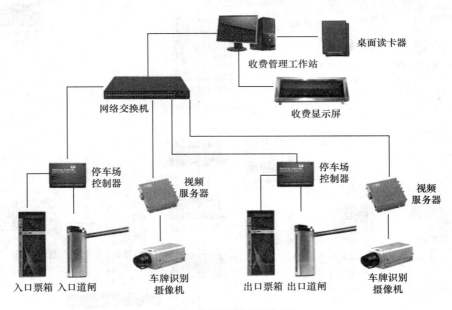

图 2 停车场管理设备图

入口设备主要包括：入口票箱（含网络型控制器、自动语音设备、LED 显示屏、取卡机、刷卡读卡器、远距离读卡器等设备）、入口道闸、摄像机等；

出口设备主要包括：出口票箱（含网络型控制器、自动语音设备、LED 显示屏、自动收卡机-预留中央收费功能、刷卡读卡器、远距离读卡器等设备）、出口道闸、摄像机等；

收费处设备主要包括：收费工作站、收费显示屏、收费读卡器；

管理中心设备主要包括：管理服务器、授权工作站、授权发卡机。

4.2 视频车位引导系统

针对本项目，机械车位引导系统主要组成包括：核心交换机、接入交换机、视频车位监测终端、车位引导屏、寻车查询终端，服务器及软件，如图 3 所示。

4.3 区域诱导系统

区域诱导系统主要组成包括：区域引导系统服务器、服务器软件、中央控制器、区域诱导控制器、区域管理器、地感检测器、地感线圈、入口总显示屏、区域引导屏等，如图 4 所示。

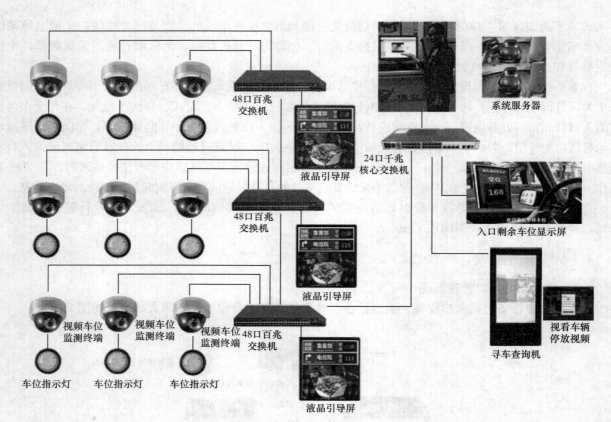

图 3　机械车位引导系统

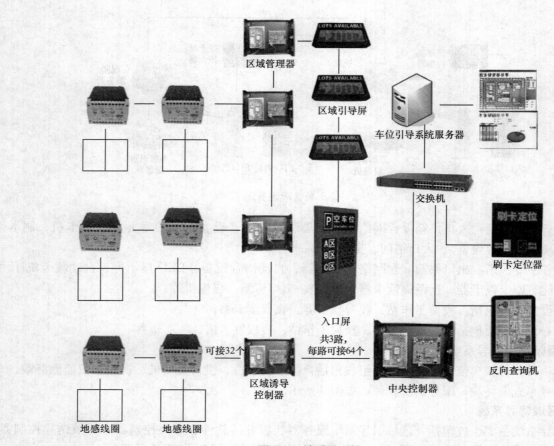

图 4　区域诱导系统

5　结束语

通过前面的论述及介绍可知，在城市快速化发展的今天，停车场管理呈现出自动化、智能化、便捷化的特点。智能停车场管理技术在高端商业综合体工程实践中的地位和作用随着智能建筑的发展会变得更加重要。随着时间的推移和经济的发展，更多优秀的停车场管理系统将会被应用到每个人的日常生活中。

第三篇　电气节能设计工程案例

上海汽车博物馆智能照明系统
——I-bus KNX 应用的节能探讨

上海国际汽车城发展有限公司汽车博物馆项目组　王世平　徐　挺　刘瑞岳

【摘　要】　本文简介了 I-bus KNX 在汽车博物馆照明控制系统中一些基本原理、结构、设备使用和控制特点。探讨了汽车博物馆照明系统的组成、达到节能的控制模式以及理论数值分析，比较了节能效果。

【关键词】　I-bus KNX　控制种类　节能　理论分析数据

【Abstract】　This article states several basic principles, structure, equipment usage and control characteristic of I-bus KNX in Car Museum lighting control system and also shows the formation of Car Museum lighting system, controlling pattern of energy conservation and theoretical data analysis as well as comparison of energy conservation results.

【Keywords】　I-bus KNX, controlling pattern, energy conservation, theoretical analysis data

1　工程概述

上海汽车博物馆地处嘉定区安亭上海国际汽车城，位于汽车城核心区汽车博览公园内，占地面积 11700m²，建筑面积 28130m²，建筑物地上 5 层，地下 1 层，F1 至 F3 是通顶大空间，并带有车载坡道，F4、F5 为异型空间。馆内每天最高人流量 5000 人，年人流量为 60 万左右。该馆是一座现代化专业博物馆，上海市城市文化标志性建筑，也是新的文化旅游景点和经济增长点。

上海汽车博物馆的智能照明系统，从汽车文物的保存、研究、陈列、休闲等基本功能出发，以节能为目标，除充分满足文物陈列展览、收藏保护、科学研究、国际文化交流及其他业务正常开展之需要外，还要体现汽车博物馆异型建筑外观效果的景观照明，勾勒出晚间室内颇具美感的大空间和水晶般的折光通透感。

汽车博物馆 1F 到 3F 空间大，空间为异型，整个照明系统灯具数量多且分布错落，若以人工来操作既需要增加人员又效率低。为了使汽车博物馆的照明系统实现高效节能的管理，在汽车博物馆照明系统中应用了欧洲 KNX/EIB 技术的 I-bus KNX 系统，它很好地提供了一个智能、安全、简洁、成熟、灵活、节能的控制手段，达到了节约能源降低运营成本的目的。

2　汽车博物馆智能照明系统构成

2.1　系统的基本原理

I-bus KNX 系统基于开放式总线标准，具有开放性、分布性、兼容性、稳定性和安全性，采用模块化结构及国际标准化组织 ISO 的标准 OSI 模型通信协议，其使用的所有内部协议全部公开，可与各种楼宇系统进行连接，适合各种建筑结构的特点。

I-bus KNX 系统具有强大的可扩展性和施工简单的优势，只需一条总线即可将每个楼层的照明配电箱联在一起，布线安装非常灵活，可以和强电同槽、共管，开关模块等智能元器件可以安装在各区域的强电配电箱中，并且采用 35mm 标准 DIN 导轨安装方式，外形尺寸为标准模数化，无须额外增加特殊箱体和管槽就可以实现智能控制。

每个楼层可以独自运行，也可以将 I-bus KNX 总线拉到安保机房与相关系统进行连接，即可对照明系统进行集中监视和远程控制。

2.2　系统的结构

本工程的 I-bus KNX 智能照明控制管理系统是由一条干线将 3 条支线的元件连接起来形成的一个系统，由三种元器件：传感器、驱动器、系统元件组成。通过每条支线上控制箱中的 I-bus KNX 模块，每个模块通过唯一的物理地址与其他模块相区别，经过程式编制，设定各种功能，通过传感器送出不同地址信号来对整个汽车博物馆智能照明系统进行控制和管理。系统结构图如图1所示。

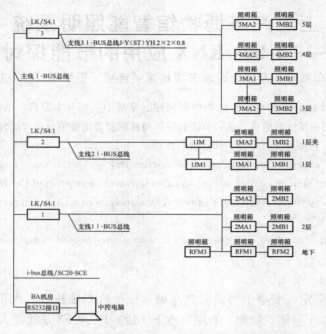

图1　国际汽车博物馆I-BUS智能照明控制拓扑图

2.3　系统布线

2.3.1　总线控制电缆连接简单，可编程的系统元件在任何时候均可扩充或更改，节省大量安装材料，减少火灾隐患。

2.3.2　传感器如面板开关只需接上总线。

2.3.3　智能照明系统控制箱将根据图纸要求安装在固定的位置，所有总线采用抗干扰性强的I-bus KNX总线专用电缆。

2.4　系统主要设备

系统主要设备　　　　　　　　　　　　　　　　　　　　　　　　　　　表1

名称	型号	数量
总线耦合器（暗装）	6120-102-500	26
Solo 4 联多功能面板	6127 MF-84	25
Solo 外框，单联	1721-84	25
双值输出，2 对，16A，	SA/S 2. 16. 5S	2
双值输出，4 对，16A，	SA/S 4. 16. 5S	10
双值输出，8 对，16A，	SA/S 8. 16. 5S	30
电源供应器，320mA，	SV/S 30. 320. 5	4
线路耦合器，MDRC	LK/S 4. 1	3
时间继电器，4 个频道	SW/S 4. 5	1
光亮传感器，3 通道，	HS/S 3. 1	1
RS232 接口，FM	6133	1
图形软件	WINSWITCH	1
电脑		1

2.5　系统的特点

设计快捷：本系统设计及设备的选择参照原设计院的布线图纸，根据汽车博物馆特点作简单的深化设计，避免了施工图的过多更改。

灵活：系统所采用的都是模块式元件，灯光控制模块为 SA/S8.16.5S、SA/S4.16.5S、SA/S2.16.5S 每对 16A，带电流检测功能，控制面板为 6127MF-84 带场景/总线耦合器 6120。电气安装总线是开放式的，在大跨度钢结构中，允许方便改变建筑物照明使用功能。

安全：系统中使用的 I-bus KNX，使所有灯光回路的控制设备采用 SA/S*.16.5S 带电流检测，能及时反映灯光回路的状态，便于维护保养。

节能：WINSWITCH 可视化软件的图形界面及控制功能是本系统控制及管理的重点，软件的图形界面反映了：灯光回路的状态（ON \ OFF，故障），每一层楼照明平面图状态，定时控制状态，每一回路电流检测和集中管理。功能上满足了物业人员对汽车博物馆不同时间照明需求、不同展览内容的照明需要，可调整照明环境，以最大限度减少能源消耗。系统软件图形界面友好，操作方便，修改容易。

2.6 系统控制区域组成

（1）上海国际汽车博物馆馆内智能照明系统主要由地上 F1 至 F5 层、F1 夹、F3 夹及地下 BF1 组成：BF1 有 13 个工作回路，5 个备用回路。F1 有 82 个工作回路，18 个备用回路。F1 夹有 6 个工作回路，1 个备用回路。F2 有 45 个工作回路，9 个备用回路。F3 有 42 个工作回路，12 个备用回路。F4 有 9 个工作回路，7 个备用回路。F5 有 20 个工作回路，4 个备用回路。

（2）汽车博物馆馆外泛光照明系统主要由室内、室外地上 F1 至 F5 组成：

F1 室外是草坪地埋灯，MDD-411/35W 共 46 套。F1 室内 T5 地埋灯，GGT815/128 HE-AW 15 套，GGT815/121 HE-AW 30 套，GGT815/128 HE-B 52 套。

F2 室内 T5 地埋灯，GGT815/12 HE-AW 76 套。F2 室内 T5 泛光灯，CWT510/128 HE-F 17 套，CWT510/121 HE-F 2 套。

F3 室内 T5 地埋灯，GGT815/121 HE-AW 8 套，GGT815/128 HE-AW 82 套，GGT815/128 HE-AW 26 套，GGT815/128 HE-AW 25 套，GGT815/114 HE-AW 2 套。

F4 室内 T5 泛光灯，CWT510/128 HE-F 60 套。

3 汽车博物馆智能照明系统节能应用

3.1 光源、灯具的选择

（1）建筑节能策略的第一步就是提高照明系统效率，即控制照明能耗的增长率。汽车博物馆照明节能目标就是在选择光源的时候，考虑了照明光源的高效率、长寿命、低污染。既满足了经济性，又体现了技术性：如选用细管径的荧光灯 T5、金卤灯、卤钨灯和电子镇流器等。

（2）根据汽车博物馆展览特点，对不同光源进行了综合比较：按照博物馆的环境照度、长寿命来选择光源；按照环境对展品的显色要求和色温要求来选择光源。

（3）由于汽车博物馆大厅区是通顶大空间，由 F1 到 F3 组成，净高 17m，光源要求较高，如：照度要求、色温要求、寿命要求。大厅选用了 1000W 和 400W 金卤灯和卤钨灯为主要光源。

（4）F1 到 F5 展览区均为大空间，展厅选用了 150W 金卤灯和 100W 卤钨灯。

（5）泛光照明系统光源的要求比较特殊：光源照度要求、光源光线集中要求、光源色温要求等，要通过玻璃幕墙使博物馆具有视觉上的通透性，博物馆外的黄色飘带和银色遮光罩要映出本色。光源选用了 2×21W 和 2×28W 的 T5 荧光灯，以及 1×70W 的金卤筒灯。

（6）地下停车库和其他区域选用节能荧光灯。

以上这些高效率光源与节能灯具结合使用，使汽车博物馆的日常运行成本大大节约。

3.2 控制种类

（1）手动控制：

手动控制在特殊情况下使用，例如：面板控制、WINSWITCH 可视化软件控制。在线路失效时，使用此操作应注意手动开关后模块不会发送状态值，造成实际灯光开闭情况与 WINSWITCH 可视化软件界面不一致的情况，此时可以按下 WINSWITCH 可视化软件界面中的初始按钮，即可同步。

（2）本地控制：

用 Solo 4 联多功能面板进行控制。为了方便物业人员能对现场不同层的公共区域照明回路进行控制，系统配置了 Solo 4 联多功能面板。Solo 4 联多功能面板采用标准的 86 型盒安装，通过总线耦合器与控制总线连接。

Solo 4 联多功能面板分别安装在不同楼层核心筒通道处，每层 2 个到 21 个，合计有 58 个。每个控制面板都可以通过程序设定，控制任何一个回路。每一个控制面板可控四个回路，为了防止误动作，控制面板都带自锁功能，物业人员可以在现场进行锁定或解锁，也可以在中心控制室，通过工作站进行远程锁定或解锁。

（3）WINSWITCH 可视化软件进行控制，即用 WINSWITCH 可视化软件中的彩色图形进行控制：

在 F1 的中心控制室中，物业人员可以使用工作站上的应用软件，全方位的对整个博物馆的照明系统中每一个回路进行控制，并且可以根据需要，对可视化软件进行回路数、时间参数、区域参数等进行设定，来满足不同的需要，达到节能目的。该控制方式同样也用在室外的泛光照明系统中。

以下是 WINSWITCH 可视化软件控制的界面图，例：

（1）彩色图形界面控制：在每一层照明平面图上，左边有各楼层的全开全关按钮，场景模式按钮，能快捷、方便的达到控制效果。

（2）单个回路控制：每一个回路都可以单独的开关，显示开关模块的反馈。单击"开"、"关"按钮即可控制。

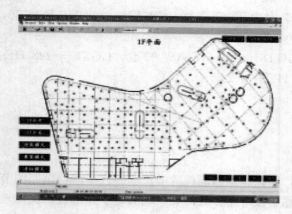 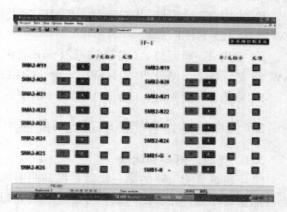

（3）泛光照明控制：泛光照明控制系统分室内、室外两部分，可全部开启（按展览模式按钮）也可以只开室外部分（按一般模式按钮）。

（4）定时控制：在定时控制之前按下"定时模块开"按钮，在 WINSWITCH 可视化软件上可以对泛光照明、室内照明场景等进行单独一天，多天，周的定时设定。

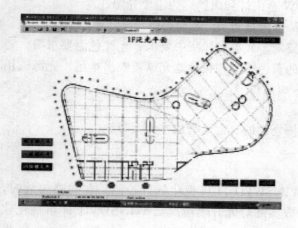 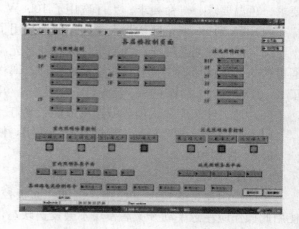

（5）电流检测：除泛光照明外，其余照明回路电流都可以被检测。

（6）集中管理：按下"面板锁定"按钮可以锁住所有室内照明模块，此时无论现场面板、WINSWITCH 可视化软件都不可控制，只能人为拨动开关控制，此功能在展览期间采用，可以防止错误操作面板等情况出现。按下"面板解锁"按钮解除锁定，此时的 WINSWITCH 可视化软件界面灯光回路开闭示意可能会与实际不一致，只要按下初始化按钮即可解决。

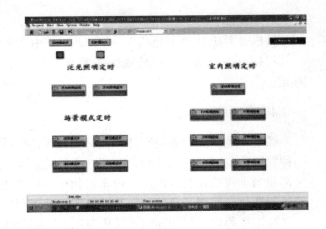

3.3 照明控制区域划分

（1）汽车博物馆馆内的照明系统分如下几个控制区域：

1）主要区域：F1 至 F3 大厅区、F1 至 F5 展览区。

主要区域可通过场景预设，使灯光营造出不同环境效果，给人以完美的视觉享受；同时在满足室内的照度前提下，出于节能和管理的目的，对博物馆内各区域进行不同模式设定。

大厅区、展览区预设模式如下：迎宾模式，全部灯光 100%；展览模式，部分灯光 70%；清扫模式，部分灯光 20%。

2）公共部分如走廊、地下室的灯光通过定时控制的展览时间（开启 100%）、闭馆时间（开启 20% 的灯光），达到节约能源和便于管理的目的。定时的时间可分成两种模式：一般模式、双休日模式。控制的时间可按开馆和闭馆的实际情况灵活变换，物业人员根据不同的需要切换不同的模式。

3）地下车库：在展览期间打开地下车库所有的照明回路。在休息时打开 50% 的车位照明和 100% 的走道照明。

（2）博物馆外区域：

泛光照明通过 WINSWITCH 可视化软件的图形界面来控制，分一般模式（50%）和展览模式（100%），以达到节约能源、降低运行成本和便于管理的目的。

3.4 应用 I-bus KNX 系统节能对比（理论计算）

整个博物馆有 BF1，F1 到 F5（含两个夹层），共 6 层。照明用电容量为 117kW（大厅容量为 25kW，展区容量为 70kW，泛光照明容量为 22kW），该容量只计由 I-bus 系统控制的照明回路。每周展览为 6 天，室内每天为 12h（9：00 至 21：00 时），室外泛光照明每天为 3h（19：00 到 22：00 时）。

在这个时间里，使用 I-bus KNX 控制系统，整个博物馆照明系统节能分析如下：

（1）由人工控制，没有安装 I-bus KNX 控制系统情况下：

每天室内耗能：$(70+25) \times 12 = 1140$kW·h，

每天室外耗能：$22 \times 3 = 66$kW·h

室内外日耗能合计：1206kW·h，

一年耗能：$1206 \times 365 = 440190$kW·h

按商业用电 1 元/kW·h 计，一年电费支出 44.019 万元。

（2）应用 I-bus KNX 控制系统，在不同控制模式下（迎宾模式（100%）、展览模式（70%）、清扫模式 20%）计算能耗。

每天开馆前和闭馆后各有 15 分钟馆内清扫工作为清扫模式，大厅区域为迎宾模式，展览区域为展览模式；泛光照明周二到周五 4 天为一般模式，其他为展览模式。

每天室内耗能：$(25+70) \times 0.2 \times 0.5 + 25 \times (12-0.5) + 70 \times 0.7 \times (12-0.5) = 860.5$kW·h

每天室外耗能：$22 \times 0.5 \times 3 = 33$kW·h 或者 $22 \times 3 = 66$kW·h 平均值为 49.5kW·h

室内外日耗能合计：910kW·h，

一年耗能：$910 \times 365 = 332150 \text{kW} \cdot \text{h}$

按商业月电计费 1 元/kW·h 计，一年电费支出 33.215 万元。

根据上述数据，汽车博物馆照明系统中使用 I-bus KNX 控制系统，每年电能费用少支出 10.804 万元。

4　结束语

综上所述，照明系统怎样节能是现代生活中的重要一环。智能照明系统是照明系统的技术推动，是一种发展，是一个进入节能、环保、系统化和集成化的时代标志。这是一个全世界各行各业都涉及到、又都相当重视的议题。因此，汽车博物馆照明系统从节能的经济性、使用的可靠性、操作的人性化、控制的智能化来实现绿色照明、节能照明、环保照明，使系统更具有简捷化、灵活化、维护节约化。

在汽车博物馆智能照明系统中应用 I-bus KNX 系统，营造了照明与建筑相协调的景观环境，实现了照明节能、安全、可靠、环保，使用简便、人性化这一目标。

国家游泳中心 ETFE 围护结构照明节能浅析

中建国际设计顾问有限公司　董　青

【摘　要】　本文根据 ETFE 气枕围护结构光学特性和建筑物采光系数的研究结果，结合现场实测照度数据，对室内主要区域光环境进行分析研究，并与参考建筑比照，说明国家游泳中心全 ETFE 气枕围护结构实现的照明节能效果。

【关键词】　照明节能　ETFE 气枕围护结构　采光系数　功率密度　节能率

【Abstract】　According to the optical characteristics of ETFE exterior-protected construction and the researched results from building lighting coefficients, the paper makes an analysis on the light environment for the main indoor areas of the center in combination with the illuminance data tested at the site. It explains the lighting energy saving effect by using ETFE for the swimming center comparing with the reference building.

【Keywords】　lighting energy saving, ETFE exterior-protected construction, lighting coefficient, power density, energy-saving rate

1　前言

当前，由于我们普遍面临的能源紧张和环境污染问题日趋严重，节能减排已逐步成为我国的基本国策，并在全国实施和推广。在民用领域内，如何降低建筑物能耗亦成为节能工作的重点。而建筑物能耗中的第一耗能大户是空调，第二耗能大户就是照明。建筑照明节能除采用高效的系统设备并进行合理的设计以外，还借助于特殊的建筑物围护结构提高自然采光水平实现照明节能，而且后者的节能效果往往更加显著。国家游泳中心所采用的全 ETFE 气枕围护结构，既可全方位的将自然光引入室内，又在营造自然舒适的室内光环境的同时，为照明节能提供了良好的条件。以下将从 ETFE 气枕围护结构光学特性入手，分析室内主要区域的光环境，得出 ETFE 气枕围护结构的照明节能效果。

2　ETFE 气枕围护结构光学特性

国家游泳中心的 4 个立面和顶部均由双层 ETFE 气枕构成，如图 1 所示。每个气枕又由 3～5 层 ETFE 膜构成，且每个气枕的膜材均由透明 ETFE 膜材、蓝色 ETFE 膜材以及镀点 ETFE 膜材（为改善热工性能）组成。

除立面和顶部采用 ETFE 气枕外，室内还特设两道气枕墙，将室内空间分隔为比赛大厅、热身池大厅和戏水大厅等几个主要的区域，平面分布如图 2 所示。

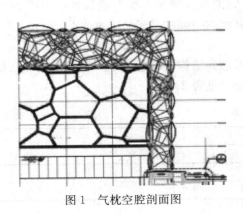

图 1　气枕空腔剖面图

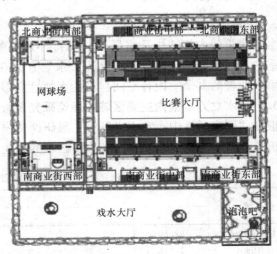

图 2　主区域平面分布图

图 2 中所示的比赛大厅、戏水大厅、南商业街和网球场等场所的顶部即为 ETFE 气枕，因而自然光利用条件比较优越，是照明节能的重点区域。但由于顶部和立面不同部位气枕的镀点率不同，不同区域围护结构的光学特性也不尽相同。根据"国家游泳中心室内光环境"科研课题研究结果，ETFE 气枕围护结构光学特性如表 1 所示。

各区气枕光学性能参数   表 1

分 区		材 料	镀点所占面积（%）	透射比（%）	反射比 1（%）	反射比 2（%）
屋顶分区	分区 1	250TB＋100NJ-S＋100NJ＋250NJ-S	65	31.60	35.54	42.42
	分区 2	250TB＋100NJ＋100NJ＋250NJ-S	65	44.91	31.09	35.65
	分区 3	250TB＋100NJ＋100NJ＋250NJ-S	20	60.02	23.01	25.89
	分区 4	250TB＋100NJ＋100NJ＋250NJ-S	10	63.27	21.28	23.92
天花板分区	分区 1	250NJ-S＋100NJ＋100NJ＋250NJ	65	49.41	35.31	35.76
	分区 2	250NJ-S＋100NJ＋100NJ＋250NJ	10	70.82	23.25	23.45
北外立面	分区 1	250TB＋100NJ＋250NJ-S	0	70.00	16.78	18.16
	分区 2	250TB＋100NJ＋250NJ-S	10	66.52	18.68	20.84
	分区 3	250TB＋100NJ＋250NJ-S	50	52.32	26.46	30.33
北内立面	分区 1	250NJ-S＋100NJ＋100NJ	0	81.11	16.22	16.39
西外立面	分区 1	250TB＋100NJ＋250NJ-S	0	66.52	18.68	20.84
	分区 2	250TB＋100NJ＋250NJ-S	50	52.32	26.46	30.33
	分区 3	250TB＋100NJ＋250NJ-S	30	59.58	22.54	25.47
西内立面	分区 1	250NJ-S＋100NJ＋100NJ	50	59.63	29.01	29.33
	分区 2	250NJ-S＋100NJ＋100NJ	30	68.31	23.76	24.10
南外立面	分区 1	250TB＋100NJ＋250NJ-S	0	66.52	18.68	20.84
	分区 2	250TB＋100NJ＋250NJ-S	50	52.32	26.46	30.33
南内立面	分区 1	250NJ-S＋100NJ＋100NJ	50	59.63	29.01	29.33
东外立面	分区 1	250TB＋100NJ＋250NJ-S	10	66.52	18.68	20.84
	分区 2	250TB＋100NJ＋250NJ-S	30	59.58	22.54	25.47
	分区 3	250TB＋100NJ＋250NJ-S	50	52.32	26.46	30.33
东内立面	分区 1	250NJ-S＋100NJ＋100NJ	10	76.87	18.69	18.94
	分区 2	250NJ-S＋100NJ＋100NJ	30	68.31	23.76	24.10
	分区 3	250NJ-S＋100NJ＋100NJ	50	59.63	29.01	29.33
室内隔墙	分区 1	200NJ＋200NJ	0	85.21	12.41	12.41

注：上表中的分区 n 代表不同分区内镀点不同的部位。

3 室内主要区域光环境分析

3.1 参考建筑的采光效果

参考建筑的内部结构及格局划分与待评建筑的基本相同，4 个外立面上有固定的窗墙比，没有天窗。室内各区域间的内墙隔断类型为：水立方为双层 ETFE 膜的气枕结构、参考建筑为反射率为 0.55 的实墙。两者的其余室内各空间材料的光学性能参数相同。其室内空间的采光情况见表 2。

3.2 "水立方"室内主要区域的理论采光系数

根据"国家游泳中心室内光环境"科研课题研究结果，考虑到结构网架会产生严重的遮挡和气枕污染的折减系数等主要因素，室内各主要区域的采光系数计算结果见表 3。

参考建筑各空间采光水平   表 2

区 域	采光系数（%）						
	0～0.5	0.5～1	1～1.5	1.5～2	2～3	3～4	＞4
比赛大厅	92.39	7.61	—	—	—	—	—
休闲池	74.48	18.62	3.45	0.34	2.76	0.34	—

区 域	采光系数（%）						
	0～0.5	0.5～1	1～1.5	1.5～2	2～3	3～4	＞4
南商业街	86.77	8	2.46	2.77	—	—	—
北商业街	60.62	20.62	8.31	6.46	4	—	—
网球场	78.85	9.62	1.92	4.81	0.96	3.85	—

室内各空间采光系数计算结果　　　　　　　　　　　　　　　　　　　　表3

区 域	计算区域（m）	计算高度*（m）	网格间距（m）	采光系数（%）		
				最大值	最小值	平均值
比赛大厅	110×35	0.2	5×5	3.67	0.62	2.28
休闲池	140×45	0.2	5×5	4.31	0.00	2.13
南商业街	160×10	0.8	2.5×2.5	5.07	0.89	2.35
北商业街	160×10	0.8	2.5×2.5	24.03	1.21	4.53
网球场	35×60	0.8	5×5	3.90	1.69	3.06

3.3 室内主要区域实测照度

1）比赛大厅

我们分别选择了晴天和阴天对比赛大厅的泳池附近照度进行测试，应奥运比赛训练要求，比赛大厅的人工照明也同时开启。图3为8月3日中午现场照度，当时南广场室外地面照度为101700lx。

此时比赛大厅开启跳水高清转播模式，比赛大厅实测照度值如图4所示。

考虑跳水高清转播模式下，体育照明系统为池岸提供了大约2000～2500lx的水平照度，所以在上述实测照度中自然光提供了2500～3000lx的照度，采光系数在2%～2.5%，与前面计算的采光系数比较接近。

图3　8月3日中午时分室外照度实测示意图

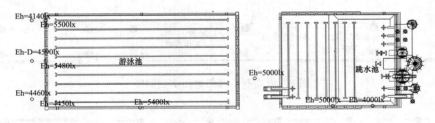

图4　8月3日中午时分比赛大厅实测照度值

当天气转阴，室外照度降低到只有2300lx时，大厅内部实测照度值如图5所示。自然光提供了大约50lx的照度，采光系数接近2.4%。

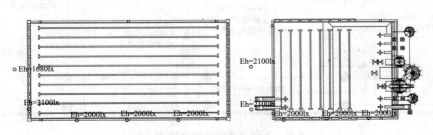

图5　8月2日下午阴天比赛大厅实测照度值

上述两种天气条件下的现场实景见图 6、图 7。

图 7 是将影响转播和可能引起眩光的东西立面 ETFE 气枕墙遮挡后的现场实景。

图 6　8 月 3 日晴天比赛大厅实景

图 7　8 月 2 日阴天比赛大厅实景

从现场实景和奥运会游泳和跳水赛事转播效果来看，自然光透过屋面和天花的双层气枕以及气枕空腔中的钢构架等进入比赛大厅（注意比赛大厅东西两侧的采光在转播期间必须遮蔽），没有引起原来比较担心的照度不均匀和眩光等问题，反而营造了一个非常舒适的半室外光环境，为运动员的超水平发挥屡破世界纪录提供了最佳的视觉环境；同时也为赛后运营提供了良好的自然采光，降低了照明能耗。

2）南商业街

2008 年 8 月 1 日中午 12：00，多云天气下，西入口地面照度为 58000～61800lx，室内仅开启应急照明和少量普通照明，此时南商业街测得的地面照度如图 8～图 10 所示。

上述多云天气下各实测照度部位的现场实景见图 11～图 14。

晴天条件下，南商业街现场实景见图 15～图 17。

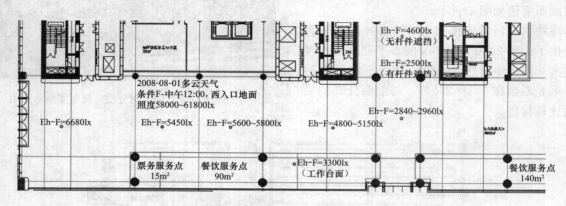
图 8　南商业街西部地面实测照度

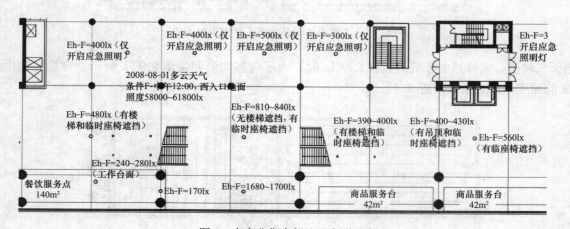
图 9　南商业街中部地面实测照度

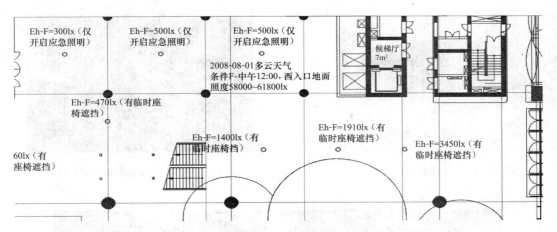

Eh-F=300lx（仅开启应急照明）　Eh-F=500lx（仅开启应急照明）　Eh-F=500lx（仅开启应急照明）

候梯厅 7m²

2008-08-01多云天气条件F-中午12:00，西入口地面照度58000~61800lx

Eh-F=470lx（有临时座椅遮挡）

Eh-F=1400lx（有临时座椅遮挡）

Eh-F=1910lx（有临时座椅遮挡）

Eh-F=3450lx（有临时座椅遮挡）

60lx（有座椅遮挡）

图 10　南商业街东部地面实测照度

图 11　东部西部南商业街实景

图 12　中部南商业街实景

图 13　东部南商业街实景

图 14　与中部南商业街相邻场所实景

　　由上可知，南商业街的实际采光效果良好，优于理论计算值，是照明节能的重点区域。北部商业街与此类似，在此不再赘述。

图15 西部南商业街实景　　　　　　　图16 与中部南商业街相邻场所实景

图17 中部南商业街实景

4 照明节能效果分析计算

4.1 主要区域的照明标准和功率密度要求

如表4所示：

主要区域照明标准和功率密度　　　　表4

区域	比赛大厅	休闲池	南商业街	北商业街	网球场
面积（m²）	4746	5320	1870	1870	1800
照明标准（lx）	300	300	300	300	300
标准 LPD（W/m²）	18	18	12	12	18

4.2 天然采光可利用时数

根据北京地区的光气候情况，参照各区域的照明标准，在不同的临界照度下，各主要空间的天然光利用时数对比见表5，其他区域主要依靠人工照明。

水立方与参考建筑天然光和人工照明利用时数对比　　　　表5

场所	天然光利用时数（h）		人工照明开启时数（h）		天然光利用时数增加比例（%）
	参考建筑	水立方	参考建筑	水立方	
比赛大厅	1664	3363	3446	1747	102.1
休闲池	1747	3285	3363	1825	88.1
南商业街	1719	3375	3391	1735	96.3
北商业街	1877	3874	3233	1236	106.4
网球场	1845	3599	3265	1511	95.1

4.3 照明能耗对比

1) 基准条件

假定建筑在赛后的使用时间为8：00～22：00，全年使用时数为5110h（14×365）。根据各空间的采光水平和可利用的天然光时数，白天时段不开或部分开启人工照明，夜晚全部开启人工照明。

2）照明能耗对比

经计算，水立方与参考建筑室内各区域的全年照明能耗见表6。

水立方与参考建筑各主要功能区全年照明能耗对比　　　　　　　　　　表6

场所	面积（m²）	LPD（W/m²）	利用天然光年节约电能（kWh）		年人工照明能耗（kWh）		节能率（%）
			参考建筑	水立方	参考建筑	水立方	
比赛大厅	4746	18	142152.2	287294.4	294384.9	149242.7	49.3
休闲池	5320	18	167292.7	314571.6	322040.9	174762.0	45.7
南商业街	1870	12	38574.4	75735.0	76094.0	38933.4	48.8
北商业街	1870	12	42119.9	86932.6	72548.5	27735.8	61.8
网球场	1800	18	59778.0	116607.6	105786.0	48956.4	53.7

5　结束语

综上所述，水立方的采光水平和均匀性均优于参考建筑。与参考建筑相比，水立方各主要采光区域的全年天然光利用时数高出近88%～106%，照明能耗上也降低近45%～62%，整个建筑的照明能耗降低近29.4%。因此，在场馆赛后运营中，应充分利用天然光，将自然采光和人工照明控制相结合，实现照明节能的最大化。

智能照明控制系统在金融写字楼中的应用

程培新[1]　刘莉馨[2]

1. 中国建筑设计研究院 北京 100044；2. 中国建筑标准设计研究院，北京 100048

【摘　要】　简单介绍了智能照明控制系统，结合某金融写字楼的照明设计，阐述了智能照明控制系统在金融写字楼中的应用，概括出智能照明控制系统具有实用灵活、可靠便利、降低成本和绿色照明节能等优势。

【关键词】　智能照明控制系统　金融写字楼　预设置　场景　调光　节能

【Abstract】　The Intelligent Lighting Control System is briefly introduced. Combining the lighting design of afinancial office building. the application of Intelligent Lighting Control System in this building is illustrated. The advantages of Intelligent Lighting Control System such as effective、flexible，reliable，convenient，reducing cost and green energy conservation are summed up.

【Keywords】　intelligent lighting control system，financial office building，pre-setting，scene，dimming，energy-conservation

1　引言

随着科技的飞速发展和生活水平的不断提高，人们对于居住环境提出了更高的要求。越来越多的智能建筑相继涌现。人们在享受智能化带来的便利的同时，也面临着能源紧缺的窘境。众所周知，智能建筑的能耗主要包括采暖、空调、供热、照明、家用电器等的能耗，照明能耗在建筑能耗中所占比例较大，往往是仅次于空调的一个能耗大户。在当今全社会都主张节能的大背景下，降低建筑能耗刻不容缓。因此照明节能作为建筑节能的一个重要组成部分得到了广泛的关注。

2　智能照明控制系统及其优势

建筑照明节能设计有很多方法。例如选用合适的灯具及其附件，合理利用自然光等等。在这些节能设计的方法中，采用合理有效的照明控制方式是非常重要的。照明控制方式按照其实现方式可分为传统照明控制、基于 DDC 的自动照明控制和智能照明控制。

2.1　传统照明控制方式

传统照明控制方式以照明配电箱通过手动串联在照明回路中的开关面板来控制照明灯具的通断，或通过在回路中串入接触器，实现远程控制。这种传统的控制方式相对简单、有效、直观，但它过多依赖于人员的手工操作。整个系统控制过于分散，过分强调"点对点"控制，对于功能场景的要求很难满足，管理的自动化程度较低。灯具的点亮和熄灭完全依靠人为判断，一旦线路出现问题，因开关接通、关断的是 220V 电压，故而有可能直接危及人身安全。此外，传统照明控制方式对灯只有开和关的控制，节能效果较差，后期维护和改造投入较大。

2.2　基于 DDC 的自动照明控制

基于 DDC 的自动照明控制是将照明控制纳入建筑物自动控制（BA）系统中，是以电气触点来实现区域控制、定时通断、中央监控等功能。相对于传统照明控制方式，该方式可以轻松实现灯具的远距离集中控制，同时，整合到 BA 系统中以后，可以通过 BA 系统对相关灯具的状态（开启/关闭）进行监控。但由于本身对 BA 系统的依赖性，一旦 BA 系统出现问题，照明灯具的控制就会相应的受到影响，这显然无法满足人们对于便捷、高效、多样化照明的要求。

2.3　智能照明控制系统

智能照明控制系统使照明调光、场景设置、用电负荷控制、通风供热等调控实现智能化，是一种标准的总线控制系统。通过总线将各个智能元件相连接，根据外界环境的变化，调节总线中各元件的状态，既可使各个元件有机的结合在一起，又可使各个元件独立运行，从而保证了系统中各个元件实现智能化，达到提高管理效率，减轻工作人员负担，高效节能等目的。

因采用总线结构，故布线十分简单，无需大量电缆敷设和复杂的控制设计。采用模块化结构，模块带有微处理器，将原来的集中控制系统发展为分布式系统，使得系统可靠性和灵活性大大提高，降低了元件出现问题时系统瘫痪的风险性。

鉴于上述优势，智能照明控制系统越来越多地应用于照明设计中。

3 智能照明控制系统在金融写字楼中的应用

3.1 工程概况

本工程属于一类超高层金融写字楼，总建筑面积约 16 万 m²，其中地上建筑面积约 13 万 m²，由一座 43 层的金融写字塔楼 A 座和一座包括交易大厅、多功能厅、商业等建筑的配套 5 层（局部 7 层）综合楼 B 座组成。A 座与 B 座之间设一座 4 层通高的大堂。地下室共 3 层，建筑面积约 3 万 m²，主要为停车场和设备用房。其中，地下 1 层设银行金库及运钞车库等，地下 2 层局部设商业，与地铁商业连通。主楼采用外筒为钢桁架筒、内筒为钢筋混凝土核心筒所形成的混合结构体系。附楼采用钢筋混凝土框架结构体系。

3.2 设计构想及其实现

智能照明控制系统借助各种不同的"预设置"控制方式和控制元件，对不同时间、不同环境的光照度进行精确设置和管理，根据不同场景、不同的人流量，进行时间段、工作模式的细致划分，关掉不必要的照明，需要时自动开启，实现节能。智能照明控制系统通过对该金融写字楼实现灯光场景自动控制、灯光定时、分时自动控制、根据外界环境进行亮度控制、集中控制及监控，实现照明控制的智能化，达到节能的目的。

本项目采用的智能照明控制系统主要是对各个公共区域的灯光照明、风机盘管、电动百叶等进行智能化的控制，需要用到智能照明控制的场所主要有：商业中庭、大堂、餐厅、大型会议厅、办公区、走廊、楼梯间及前室、地下车库、室外照明及航空障碍灯照明等。

（1）商业中庭、大堂

商业中庭和大堂有跃层，属于大空间场所，设计时采用智能照明控制系统较为方便。考虑到商场的营业时间一般在早上 9：00～22：00 左右，尤其以晚饭后和节假日顾客量大，因此预先设置好一些状态，分时控制。在白天光线充足、客流不是很大的情况下，适当调暗或者关闭一些灯；在客流量大，购物集中的时间段，开启所有照明，将光照度自动调节到预先设定的水平。需注意的是一定要保证柜台等处的局部照明。关门后自动关闭灯光，只留下一些用于疏散使用的长明灯作应急照明使用。

（2）餐厅

餐厅是人们用餐休息的场所。由于用餐时间相对集中，因此在用餐准备阶段开启筒灯，供服务人员准备饭菜使用。在就餐时段将灯光调亮并开启餐厅主灯，就餐时尤其强调局部照明效果，注意对色温的控制，营造和谐的就餐环境。

（3）大型会议厅

大型会议厅作为举办各种大型会议、学术活动及重要活动的场所，对照明要求较高，根据要求应当采用智能照明控制系统。预先设置好一些场景模式，将调光、分时控制、分区控制、照明与投影幕、音响等设备联动控制等相结合，营造良好的会议氛围。大型会议厅照明主要由主席台筒灯、投光灯、射灯，听众席的筒灯、灯带、座椅牌号灯和脚灯，立柱的壁灯构成。①报告模式：突出主席台，听众席的灯应当分区域调亮或调暗，打开或关闭。投影仪及投影幕与主席台各种不同效果的灯进行联动控制。②互动交流模式：台上台下互动，灯要求全部打开。③备场、退场模式：在备场或退场时打开相应照明。④清扫模式：供工作人员使用的场景，只需打开几路基本照明供清扫会场使用。

（4）办公区

办公区是该工程的主体，A 区地上部分核心筒外围几乎全是办公区。因此本工程智能照明控制系统控制的重点就在此处。在写字楼内，可以利用智能照明控制系统的时间控制功能，实现灯光的自动控制。根据上下班对办公区进行分时控制。在工作时间开始前，可以预先打开办公区的空调，使其工作于预先设置的工作状态，这样比人员都来后再开启要节能。在工作时间段，通过在办公区域设置主动式探测器进行感应并根据环境照度控制灯光及风机盘管电源，实现有人时自动开灯开空调，无人时自动延时关灯关空调，根据人多人少确定开灯的数量的功能。下班或节假日有人加班可以切换到手动控制模式。考虑到办公区为开敞办公并且在建筑上采用玻璃幕墙结构，可将办公区划分为若干区域，根据环境自动调整所控区域的开灯数量，进行分区控制。根据办公区内的温度传感器采集的数据，智能照明控制系统可对空调、电动窗帘、百叶等进行控制。天热或者室外光照较强时合上百叶遮挡阳光，这也可防止空调温度过高，降低空调能耗，从而达到节能的目的。利用亮度传感器感知某区域的亮度后自动调光，邻近窗户的区域可以充分利用自然光。在满足照度要求的前提下，关闭靠近窗户的一路照明。办公室各入口处分别安装智能面板，也可以对办公区域进行手动控制，通过定时器，可以对空调、照明进行定时控制。实现对空调温度和风速的调节。

需要指出的是，传统照明系统中，配有传统镇流器的日光灯以 100Hz 的频率闪动，这种频闪使工作人员头脑发胀、眼睛疲劳、降低工作效率。而智能照明控制系统中的可调光电子镇流器则工作在很高频率（40～70kHz），不仅克服了频闪，而且消除了起辉时的亮度不稳定。不仅能调光的亮和暗，还能调节光色，从而为员工创造出良好的工作环境。

（5）走廊、楼梯间及前室

采用自动照明控制，在非主要使用时段，通过红外探测器感知人的存在，有人时灯亮。或者使用声控开关，设置灯延时关闭。无人时关闭或人少时调暗灯关，只保证最基本的照度要求，疏散通道的灯在火灾时，由消防控制室自动点亮。走廊也可以设置就地控制的开关。疏散楼梯间及其前室照明 100% 为应急照明，疏散走廊 50% 为应急照明。控制主机设在消防控制室。应急照明平时采用就地控制或由建筑设备自动监控系统统一管理，火灾时由消防控制室强制切电，自动控制点亮全部应急照明灯，出口标志灯、疏散指示灯、疏散走道应急照明、封闭楼梯间及其前室、消防电梯前室等处的应急照明由配电箱内设备集中控制。

（6）地下车库

地下汽车库等公共场所的照明采用照明配电箱就地控制并纳入建筑设备监控系统统一管理。一般采用 50% 照明或 100% 调暗后照明。地下车库由于层高，管道较多，灯具维护不便，智能照明因采用了较为科学合理的控制方法，能够延长灯具的使用寿命，也为后期维护带来便利。

（7）室外照明及航空障碍灯照明

室外照明是指建筑物立面景观照明，利用各种光源的特点和灯具产生的效果，结合建筑物的特点及周边环境，创造出夜景下建筑独特的照明效果。传统室外照明控制使用一个强电配电箱，安装普通定时器的方式实现灯具的开启和关闭，在控制的准确性、操作的便捷性和控制的灵活性方面有一些不足。智能照明控制系统可以由计算机进行分时段的控制，按照预先设置的平时场景、节假日场景以及重大节日等不同场景模式进行控制。

根据《民用机场飞行区技术标准》MH 5001—2006 要求，本工程分别在 60.9m、100.9m、140.9m、186.9m（屋顶），四角位置设置航空障碍标志灯，航空障碍标志灯的控制纳入建筑设备监控系统统一管理，并根据室外光照及时间自动控制。

4 结论

本文对比了目前几种照明控制的优缺点，结合某金融写字楼照明设计实例，对智能照明控制系统进行了介绍和应用。智能照明控制系统由于采用了红外、亮暗、温度等传感器，定时开关、调光模块的可

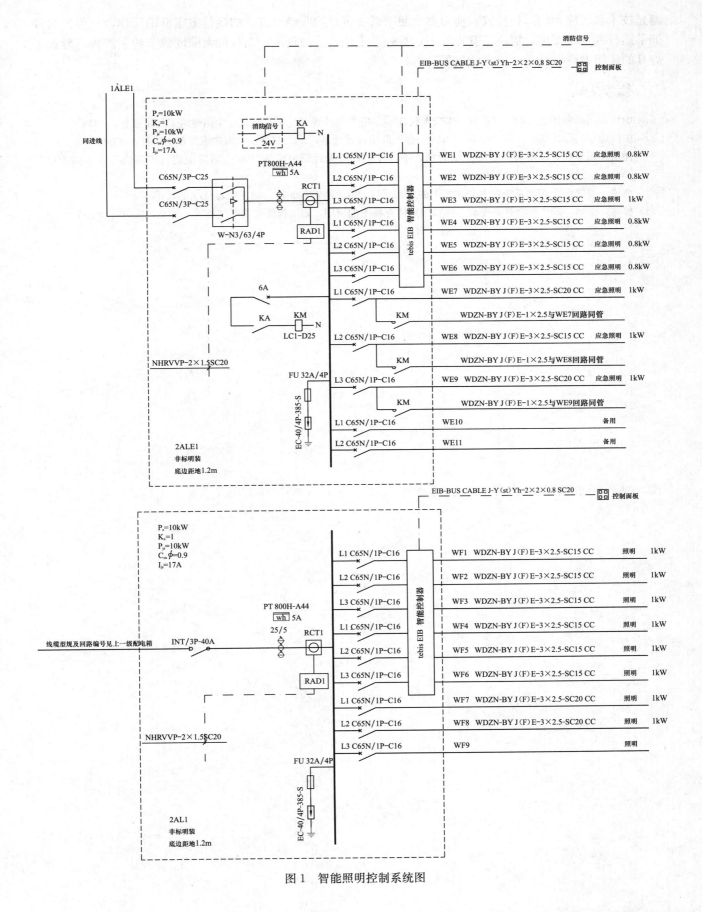

图 1　智能照明控制系统图

调光技术和智能化的运行模式，使得整个照明系统可以按照经济有效的最佳方案准确运作，不但大大降低了运行的管理费用，提高了管理效率，减轻了工作人员的负担，而且最大限度的节约了能源，延长了灯具的使用寿命，显示出巨大的发展潜力。

参考文献

[1] 中华人民共和国建设部. JGJ 16—2008. 民用建筑电气设计规范 [S]. 北京：中国建筑工业出版社，2008.

[2] 中国建住科学出版社. GB 50034—2004. 建筑照明设计规范 [S]. 北京：中国建筑工业出版社，2004.

[3] 住房和城乡建设部工程质量安全监管司，中国建筑标准设计研究院. 2009 全国民用建筑工程设计技术措施电气 [M]. 北京：中国计划出版社，2009.

[3] 董锐. 智能照明控制系统在办公建筑中的应用 [J]. 山西建筑，2010，36 (12)：177-178.

[4] 林琛，李敏. EIB 智能照明控制系统在国家体育场中的应用 [J]. 智能建筑电气技术，2008，2 (1)：85-87.

深圳大运中心智能化集成系统设计

李兆臣/朱泽国（北京国安电气有限责任公司，北京 100190）

【摘　要】　本文以深圳大运中心工程为例，简单介绍了智能化集成系统的架构、集成内容及系统实现的功能，重点介绍了各集成子系统的接口方案设计。

【关键词】　数据中心　应急联动　系统架构　智能化集成系统

【Abstract】　This paper takes Shenzhen Universiade Center project as an example, and gives a brief introduction of the architecture, integrated content and realized function of the intelligent integration system, focusing on the interface design of each integrated subsystem.

【Keywords】　data center, emergency response, system architecture, intelligent integration system

1　概述

智能化集成系统为大运中心智能化系统的核心，结合了 4C 技术（计算机、网络、通信、自动控制），对大运中心"一场两馆"建筑群内（包括体育场、体育馆、游泳馆）所有相关设备进行全面有效的监控和管理，丰富建筑的综合使用功能和提高物业管理的效率，确保大运中心建筑群内所有相关设备处于安全、节能、高效的最佳运行状态，从而为参赛运动员、赛事工作人员、观众等体育场馆使用者提供一个高效、节能、安全、舒适、健康的公众环境。

本设计方案在优化及完善原有网络及设备集成管理平台的基础上，真正地将各自独立分离的设备、功能和信息集成为一个相互关联，完整和协调的综合网络系统，遵循"智能化系统信息高度的共享和合理"的分配原则，通过对系统运营状况的分析，对各个子系统之间关系的分析，进而实现系统运营管理方式的不断优化和完善，提高整体综合管理能力，完善优质服务，获得最大经济效益。

2　设计思路及目标

大运中心智能化集成系统设计遵循将不同功能的建筑智能化系统，通过统一的信息平台实现子系统集成、功能集成、网络集成和软件界面集成的目标，形成具有信息汇集、资源共享、联动控制、应急快速处理及优化管理等综合功能的系统。

设计思路：遵守"一个中心、两级管理平台"和"从上而下设计，从下往上施工"的原则，对被集成的子系统提出设计要求和接口协议界面要求。采用国际标准接口协议（如 OPC、BACnet、LonTalk、ODBC、API、TCP/IP、Modbus 等）。

根据体育场馆智能化集成的设计需求和工程定位，集成目标主要为：

1）"一个中心、两级管理"的平台建设模式

一个中心即第一级平台——智能化总集成中心平台，主要实现所有建筑（包括体育场、体育馆、游泳馆等）各智能化集成系统的统一管理，侧重于建筑设备的运营监控管理及数据交换等平台功能，位于体育场中心机房；第二级系统为各分区域集成中心，主要实现各建筑区域设备的独立监控和管理，侧重于安防及应用功能，位于各区域相应位置的机房。

2）应急联动及预案处理

综合考虑到各种突发性情况的应急处置，在集成系统数据库内建立应急预案库，并针对相关特殊情况进行一键设定的应急处置策略设定。对事故、报警进行 3s 内定位，在集成系统中考虑体育场内部建筑电子地图的综合应用。

3）功能上的按需集成

首先，结合使用方的管理模式，即根据不同的工种、不同的智能部门的划分来确定集成的范围，不

同的数据为不同的部门服务，适度共享而又分工明确；其次，结合使用方的管理流程，针对不同的事件，设置科学而严谨的处理流程；最后，严格权限管理制度，格外注意前端和后台可能涉及的跨权限的数据处理，避免因流程和智能的交叉产生权限的脱节。

4）核心数据中心的建立及管理

与楼内各种设备运行状态数据相关联的集成是未来体育场物业管理者真正需要解决的问题。数据中心包括了实时及历史数据两部分的档案建立。实时数据为体育场所有监测设备的时间快照，历史数据为设备的总体运行记录，实现"点"和"面"的结合；以科学依据和适当的分析来调整和优化"点"的运行。

3 系统架构

3.1 平台架构

BMS智能化集成系统采用分层分布式集成模式，分为三层：

设备层：被集成子系统本身的功能、控制及信息的集成。

如：建筑设备监控系统（BAS）、安全管理系统（SMS）、火灾自动报警及联动控制系统（FAS）、智能照明控制系统（ILCS）、电力监控系统的集成（PSCADA）等。

监控层：即二级智能化集成管理系统、安防集成管理系统及各子系统自身的监控平台。将设备层各子系统集成到统一的状态监视、功能设置和系统联动（包括硬联动和软联动）平台。

信息层：指一级智能化集成管理系统。包括BMS、OA办公自动化及物业管理等智能系统信息共享和信息化应用功能的总集成，即智能化集成系统BMS。本次工程预留接口与OA办公自动化及物业管理等系统集成。

3.2 集成架构

大运中心（一场两馆）总智能化集成系统（BMS）平台分为智能化集成管理系统、安防集成管理系统及各子系统自身系统的监控平台，将设备层各子系统集成到统一的状态监视、功能设置和系统联动（包括硬联动和软联动）平台。

整体架构图如图1所示：

3.3 数据中心架构

智能化集成的最终目标是搭建BMS数据整合平台，采用基于智能化集成数控整合平台技术架构，通过从各个智能化系统独立的数据库中进行数据抽取、转换、集成、装载等数据整合以及数据的更新和校验，实现了将不同功能的建筑智能化系统，通过统一的信息标准平台实现集成，以形成具有信息汇集、资源共享及优化管理等综合功能的系统，满足以下要求：

1）标准化

基于智能建筑设计标准GB/T50314—2006，包括了设备编号的标准化、数据对象定义和通讯规约以及数据交换接口的标准化和系统框架的标准化。

2）平台化

采用标准体系的设计架构，保证可靠性、标准性和开放性。

4 集成内容及接口方案

4.1 集成范围

深圳大运中心智能化集成系统集成的范围包括如下子系统：

（1）建筑设备监控系统；

（2）视频安防监控系统；

（3）出入口控制系统（门禁系统）；

（4）入侵报警系统；

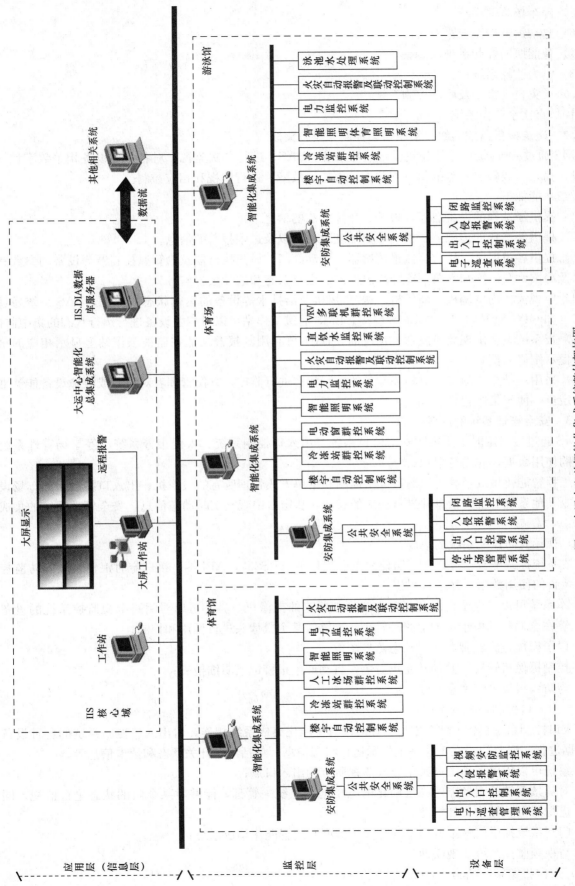

图1 大运中心总智能化集成系统体系整体架构图

（5）停车场管理系统；

（6）电动窗群控系统；

（7）智能照明控制系统；

（8）电力监控系统；

（9）火灾自动报警及联动控制系统；

（10）直饮水监控系统。

4.2　建筑设备监控系统（楼宇自动控制系统）集成

BMS 通过 OPC 接口连接建筑设备监控系统（BAS）进行二次监视。对各主要设备相关数字量（或模拟量）输入（或输出）点的信息（状态、报警、故障）进行监视和相应控制。

详细功能如下：

（1）提供经选择的设备启停，报警、故障状态的信息。

（2）提供经选择的传感器所检测参数的变化值，以及过限报警的信息。

（3）提供各类温度、压力、流量传感器、电动阀门、风门执行器及盘管温控器等设备的参数和状态，以及冷冻水泵、冷却水泵、冷却塔启、停、运行状态和故障报警信号。

（4）监视大楼内空调机、新风机、送/排风机及给排水等设备的运行状态的数据，BAS 系统通过实时方式（如 OPC SERVER）与 BMS 连接。BMS 通过工作站可以对相关设备进行运行状态的集中监控。

（5）当系统设备出现故障或意外情况时，BMS 可利用其报警功能在监视工作站上显示相应的报警信息，提示维修人员。

（6）采用三维立体的视图对相关设备的运行状态进行监控，方便管理者对报警或故障设备能够准备直观的定位，便于集中管理。

4.3　安全管理系统的集成

BMS 通过接口定时汇集视频安防监控系统、出入口控制系统、入侵报警系统、停车场管理系统各个装置的使用数据，并进行累积。

本工程智能化集成系统可以通过电子地图和菜单方式管理所有的摄像机、出入口控制、停车场设备等。接收其他系统的报警信息并进行相应的联动，从窗口中观察实时动态信息。安全管理系统的集成内容包括：

（1）视频安防监控系统的集成：

集成系统控制平台通过视频安防监控系统提供的（RS232，API 等）接口定时汇集视频安防监控系统各个装置的使用数据，并进行累积。

◇ 本系统可以以电子地图和菜单方式管理所有的摄像机，具体可以对闭路电视监控系统的设备能够在全局化的电子地图上统一管理，能够对某个摄像头进行调用和控制；

◇ 以子窗体方式，观察实时动态监控图像；

◇ 控制摄像机转动、俯仰及变焦对焦，自动产生报警记录明细报表；

◇ 与防盗报警系统实现联动。

（2）出入口控制系统的集成：

出入口控制系统提供 OPC 或 API 等接口与智能化集成系统相连，对出入口控制系统的各种设备的运行数据进行实时监视，在工作站上显示运行状态信息，包括门磁开关状态和读卡信息等。

◇ 系统可以以电子地图和菜单方式监视所有的出入口点；

◇ 对门禁系统的设备能够在全局化的电子地图上统一管理，能够对某个门的状态进行监视，同时进行后台数据收集和汇总；

◇ 门禁系统提供门禁报警信息（开关量类型）给智能化集成系统；

◇ 与视频监控系统实现联动。

（3）入侵报警系统的集成：

入侵报警系统为 BMS 集成系统提供实时的通信接口方式（如 OPC，TCP/IP）。

　　◇ 防盗报警系统的设备能够在全局化的电子地图上统一管理，同时进行后台数据收集和汇总；

　　◇ 以电子地图方式管理所有的感应探头并配置为视频安防监控系统的联动，在接收到入侵报警系统的报警信息后进行相应的联动；并及时进行报警；

　　（4）停车场管理系统的集成：

　　停车场管理系统提供实时的通信接口方式（如 OPC，ODBC）给 SMS，通过停车场管理系统实现车场的智能化管理，具体功能如下：

　　◇ 显示停车场内进出刷卡信息；

　　◇ 显示停车场内空位的分区及空位数量；

　　◇ 停车场管理常用数据（如车位、车辆等）分析、统计、查询、打印。

4.4　电动窗控制系统集成

　　中心集成系统通过 OPC 接口与电动窗控制系统集成，对电动窗控制系统设备的工作状态进行集中监控，在工作站上以电子地图的形式显示各电动窗控制系统的信息。对重要位置的电动窗进行控制。

　　（1）电动窗控制系统提供设备的（开、关运行状态、报警信息、故障信息、手动/自动）等给中心集成系统；

　　（2）电动窗控制系统提供设备的控制权限给智能化集成系统。

4.5　智能照明控制系统集成

　　BMS 通过 OPC 接口与智能照明控制系统集成，对智能照明控制系统回路设备的工作状态（开、关运行状态、开、关控制权限、故障报警信息）进行集中监控，在工作站上以电子地图的形式显示各照明区域重要回路的信息。

　　智能照明控制系统分为 VVIP 区照明控制系统、场地照明控制系统和室外照明控制系统。

　　（1）VVIP 区照明控制系统提供给智能化集成系统每个照明回路的启动/停止控制、调光控制、运行状态、故障报警信号。

　　（2）场地照明控制系统提供以太网接口，并提供给智能化集成系统每个照明回路的运行状态、故障报警信号。

　　（2）室外照明控制系统包含路灯照明控制和室外环境照明控制，提供给智能化集成系统每个照明回路的启动/停止控制、运行状态、故障报警信号。

4.6　电力监控系统集成

　　电力监控系统可以独立提供 OPC 接口方式集成到 BMS 中，BMS 采集相关电力数据（如设备的开/关、故障等状态和全电量参数）。要求智能化集成系统功能与界面采用符合电力行业相关要求的监控组态界面显示，方便管理者进行集中管理。

4.7　火灾自动报警及联动控制系统集成

　　BMS 通过 OPC 等接口方式采集火灾自动报警系统的数据，监视各类火灾报警探头（烟感报警、温差探头报警、恒温探头报警）的正常/报警状态（含位置或编号）、手动报警（含位置或编号），一级火灾报警系统中硬联动设备的工作状态（排烟机开关状态、消防栓开关状态、消防水箱液位等）。

　　BMS 接收到火灾报警系统出现的火警或意外事件信息时，立即通过 BMS 的报警功能，在监视工作站产生报警，并与视频监控系统联动。

4.8　直饮水系统集成

　　直饮水系统通过实时通信接口（如：OPC SERVER）向智能化集成系统 BMS 提供直饮水系统设备的水箱水位、供水压力、故障报警信号。

5　系统功能

5.1　基本功能

　　智能化集成系统不但集成各子系统，同时自身作为智能建筑最核心的应用管理平台，实现以下功能：

5.1.1 开放的通用接口

系统采用高效的通用接口技术，通过特定的系统交换层面和标准的通信协议，无缝兼容不同子系统。可以转换多种协议，如：RS485/232、API、BACnet、ODBC、OPC、MODBUS 等。

5.1.2 集中的监视和管理

系统具备允许网络上的任一工作站通过一致的软件界面对各子系统设备的运行数据和运行状态进行高性能的实时监测、采集、整理、分析和储存。同时，可根据权限设置在电子地图上实现对设备的操作管理。

5.1.3 简单、直观的电子地图

采用电子地图的形式显示各个子系统、设备及各楼层信息，操作界面简单、友好。并提供了丰富、可维护的基本图型库（基本图型库中存有 5000 多个基本图元，可根据需要自主进行设计并添加），可以采用"拖放"的方法在开发平台完成电子地图制作，在设置图形和相应设备之间的对应关联后，可以很方便地在布防图上实现对建筑内各设备的监控。

5.1.4 智能设备维护管理

系统可对建筑物内部各种设备资料和图纸、设备维护和维修记录、易耗品和备件的库存进行电子化管理。同时，系统能够在设备维护检修到期前进行预警，以声音或闪烁提示，并给出实施地点、所需的准备工作信息，自动生成设备维护检修单。当各系统设备工作出现异常情况和故障时，系统可立即调出相应位置的布防图，显示报警设备、位置和状态等，并以用多种形式（如：声音、颜色、闪烁等）进行报警，同时提示相应的处理方法。

5.1.5 智能策略控制（决策辅助功能）

系统在采集数据的同时，向使用者提供历史数据智能分析功能，使用者可根据分析结果，在智能策略控制模块中设置联动控制策略，系统在适当条件下响应触发这些策略，达到系统优化和高效运行的目的。

5.1.6 对建筑内能源使用的优化控制

系统提供能源优化控制设定功能，按能源管理的优化方案，设定系统设备的工作控制流程，降低系统能耗。

5.1.7 信息管理

带有信息管理功能，能够查询、保存、维护设备档案，能够进行能源计量，能够记录设备运行的历史数据以便查询。

5.1.8 安全管理

系统具备安全管理，结合 WINDOWS 系统本身的安全管理机制，实现全系统集中式的账户管理、授权管理，其强大的安全管理机制为不同级别的人员赋予不同的操作权限，防止系统信息泄露和被非授权人员所干扰。

5.1.9 操作员站人机界面（HMI）

系统具备 HMIWeb 技术，提供用于监控中心值班人员使用的操作员站 MAXClient 正常工作时，可以浏览、巡视、管理系统的各项工作状态。当有异常发生时，可通过弹出窗口、声光报警、短信等手段通知值班人员。

5.2 管理功能

1）建立统一的开放式数据库，将所有智能化系统的主要信息收集到智能化集成系统的各级管理中心，对各子系统进行集中管理，实现信息共享。这是此次设计"数据集中，全局应用"理念的具体体现。

2）系统具备高可靠性，智能化集成系统可以以直观的图形界面的形式了解所有子系统的运行及故障状况，及时掌握各系统中设备的运行工况，有针对性地进行维护保养。

3）提供智能化集成系统数据库的数据挖掘和分析功能。可以提供针对本项目运行情况。减少不必要的管理开销，如管理人员的配备、不同专业管理工作的协调、各子系统之间大量的资料互换等。提高投资的经济性。

6　结束语

智能化集成系统是智能建筑工程的核心，智能化集成系统的成功应用可以使建筑内所有相关设备处于安全、高效、节能的最佳运行状态，为使用者提供一个高效、节能、安全、舒适、健康的公众环境并能够使系统投资增值、保值。

浅谈朝林酒店智能照明控制设计

王亚冬（中国建筑设计研究院，北京 100044）

【摘　要】　本文结合作者在酒店照明项目中的实践经验，分析了不同控制区域所采用的控制手段，提出适合朝林酒店项目的控制方案。合理的照明控制设计可以提供舒适的照明环境，达到很好的节能效果，同时为酒店管理方节省大量资金。

【关键词】　智能照明　通信协议　节能　控制面板

【Abstract】　Combined with the author's practical experience in hotel lighting projects, this paper analyzes the control measures in different areas and puts forward control scheme that adapt to Chaolin hotel. Reasonable lighting control design can provide comfortable lighting environment and ideal effect of energy saving, meanwhile it could help the hotel to save much capital.

【Keywords】　intelligent lighting, communication protocol, energy saving, control panel

1　工程概述

朝林酒店位于北京市亦庄开发区，总建筑面积约为 $45000m^2$，地上 9 层，地下 2 层，楼高 40m，是由北京朝林集团投资兴建，集客房、餐饮、娱乐、休闲、购物于一体的五星级酒店。

酒店的照明控制系统选自爱瑟菲智能调光控制系统，该系统具有智能化、网络化、人性化等特点，全面兼容国际标准 TCP/IP 协议和以太网技术，不需要单独布线，可以直接在酒店已有宽带网络综合布线上实现对酒店客房状态与信息进行监控和管理的功能。整个系统包括计算机网络通信管理软件和智能客房控制硬件系统设备两部分，采用成熟的以太网 TCP/IP 通信协议和大型 SQL Server（客户/服务器模式）数据库，保证了整个系统的稳定性和可靠性，克服了目前国内其他公司普遍采用的上一代酒店调光控制系统 RS-485 总线联网方法速度慢、可靠性较差以及多种网络布线复杂、重复建设等各种问题。

酒店调光智能控制系统实行人性化设计，可以灵活地配置功能模块，面对复杂的灯光场景，只要进行量身定做式的配置，便能满足酒店的任何需求。全面顾及系统的稳定性、安全性、可靠性及扩张性，为酒店降低了能源消耗及人力成本，充分地体现了酒店"人性化"、"智能化"、"绿色化"的管理新风尚。

朝林酒店作为大量使用灯光的建筑，对于智能照明的需求具有以下特点：

• 控制区域类型较多，1 层大堂、大堂吧、大堂接待及走廊和电梯厅、大堂吧卫生间，2 层西餐厅、咖啡厅、全日餐厅、走廊和电梯厅，3～9 层客房、走廊等都需要列入控制范围。灯光耗能量大，因此对于照明节能的要求较高，效果要求显著；

• 人流量和照明量存在线性比例关系，人流量越多，需要打开的光源越多；

• 顾客对于灯光有较高的指标要求，在不同的区域、不同的场合来设置不同的场景。

本设计针对本项目及在其他酒店项目实施中的实际经验，我们对于本项目各控制区域需要用到的控制手段分析见表 1：

朝林酒店各控制区域控制手段列表　　　　　　　　　　　　表 1

项　目	控制区域	控制原则
朝林酒店	1 层大堂	现场场景控制、时钟控制、照度感应控制、计算机控制
	1 层大堂吧	现场场景控制、时钟控制、计算机控制
	1 层大堂接待	现场场景控制、时钟控制、计算机控制
	走廊	现场场景控制、时钟控制、计算机控制
	电梯厅	现场场景控制、时钟控制、计算机控制
	2 层西餐厅	现场场景控制、时钟控制、计算机控制

项　目	控制区域	控制原则
朝林酒店	2 层咖啡厅	现场场景控制、时钟控制、计算机控制
	2 层全日餐厅	现场场景控制、时钟控制、计算机控制
	1~9 层走廊	现场场景控制、时钟控制、计算机控制

2　系统设计

下面阐述智能调光控制系统在朝林酒店工程的设计及应用。

2.1　设计目的

本系统按照中国酒店管理的目标模式，结合国际先进的管理思想，总结用户需求，应用现代最新信息技术，面向星级酒店而设计。在协助管理者在保证服务质量同时，最大限度的降低能耗，实现节能/智能控制，提高服务质量及高工作效率，降低运营费用。

2.2　1 层大堂照明

酒店大堂是客人进入朝林酒店的必经之路，是朝林酒店给客人的第一感觉，酒店灯具的选用和灯光布置不只是为了大堂照明的需要，更应考虑照明的气氛及照明与建筑装潢的协调。作为一个酒店的大堂应该最大限度地为客人提供一个舒适、幽雅的光环境。

大堂也有很多公共区域的照明，此区域的照明是最能体现智能照明的节能特点，在没用到智能照明时，当偏厅无人经过时灯还依然亮着，这就大大浪费了电能，而智能照明系统可以有效的进行管理。因此采用时钟控制及照度传感器控制。我们可以根据外界自然光来控制靠窗口的回路照明，当天气阴沉或夜幕降临及照度不足时，系统打开对应照明回路，使室内保持最佳的亮度。

同时在大堂服务台处配置控制面板或者液晶触摸屏，可根据需要手动控制就地灯具的开关。通过回路搭配方式对走道照明设置为白天模式、迎宾模式、清扫模式及夜晚模式等，同时根据实际使用用途设置为一般模式、省电模式和全开模式。在主控室做集中管理与监控，既节省电能又可以达到最佳的控制效果。使大堂实现真正的智能化管理，整个大堂的灯光由系统自动管理，系统根据大堂运行时间自动调整灯光效果。

朝林大酒店大堂的场景控制模式设计阐述如下：

每天下榻酒店的人流量比较多也比较散，因此我们可以分时段打开大堂灯光，白天打开一定照明，只需大堂内光线明朗，夜晚更换另一种模式打开所有照明，突显酒店大堂的富丽堂皇。

1）全开模式：（全部 100％亮度）

2）节电模式：（大吊灯 100％的亮度，射灯 50％的亮度）

清晨人流量比较少，因此没有必要打开所有的照明回路，可以采用节电模式。

3）子夜模式：（全部 30％的亮度）

子夜时分几乎很少有人出入，可以关闭部分回路或对部分回路进行调光。

4）其他模式（一个控制面板能预设 7 种场景模式）

2.3　西餐厅照明

西餐厅采用多种可调光源，通过智能调光始终保持最柔和最优雅的灯光环境。

在厅内服务台处安装可编程控制面板，可分别预设 4 种或 8 种灯光场景，让灯光任意组合，服务人员可通过可编程控制面板方便地选择或改变灯光的场景，如：中餐、晚餐、浪漫晚餐、节日聚会等。

2.4　多功能厅

在多功能厅的控制室内或入口处配置一个彩色触摸屏，触摸屏直接与局域网相连接。

多功能厅主席台灯光以筒灯和投光灯为主；听众席照明以吊顶灯槽、筒灯和立柱壁灯为主。其中主席台可增加舞台灯光以满足演出的需求，其控制由舞台灯光、音响专业设备控制。多功能厅可根据其使用功能不同设立多种模式，如下：

1）报告模式：以突出发言人的形象为主，主席台筒灯亮度在70％～100％之间，透光灯适当开启，以不影响发言人感觉为原则；听众席以筒灯（亮度50％）为主，方便与会人员记录，同时壁灯全部开启。

2）投影模式：主席台留讲解人所在位置筒灯亮度在50％；听众席以筒灯由前排至后逐渐增亮，壁灯全部开启。投影模式时可增加对投影仪的红外控制。研讨模式所有灯光全部开启，亮度90％～100％。

3）入场模式：听众席灯槽、筒灯和立柱壁灯全部开启亮度100％，主席台筒灯亮度50％。

4）退场模式：听众席灯槽、筒灯和立柱壁灯全部开启亮度100％。

5）备场模式：主席台筒灯与听众席筒灯亮度均在70％。以上所有模式场景变换，均设置淡入淡出时间1～100s，保持场景切换不影响会议进程和视觉效果。

为方便工作人员平时进出该场所，在多功能厅外设置智能控制面板，当需要进入时只需点击进入场景，室内自动打开部分灯光，满足可视效果；当清场结束，关门后，只需点击清场场景，即可关闭。

2.5 公共区域（走道、电梯厅、卫生间）

走廊和卫生间在朝林酒店是必不可少的，在朝林酒店走廊和电梯厅区域的照明最能体现智能照明的节能特点，没用到智能照明时，走道没有人经过的时候而灯还依然亮着，这就大大浪费了电能。智能照明系统可以有效的进行管理。

走廊采用自动照明控制，正常工作时间全开，非工作时间改为减光照明，节假日无人时可以只亮少量灯。各入口处有手动控制开关，可根据需要手动控制就地灯具的开关。还可以采用定时控制，分时段进行定时。白天我们可以根据外界自然光来控制靠窗口的回路照明，晚上系统自动开启红外传感器，实现人来灯亮、人走灯灭的节能效果。

朝林酒店公共走道采用定时控制和红外感应控制方式。在白天期间采用定时控制，在晚上的时候启动红外移动控制方式，人来开灯，人离开后灯延时关闭。

图1是朝林酒店办公区的公共走道示意图，我们在走道的四个方向都安装了红外传感器，有人上来时，触发探头时将自动开启该区域照明，当没人去触发探头时走道照明会自动关闭，这样不但节约能源还能引导客人按着亮灯的方向来到电梯间，起着引导方向的功能。同时在主要的出入口处配置控制面板，可根据需要手动控制就地灯具的开关。

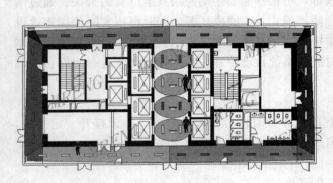

图1 公共走道示意图

白天控制模式如下：

1）全开模式（所有回路全开）：每天的8：30～9：30和17：00～17：30是营业的高峰期，因此需要打开走廊所有回路。

2）半开模式（打开一半回路，隔灯开）：在每天9：30～12：00和14：00～17：00的时段里，人流量比较少，因此只需要打开走廊一半的照明回路。

3 结束语

综上所述，建筑照明系统早已进入智能控制时代，人们在享受智能化控制带来的便利的同时，也越来越注重节能，对于占酒店电能消耗约1/3的照明系统，具有很大的节能空间。通过了本次的工程实施，对酒店的照明控制有了一个深入的研究，提出了适合酒店照明控制方案。通过合理的照明控制，提供舒适的照明环境，达到很好的节能效果，为酒店管理方节省了大量资金。

保利国际广场供配电系统的设计方案

温武袍（广州市设计院，广州 510620）

【摘　要】　文章通过对保利国际广场供配电系统设计方案的介绍，强调如何让设计的系统使所选变配电设备得以充分利用，降低大厦和电力系统的投资、降低运行费用、节约电能。

【关键词】　供配电系统　节能　高层建筑

【Abstract】　By means of introduction of the design scheme of power supply and distribution for POLY International Square, the paper makes emphasis on how to make the best use of electromechanical equipment and electrical energy, decrease the investment for the building and its power system, reduce the operation expense and save energy.

【Keywords】　power supply and distribution system, energy-saving, high-rise building

1　项目简介

保利国际广场为甲级写字楼、属一类高层建筑，位于广州市海珠区琶洲地区，建筑面积约 19.6 万 m^2，建筑高度约 150m。该广场由地下 2 层、地上 35 层组成，分南北两栋塔楼，每层塔楼建筑面积约为 1500m^2。地下 2 层为设备用房和车库（战时人防）及部分商业用房；地下 1 层为设备用房和车库及部分商业用房。另有东西两栋 3 层裙房，为商业办公用房。

保利国际广场由美国 SOM 公司进行方案设计、广州市设计院进行初步设计及施工图设计。本工程获得广东省优秀工程勘察设计工程奖的二等奖，获 2009 年度全国工程勘察设计行业优秀工程勘察设计行业奖——建筑工程三等奖。

2　前言

随着国家经济建设高速发展，现代化高层建筑如雨后春笋拔地而起，改变着城市的面貌。这些新建的高楼大厦都装备有各种机电设备，且用电设施辐射到大楼的每一个角落。其供电特点是用电负荷大，设备种类多而且分散，垂直供电高差大，一、二级负荷多，对供电的可靠性要求高。要满足这些要求，供配电设计就变得更加重要了。

3　负荷分析及变配电房设计

3.1　建筑电气负荷的分析

对建筑电气负荷的分析有着重大的经济意义，因为随着国家经济的发展，人民生活水平的提高，各式各样的用电设备越来越多，从而使用电负荷急剧上升。高层建筑负荷计算是一个复杂的问题，要很好地解决，需要考虑各种类型负荷及其特点和时间因素；并加以分析、研究、计算，确定最佳负荷计算方案；确定变压器投入的容量、台数，真正做到高层建筑计算负荷得以充分利用，降低大厦和电力系统的投资、降低运行费用、节约电能。结合本工程的实际情况，其电力负荷分为空调、动力和照明三大类，从地理位置上分为北塔楼、南塔楼、东裙楼和西裙楼四大块；从负荷等级上分为一级负荷、二级负荷和三级负荷三种。本工程的负荷计算方法采用了需要系数法，在计算过程中，把备用机组及正常情况下不运行的消防容量不列入计算容量之内；而对夏季空调制冷、冬季取暖这种不在同一时段开动的设备，只取其中容量大的一种列入到总计算负荷之中；而且还考虑到了 15～20 年内负荷的增加部分。

3.2　变压器的选择

在变压器的选择上，采用高效节能型低损耗配电变压器，在负荷计算中，根据负荷特点合理计算用电负荷，优化经济运行方式，合理选择变压器容量和台数，力求使变压器的实际负荷接近实际设计负荷。并在比较经济的负荷率下长期运行，提高变压器技术经济效益，减少变压器能耗。根据负荷计算，本工程380V用电设备总安装容量为24780kW，计算容量为13168kW。10kV用电设备总安装容量共2160kW，计算容量共1944kW，共选用了10台变压器。其中北塔楼和东裙楼选用了4台2000kVA的变压器，南塔楼和西裙楼选用了4台2000kVA的变压器，空调冷冻机房选用了2台800kVA的变压器和两台10kV供电的冷水机组。在发电机选择上，经过计算，发电机的消防负荷为2600kW，市电停电时的最大确保负荷为2000kW，选用了两台连续功率为1600kW的柴油发电机。而且在负荷的分配上，把季节性的负荷和同类型的负荷放在了同一个变压器，这样灵活的分配负荷使得变压器能够在某段时期能够合理地退出运行或检修。经过计算，本工程单位建筑面积变压器装机容量为90VA/m²。

3.3 变配电房地址的选择

在变配电房地址的选择上，因为建筑首层功能主要为商业区，为了更好地利用建筑，高压配电房、变压器房、低压配电房、柴油发电机房设于地下1层。变配电房地面抬高了0.8m作为电缆沟，这样能够方便进出线，而且有足够的操作空间和维护空间，能够通风换气。在靠近东面和西面的外墙而且靠近南北电房的地方设置了柴油发电机房，这样能够使发电机房更好地进风和排风，而且发电机分别设置，大大地减少了线路敷设的路径，合理选择配电线路路径和电线电缆截面，减少线路长度和线路压降，降低线路损耗，达到节能的目的。

3.4 尽量缩小变配电所与负荷中心的距离

为了使变配电所尽量靠近负荷中心，本工程在北塔楼设置了主变电站，主要供给北塔楼和东裙楼的用电；在南塔楼设置了辅变电站，主要供给南塔楼和西裙楼的用电。

3.5 功率因数补偿和装置

在变压器低压侧设置集中功率因数补偿和装置，补偿后功率因数大于等于0.9，以减少无功电流损耗。对于可预测的和明显可能产生大量谐波的设备设置谐波抑制装置，当难以预测的谐波含量和谐波次数时，预留谐波抑制装置的安装条件，待工程竣工运行后根据具体情况有针对性地进行谐波治理，改善电源质量，减少谐波电流损耗。

4 供电电源及电压

保利国际广场由附近独立开关房引三路10kV电源供电，二用一备。备用电源冷备用，当其中一路主供电源故障或检修时承担其100%负荷。进线干线电缆截面分别为240mm²，沿电力电缆沟及电力电缆槽盒敷设至大厦北塔主变电房，电缆布置在道路东、南侧的人行道上。为确保一级负荷用电，自配二套柴油发电机组。

5 供电系统

5.1 高压配电系统

本工程高压配电系统图如图1所示。高压供电系统采用单母线分段结线，直流操作。备用电源分别与两路主供电源设置电气连锁，备用自投。

5.2 供电系统

本工程采用了两台10kV的冷水机组作为大楼的冷源设备，每台容量为1080kW，供电系统如图2所示。在空调的控制上采用主机的群控、水泵及冷却塔的变频控制，在保证系统安全可靠、节能高效的原则下，实时测量及跟踪空调系统所有用电设备的实际运行功率，能够始终自动跟踪空调负荷的变化而动态改变，保证空调系统的平均综合能效比高于满负荷设计工况下的综合能效比。办公室的空调通风采用了地下送风的方式，在人们感受到舒适的空调系统的同时也更节能。电力管线也在地板上布线，这样在管线布置上，大大地缩小了距离，而且布线和检修管线都很方便。

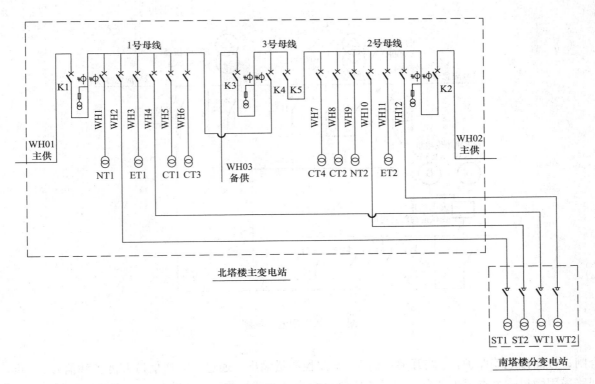

图 1 高压配电系统图

5.3 低压配电系统

本工程低压配电系统图如图 3 所示。低压供电系统采用单母线分段形式，两段母线（每 2 台变压器为一组）之间设置联络开关。正常情况下，联络开关处于断开位置，变压器分列运行。当每组的 1 台变压器故障退出运行时，相应的变压器进线主开关跳闸，手动合联络开关，有选择地向故障段母线供电。进线开关与联络开关设电气和机械锁连锁，3 开关不能同时合上；以确保变压器不并列运行。当三路高压同时失电时，柴油发电机组自启动，30s 内向一级负荷供电。功率因数补偿选用电容器组在低压侧自动集中补偿，补偿后的功率因数高压侧达到 0.9。

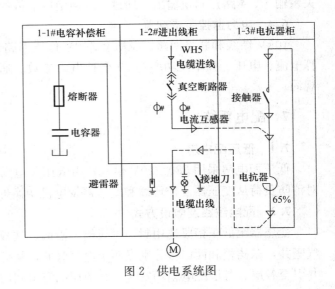

图 2 供电系统图

6 变电站管理系统

为了更好的实现继电保护与计量，本工程设计了变电站自动化管理系统。

6.1 变电站自动化管理系统的组成

变电站自动化管理系统由监控主机及其相关软件、主控单元、继电保护装置和电力监控装置等组成。监控主机与主控单元通过以太网通信，主控单元与继电保护装置和电力监控装置通过 485 总线通信。系统配置通信接口，可与 BA 或其他系统通信。

6.2 监控主机的配置

监控主机配置专业电力监控软件，实现界面操作、波形分析、操作票生成、声光报警功能。

6.3 10kV 微机保护配置

10kV 进线微机保护采用微机式继电保护装置，其完成的主要功能有：过流、速断、频率、电压、

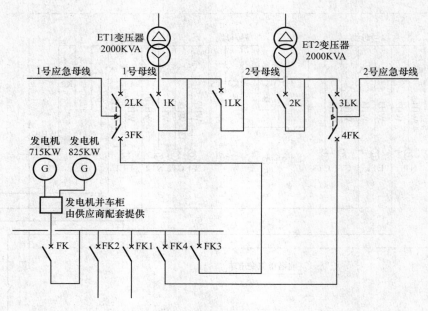

图 3　低压配电系统图

重合闸、方向接地等保护，6 路开关量输入、7 路控制量输出，通过 485 通信口上传各种信号。10kV 其他回路采用微机式继电保护装置，完成的主要功能有：过流、速断、重合闸、方向接地等保护，2 路开关量输入、4 路控制量输出，通过 485 通信口上传各种信号。

6.4　电力监控装置配置

10kV 馈线和联络回路以及所有 400V 低压回路采用智能电力测控装置，其主要功能有：测量和计算电流、电压、频率及功率等 30 余种电力参数。通过 485 通信口上传各种信号参数，支持 MODBUS 规约。

7　配电系统

7.1　低压配电房

低压配电房采用 380/220V 供电，由低压配电房视情况选用放射、树干或链式配电至各层配电箱；对消防负荷从变压器工作母线和变压器发电机切换母线各引一路电源供电，并在末端自动切换。

7.2　配电线路及敷设方式

变压器至低压柜段选用封闭母线槽，沿墙、楼板、梁底用支架明敷；北塔楼和南塔楼分别设一个电气竖井，东裙楼和西裙楼分别设两个电气竖井，从低压配电房引出的配电干线穿金属桥架并通过电气竖井引至各层。各层配电箱均安于于相应层的配电间内；非消防负荷选用阻燃铜芯塑料电线、低烟无卤交联铜芯电缆、封闭式母线槽；消防负荷选用矿物绝缘耐火电缆，采用支架明敷，穿电线管明敷/暗敷或金属桥架、线槽明敷；竖井处用金属桥架保护。

7.3　动力照明配电箱、控制箱

动力照明配电箱、控制箱按需要选用挂墙式、落地式及嵌入式箱，墙内暗装；开关插座选用 86 系列，墙内暗装。

7.4　电动机

不超过 30kW 的电动机直接启动，其余电机采用星角或软启动器启动。消防泵、喷淋泵除现场手动控制外，还可通过碎玻按钮、压力开关或消防中心联动柜自动控制；消防风机除现场手动控制外，还可通过防火阀或消防中心联动柜自动控制；潜水泵除现场手动控制外，还可通过液位自动控制；电梯等机电一体化设备自带控制设备。

8 照明

8.1 照明灯具、照度及照明功率密度值

采用高效节能的灯具，灯具效率应符合《建筑照明设计标准》GB 50034—2004 第 3.3.2 条的规定。采用三基色 T5 荧光灯、紧凑型荧光灯、金属卤化物灯等高效节能光源。配电子镇流器或带电容补偿的节能电感镇流器，功率因数不低于 0.9。

一般照明照度标准（除装饰照明外）及照明功率密度值　　　　表 1

场　所	照度（lx）	照明功率密度值（W/m²）
办公室、会议室	300	11
裙楼商店	500	16
餐厅	200	10
厨房	200	8
门厅	100	7
走廊、楼梯间	50	7
厕所	75	7
消防控制室、网络中心	300	11
高低压配电房	200	7
变压器房、风机房、空调机房、水泵房	100	4
车库	75	3

8.2 照明控制方式（见表 2）

照明控制方式　　　　表 2

场　所	控制方式	场　所	控制方式
门厅、走廊等公共场所	智能照明系统	疏散楼梯	红外线感应开关控制（应急时强制亮灯）
办公室	就地控制	车库	智能照明系统
多功能会议室	智能照明系统	室外照明	智能照明系统
设备房	就地控制		

8.3 应急照明

本大楼在下列部位设置应急照明：楼梯间、防烟楼梯间前室、消防电梯间及其前室、合用前室各避难层；高低压配电房、消防控制室、消防水泵房、消防风机房、发电机房、消防电梯房、电话总机房；观众厅、展览厅、多功能厅、餐厅和商业营业厅；疏散走道。

9 电梯

电梯按使用功能选用变频变压调速电梯，共 43 台。其中消防梯 2 台，载重 1600kg，速度 3.5m/s；办公区高速客梯 12 台，载重 1600kg，速度 3.5m/s；办公区中速客梯 12 台，载重 1600kg，速度 2.5m/s；另设低速客梯 15 台，载重 1600kg，速度 1.0m/s；货梯 2 台，载重 1600kg，速度 1.0m/s。

10 系统使用效果

安装调试后，本变配电系统投入运营以来，系统稳定可靠，始终使变压器的实际负荷接近实际设计负荷，并在比较经济的负荷率下长期运行；建筑物内的机电设备能够得到很好的控制和运行，通过软件系统地管理相互关联的设备，发挥设备整体的优势和潜力。最终让设计的系统使所选变配电设备得以充分利用，节约了大厦和电力系统的投资，降低了运行费用，节约电能。

参考文献

[1]　中国航空工业规划设计研究院. 工业与民用配电设计手册（3 版）[M]. 北京：中国电力出版社，2005.

[2]　戴瑜兴，黄铁兵，梁志超. 民用建筑电气设计手册（2 版）[M]. 北京：中国建筑工业出版社，2007.

济南市园博园生态节能科技示范工程节能技术介绍

李鹏飞　张　强　王　滨（山东同圆设计集团有限公司第七设计研究院，山东 济南 250001）

【摘　要】　本文以第七届中国国际园林花卉博览会为背景，简单介绍了生态节能示范工程中采用的太阳能光伏发电、光导等节能技术的原理及实际应用情况。为新技术的应用、推广提供设计依据。

【关键词】　光伏发电　管道式日光照明

【Abstract】　This paper briefly introduces the theory and practical application of solar photovoltaics and the tubular daylighting device applied to the ecological energy-saving scitech demonstration project briefly, with background of the 7th China international Garden & Flower Exposition. This paper provides a basis of design for application and promotion of the new technology.

【Keywords】　solar photovoltaics, tubular daylighting device

1　引言

第七届中国国际园林花卉博览会于 2009 年 9 月 22 日在济南隆重开幕。本次盛会由中华人民共和国住房和城乡建设部与济南市人民政府共同举办，是目前国内规模最大、规格最高、内容最丰富的风景园林与花卉盆景行业综合性盛会。我部门有幸负责此次博览会生态节能科技示范工程的施工图设计及后期装修配合工作。

此工程为一综合性建筑，主要用途为会议接待。总体上讲，可以分为 A、B、C、D 四个部分，如图 1 所示。A 区，餐饮综合楼，主要包括会议、餐饮及配套客房；B 区，客房综合楼，包括游泳、健身

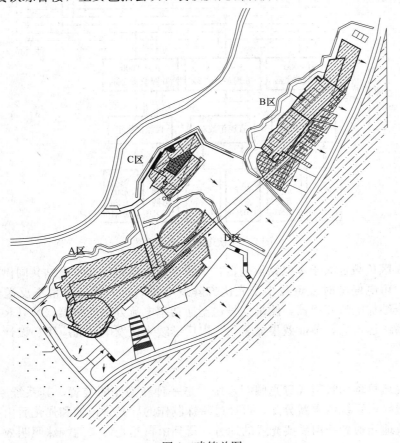

图 1　建筑总图

等康乐部分和普通客房部分；C区，贵宾楼为贵宾接待区；D区，为配套设备用房，D区设在A区至B区地下连廊之间。整个建筑并不是普通的酒店综合楼，内部处处以新技术体现节能、环保的主题，本文将着重介绍工程中采用的光伏并网发电、光导照明技术。

2 光伏发电

光伏发电系统分为独立光伏系统和并网光伏系统。独立光伏电站指带有蓄电池的可以独立运行的光伏发电系统，包括太阳能路灯等。并网光伏发电系统指与电网相连并向电网输送电力的光伏发电系统。并网系统不需要蓄电池，减少了蓄电池的投资与损耗，也间接减少了处理废旧蓄电池产生的污染。并网系统是光伏发电发展的最合理方向。

为达到节能环保的要求，本工程在A区餐饮综合楼设置的正是并网光伏发电系统。本光伏电站总装机容量为27.34kW，基本原理如图2所示。其中，光伏方阵采用170Wp高效率单晶硅全玻璃光伏组件，平铺于A区采光顶，共计102块，位置如图4所示。光伏板分6组分别接三台直流汇流箱，然后接三台6kW高效并网逆变器（PVI-6000），逆变后分三相（L1，L2，L3）分别接入光伏配电交流柜，该柜内设有电流、电压、电能计量装置，及其他保护装置。最终经光伏配电交流柜接原有低压配电柜，并入低压电网。同时系统配备了先进的监控设备，可以对电站的运行情况进行监控，并可靠记录每台逆变器和整个电站每天的发电情况和总的累计发电量，使用户直观了解电站的相关信息，也便于科研工作者对数据进行科学研究。

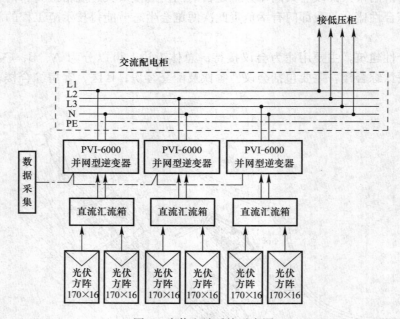

图2　光伏电站系统示意图

正常情况下，A区负载远大于本电站发电量，负载电源由市电站和本电站共同供给，实现光伏方阵所发电量就近消耗。市电停电时或负载小于光伏方阵发电量时，为确保电量不反送电网，避免孤岛效应，在交流电源进线端加电流互感器，测量信号送至逆功率电流方向继电器（NGLR-3），控制接触器将电网进线切断。该系统运行后，节能效果显著，为以后继续光伏发电站的应用、设计积累了经验。

3 光导系统

光导照明系统，最早称为管道式日光照明系统，是一种新型照明装置，其系统原理是通过采光罩，在高效采集自然光线导入系统内重新分配，再经过特殊制作的导光管传输和强化后由系统底部的漫射装置把自然光均匀高效地照射到任何需要光线的地方，得到由自然光带来的特殊照明效果。光导照明系统与传统的照明系统相比，存在着独特的优点，有着良好的发展前景和广阔的应用领域，是真正节能、环

图 3　A 区效果图

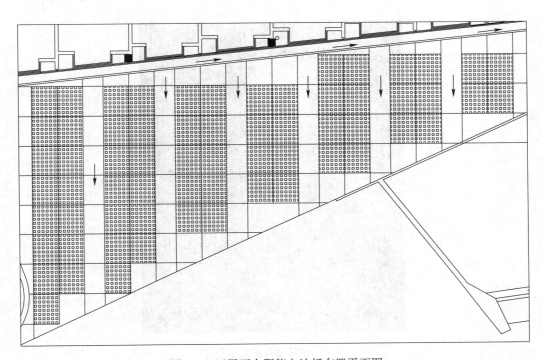

图 4　A 区屋面太阳能电池板布置平面图

保、绿色的照明方式。该套装置主要分为以下几个部分：采光装置、导光装置、漫射装置。它可以完全取代白天的电力照明，至少可提供 10 小时的自然光照明，无能耗，只需一次性投资，无需维护，节约能源，创造效益。并且系统照明光源取自自然光线，光线柔和、均匀，全频谱、无闪烁、无眩光、无污染，并通过采光罩表面的防紫外线涂层，滤除有害辐射，能最大限度地保护人们的身心健康。可以广泛应用于地下空间、走廊、办公室、厂房、车间、场馆等白天需要人工照明的地方。

为体现生态建筑节能科技示范作用，本工程在 A-B 区地下一，二层连廊部分利用光导系统进行照明，将太阳光引入地下连廊，充分利用室外太阳光照明，减小了电力能源消耗。在 C 区一层阳光浴室内设置该系统，达到日光浴的效果。太阳光采集器安装在地面、屋面支架上，本工程采用了两种采集装置：一种为静止的采集装置，如图 5 所示；一种为自动跟踪采集器，如图 7 所示。采集的阳光利用光导纤维或光导管输送到室内需采光的部位，末端采用太阳光照明器代替普通照明灯具对地下通道及相关部位进行照明，太阳光照明器，也可以与普通照明灯具结合布置，如图 6 所示，条形为普通的灯槽，圆形灯具就是太阳光照明器。这样做可以达到优势互补的目的，无论天气如何都可以保证正常照度。这是太阳能光利用的一种最简单、有效的方式。

图 5 太阳光采集器

图 6 太阳光照明器

图 7 跟踪型太阳光采集器

4 结束

随着中国城市化建设步伐的加快，绿化美化城市、改善人居环境、提高城市品位、推广新能源应用已经成为各方关注和投资的重点。太阳能光伏发电技术、直接利用太阳光的光导技术，均是绿色能源科技的一部分，属于可持续发展能源技术。除此之外，本工程还采用了多种先进的节能环保设备。如利用秸秆、木屑作燃料的生物质锅炉、能显示用电量的智能插座、园区内路灯均自带太阳能发电装置等等。各种新技术的应用可以有效改善城市人居环境、促进人与自然的和谐统一，充分体现了本次园林博览会"文化传承，科学发展"的主题。

绿色环保和电气节能综合技术在世博建筑中的应用理念与实践

邵民杰　（华东建筑设计研究院有限公司上海 200002）

【摘　要】　本文主要阐述了已获我国"三星级绿色建筑设计标识证书"和美国 LEED™ 金奖的永久性场馆——上海世博中心场馆的绿色环保和电气节能技术，并揭示了场馆建设中如何实现科技创新技术和绿色低碳可持续发展的理念。

【关键词】　绿色建筑　低碳环保　光伏发电　电气节能　LED 照明

【Abstract】　The paper expounds the application of green environment and energy saving technology in Shanghai Expo Center which has obtained the certificate of green building design label（three-star）and LEED gold prize, and points out how to realize the idea of scitech innovation technology and continuable development with green and low carbon.

【Keywords】　green building, low carbon and environment protection, photovoltaic generation, electrical energy-saving, LED lighting

1　引言

举世瞩目、精彩难忘的 2010 年世博会已在上海成功举办，世博场馆建设中集中体现了一大批先进的科技创新技术和绿色低碳环保可持续发展的理念，很好地实现了"城市，让生活更美好"的世博主题。

上海世博园区内永久性场馆共有 4 个，其中之一的上海世博中心已获得了我国"三星级绿色建筑设计标识证书"和美国绿色建筑委员会的 LEED™ 金奖。"三星级绿色建筑"作为我国绿色建筑评价标准中等级最高的绿色建筑，其主要特点是：建筑中大量利用可再生能源和未利用能源，注重能源节约和建筑材料资源的循环使用，减少建筑工程中对自然生态环境的损害。

所谓绿色建筑，就是在建筑周期内，最大限度地节约资源（节能、节地、节水、节材）、保护环境和减少污染，为人们提供健康、适用和高效的使用空间，与自然和谐共生的建筑。绿色建筑注重建筑材料和能源的合理使用与节约，因而对建筑建造和使用过程的每个环节都最大限度地节约能源和材料。绿色建筑将低碳环保技术、节能控制技术、智能信息技术应用于各个方面，用最新的理念、先进的技术去解决生态节能与环境舒适问题。

2　场馆中绿色低碳、节能技术的构成

世博中心作为世博会永久保留建筑，在世博会期间以及会后都承担着重要的工作。世博会期间，其作为了世博会的庆典活动中心、指挥营运中心、国宴宴会中心、新闻发布中心以及世博会论坛中心；世博会后已成为上海的政务中心和用于国际组织首脑会议的国际会议中心等，总建筑面积超过 14 万 m^2。

世博中心是按中国和国际标准建成的"绿色低碳"建筑作为中国公共建筑节能科技的典范，世博中心成功解决了国内外大型公共建筑节能、环保和减排的难题。世博中心在其设计过程中，在保护不可再生资源、集约利用能源、建立循环经济模式、创造可持续的人居模式等方面都受到了高度的重视。世博中心围绕"科技创新"与"可持续发展"的理念，按照减量化（Reduce）、再利用（Reuse）、再循环（Recycle）的 3R 设计原则，从节能、节电、节水、节材、节地等环节入手，统筹安排资源和能源的节约、回收和再使用，减少对资源和能源的消耗，减少污染物的排放量，减少建筑对环境的影响。

世博中心场馆的绿色低碳环保、节能技术主要表现在：

1）采用建筑表皮节能系统、建筑与遮阳一体化、自然采光通风、江水直流冷却水系统、冰蓄冷、

分工况变频给水系统等建筑节能技术，降低了建筑能耗；

2）采用了雨水控制及利用系统、杂用水收集利用系统，程控型绿地微灌系统，合理利用了各种水资源；

3）建筑屋顶设置了蓄热太阳能热水系统、建筑一体化太阳能光伏发电系统（BIPV），最大可能地合理利用了自然能源；

4）建筑室内外较大规模的使用了新型、节能环保的 LED 灯光照明；

5）采用先进的建筑设备自动监控系统（BAS）、智能照明控制系统和变频调速控制装置，对空调设备、给排水设备、电气设备、照明设备及其他用电设备实现了节能监控管理；

6）主要场所设 CO_2 浓度监控，保证了室内空气品质且实现节能运行；

7）实现了绿色环保的室内环境控制；

8）电气设施的自身低耗节能及节能技术的应用等。

为实现场馆在建设的全寿命周期内最大限度的节约资源、保护环境和减少污染，为人们提供健康、舒适和高效的使用空间和环境，设计通过系统比选、数据分析、类比测试、模拟计算、效益评价，进行了符合世博中心工程实际情况的系统设计并予以实施，保证了世博中心绿色建筑设计目标的实现。工程建筑的节能率超过 62%，52% 的生活热水通过太阳能热水系统提供，太阳能发电量超过工程总用电量的 3%（超过了国家绿色建筑评价标准中规定优选项 2% 的要求）。工程在绿色建筑专项技术研究、应用、创新和集成方面的成果，也标志着我国在大型公共建筑的绿色低碳建筑技术集成方面达到了国际水平。

3 绿色电气节能技术的有效应用

世博中心场馆的电气设计在满足建筑功能需求、环境舒适及各系统安全、可靠的前提下，充分体现绿色低碳节能理念，提高了建筑电能使用效率，减少电能损耗。主要体现在以下几个方面：

1）可再生能源的广泛应用

在世博中心建筑的屋面设置了一套建筑一体化太阳能光伏发电系统（BIPV）。利用城市建设的 BIPV 系统，达到绿色环保的目的，是本届世博会"城市，让生活更美好"主题的一个不可或缺的重要组成部分。

屋面上安装的太阳能光伏发电系统总容量为 1MW，太阳能电池方阵采用不透光的单晶硅电池板，其转换效率为 12%～15%；系统采用并网运行方式，这比独立运行方式具有更多的优点，其可以省去储能用蓄电池，而蓄电池在存储和释放电能的过程中，会损失部分电能，且会在 5～7 年后报废对环境造成污染。并网运行系统可以降低投资，并具有更高的发电效率和更好的环保性能。

太阳能所发的电能经过采用逆变、升压（将太阳能电池方阵输出的直流电转换成与城市电网相同电压、频率、相位的交流电，同时进行故障监控、保护）等技术处理后直接并入城市 10kV 电网，使这一清洁能源得以充分利用。

根据上海地区日照时间的情况以及光伏发电系统发电量的计算方式：

$$系统发电量 ＝ 安装场地日照量 \times 设置容量 \times 综合系数$$

理论上计算在屋面上安装的太阳能光伏发电系统每年的发电量可达 1000MWh。如果按照有关部门提供的数据，按 1kWh 相当于 0.404kg 标准煤进行换算，那么本工程 1 年可节约标准煤约 404t；如果按照 1kg 标准煤会产生 2.493kg CO_2，那么 1 年可减少排放 CO_2 1007t，其社会效益是显而易见的。

2）注重对供配电系统的节能设计

由于场馆的建筑面积和用电负荷都较大，负荷也较为分散，因此整个建筑内除了设置 1 座 35/10kV 总变电站外，还设置了 5 座 10/0.4kV 的分变配电站，以方便供电，并使供电电源靠近负荷中心，减少线路的损耗。另外在变压器的选择上考虑了变压器的节能型以及经济运行要求。变压器是供配电系统中的主要耗电设备之一，变压器容量偏小、负荷率过高会引起负载损耗增大、效率变低、寿命变短；而变压器容量偏大、负荷率过低又会引起空载损耗增大、效率也变低；因此应根据实际负荷需求合理选择变压器容量，使变压器尽可能运行在最佳负荷状态。工程中所选的变压器实际负荷率基本控制在0.5～0.7范围内，属于较佳的负荷状态。变压器采用的是节能型变压器，并在各个环节采取了提高功率因数的措施。

3）照明系统的节能措施

建筑室内白天能充分考虑利用自然光线，达到节能效果。场馆的照明设计都以技术成熟的高光效光源（如T5荧光灯、金卤灯及LED灯等）及高效率灯具为主，结合房间的室型指数等指标，采用合理的布灯和配光设计，在满足照度、均匀度、眩光指数、显色性等照明品质要求的前提下，全面降低了照明的功率密度值，符合并超过了国家标准《建筑照明设计标准》GB 50034目标值的要求。

场馆景观照明设计中，大面积使用了绿色、节能、环保、耗电量低的LED光源来替代传统光源。LED半导体照明技术是上世纪末发展起来的新技术，在上海世博会上，它已成为世博园区绿色照明建设的主要应用技术和展示世博主题的重要视觉元素。

在景观照明控制上，LED光源也体现出传统光源无法比拟的优势。LED灯光控制系统具有控制节点多、控制能力强、响应快等特点，颜色和亮度可连续调节，在平时、节日、重大活动等不同场合，能营造出不同的光色环境，产生出色彩斑斓、变化丰富的景观艺术效果，在降低能耗的同时也给人们带来了精彩绝伦的视觉盛宴。这些都契合了上海世博会"城市，让生活更美好"的主题。

虽然LED现已被广泛运用在室外景观照明，但作为室内功能性照明的应用则是刚刚起步，它尚不能代替传统灯具的原因在于诸多技术难题尚未解决（如：LED的发光效能、显色性、散热问题等）。为了更好地体现世博场馆的绿色、节能、环保，在世博中心高达14m的政务厅全部采用了LED灯作为功能性照明，不仅满足了功能需求，更重要的是解决了LED代替传统功能照明的技术难题，也使LED"功能照明"进入普通室内建筑成为可能。

政务厅规模约2000m²，净高14m。为满足上海各类政务会议和大型国际性会议和活动（如"上合峰会"、"APEC会议"等）的需求，要求在照明上既要满足蓝色调的国际会议、还要满足暖色调的国内政务会议，显然采用一套普通照明灯具是无法满足功能需求的。作为一种新的尝试，设计中考虑采用LED光源作为室内功能性主照明的方案，为保证理论计算出的配光数值与实际效果数值相符，方案实施前对LED灯具做了实际模拟测试，对于LED颗粒的光束角选择也作了反复测试比选，找到了最佳的腔体内混光方式，并较好地解决了LED灯具散热问题；另外选择的LED灯由于采用了先进的芯片技术与封装方法，也使LED的显色性大大提高。

政务厅的功能照明采用了LED光源，照明效果良好，选用的LED光效高，且色温与照度同时可调，在体现节能的同时也大大降低了传统光源的汞污染，保护了环境。另外大功率LED在室内高大空间内作为主照明的应用在当时尚无先例，这也开拓了用LED在类似照明领域的新应用，填补了当时室内高大空间内LED功能性主照明应用的空白，也为以后室内高大空间内有效应用LED主照明树立了良好的典范。（如图1）

在选择高光效光源及高效灯具的同时，注重照明系统的节能控制。工程设有照明控制系统，根据室内外光亮度的变化或系统设定的参数设计程序，自动调节控制灯光开启的时间、数量、亮度，达到预先设定的灯光效果、场景，并制定出特定时段的时间程序控制，及时关闭不使用的照明回路，避免不必要的电能浪费。采用照明控制系统后，照明节电的效果达到了20%～30%。

图1 政务厅采用大规模室内LED照明实景图

4）电能管理及能耗监测系统的有效应用

场馆中设置了有效的电能管理及能耗监测系统，电能管理系统采用集中管理、分散布置的模式，分层、分布的系统结构，利用先进的计算机技术、通信信息处理技术，对供配电系统的保护、控制、测量、信号等功能进行优化组合。同时通过对现场各类电气设备及回路数据监测，网络传输构成一个完整的智能化电能管理系统，实现对供配电系统设备的实时保护、监测等综合智能化管理。而设置的能耗监测系统在不影响各用能系统的既有功能、降低系统技术指标的前提下，对能耗数据的采集充分利用了电能管理系统、建筑设备监控系统既有的功能，实现了数据传输与共享。系统通过对建筑内各种能耗分类设备实现分项能耗数据的实时采集、计量、传输、处理，分析了解各项能耗指标，监控各个运行环节的能耗异常情况，评估各项节能设备和措施的关联影响，并记录、存贮各能耗数据，为进一步的节能运行提供有效的数据支撑。

5）建立了有效的建筑设备监控系统（BAS）

工程中采用了建筑设备自动监控系统，对冷热源机组、水泵、空调设备、给排水设备、电气设备、照明设备及其他用电设备进行监视和节能控制，及时准确地掌握各区域用电设备的运行状况和故障状况，以降低能耗；同时还对室内环境质量进行监测控制。建筑设备监控系统中还包含了多个设备子系统的运行数据信息，如：智能照明节能控制系统、电能管理及能耗监测系统、江水源热泵系统、冰蓄冷系统、分工况变频给水系统、电梯系统等。

由于在整个建筑物能耗中空调系统的能耗约占整个建筑能耗的近 40%，因而实现对空调系统的节能控制对节能环保具有较重要的意义。对空调系统的节能控制设计主要体现如下：

（1）对空气处理机组（AHU）采用时间程序控制，从而减少机组的空载运行，降低空调能耗；

（2）对新风空调机组（PAU）采用最少新风量、最低混风比及新回风门阀门比例控制，满足人体对室内空气品质的需求；

（3）空调机组采用变频控制，针对实际需求进行变频控制调节风量，从而实现对空调机组节能控制；

（4）空调机组水阀采用 PID 控制来调节空调供水量，从而减少空调冷热源能耗，起到了可观的节能效果；

（5）空调冷热源采用冰蓄冷及江水源冷却热泵机组的系统形式。冰蓄冷系统通过对乙二醇系统的流量控制，满足设备的流量要求，控制系统的动态水力平衡及在各个工况下的静态水利平衡，以保证水泵的正常启动和维持水泵的高效工作，乙二醇系统在末端需要的负荷较小时，水泵降频使用，以实现最大限度的节能。

6）谐波治理和降损节能

由于场馆中电力电子设备使用较多，会产生较多的谐波。如：各种电力电子装置、变频装置、电子镇流器、VAV 空调、灯光系统等非线性的设备都会产生谐波。谐波电流流入电网后，通过电网阻抗产生谐波压降，从而引起电网的电压畸变，给配电系统的各个环节带来较严重的谐波问题。因此预防和治理谐波有助于提高设备的使用寿命，减少电能损耗。工程中主要应用无源滤波装置对谐波进行治理，取得了较好的效果，谐波得到了有效的抑制。

4 结语

世博中心场馆设计对建筑的绿色低碳、节能技术做了全面的考虑，并采取了有效的绿色节能措施。场馆建成和实施，对指导类似项目的绿色建筑设计，提高绿色建筑水平，促进绿色建筑技术的应用与发展有着深远的意义，也成为了"绿色世博"的一个亮点。

参考文献

［1］ 中国建筑科学研究院等. GB/T 50378—2006 绿色建筑评价标准［S］. 北京：中国建筑工业出版社，2006.
［2］ 上海市建筑学会. 上海世博会绿色建筑［G］. 上海：上海建筑学会，2009.

广州珠江城项目建筑节能新技术应用综述

华锡锋　周名嘉　（广州市设计院，广州 510620）

【摘　要】　本文结合地区气候特点及建筑的体形、结构及功能，阐述了各种建筑节能新技术的应用，充分采用各种节能降耗措施，包括采用风力发电及光伏发电等可再生能源的利用、办公室采用冷辐射＋需求化（VAV）置换送风的节能空调系统以及高效办公照明等措施，以达到节约能源的目的，为绿色节能建筑示范工程提供典范。

【关键词】　可再生能源　风力发电与建筑一体化　光伏发电与建筑一体化　并网发电　智能型内呼吸双层幕墙　冷辐射天花板

【Abstract】　Considering the shape, structure, function of the building and climate characteristics, seveal new energy-saving technologies are used for Pearl River Tower, including wind turbine, photo－voltaic, efficient HVAC system(radiant ceiling cooling with VAV displacement ventilation) and high efficiency office lighting. This article describes the implementations of these technologies and provides an example for Green Buildings.

【Keywords】　renewable energy, building integrated wind turbine, building integrated photo-voltaic, grid-connected power generation, intelligent internal respiration double skin facade, radiant ceiling cooling

1　前言

作为发展中国家，我国能源消耗逐年以惊人的速度增长，能源消耗总量已超过 14 亿 t 标准煤，成为美国之后的第二能源消费大国，我国乃至全球的常规能源越来越短缺。因此，节约能源及利用可再生能源是我国乃至全世界共同面临的重大课题。在我国的能源消耗总量中，建筑能耗约占 1/3，因此，建筑节能对节能减排起着至关重要的作用。本文将对已获我国"2010 年低能耗建筑示范工程"及"2010 年太阳能光电应用示范项目"的广州珠江城项目绿色节能建筑技术进行阐述。

2　气候概况及建筑介绍

广州市位于东经 112°57″～114°03″，北纬 22°35″～23°35″，属南亚热带季风气候区。由于处于低纬度地区，地表接受太阳辐射量较多，年平均太阳辐射值为 4367.2～4597.3MJ/m²，分布是南高北低。年内太阳辐射以 2 月最低，7 月最高。年平均日照时数为 1820～1960h，年日照百分率为 41％～44％，南多北少。季节上以夏季最多，秋季次之，冬季再次，春季最少。同时受季风的影响，夏季海洋暖气流形成高温、高湿、多雨的气候；冬季北方大陆冷风形成低温、干燥、少雨的气候。由于受季风影响和华南冷高压控制，年内冬季（1 月）多偏北风和东北风；春季（4 月）风向较零乱，以东南风偏多；夏季（7 月）受副热带高压和南海低压的影响，以偏南风为主；秋季（10 月）由夏季风转为冬季风，以偏北风为主。在平均风速方面，冬、春季节风速较大；夏季风速较小，但夏季间常有热带气旋侵袭，风速可急剧增大，形成风力 8 级以上的大风。由此可见，广州全年风向以偏南风、东南风和偏北风、东北风为主，风力资源比较丰富。

广州珠江城项目定位为地标性国际超甲级写字楼，建筑高度 309.6m，地上 71 层，地下 5 层，总建筑面积 214029m²。B1 夹层为贵宾入口；B1 为设备用房/卸货平台；B2～B5 为机械停车。1 层及夹层为大堂、银行；2～6 层为餐厅；7 层为避难层；8 层为设备层；9～22 层为办公 1 区，其中 22 层为避难层；23～26 层为风力发电/设备层；28～48 层为办公 2 区，其中 38 层为避难层；49～52 层为风力发电/设备层；53～69 层为办公 3 区，其中 54 层为避难层；70 层为设备/避难层；71 层为高级商务会所。

3 本项目建筑节能新技术

本项目采用了如下 11 项节能新技术：

（1）风力发电建筑一体化——巧妙在建筑塔楼 24 层及 50 层上设置贯穿南北方向的 4 个风洞，在风洞内设置风力发电机，利用可再生能源风能产生电能。

（2）光伏发电建筑一体化——在建筑东西向遮阳板处及屋顶玻璃幕墙处设置光伏组件，光伏与建筑一体化，利用可再生能源太阳能产生电能。

（3）智能型内呼吸式双层玻璃幕墙——珠江城采用超高层建筑智能型双层内呼吸幕墙与遮阳技术。采用 300mm 宽度单元式双层内呼吸幕墙，并在双层幕墙空腔内设置铝合金遮阳百叶，增强其采光和遮阳的效果和灵活性。提高室内的热舒适性，使其具有抗噪声性能强、自然采光效果好等特点。

（4）辐射制冷带置换通风——办公室天花采用冷辐射天花板，采用温、湿度独立控制系统（即房间内区冷辐射空调系统＋周边区干式风机盘管系统＋地板送新风的置换通风系统）。

（5）高效办公设备——办公设备如电脑显示屏等采用低能耗的办公设备。

（6）低流水与无流水装置——卫生间采用用真空负压冲洗及红外感应控制等节水控制装置。

（7）高效照明——选用高效灯具、高效光源。

（8）照度及红外感应控制——大空间办公室窗边照明、个人办公室照明及卫生间照明均采用照度及红外感应控制。

（9）高效加热/制冷机房——本工程开创性的采用了乙二醇溶液冷却螺杆式热泵冷水机组，夏季供冷、冬季供暖，巧妙的实现一机多用和制冷系统的一致性，既节省了初期投资、节约了装机有效建筑面积和解决了风冷热泵机组所带来的环境噪声污染和震动的问题；也提高了夏季的制冷效率（相对风冷冷水机组，其 COP 值要高很多）；同时也能维持与风冷热泵机组相当的制热 COP 值，其节能效果也是非常明显的。

（10）需求化通风——采用变风量变频节能控制方案，办公用房的新风系统采用绝对含湿量的 VAV 控制。

（11）冷凝水回收——将本大楼的空调冷凝水全部收集后输送至首层冷却塔的出水端，从而降低冷却水的供水温度，提高冷水机组的运行效率。

4 重点节能新技术方案分析

4.1 风力发电建筑一体化

1）风力发电系统设置的位置

根据广州的气候特点，珠江城项目建筑朝向南偏东 13 度，目的是充分利用广州地区的风力资源。目前，风力发电机安装在建筑上的应用例子很少，尤其应用于超高层建筑上以及风力发电与建筑一体化的案例几乎没有。作为广州的地标性建筑，既要体现节能环保的理念，又要体现天人合一的建筑理念，因此，如何将风力发电机与建筑有机的结合在一起，实现风力发电建筑一体化，是风力发电系统设置的关键。建筑师根据珠江城项目体形与结构特点，分别于 24～25 层、50～51 层巧妙地设置了 4 个贯通南北的风洞，用来安装风力发电机（图 1），夏季以偏南风、东南风发电，冬季以偏北风、东北风发电。

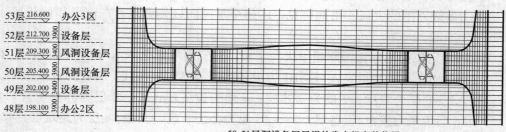

50-51风洞设备层风涡轮发电机安装位置

图 1 风力发电机安装位置（一）

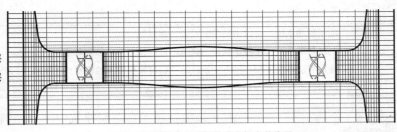

24-25风洞设备层风涡轮发电机安装位置

图1 风力发电机安装位置（二）

2）选用的风力发电机类型

根据风力发电机的安装位置，选择合适的风力发电机。目前风力发电机按结构形式分为水平轴发电机和垂直轴风力发电机两大类，根据两大类风机的技术对比（如表1所示），最终采用了垂直轴风力发电机（参见图2）。根据广州地区的风力资源条件，如年平均风速、常年主导风向等，选择合适的垂直轴风力发电机组，机组技术参数如表2所示。

水平轴与垂直轴风力发电机技术特点对比

表1

	水平轴发电机	垂直轴风力发电机
体型	风轮架设高，直径大，占用面积大	风轮直径小，占用面积小
启动风速	低	较高
风向利用	只接受单一风向的风，需要调向装置	可以接受来自任何方向的风
风能利用率	高	较低
发电量	高	较低
振动和噪声	振动较大，噪声高	振动小，噪声低
检修维护	齿轮箱和发电机安装在风轮架上，检修维护困难	齿轮箱和发电机可以安装在地面或楼板上，检修维护方便
结论	选用芬兰 Windside 公司生产的 WS-10 型的垂直轴风力发电机组	

WS-10 型的垂直轴风力发电机组技术参数

表2

电气参数	额定功率：6kW
	额定电压：100V
	额定电流：90A
	额定风速：25m/s
	发电机的结构：永磁型
外形尺寸	重量：约 7，000kg
	叶面高度：5m
	叶面宽度：2m
	受风面积：10m²
	风机的结构：垂直轴
材料	风叶：铝制
	发电机：钢制
	紧固盘：25mm 厚的镀锌钢板
性能	噪声级别：无噪声。从风机的 2m 处测得的噪声小于 10dB
	机械振动：风机系统不会产生任何干扰建筑结构的振动
	保证持续发电风速：40m/s
	保证所能够承受的疾风（飓风）：75m/s
	产电的风速范围：2.7～40m/s
	单机的年发电量：风机在平均风速为 8.25m/s 时，在夏季以偏南风、东南风发电，冬季以偏北风、东北风发电的情况下，全年至少能产出 33MWh 的电量

安全系统	电子制动系统：可以手动控制或者自动控制
	气盘制动系统：在特别高速的骤风下可以设定为自动或者手动
	自动润滑系统：配有压力计及过滤器，可根据轴承的需要提供准确量的经过过滤的润滑剂
	风速仪：安装有 Windside 专利的机械风速感应仪，可以在非常危险的疾风下启动制动系统

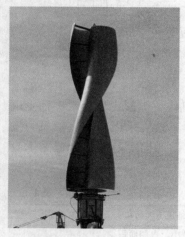

图 2　WS-10 型垂直轴风力发电机外形图

由于该项新技术在高层建筑中没有先例，对其可能产生的震动、附加荷载、噪声等尚不清楚。为了确保建筑的结构安全、幕墙安全、施工安全及运行安全，有必要对发电机风洞层进行风洞实验研究，作为设计、施工和使用推广的依据。风洞实验研究成果表明：利用建筑结构形体风洞风速增大效应，可大大提高风洞内风力发电机的发电效率；本大楼周围局部最大噪声值不会超过国家规定的限值；对附近楼层楼板引起的加速度均较小，不会引起附近楼层楼板的共振；安装基座及固件均未进入塑性阶段。这些研究成果为风力发电机首次安装在高层建筑中提供了有力的技术支持。

3）风力发电电气系统的构成

风力发电电气系统构成按如图 3 所示。

随着风速的变化，风力发电机输出交流电压为 0～100V，最大电流为 90A。电源输入至交流变直流控制器后，输出电压为 90～100V 的直流电流。直流电流对蓄电池充电，蓄电池既能蓄电，又能保证电压稳定。稳定的电压再进入并网装置的输入柜，先经过直流升压装置，输出直流电压为 650V；最后经并网逆变器逆变，输出电压为 400V、频率为 50Hz 的稳定交流电，输出的电能直接并网至大楼低压配电装置。

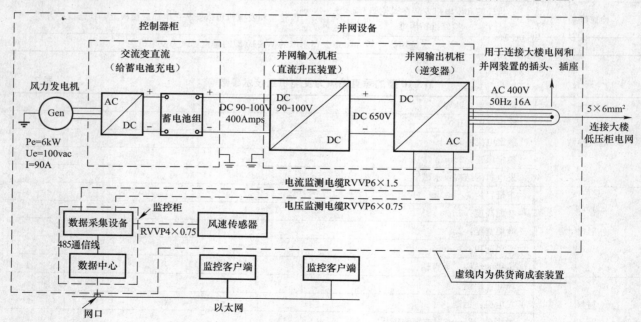

图 3　风力发电电气系统图

WS-10 型的垂直轴风力发电机组额定功率为 6kW，输出功率随风速的变化而变化。WS-10 风机在 8m/s 的风速下将输出 0.5～1.5kW 的功率；在 14.5m/s 将输出 2～6kW 的功率。

风力发电机的预期年发电量如以 MWh 计算时，可由如下公式计算：

年发电量（MWh）＝扫风面积×风能密度×年发电小时数×WS 效率比×威布尔系数

扫风面积：风机叶片扫过的面积（m²）

风能密度：不同年平均风速下的风的潜在功率（W/m²）WS效率比：按照0.54计算

$$威布尔系数 = 2$$

广州地区年平均风速为2m/s，建筑100m高处时的风洞吸风效应可增至8.25m/s，此时风能密度为348W/m²。WS-10的扫风面积是10m²，因此：

$$发电量 = 10 \times 348 \times 8760 \times 0.54 \times 2 = 32.9MWh$$

该项目共设置了4个风力发电机，则一年的预期发电量为：4台×32.9MWh/台＝131.6MWh，即13.16万度电。

4.2 光伏发电建筑一体化

1）光伏建筑一体化的形式及特点

光伏建筑一体化的形式及特点如表3所示。

光伏建筑一体化的形式及特点　　　　　　表3

分　类	形　　式	特　点
光伏组件与建筑集成	光伏组件与透明或不透明玻璃集成	光伏组件玻璃代替普通玻璃、玻璃幕墙或玻璃窗，节省建筑材料及用地面积
	光伏组件与玻璃幕墙或玻璃窗集成	
光伏组件附设在建筑上	光伏组件装在屋顶楼板上	光伏组件安装在屋顶、窗台下或遮阳板上，隔热及节省用地面积
	光伏组件装在遮阳板上或窗台下	

2）光伏组件的安装位置及组件

根据珠江城项目体形与结构特点（图4），原设计方案是将光伏组件设于屋顶、东西立面遮阳板及南立面风洞层内弯凹位处。后经多方专家论证，南立面风洞层内弯凹位处的光伏组件不但对整体建筑玻璃幕墙的颜色效果影响较大，不协调，而且由于该处弯度较大，弯度对光伏组件的发电效率及寿命均产生较大影响；鉴于目前光伏组件的弯度处理技术尚未成熟，因此，最终取消了该处的光伏组件，只保留屋顶及东西立面遮阳板处的光伏组件。

由于本建筑东、西立面的固定遮阳板处装设的光伏组件颜色对大楼没影响，因而选用了光电转换效率高的单晶硅电池组件（图5），并起着隔热作用。本建筑屋顶为玻璃屋顶，整体幕墙颜色为浅蓝色，由于单晶硅颜色多数偏深蓝色或黑蓝色，而多晶硅的颜色偏浅蓝色，因此，建筑屋顶最高处装设与建筑颜色相协调的多晶硅电池组件（图6）。多晶硅电池组件与玻璃集成一体，外层采用钢化双夹胶中空玻璃，既能起着隔热作用，又能节省建筑材料，可谓一举两得。

珠江城塔楼屋顶采用P8＋1.14PVB＋3mm多晶硅电池板＋1.14PVB＋TP8（LOW-E）＋16A＋TP6＋1.52PVB＋TP6mm钢化双夹胶中空玻璃，安装面积约为360m²，其转换效率不低于14％。东西立面31～71层的遮阳板安装了高光电转换效率的单晶硅太阳能电池片，通过层压，制作成双玻组件，安装面积各为约650.5m²，其转换率≥16％。组件采用5mm超白低铁钢化玻璃＋1.14PVB＋125×125单晶硅片＋1.14PVB＋5mm钢化玻璃层压封装。

图4　珠江城项目效果图

3）光伏建筑一体化电气系统的构成

光伏建筑一体化电气系统由光伏组件、汇线盒、直流配电柜、并网逆变器、交流配电柜等组成，东、西立面及屋顶光伏并网系统构成如图7所示。

图 5　光伏组件安装在东西立面遮阳板上　　　　图 6　光伏组件与屋顶玻璃集成

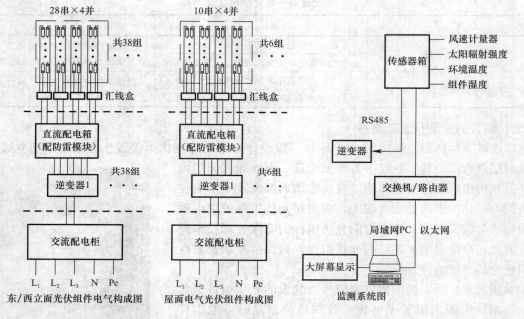

东/西立面光伏组件电气构成图　　屋面电气光伏组件构成图　　监测系统图

图 7　光伏建筑一体化电气系统构成

太阳能发电系统采用并网发电系统，并网逆变器将电能反馈入电网，以电网为储能装置，省掉蓄电池，既节省投资，又避免了蓄电池的二次污染。并网逆变器除了实现上述并网功能外，还应具备以下功能：同步跟踪功能、最大功率跟踪功能、自动运行与关闭功能、过压、欠压保护功能、过载保护功能、短路保护功能、过热保护功能、防止"孤岛效应"功能。

光伏系统的监测系统主要是对光伏发电系统进行实时监测，能有效地反映光伏发电系统运行情况。监测系统主要由逆变器、传感器、PC、显示屏（可选）、通信电缆等组成，可通过以太网将各种信号传到大楼的监控中心。

$$光伏方阵预计年发电量(kWh)= 光伏组件总面积 \times 安装面年平均辐射量(kWh)$$
$$\times 光伏系统发电效率 \times 光伏电池转换效率。$$

根据上述公式，可预测珠江城项目光伏年发电量，如表 4 所示。

珠江城项目光伏各月预计发电量统计　　　　　　　　　　　　　　表 4

月　份	1月	2月	3月	4月	5月	6月	7月	8月	9月	10月	11月	12月	全年
总辐射量 /MJ/m²	306	243	268	301	389	419	507	490	444	440	377	335	4519
换算为功率 /kWh/m²	85	68	74	84	108	116	141	136	123	122	105	99	1255

月 份	1月	2月	3月	4月	5月	6月	7月	8月	9月	10月	11月	12月	全年
屋顶光伏发电量 /kWh	3084	2468	2685	3048	3919	4209	5117	4935	4463	4427	3810	3593	
东立面光伏发电量 /kWh	3185	2548	2773	3147	4047	4346	5283	5096	4609	4571	3934	3709	
西立面光伏发电量 /kWh	3981	3185	3466	3934	5058	5433	6604	6370	5761	5714	4918	4637	
合计	10250	8200	8924	10130	13024	13989	17004	16401	14833	14712	12662	11939	152068

4.3 智能型内呼吸式双层玻璃幕墙

办公楼层的干式风机盘管的回风箱有与双层内呼吸玻璃幕墙相连的旁通风管，必要时（当内层玻璃表面温度超过 35.6℃）可以打开其连通阀，改善周边区域的热舒适度；另外在冬季可以完全打开旁通阀，捕获太阳辐射热、降低冬季的采暖负荷，起到环保节能的效果。

内呼吸式双层玻璃幕墙原理如图 8 所示。

4.4 冷辐射＋需求化（VAV）置换送风空调系统

本项目办公用房采用温、湿度独立控制系统（即房间内区冷辐射空调系统＋周边区干式风机盘管系统＋地板送新风的置换通风系统），冷辐射空调系统和干式风机盘管系统担负消除室内大部分显热负荷、控制室内温度的任务；而置换送风系统担负消除室内湿负荷、控制室内相对湿度的任务，空调送新风系统采用绝对湿度控制的"VAV"系统。如图 9 所示。

4.5 高效照明

1）弧形冷辐射天花与漫反射照明

本项目办公室天花采用弧形冷辐射天花板，既实现冷辐射空调的功能，又由于弧形天花板的应用，使办公空间最大化，提升了建筑的使用价值。同时，为了解决弧形天花照明，办公室采用漫反射照明方式，利用弧形天花的作用，将灯光漫反射至办公桌面，实现弧形冷辐射天花与漫反射照明的有机结合（效果图如图 10 所示，安装示意图如图 11 所示）。漫反射照明很好地解决了照明所带来的眩光问题，从而大大提高了工作环境的舒适性。

2）选用高效的光源和灯具

电气照明的节能设计最主要的核心问题就是选择高效的光源和灯具，严格控制照明功率密度。衡量光源是否节能，关键要看光源的发光效率，即光源的 lm/W 数。光效越高，说明在同等的用电功率下，光源发出的光越多，也就越节能。直管荧光灯的选择四项原则是三基色、细管径、大功率、中色温。三基色荧光粉取代传统的卤磷酸钙荧光粉，光效提高 17%～30%，显色指数 Ra 从 55%～72% 提高到 83%～85%，寿命延长了 50%～100%。相同照度条件下，使用灯管数可减少 17%～25%，建设投资降低 15%～25%，运行费减少 20%～25%。几种直管荧光灯的技术指标如表 5 所示。

从表 5 可知，同样是三基色光源，但 T8 高频三基色直管荧光灯光效在目前所有直管荧光灯当中是最高的。另外，同等的光源，采用不同的灯具，光源利用系数也是不同的。如图 11 所示，灯光经灯具反射后再经弧形天花二次漫反射，因此，光源利用系数必然将降低。为此，我们在普通灯具上增加了铝镜面反射板，以提高光源利用系数。

经过在该项目第 9 层样板间进行多次方案调整及测试，最终得到一个较满意的实施方案。该方案测得的平均照度为 346lx，功率密度值为 10.19W/m²。根据测试结果，反算出综合漫反射利用系数为 0.31。光源主要技术参数如表 6 所示。

5 效益分析

（1）节能预测分析

珠江城在多个方面进行了低能耗研究和应用，实现达到公共建筑 60% 以上的总体节能率，并将该工程中所采用的绿色环保措施、建筑节能技术规模应用与推广，起到借鉴、参考和指导作用：

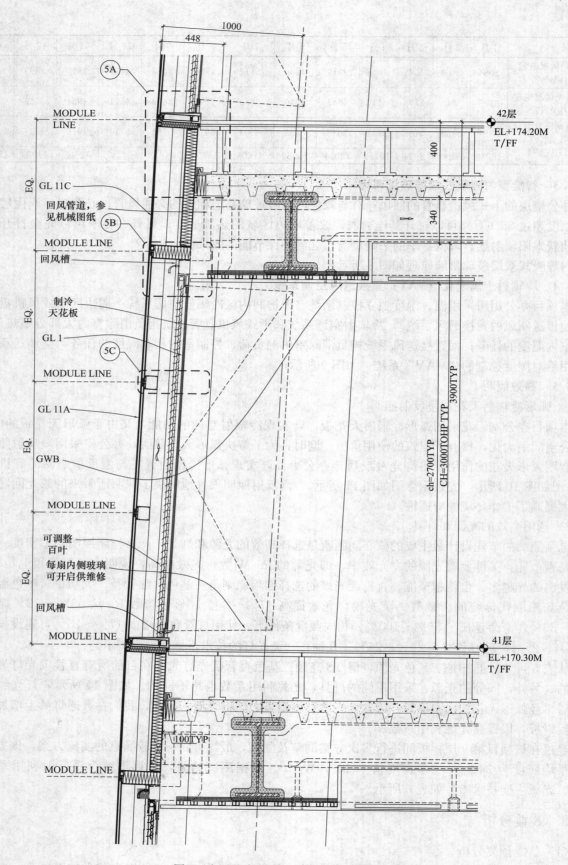

图 8　内呼吸式双层玻璃幕墙原理示意图

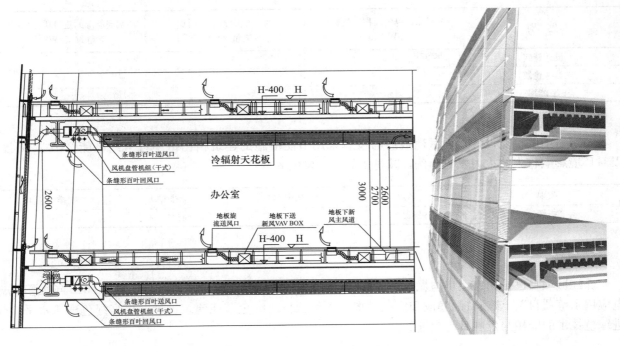

图 9 冷辐射+需求化（VAV）置换送风空调系统示意图

图 10 弧形冷辐射天花与漫反射照明的有机结合效果图

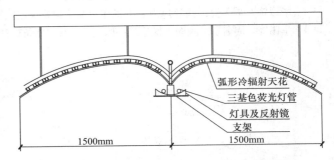

图 11 弧形冷辐射天花与漫反射照明安装示意图

几种高效直管荧光灯主要技术参数比较　　　　　　　　　　　　　　表 5

光源种类	额定功率（W）	光效（lm/W）	显色指数（Ra）	色温（K）	平均寿命（h）
T5 三基色直管荧光灯	28	95	85	全系列	15000
T8 小功率三基色直管荧光灯	18	68	85	4000	15000
T8 大功率三基色直管荧光灯	36	84	85	4000	15000
T8 高频三基色直管荧光灯	32	105	85	5000	20000

样板间测试光源主要技术参数　　　　　　　　　　　　　　表 6

松下 e-Hf 高效 T8 高频直管荧光灯 YZ32RZ/G-HF	功率（W）	光通量（lm）	光效（lm/W）	色温（K）	显色指数（Ra）	寿命（h）
	32	3360	105	5000	85	2 万

类　别	建筑综合单位面积年耗电量（kWh/m²）	可再生能源单位面积年发电量（kWh/m²）	常规能源的建筑单位面积年耗电量（kWh/m²）
设计建筑	65.43	1.33	64.1
参考建筑	85.36	0	85.36
节能率	61.7%	—	62.5%

（2）环境影响分析

按照目前的节能设计，项目建成后与没有采用节能措施的建筑相比每年可节约电能 2320.2 万度，以对环境影响较大的火力发电为例，减排量如下（单位 t/a）：

类别	节煤	减排 SO_2	减排 CO_2	减排放粉尘
指标	9280.99t	137.4	4547.67	126.2

结束语

珠江城项目已被国家住房与城乡建设部列为"2010 年低能耗建筑示范工程"和"2010 年太阳能光电应用示范项目"。该项目的建成和实施对指导类似项目的绿色节能建筑设计，提高绿色建筑水平，促进绿色技术的应用与发展具有深远的意义。

参考文献

[1] 宋海辉. 风力发电技术及工程［M］. 北京：中国水利水电出版社，2009：3-10.
[2] 刘万琨，张志英，李银凤，赵萍. 风能与风力发电技术［M］. 北京：化学工业出版社，2009：28-52.
[3] 李宏毅，金磊. 建筑工程太阳能发电技术及应用［M］. 北京：机械工业出版社，2008：38-53.
[4] 太阳光发电协会. 太阳能光伏发电系统的设计与施工［日］［M］. 刘树民译. 北京：科学出版社，2006：1-86.
[5] 华锡锋，周名嘉. 浅谈风力发电机在超高层建筑珠江城项目的应用［J］. 电气应用，2010（6）.
[6] 华锡锋，周名嘉. 浅谈光伏建筑一体化在超高层建筑珠江城项目的应用［J］. 电气应用，2010（8）.

绿色广州塔的电气设计

李倩娱　陈蓝志　（广州市设计院，广州市 510620）

【摘　要】　广州塔为国家绿色建筑物，在塔身内设置了太阳能发电装置、风力发电装置、建筑设备监控系统、智能照明控制系统、雨水回收系统、绿化滴灌技术、双轿厢电梯节能模式、铝合金中空 Low-e 玻璃幕墙、高效的节能光源等大量的节能技术和材料，以推广绿色能源的利用，同时大量的节能材料和技术的应用为低能耗建筑设计提供一定的参考和示范作用。

【关键词】　节能　太阳能　风力发电　BA 系统　智能照明　绿色建筑

【Abstract】　CANTON TOWER is a national green building equipped with a lot of energy-saving technology and material，such as solar power device，wind power device，building automation system，intelligent lighting control system，rain water recycling system，greening drip irrigation technology，double-deck elevator，aluminum alloy hollow low-e glass curtain wall and efficient energy-saving light source，etc. that will promote the use of the green energy resource and have the reference for low-energy buildings design.

【Keywords】　energy-conservation，solar power，wind power，building automation system，intelligent lighting control system，green building

引言

随着当前人类生存环境的日益恶化，低能耗建筑是追求人类社会可持续发展和营造良好人居环境的必然选择。我国正处于经济快速发展阶段，作为大量消耗能源和资源的建筑业，必须发展低能耗建筑，改变当前高投入、高消耗、高污染、低效率的模式，承担起可持续发展的社会责任和义务。

低能耗建筑是指少消耗煤、电、燃气等商品能耗的建筑，且能充分利用可再生能源如太阳能、风能、室内设备、空调、照明等产生的热量、排出的热（冷）空气和废水的回收的热量。

广州塔在保证健康、舒适的室内、外环境，节约能源和资源，减少对自然环境影响的条件下，对可再生资源利用、建筑围护结构节能技术、空调系统节能技术、照明系统节能技术等多个方面进行研究和应用。

1　工程概况

广州塔位于广州新城市中轴线与珠江景观轴的交汇处，塔身高度为 450m，天线桅杆高度 150m，总高度为 600m，其中塔身分为 A、B、C、D、E 五个功能段，是一座以观光旅游为主，并具有广播电视发射、科学教育、文化娱乐和城市窗口功能的大型地标式建筑，是世界最高的电视塔。

广州塔在设计、施工中始终坚持可持续发展原则，注重建筑节能，采用新技术、新设备、新材料，重视环境保护，实现节能、节水、节材的绿色建筑理念。结合建筑物本身的特点，采用了以下节能技术和节能材料：

1）综合采用适宜夏热冬暖地区的围护结构节能技术，实现室内热舒适的同时达到节能效果。

2）采用综合的空调系统节能技术。

3）双轿厢电梯节能模式。

4）太阳能光伏技术和风力发电。

5）自然采光和智慧照明控制技术。

6）屋面雨水收集、绿化滴灌技术。

7）采用资源消耗和环境影响小的钢结构为主的结构体系，并采用了大量可循环材料，可再循环材料比重达到 18%。

8）运用先进的智能化楼宇管理系统。

下面将对该塔的太阳能光伏发电、风力发电、建筑设备监控系统和智能照明控制系统进行介绍，并结合整个广州塔所采用的节能技术和材料进行效益分析。

2　可再生能源

广州塔在标高 438.4～448.8m 的 E 段阻尼器层幕墙位置安装了半透明非晶硅光伏电池组件，同时还在标高 168.0m 处安装了两台风力发电机，满足建筑设计安全、美观要求的同时达到生产可再生能源的目的。

2.1　太阳能发电

本项目采用了非晶硅薄膜电池模块，非晶硅薄膜电池模块弱光响应特性好，对阳光入射角度要求范围最宽，散射光接受率高，这一特性使其在薄云遮日或在风沙天气可以正常工作。非晶硅薄膜电池颜色柔和、板面尺寸大，做成半透明的电池组件，其本色与茶色玻璃的颜色一样，类似于传统幕墙用的镀膜玻璃，直接用作标高 438.4～448.8m 的 E 段阻尼器层幕墙，从而实现光伏发电和建筑房屋一体化。见图 1。

图 1　非晶硅薄膜

光伏幕墙安装面积为 1100m²，系统总安装功率为 18060W，在标准条件（标准光强、最佳照射角度等）下，每天可发电 22.93kWh。本设计为并网发电系统，无论晴天或阴天，系统中光伏方阵所发电力可随时给电网或负载供电。因此，系统没有配备蓄电池作为储能装置，在降低系统造价的同时，也可免除维护和定期更换蓄电池的麻烦。

通过逆变器和监控系统，记录当前发电功率、当日最高功率、当日发电量、总发电量、总运行时间等一系列数据，同时把这些数据通过安装于 E 段观光大厅的显示屏显示出来。这些数据包括：当前的温度湿度、当日发电量、总发电量、二氧化碳减排量等，可使游客对绿色广州塔有更直观的了解。

2.2　风力发电

广州塔风力发电项目由两台垂直轴风力发电机，1 台输入机柜和 1 台输出机柜组成。输入机柜、输出机柜和并网设备安装在 168m 层的控制机房内，两台风力发电机安装在控制机房的楼顶，与光伏发电一样，实现了风力发电机和建筑物一体化。见图 2。

垂直轴风力发电机，叶片受风旋转时利用升力与阻力的向量和在叶片运动方向上的投影产生机械能，同时叶片可在全方位接受来风，无需偏航装置，可多次截风充分利用风能。每台风力发电机装机容量约为 3～5kW，年发电量约为 4.1kWh。

3　设备管理系统

除了可再生能源的利用外，广州塔在设计的时候还设置了建筑设备控制和智能照明控制系统等，管理人员可以在日常使用中通过合理的控制进一步减少能源消耗而达到节能的目的。

3.1　建筑设备控制系统（BA 系统）

3.1.1　系统介绍

本工程设 BA 系统，暖通空调自控系统为 BAS 的独立子系统。其中冷水机组、水泵、冷却塔、空气处理机、新风处理机、热回收型新风处理机、排风机、各种电动阀门等设备均接入自控系统。暖通空调系统的自控系统，可在中央空调控制室实现对上述设备进行参数检测、参数与动力设备状态显示、自动调

图 2　风力发电机组

节与控制、工况自动转换、设备连锁与自动保护以及中央监控和管理等。优化了运行管理工作，提高运行效率，见图3。

图3 空调主机房设备

3.1.2 各类设备的控制

1）水冷离心式冷水机组系统

（1）设群控系统，群控系统根据监测到的空调实际负荷、平衡管设的流量传感器和水流方向开关探测到的流量变化及流向，合理选择冷水机组和一次冷冻水泵、冷却水泵、冷却塔和电动水阀的运行台数、并实现顺序开启（关闭）及故障自检。

二次冷冻水泵（含高区二次冷冻泵）根据管道压差和流量控制二次冷冻水泵运行台数及实施变频调速，实现变流量运行。

（2）冷却塔为自带风机变频器的智能型节能冷却塔。

（3）高区二次冷冻水根据水—水板式热交换器二次冷冻水出水温度，控制板式热交换器一次冷冻水流量，实现对高区二次冷冻水温的控制。

2）风冷冷水机组系统

（1）设群控系统，群控系统根据监测到的空调实际负荷，合理选择冷水机组和冷冻水泵的运行台数、并实现顺序开启（关闭）及故障自检。

（2）实现冬夏季工况，分区两管制系统冷热区的自动切换。

（3）水系统为变流量系统，在冷冻水（热水）供回水总管间设压差旁通装置，压差控制器根据供回水总管压差自动调节旁通比例式电动二通阀，以实现保持冷水机组水量不变及负荷侧供回水压力恒定。

3）空气处理机

（1）温度控制由设于回风关管处的温度传感器、水路比例式调节阀（常闭式）、控制器组成，控制器根据回风温度与设定值比较自动调节电动二通阀开度来调节冷冻水流量，从而实现对温度的控制。

（2）需采暖的机组还带冬夏季自动切换。

4）新风处理机（含热回收新风处理机）

由设于送风管处的温度传感器、水路比例式调节阀（常闭式）、控制器组成，控制器根据送风温度与设定值比较自动调节电动二通阀开度来调节冷冻水流量，从而实现对送风温度的控制。

5）大房间的风机盘管

风机盘管的供水量由设于回风管中的温度传感器调配，并按区域分区控制温度和启停。

6）小房间的风机盘管

风机盘管采用温控器控制电动二通阀（常闭）实现对房间温度的控制，并设手动三速调风开关。

3.2 智能照明系统

3.2.1 系统组成

广州塔智能照明控制系统由开关/调光控制模块、智能控制面板、智能探测器（声光、红外、照度）、智能时钟和系统设备组成，采用五类双屏蔽8芯4对双绞线连接。控制模块安装于照明配电箱内；智慧控制台安装于公共入口、楼梯间和前室；声光加红外传感器安装在楼梯间内；照度外传感器安装在接近室外的房间内；网桥安装于弱电间接线箱内。

3.2.2 系统功能

1）时间自动控制

通过系统软件设定集中控制照明灯具，根据业主使用要求在不同时间段设置不同的照明模式，每天根据时间自动切换；同时在特殊的日子，也可以在控制中心再进行设置。例如停车场：平时在中央主机系统控制的作用下，车库照明处于时间自动控制状态。车库照明根据使用情况可分为几种状态：工作时间、非工作时间、深夜。工作时间时、车库照明全开；非工作时间只开车道灯；深夜时间只开部分车道灯，适当降低照度，节省能耗。

2）智慧感应控制

通过软件设定由现场智能控制面板或智能探头控制。如楼梯部分从节能方面考虑希望不要常明，根据需要在合适的时段内，采用智慧探测器（声光、红外、照度）控制灯具的开关。但保安人员巡更时需要照明，所以将现场控制台和智慧探头在深夜时间段内设置成现场控制。例如楼梯间：楼梯间采用定时控制和红外移动控制等方式，在平时启动声光加红外移动控制方式，人来开灯，人离开后延时关闭，节约能源。

图4　首层登塔大厅照明图

时间控制。如图4。

3）场景控制

场景是指相关区域灯光回路的明暗或开关组合，工作人员只需要按单个按键就可以通过预先的设定将相关的灯光回路调节至需要的亮度。利用场景的概念设计控制模式，还可以避免误操作。例如大厅（特别是登塔大厅，需要提供更多的照明模式）：人员进出较多的时段，打开大厅全部回路的灯光，方便人员进出；人员进出较少时段，打开部分回路的灯光。同时可以根据业主要求把灯光照明调到不同的亮度，营造出各种各样的场景。此操作既可由现场就地操作，也可由中央监控计算机控制，还可以设置时间控制。

4　效益分析

4.1　成本分析

广州塔在设计之初就根据自身的特点选择合适的节能技术和节能材料，除上文介绍的太阳能发电装置、风力发电装置、建筑设备控制系统和智能照明控制系统外，综合广州塔的其他节能技术和材料，可计算出建筑物面积增量成本，如表1所示。

绿色建筑增量成本概算 表1

增量发生项目	分项增量成本（万元）	建筑面积（m²）
围护结构节能措施	1000	
照明及空调系统	1000	
雨水收集利用	137	
太阳能光电系统	1500	114054
风力发电	800	
小计	4437	
绿色建筑单位建筑面积增量成本：389 元/m²		

4.2　效益分析

采用绿色节能材料和节能技术，增加了建设成本，但同时由于节能技术和材料的使用，广州塔在使用过程中可节省不少运行费用（所有参数为计算数值）：

1）太阳能光伏系统预计的年发电量12660度，每年可节省运行费用1.3万元。

2）风力发电机年发电量约为41472度，每年可省运行费用4.1万元。

3）雨水收集系统，每年可节水量约为1.2万t，按自来水价2.95元/t计，每年可节约费用约为3.54万元。

4）可再循环材料利用率达到了18%。

广州塔建筑综合节能率将达到61.6%，与基准建筑相比较，建筑每年节电约为264.5万度，节约运行成本约 270 万元。节约能源，除了节省运行成本，最重要的是通过减少碳的排放，保护我们的环境。以对环境影响较大的火力发电为例，每年可实现减排指标如表 2 所示：

每年可实现减排指标（t/a） 表 2

类别	节煤	减排 SO_2	减排 CO_2	粉尘
指标	1079.4	15.9	528.8	14.6

5 总结

目前中国年人均用电约 1100 度，仅为世界平均用电的 1/3，而且中国用电量正以年均 10% 的速度增长。如用电量照这样不断的增长，其节电的效益也会逐年增加。我国的建筑节能节电市场有巨大潜力，特别是对于大型综合建筑，从绿色、节能的整体潜在效益来说，它带来的效益是明显的。低能耗建筑是未来建筑设计的发展方向，本工程中对绿色环保措施、建筑节能技术的应用具有推广和借鉴参考的意义。

2010年上海世博会——世博村E地块绿色节能设计

周有娣（北京市建筑设计研究院，北京 100045）

【摘　要】　本文着重从供配电系统、照明系统、谐波治理、建筑设备节能、自然光利用、抑制光污染等诸方面介绍了 2010 年上海世博会—世博村 E 地块的绿色节能设计。

【关键词】　世博村　绿色节能　照明系统　自然光利用　电气设计

【Abstract】　In this paper, the emphasis has been put on the power supply and distribution system, illuminating system. harmonic suppression, building equipments electric energy saving, use of nature light, light pollution suppression and etc. to describe the green and energy-saving electric design in the project of Expo Village Plot-E of Shanghai World Expo 2010.

【Keywords】　Expo Village, green energy-saving, lighting system, natural light utilization, electric design

1　建筑概况

世博村 E 地块项目位于世博村生活区南端，为世博村配套设施。建筑以原有厂房改造为主，结合局部新建，主要包括办公、会议、商业及餐饮等配套服务功能。

本项目力求新建筑和改建厂房有机的结合，协调建筑的整体性、内部空间的流动性和趣味性，创造世博村中唯一新旧结合的特色建筑。

E 地块原址厂房为由南向北四排单层连跨建筑，最南侧一排空间较高，因具有较高的商业价值，予以全部保留，在内部设两个夹层，形成高效的城市商业界面。

南起第二排厂房设计为商业中庭空间，将南北侧厂房和办公楼门厅部分相连接，形成流动空间连接体，提供人员交通、休息及商业展示的功能。

最北侧两排厂房高度相对较低，只作一个夹层。首层设置餐饮配套空间，2 层设置办公会议中心，提供多种规模的会议和多功能空间。

E 地块西北角为新建办公建筑，总建筑高度 99m，地面以上 23 层。首层、2 层为大堂、咖啡厅、会议室等，层高 4.8m；3 层及以上为高标准、高舒适性的办公空间，层高 4m；地下 2 层主要作为设备用房和停车库。

该项目总建筑面积 60246m²，属一类高层建筑，耐火等级为一级。建筑设计中，新建办公楼立面采用玻璃幕墙体系，在严格保证节能要求的前提下，充分体现出现代办公建筑的造型特征。在与整个世博村项目风格相协调的基础上，突出其与居住及酒店等不同的建筑身份。

本工程已在世博期间投入运营使用，得到了世博官方以及使用者的认可及好评，获上海市白玉兰奖，并获 2011 年度全国优秀工程勘察设计行业奖——建筑工程设计二等奖。

2　建筑节能设计

（1）依据公共建筑节能规范划分标准，按甲类建筑进行设计。

（2）屋顶采用 40mm 厚挤塑板保温。

（3）人造板材外墙（包括非透明幕墙等部分）均在外围护墙外侧做 30mm 厚硬泡聚氨酯保温。

（4）采用中空幕墙，玻璃幕、玻璃窗设百叶内遮阳，保温节能。

3　设备专业节能设计

（1）空调冷源由直燃型溴化锂冷温水机组提供，加热源为天然气；冬季空调热源由直燃机组提供；

（2）空调水系统采用分区二管制异程式系统。主楼办公区域分内外区，并按内外区分别设置冷热型风机盘管和单冷型风机盘管。

（3）主楼办公区域新风机组全部采用带转轮热回收装置的热回收型机组。

（4）裙房首层餐厅和2层会议厅多功能厅也采用带转轮热回收装置的热回收型空调机组。

（5）商业部分的空调机组由于空间条件有限无法采用热回收型空调机组，但设置了回风风机。

（6）部分通风风机选用变频风机，适应不同风量的通风要求并降低风机能耗。

（7）主楼外区风盘水系统按南北朝向分别设置供回水立管，便于根据负荷进行流量调节。

（8）空调水系统用户侧的空调机组和风盘均设置电动两通阀进行变水量运行。

（9）生活热水的热源采用冷凝燃气锅炉，其热效率高于一般锅炉。

（10）生活热水采用干管和立管全循环系统，保证用水点水温，减少用水量浪费。

（11）公共建筑卫生间洗手盆、小便斗和大便器均采用远红外感应式冲洗阀。

4 电气专业绿色节能设计

4.1 供配电系统

（1）电压等级及变配电系统设置原则

合理确定配电系统电压等级，宜选用较高的配电电压深入负荷中心。变电或配电所应深入或接近负荷中心，从而尽量减少低压侧线路长度，降低线损。

本工程设备安装功率：一级负荷1306kW、二级负荷772kW、三级负荷4769kW，经计算，选用2台1600kVA和2台1250kVA变压器，变压器安装总容量5700kVA，负载率75%左右。上海电业局规定，市政供电电压等级以变压器装机容量6000kVA为划分界限，大于6000kVA选用35kV，不大于6000kVA选用10kV。本工程属一类高层重要办公楼，按一级负荷用户供电：由市政引两路10kV双重电源，经电缆埋地引入，接在10kV高压进线柜入线端。两路电源同时供电，分列运行；每路电源均能独立承受全部负荷，当一路电源发生故障时，另一路电源不会同时受到损坏。

因直燃机房、生活泵房、消防泵房等大功率用电设备设于主楼地下2层，大量用电负荷集中于主楼，故10kV变配电所设在主楼地下1层，位于生活泵房正上方。

低压配电电压采用380V/220V，低压配电系统遵循综合考虑供电可靠性、经济性、选择性等合理选用放射式、树干式以及分区树干式相结合的配出方式原则。如：消防泵房、消防电梯等容量较大的消防负荷以及大容量的直燃机房、商场、厨房、电梯、VRV空调用电等采用放射式配电；办公楼的各层箱及各层空调机组以及距离较近的动力设备等采用树干式配电；2层的商铺用电、3层的会议用电采用分区树干式配电；单相负荷平衡分配于三相配电干线，以减少不平衡负荷所造成的用电损耗。低压配电干线系统图详见图1。

（2）计量

在高压侧设上海电业局提供的高压表计，用于对电业局的缴费管理。在变配电所低压侧设总计量表，空调、照明插座回路加装分计量表，用于电能损耗的计量、分析及能源管理等。同时按建筑功能和管理模式设置电能计量，并按单位分别计量和考核照明用电量。冷热源、消防泵房、生活泵房、不同商业区以及各办公楼层等各部分能耗进行独立分项计量。

装设具有分时计量功能的复费率电能计量及多功能电能计量装置。

（3）设备选择

本工程干式变压器选用高效、低损耗、低噪声、过载能力强的SCB10。

本过程中不大于30kW的电机采用全压启动方式；30kW以上的非消防专用电动机采用软启动或变频启动方式。

生活水泵采用变频泵，根据末端用水量需求进行变频控制。

非穿管暗埋敷设场所的线缆均采用低烟无卤交联聚乙烯绝缘阻燃铜芯电缆或导线。

（4）无功补偿

提高用电单位的自然功率因数：采取正确选择电动机、变压器的容量以及照明灯具启动器、降低线

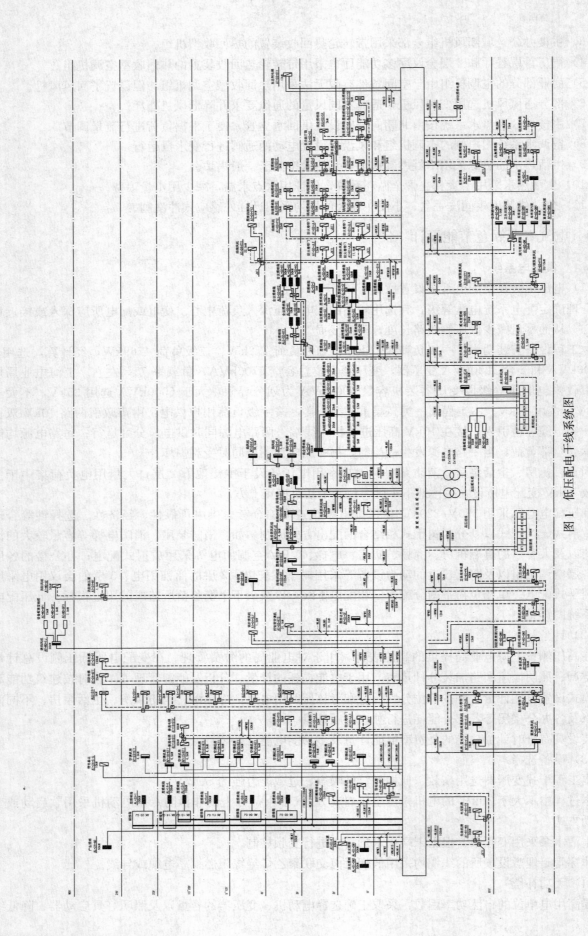

图 1 低压配电干线系统图

路感抗等措施。

无功补偿采用变配电所低压侧集中补偿方式，选用干式非燃型电容器，自动分组投切，并设有过电压自动切除保护装置。补偿容量为 2×400kVar（2 台 1250kVA 变压器低压侧）、2×（2×250）kVar（2 台 1600kVA 变压器低压侧）共计 1800kVar，补偿后功率因数高于 0.90。

本工程冷凝式燃气锅炉房设在改建裙房 3 层，考虑其容量较大、长期运行、负载稳定且离变电所较远。因此，在冷凝式燃气锅炉房动力配电柜处设就地无功补偿，补偿后功率因数高于 0.90，用以减少无功负荷所造成的用电损耗。

（5）谐波治理

在首层的世博村园区消防兼保安监控中心、本楼保安监控中心以及 2 层的网络程控交换中心内的设备多为电子设备等非线性负载，易产生高次谐波。因此，在上述场所的末端配电箱处设置了有源谐波吸收滤波装置，用以消除高次谐波；在变配电所低压侧电容补偿柜内设配套电感用作无源吸收谐波装置，进一步净化电源质量。

照度及功率密度值计算表 表 1

场所	楼层	光源种类	面积（m²）	灯具安装容量（W）	标准照度（lx）	标准功率密度（W/m²）	计算照度（lx）	计算功率密度（W/m²）	备注
车库	地下 2 层	三基色荧光灯	2438	9040	75	5	78	3.7	
直燃机房	地下 2 层	金属卤化物灯	247	1800	150	8	161	7.3	
厨房	1 层	三基色荧光灯	497	3840	200	8	197	7.7	
消防保安监控室	1 层	三基色荧光灯	88	1440	500	18	521	16.4	
高档办公室	标准层	三基色荧光灯	1182	18240	500	18	492	15.4	
会议室	2 层	三基色荧光灯	114	1200	300	11	306	10.5	
走廊	D 段 2 层	节能筒灯	87.5	275	50	5	52	3.14	办公层

4.2 照明

（1）照明配电

各房间或场所的照明功率密度值均满足现行国家标准《建筑照明设计标准》GB 50034 规定的现行值，并接近目标值。

- 室内照度、统一眩光值、一般显色指数等指标按现行国家标准《建筑照明设计标准》GB 50034 中的相关规定进行选取。
- 设计中照明配电箱的位置尽量设在负荷中心，并尽量靠近电源侧。
- 照明负荷三相配电干线的各相负荷平均分配，尽量做到三相负荷平衡，减少中性线上电流。
- 气体放电灯均采用单灯就地补偿，其功率因数值不低于 0.9。
- 供夜景照明的配电回路单独由变配电所低压侧配出。

（2）照明设备选择

室内外照明选用发光效率高、显色性好、使用寿命长、色温相宜、符合环保要求的光源、高效灯具和低损耗镇流器等附件。

室内地下停车场、商业、办公室等均选用显色指数（Ra）大于 80 的三基色 T5 型节能荧光灯，配高功率因数的电子镇流器，荧光灯就地补偿，功率因数不低于 0.9；餐厅及公共走廊选用节能筒灯；办公楼首层 9.6m 高门厅选用管吊型 150W 金卤灯；裙房 2 层会议室采用格栅荧光灯，配 T5 28W 光源，并且在大会议室辅以光导管照明灯，直接利用阳光作为大进深空间的日间照明。充分利用日间太阳能，减少照明电能消耗。

室外照明采用高功率金卤灯，在设计、安装、调试中控制出光角，在保证整体效果前提下最大程度减少眩光。所有初始灯光超过 1000lx 的外部光源均采用了遮光罩，减少了光污染。

建筑物疏散标志、广告照明采用发光二极管 LED 作光源，大量降低用电能耗。

将景观照明设施直接结合在立面幕墙系统中，采用竖向彩色 LED 灯带阵列，即丰富了建筑形象和光影层次，在夜间营造科技时尚的城市气氛，又节约了有限的电能。

（3）照明控制

建筑物内的走廊、楼梯间、门厅、候梯厅等公共场所照明，采用分区域、分组集中控制。

景观及夜景照明分平时、节日以及重大节日采用不同场景以及开灯方式控制。

房间照明在满足功能需要的前提下，每个开关控制的灯数尽量不太多，所控灯列与采光侧窗墙面平行，最大限度减少白天对人工照明的依赖。

采用智能楼宇控制系统对停车场、公共区域的公共空间照明以及室外照明实行分区域、分组、分时监控。

建筑物夜间景观照明和室外照明采用智能灯光控制系统进行多场景、多时段的自动控制。

4.3 建筑设备电气节能

（1）采用建筑设备监控系统（BA）对机电设备实施自动监测和节能控制。

采用直接数字集散型楼宇自动化管理控制系统。

系统具有对建筑机电设备（冷热源、空调、通风、给排水设备、扶电梯、照明等）进行测量、监视和控制功能，确保各类设备系统运行稳定、安全和可靠，并达到节能和环保的管理要求。

系统设计有建筑物环境参数（温度、湿度、CO_2 浓度）的监测功能。

系统设计满足对建筑物的物业管理需要，实现数据共享、能耗累计，以生成节能及优化管理所需的各种相关信息分析和统计报表。

共享所需的公共安全等相关系统的数据信息等资源。

控制要点：

• 送排风系统的风机启停控制、运行状态和故障报警；风机与消防系统联动控制。

• 给水系统的水泵自动启停控制、运行状态和故障报警；水箱液位监测、超高与超低水位报警。污水处理系统的水泵启停控制、运行状态和故障报警；污水集水井、中水处理池监视、超高与超低液位报警；漏水报警监视。

• 空气处理机组（二管制）：夏季送冷风、冬季送热风、过渡季送新风以节能。串级调节电动阀调节冷或热水量控制送风温度，使回风（室内）温度维持在设定范围内；根据回风空气质量（CO_2 含量）及室内外空气熵值比较控制各风阀达到最佳的经济状态，可设置最小新风量；设置过滤网失效报警、盘管防冻、风机故障报警，风机、风阀和水阀等联锁；风机按时间程序自动启/停，运行时间累计，用压差开关监视风机运行状态。

• 新风处理机组（二管制）：夏季送冷风、冬季送热风、过渡季送新风以节能。根据送风温度与设定值的偏差，控制电动阀调节冷或热水量，使送风温度维持在设定范围内；设新风门控制、过滤网失效报警、盘管防冻、风机故障报警，风机、风阀和水阀等联锁；送风机按时间程序自动启/停，运行时间累计，用压差开关监视风机运行状态。

• 风机盘管系统设置房间温度自动控制装置。

• 大空间、门厅、楼梯间及走道等公共场所的照明按时间程序控制（值班照明除外）；航空障碍灯按时间程序控制、故障报警；景观照明的场景、亮度按时间程序控制、故障报警；广场及停车场照明按时间程序控制。

• 电梯管理系统采用自成体系的专业监控系统时，通过通信接口纳入建筑设备管理系统。

• 中央制冷系统、冷凝燃气锅炉采用自成体系的专业监控系统，通过通信接口纳入建筑设备管理系统。

（2）世博组委会根据本建筑在世博会中和会后的功能以及其所处的重要商业地理位置等因素，将本工程定位综合 5A 写字楼。5A 智能写字楼应具有快速畅通、功能完善的信息系统，具有信息共享和处理的办公自动化系统，具有节能、省力、防灾、安全的建筑设备监控系统等，最终为本大厦工作人员创造一个高效、舒适、便利的工作环境。

据此原则，本工程设计智能弱电系统如下：

- 信息设施系统：包括通信接入、程控电话交换、信息网络、综合布线、室内移动通信覆盖、有线电视及卫星电视接收、公共广播、会议、信息导引及发布系统。
- 信息化应用系统：办公工作业务、物业运营管理、公共服务管理、公共信息服务、智能卡应用、信息网络安全管理等。
- 建筑设备监控系统
- 火灾自动报警及联动系统
- 公共安全防范系统：安全防范综合管理系统、入侵报警、视频安防监控、出入口控制、无线电子巡更、停车场管理系统。
- 智能弱电集成系统：将分散的、相互独立的各弱电子系统，用相同的软件界面进行集中监视。实现跨子系统的联动、开放数据结构、共享信息资源等，从而实现提高工作效率、降低运行成本、提高大厦的功能水平的功效。

（3）在变配电室设监控管理站，采用变配电管理主机对变配电系统进行监控、测量等，据此调整电能的输配，最大可能地节约电能。本系统涉及内容为供配电系统的中压开关与主要低压开关的状态监视及故障报警；中压与低压主母排的电压、电流及功率因数测量；电能计量；变压器温度监测及超温报警；备用及应急电源的手动/自动状态、电压、电流及频率监测；主回路及重要回路的谐波监测与记录。

（4）当控制电器能满足控制要求时，长时间通电的控制电器选用节能型产品。

5　结束语

世博村 E 地块项目为世博村配套设施。设计充分考虑上海地区城市生态环境因素的影响，营造典雅大方、安全便捷、尺度宜人并别具特色的场所空间与可持续发展的办公环境。本着坚持以人为本、坚持绿色和健康的理念，从设备、材料和智能等多方面的设计和选择上，满足环保和节能的理念。希望借本文的介绍，为更好、更全面的推进建筑绿色节能设计提供一点技术参考。

某五星级酒店电气节能设计

曹 云 李 楠 (宁波市建筑设计研究院有限公司，浙江 宁波 315000)

【摘 要】 通过某五星级酒店电气设计案例，介绍了五星级酒店的电气节能设计的原则、方法和措施；从变压器的节能、供配电系统的节能、照明节能等方面，论述了五星级酒店电气设计中的节能方式及措施，以供电气设计人员参考。

【关键词】 供配电系统 电气节能 谐波 照明 五星级酒店

【Abstract】 Through a case of a five-star hotel electrical design, this paper introduces the principle, methods and measures of electrical energy saving design in five-star hotels, from the aspects of transformer energy saving, power supply and distribution system energy saving, lighting energy saving, etc., it discusses the energy saving methods and measures of electrical design in five-star hotels for reference.

【Keywords】 power supply and distribution system, electrical energy-saving, harmonic, lighting, five-star hotel

1 引言

本项目位于宁波市东钱湖旅游度假区，是一个集五星级酒店、会议中心、教育博物馆为一体的建筑群。总建筑面积79193.13m²。其中五星级酒店由三幢五层的建筑组成，面积为26570m²；会议中心面积为11869.59m²；地下室主要为汽车库、酒店后勤用房、机电设备房，其面积为39292.75m²；其余面积为二期教育博物馆。

作为酒店建筑有其电气节能的特点，由此引发了对该类建筑电气节能设计的一些思考。

就本工程而言，在电气节能方面贯彻了以下三个原则：

（1）满足酒店类建筑的功能需求。即满足工程内各功能场所的照明设计要求；空调舒适性要求；各使用场所的工艺要求及各使用场所的电力要求。

（2）考虑经济效益。不盲目选择节能产品，不能因节能而过高地耗费投资和增加运行费用；应找到合理的配合点。

（3）节省能量的消耗。节约无谓的能量消耗、首先找出哪些地方可挖掘能量余量，如降低变压器的功率损耗、降低线路损耗；又如对酒店内大量的照明宜采取先进的控制方式、高光效灯具及绿色节能光源，使其达到降低能耗的目的。

因此，节能措施也应贯彻实用、经济合理、技术先进的原则。下面结合工程实例介绍某五星级酒店的电气节能措施。

2 供配电系统的节能

2.1 变压器的选择

负荷计算采用需要系数法计算，计算负荷总容量为6752.2kW；根据变压器的相关公式可知变压器的负载率在50%时效率最高，但选择变压器时应综合考虑投资和年运行费用，综合利用率一般控制在75%～85%为宜。本工程变压器装机容量7200kVA，共设置4台干式变压器，其中2台2000kVA变压器供空调主机房内设备用电，变压器负荷率为74%；2台1600kVA变压器供其他区域用电，变压器负荷率为83%；变压器负荷率控制在85%以下，满足《民用建筑电气设计规范》JGJ 16—2008（以下简称民规）等相关规范的要求。空调主机房内设备专设变压器，在过渡季节空调用电量不大的情况下，可只运行其中的一台变压器，切断另一台变压器以达到节能的目的。

2.2 减少线路上的能量损耗

1）减少线路上的损耗看起来很简单，其实它贯穿着整个设计的每个环节。《民规》要求变电所应靠近负荷中心，顾名思义负荷中心就是整个大楼的主要负荷集中的地方。此处设备集中，用电量大、电流大。变电所靠近负荷中心可以很好地缩短供电电缆或者母线的长度，线路越短线路上的损耗就越小。鉴于此，本工程的变电所位置选择在空调主机房和水泵房附近，以此达到减少线路投资及线路上的能量损耗的目的。

2）由于本工程为山地建筑，由多栋建筑组成，占地面积比较大，最远建筑离变电所的位置约250m。对于此段供电线路除了满足必要的载流量、热稳定和各级保护配合外，还考虑了此段供电主干线部分的电压损失。主干线部分的电压损失一般控制在3.5%左右，之所以选择3.5%，基于以下考虑：

• 根据《供配电系统设计规范》GB 50052—2009有关要求可以看出，供电变压器的低压侧电压在标称电压（380V）条件下，电压降损失的允许值在5%以内。这5%的压降主要分成两大部分，低压干线部分和分支支路部分。考虑到支路部分的压降一般控制在1.5%范围内，在干线部分的允许压降就只有3.5%了。

• 在满足以上要求的前提下选大一级截面的导线，所增加的费用为M，由于节约能耗而减少的年运行费为m，则M/m为回收年限。若回收年限为2年，则选大一级截面的导线是较合理且较容易实现的。本工程距离较远的建筑根据测算满足此条件，因此在选择导线截面时放大一级。

3 提高功率因数、治理谐波

3.1 功率因数

功率因数越高变压器的输出功率越高，因此提高功率因数对节能有着重要意义。

《民规》明确规定："应合理选择变压器容量、线缆及敷设方式等措施，减少线路感抗以提高用户的自然功率因数。当采用提高自然功率因数仍达不到要求时，应进行无功补偿；10（6）kV及以下无功补偿宜在配电变压器低压侧集中补偿，且功率因数不宜低于0.9。"本工程在低压侧集中设置无功补偿装置，补偿后低压侧功率因数达到0.93以上。

3.2 谐波的危害

酒店建筑内用电设备复杂，其他相关专业出于节能要求多采用变频器控制，变频器等非线性器件又产生大量的谐波。酒店宴会厅、会议中心等部分灯光采用调光控制，调光设备也是谐波源之一。另外电子节能灯也是谐波源之一。谐波对电能质量影响比较大，具体来说谐波有如下危害：

（1）基波电流就是正常电流，谐波电流是额外的电流，属于异常电流。谐波电流容易造成导体过载、过热，导致导体绝缘破坏而烧毁。

（2）谐波电流将会增加变压器铜损和漏磁损耗；谐波电压将会增加变压器铁损。同时电力谐波亦提高变压器工作机械噪声和增加变压器额外的温升，谐波频率越高，噪声与温升特性越明显。对旋转电机也是如此。

（3）谐波电流和谐波电压会产生感应电磁场，影响邻近通信线路的通信质量。

另外，谐波对继电保护、计量仪表和测量仪器、用电设备等都有不同的影响，在此不再分别赘述。

3.3 谐波治理的措施

既然谐波有如此大的危害，设计过程中就应该尽可能地降低其危害，谐波治理措施如下：

（1）选用用电设备的谐波电流限值满足规范要求。

（2）变压器采用D，yn11的接线；变压器D接线的中压绕组内短接形成环流，为3n次谐波提供了通路。与此同时，谐波电流在绕组中流通产生了变压器的附加损耗，使变压器的发热量增加，造成变压器过热，使绝缘介质加速老化。所以，在选用变压器容量时应考虑适当放大。

（3）谐波功率较大的设备由变电所专线供电。

（4）变电所低压侧集中无功补偿时电容串接电抗器。

（5）在变电所预留有源功率滤波器的位置以备日后增加。有源滤波装置具有高度可控性和快速响应性，可自动跟踪补偿变化的谐波，是一种主动型的补偿装置。它不仅能同时滤除多次及高次谐波，不会引起谐振，而且还具有抑制电压闪变、补偿无功的特点。但有源滤波装置的价格较高，因此本工程施工图设计阶段仅考虑预留有源滤波装置的土建位置。待酒店运行后实际测量谐波大小，如果谐波含量超出允许的范围，则后期安装有源滤波装置。

4　电气照明的节能

4.1　正常照明、景观照明

五星级酒店、会议中心等区域的正常照明均需二次装修时配合，本阶段的电气设计仅预留电源至配电箱，因此照明设计时按照《建筑照明设计标准》GB 50034—2004（以下简称照明标准）对各场所照明设计提出了设计要求及节能要求：要求照明功率密度值 LPD 符合规范要求，选用高光效的光源、选用高效率的灯具、选择节能型的灯具附件、采用合理的照明控制方式；景观照明预留配电箱，由景观照明公司深化设计，建议室外景观照明采用 LED 灯和智能控制、分时间控制等控制方式。

4.2　应急照明、疏散指示系统设计

应急照明的传统做法是灯具自带蓄电池形式，此种方式的应急照明一般选择平时照明中 10% 左右的灯具作为应急灯具。本工程采用集中电源集中控制型系统的 E-bus 灯，此种形式的灯采用 LED 灯，其蓄电池容量为前种形式蓄电池容量的 1/40，40 倍的蓄电池容量之差意味着：蓄电池正常标准寿命按 4 年计算，20 年内蓄电池容量的投入可减少 200 倍；将是一个庞大的碳单位数字。集中电源集中控制型系统 E-bus 灯节能效果由此可见。

应急照明系统采用集中供电点式监控智能（消防）应急疏散照明系统，系统由组合式智能（点式）控制器主机、智能（直流）中央电池主站、安全电压型智能（点式）控制器分机、安全电压类集中电源点式监控型标志灯及高疏散类集中电源点式监控型照明灯等设备组成。控制器主机设在消防安防值班室内，设 1 台中央电池主站，向整个系统提供电池（应急）电源。本系统能保证系统所有设备灯具受到监控，以使火灾发生时能够确保提供快速可靠的照明，所有末端灯具光源均采用高亮度 LED 专用灯具，节能效果明显。

4.3　照明节能控制

照明控制采用智能照明控制系统，主要分以下几个区域进行设置：

1）大堂：智能照明控制系统根据大堂的运行时间自动调整灯光效果；在接待区安装可编程控制面板，根据接待区的不同功能和不同时段，预设 8 种灯光场景；

2）西餐厅、咖啡厅等：采用多种调光光源，通过智能化控制使之始终保持柔和、优雅的灯光环境。在厅内或包厢内安装可编程控制面板，根据需要预设多种不同的场景；

3）大型中餐厅：利用智能照明控制系统的固有功能，随意分割或合并控制区域，方便控制及调整就餐空间；

4）会议室：是酒店的重要组成部分之一，采用智能控制系统对各照明回路进行调光控制，实现预设的多种灯光场景，使得会议室在不同的使用场合都有合适的灯光效果；工作人员还可以根据需要，选择手动或者自动定时控制；

5）地下车库：由控制中心集中控制，车辆繁忙时，照明全开；车辆较少时只开车道灯或一部分车位灯。

通过自动化的控制既能够节省不必要的照明用电，又能够在酒店内营造出舒适的灯光环境。

5　计量与管理

1）采用高压集中计量，在每路 10kV 进线设置总计量装置。低压侧提供不同独立计费设施以区分酒店、非酒店及不同功能区的用电。

2）采用建筑设备监控管理系统对空调设备、水泵、各类风机、电气照明及其他用电设备进行自动控制、实时监测，以实现最优化运行，达到集中管理、程序控制和节约能源的目的。

3）本酒店采用某品牌的电力监控系统，该系统主要实现的监控功能为：

（1）系统采集现场有关的三相电压、三相电流、功率、电能及功率因数等数据，并存入数据库供用户查询和分析；

（2）系统提供简单、易用、良好的人机界面，采用全中文界面显示一次主接线图、设备运行情况及实时运行参数等；

（3）在配电系统发生运行故障时，及时发出声光报警提示用户及时做出响应，同时记录事件发生的时间地点，以便用户查询，查找故障原因；

（4）定时采集进线及重要回路电流负荷参量，自动生成运行负荷趋势曲线图，方便用户及时了解设备的运行状况。

6 结束语

在国家节能减排政策的大力宣传和积极推广下，人们节能减排的意识越来越强，节能得到全社会的积极关注。这些节能措施在酒店建筑中具有典型意义，但在实际工程中的应用也要结合具体情况综合考虑。

参考文献

[1] 中国航空工业规划设计研究院. 工业与民用配电设计手册（3 版）[M]. 北京：中国电力出版社，2005.
[2] 中国联合工程公司. GB 50052—2009 供配电系统设计规范 [S]. 北京：中国计划出版社，2010.
[3] 中国建筑东北设计研究院. JGJ 16—2008 民用建筑电气设计规范 [S]. 北京：中国建筑工业出版社，2008.
[4] 住建部工程质量安全监督与行业发展司. 全国民用建筑工程设计技术措施 2007 节能专篇—电气 [M]. 北京：中国建筑标准设计研究院，2007.
[5] 中国国家标准化管理委员会. GB 17945—2010 消防应急照明和疏散指示系统 [M]. 北京：中国标准出版社，2010.

某电厂风机节能改造方案浅析

任 英 （无锡工艺职业技术学院，江苏 宜兴 214200）

【摘 要】 针对电厂风机或水泵等辅机系统采用阀门、挡板调节管路流量而造成大量电能资源浪费问题，结合水泵或风机变频调速节能控制原理，本文提出利用变频调速方案对电机控制系统进行节能升级改造。

【关键词】 电厂 变频调速 风机 节能改造

【Abstract】 In view of energy resources waste caused by the air blower and water pump auxiliary systems using valve and baffle to regulate the flow，combining with the principle of energy saving and control，speed adjust and frequency conversion，the energy saving renovation program is put forward to change the flow.

【Keywords】 power plant，speed adjust and frequency conversion，air blower，energy saving renovation

序言

发电机组容量规模的进一步提高，对辅机设备功率性能也提出了更高的要求，高能耗、响应慢、调节性能差等已成为辅机系统制约发电机组安全高效运行的重要制约瓶颈[1]。针对电厂常规辅机系统中存在的能耗较大、节流损失较大、执行器响应速度较慢、调节非线性较严重、设备故障率较高等问题，采取合理的高压变频调速控制方案对电厂辅机系统进行技术升级改造，提高电机运行的安全可靠性和电能综合利用效率，确保发电机组安全高效进行电能生产，促进电厂在低碳绿色环保技术要求的基础上实现节能降耗[2]~[3]。

1 变频调速节能控制原理

由相似理论可知，改变水泵或风机的转速 n_1 到 n_2 时，其能量转换效率基本保持不变，相应流量（Q）、扬程（H）以及功率（N）将会按照式（1）进行调节[4]~[5]，即：

$$Q_1/Q_2 = \sqrt{H_1/H_2} = \sqrt[3]{N_1/N_2} = n_1/n_2 \qquad (1)$$

从式（1）所示的水泵或风机调节特性，可以获得水泵或风机调节性能曲线如图1所示。

从式（1）和图1可知，按照面积估算法可知，在调节相同流量的条件下（如图1中从 Q_1 到 Q_2 调节过程中），常规阀门或挡板变流调节其电能消耗为 OQ_2BH_2'；而变频调速节能控制方案中其电能消耗为 OQ_2CH_2，即：变频调速控制比节流控制轴功率要小很多，整个水泵或风机电机拖

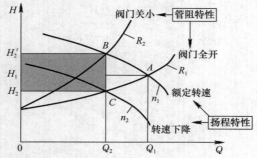

图1 改变水泵或风机转速的调节性能曲线

动系统理论可以节约电能资源为 H_2CBH'（图1中阴影部分所示）。

2 电厂风机节能改造方案

2.1 工程概况

电厂3号600MW火力发电机组的2台6.3kV高压风机系统功率设计值偏大，存在严重"大马拉小车"问题。3号机组一次风机辅机系统，鼓风机型号为17881Z/1165，轴功率为1868kW，额定流量为110m³/min，全压为14.318kPa，额定转速为1480r/min，能量转换效率为86.5％；配套电机型号为YKK6306kV，额定功率为2240kW，额定电压为6.3kV，额定电流为248A，额定转速为1480r/min，功率因素为0.9，防护等级为F级IP55。从大量历史运行数据可知，该发电机组在低负荷运行工况时，

其风机动、静叶调节过程中的节流损失，相比于额定运行工况下节流损失会增加 35%～45%，风机系统运行效率较低，能耗非常严重，严重影响到发电机组的厂用电率。结合风机系统运行历史数据，从理论分析可知，如采用 6.3kV 高压变频节能调速控制方案，对 3 号机组的风机控制系统进行变频节能升级改造，可以降低风机系统厂用电率 40%左右。

2.2 节能升级改造方案

为了满足绿色环保节能电厂技术升级改造要求，减少无谓电能资源浪费，降低电厂用电率，并提高风机系统调节控制性能，决定采用高压变频器对 3 号发电机组 2 台 6.3kV 高压风机系统进行节能技术升级改造。按照 3 号机组 2 台高压风机并联独立运行工艺需求，并考虑到风机系统运行的安全可靠性，决定采用 1 台高压变频器拖动 1 台高压风机的单元接线自动切换改造方案，其具体逻辑接线如图 2 所示。

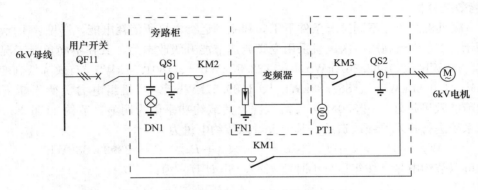

图 2　6.3kV 高压风机变频节能改造方案

从图 2 可知，除了采用 6.3kV 高压变频器外，虚线部分为本次节能升级改造内容的主要一次系统，由三个 6.3kV 高压真空接触器（KM1、KM2、KM3）、2 个 6.3kV 高压隔离开关（QS1、QS2）及 1 个 PT 互感器共同组成一面旁路柜。电厂厂用电 6.3kV 电源经 QF11 用户开关、QS1 高压隔离开关、KM2 高压真空接触器与高压变频调速装置相连，变频调速装置经内部运算模块形成对应的控制策略，经 KM3 高压真空接触器和 QS2 高压隔离开关与 6.2kV 高压风机相连，将电源供给电机实现风机辅机系统的变频调速节能控制运行。为了提高辅机系统运行的安全可靠性，在变频调速控制装置出现故障后为确保发电机组安全高效的运行，6.3kV 电源还可以通过 KM1 高压真空接触器直接供给高压风机电机，实现工频运行。

3　节能技术升级改造应用效果分析

3.1　3 号机组日平均电力负荷计算

为了较为准确地分析 3 号机组高压风机进行变频调速节能控制技术升级改造后，所取得的节能经济效益，将 3 号机组 2011 年 1 月升级改造后 1～12 月的电力负荷运行情况进行详细统计分析，进而分析 3 号机组每天的平均日负荷曲线。3 号机组 2011 年 1～12 月每天典型数据所组成的日平均负荷波动曲线如图 3 所示。

从图 3 可知，通常在 7 时前发电机所带电力负荷偏低，7 时后开始上升、10 时达到最高负荷，并基本维持最高负荷持续到 12 时；之后有所下降，从 13 时到 18 时负荷维持在一个较高点，从 19 时开始有所上升并维持 2～3h；最后到 21 时开始慢慢下降，直到初始负荷。图 3 所示的 3 号机组负荷波动基本满足电力负荷日波动特性，通过对 3 号机组 24h 的负荷进行加权平均，获得 3 号机组日平均负荷大约为 426MWh。

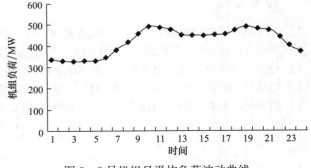

图 3　3 号机组日平均负荷波动曲线

负荷工况（MW）	330	400	500	600
工频运行（kWh⁻¹）	1557.93	1582.36	1722.83	1801.31
变频运行（kWh⁻¹）	401.6	479.58	868.82	1189.57
节约功率（kWh⁻¹）	1156.33	1102.78	854.01	611.74

2011年3号机组全年发电量为2377826MWh，年运行小时数为4247.18h，由此可以计算出3号机组平均功率为428.29MWh，与图3计算获得的429MWh基本相等。统计分析可知，机组按照330MW、400MW、500MW、600MW四个运行工况进行运行，其负荷工况运行小时数大约为8h、8h、4h、4h，相应计算出的日平均负荷为427MWh，与日平均负荷426MWh比较符合。

3.2 节能效益分析

3号机组一次风机系统在不同工况条件下工频和变频运行电机所消耗电能，详见表1所示。

如表1所示，3号机组高压一次风机采用变频调速节能升级改造后，其在不同负荷工况下从工频运行功率的1557.93kWh⁻¹、1582.36AkWh⁻¹、1722.83kWh⁻¹、1801.31kWh⁻¹有效降低到变频运行功率的401.6kWh⁻¹、479.58kWh⁻¹、868.82kWh⁻¹、1189.57kWh⁻¹。当机组电力负荷不断下降时，变频调速所取得的节能效果越好。在330MW负荷工况，其节约功率最为明显，节约1156.33kWh⁻¹。3号机组一次风机系统进行技术升级改造后，其一天可以节约电量为：

$$W_天 = P_{330} \times 8 + P_{400} \times 8 + P_{500} \times 8 + P_{600} \times 4 = 23935.88 \text{kWh}$$

一年大约可以节约电量（按年运行小时数4247.18h计算）为：

$$W_年 = 23935.88 \text{kWh} \times \frac{4247.18}{24} = 4235833 \text{kWh}$$

按照平均每度电标准煤耗为320g/kWh计算，则可以节约标煤约1355.5t。按照火电厂上网电价0.38元/kWh计算，则3号机组一次风机采用变频调速节能升级改造后，一年可以节约资金约161万元。6.3kV变频调速装置按照950元/kW进行估算，则3号机组一次风机单台变频调速装置的升级改造成本约为213万元，只需1.5年就能完全收回成本。

3号机组一次风机进行高压变频调速节能升级改造后，不仅其节能效果十分明显，每年可以节约213万元，而且调节运行较为灵活方便，大大降低风机电机起动电流，确保风机辅机系统具有较高的安全可靠性。

4 结束语

随着电力电子技术理论研究和工程实践应用的进一步完善，高压变频器在响应性、调节性等各项技术性能方面均有很大拓宽和提高[5]。电厂高压一次风机变频调速装置，投资较低且节能效益较为明显，通常在1~2年内就能全部收回投资成本。在火力发电行业中，风机、水泵等辅机负荷种类较多、功率较大，应充分结合辅机系统各种工况特性合理选用变频器进行节能升级改造，提高辅机设备运行的高效稳定性和调速的准确可靠性地，确保发电机组安全可靠、节能经济、高效稳定地发电运行。

参考文献

[1] 周希章，周全. 电动机的起动、制动和调速 [M]. 北京：机械工业出版社，2001.

[2] 吴忠智，吴加林. 变频器应用手册 [M]. 北京：机械工业出版社，2002.

[3] 谢茹. 210MW发电机组风机变频调速改造 [J]. 中国设备工程，2010（05）：62-63.

[4] 李凤鸣. 高压变频调速在300MW机组引风机上的应用 [J]. 华北电力技术，2006（01）：34-37.

[5] 舒服华，王艳. 电机节能降耗技术和方法探讨 [J]. 电机技术，2008（03）：39-42.

第四篇　iopeNet 节能体验中心

iopeNet 节能体验中心

胡芳（松下电器研究开发（中国）有限公司，北京 100028）

【摘　要】　本文介绍了 iopeNet 节能体验中心的建设背景、意义、目的、控制原理及各控制子系统，并对体验中心今后的运用进行了展望。

【关键词】　iopeNet　节能控制　协调控制　建筑能耗

【Abstract】　This paper describes the construction background, significance, purpose, control principle and control subsystem of iopeNet energy-saving experience center. And there have been a variety of outlooks of experience center.

【Keywords】　iopeNet, energy-saving control, coordination control, building energy consumption

1　背景

随着地球变暖趋势地不断加剧，若不加以限制，必将引发严重问题，如气候异常及由此衍生出的其他现象等。地球变暖的最主要原因是二氧化碳的过度排放。自工业革命以来，石化燃料的使用越来越多，导致大气中二氧化碳的浓度不断增加，这已成为目前全世界亟需解决的共同课题。

不论是从应对世界能源价格不断攀升的角度，还是从解决地球日益变暖课题的角度出发，在建筑电气设备设计领域，引入节能方面的相关设计都势在必行。而作为楼宇管理中削减建筑物能耗的手段之一，照明、空调等综合性设备控制网络的建立就成为了当务之急。

iopeNet 开放式综合设备网络是由中国建筑设计研究院和日本松下电工株式会社、全国智能建筑技术情报网共同研究，为实现系统一元化管理而提出的解决方案。课题负责人由中国建筑设计研究院（集团）院长助理、教授级高工欧阳东，松下电器研究开发（中国）有限公司所长黄吉文和全国智能建筑技术情报网秘书长吕丽研究员担任。iopeNet 的应用范围广阔，既可以应用于大规模区域管理，如大型的购物中心、公园等；也可以应用于各种中小规模的楼宇综合管理，如写字楼、医院、学校、住宅等。应用领域示意图如图 1 所示。

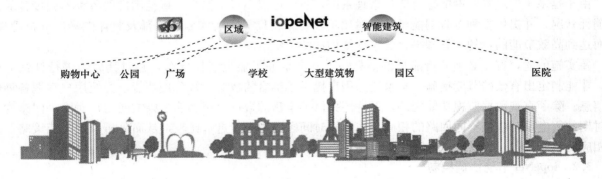

图 1　iopeNet 应用领域

iopeNet 技术于 2006 年 1 月申报建设部课题《建筑机电设备开放式通信协议研究》（06—k5—42），2008 年 6 月验收，达到国际先进水平。该课题于 2009 年 12 月获得中国建研院"CABR 杯"华夏建设科学技术奖二等奖。2007 年 9 月中国建筑设计研究院与日本松下电工株式会社签署了国家发展与改革委员会的中日节能环保示范项目下的合作协议——"针对节能环保事业开展的设备网络研发及其应用试验"。2008 年 12 月日本松下电工与中国建筑设计研究院就 iopeNet 技术的普及与应用签署共同推广备忘录。

2 iopeNet 节能体验中心的建设意义及目的

为了进一步推广 iopeNet 技术，并重点突出 iopeNet 技术在节能领域的运用，中国建筑设计研究院与松下集团共同建设了 iopeNet 节能体验中心（如图 2 所示）。该体验中心是将 iopeNet 的技术价值、产品价值通过功能概念、精神概念等的概念形态原型表现，再通过人性化的互动交流，以过程和内容相结合的方式进行表达，并运用信息化的手段和数字化高科技设备的演绎来展现 iopeNet 系统的先进性和优越性。通过体验中心展示 iopeNet 技术，推广智能建筑的概念，提高全社会的节能意识。并以体验中心为窗口，接受各方的反馈，为今后 iopeNet 技术的发展方向提供依据。

图 2 iopeNet 节能体验中心

3 iopeNet 节能体验中心的主要内容

3.1 iopeNet 智能建筑管理平台

目前，智能建筑中往往存在各子系统间难以协同控制的问题，利用 iopeNet 系统连接楼宇各个子系统，而通过在各子系统中灵活应用的各 iopeNet 单元，构筑起统一的管理平台，就可以使各子系统间互连互操作，从而实现楼宇的高效节能。

由于是基于广域互联网的综合能量管理系统，所以可以高效地监视广域范围内的各种不同设备的能量消耗状况，并提供多种有效的能量分析对比手段，来帮助管理者实施对局部及整体能量的分析管理，从而达到高效节能的目的。管理平台的系统结构如图 3 所示。

要实施节能，首先必须分析能量的消耗情况。在掌握了能量消耗分布，并对其原因进行详细分析后，才能制定出有效的节能措施。本系统为用户提供了丰富的数据监视管理功能，方便用户掌握各种电量信息。除了直观数据监视功能之外，系统还提供了丰富的数据分析功能，以方便用户对同一回路的不同时期的用电量，或是不同回路的相同、或不同时间段的用电量进行比较，从而分析拟定节能策略、采用相应的节能手段。

3.2 iopeNet 节能协调控制

提高系统设备整体效率的方式有两种：一种是把楼宇设备内部的所有信息集中到一个地方，即设备运转决策一元化的"集中方式"；另一种是分散控制器各自收集必要的信息，再结合系统的整体情况之后实现最佳控制方式的"自律分散方式"。而基于后者的思维方式可以形成"节能协调控制"。"节能协调控制"具有高度的灵活性，可以把设备故障的连锁反应抑制在最小限度里，此外，还有便于进行系统规格变更等优点。而要实现这种系统结构则必须在分散控制器之间实现相互连接，而"iopeNet"之类的开放式网络技术正是该系统成功的基础。

iopeNet 节能体验中心通过感应器信息共享的方式进行协调联动、自动地收集相关数据，并以提高系统整体效率为目的，分散协调两种控制方式。

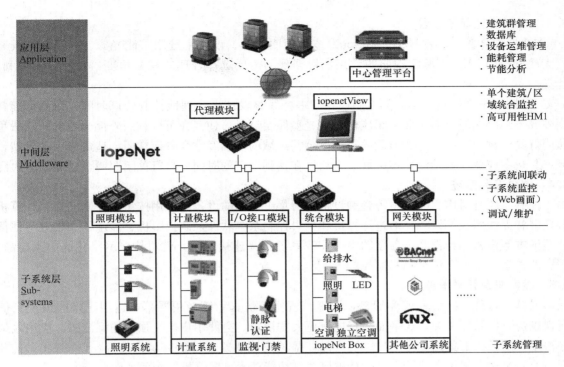

图 3　智能建筑管理平台系统结构

1）通过信息共享进行的协调控制

通过与其他的分散控制器共享设备信息和感应器信息进行的协调控制，可以有效控制感应器的数量。这将形成一种值得期待的简约化系统。iopeNet 节能体验中心，以通过人体感应器（grideye）信息共享的空调、照明联动控制为实际案例进行介绍。该系统的构成图见图 4。系统把通常只是用于照明设施的开关灯人体热感应器的信息应用到空调设施上，图中的照明设施、空调设施根据人体感应器提示的房间内有无人员的信息，执行启动和停止命令。这种方式尤其适用于房间状况多变、难以进行日程控制的大学以及其他公共场所，节能效果良好。

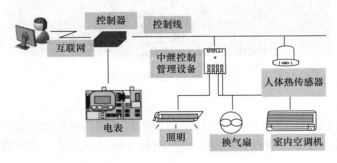

图 4　联动控制系统结构

2）通过自律分散进行的协调控制

通过自律分散管理提高系统整体效率的必要条件是在提供同等的舒适环境的条件下让效率高的机器设备优先启动。例如，同样的空调系统其机器效率和性能因方式的差异而不同，优先启动效率高的机器自然会节能。

iopeNet 节能体验中心将空调、照明、百叶窗控制器这些都分别连接到开放式网络上，构成一个可以相互通信的网络环境。百叶窗协调控制器在把空调效率、照明效率相关的特性信息维持在当前水平的同时，根据此特性计算出使空调和照明能耗的总和达到最小数字的日光导入量，并根据此数据来控制百叶窗，使空调、照明达到了能耗最小化，实现节能的目的。

3.3 iopeNet 照明子系统

iopeNet 节能体验中心选择了 Panasonic 节能照明灯具。设计中选用节能光源、高光效灯具来保证节能，大部分选用 LED 光源实现照明效果，根据现场需要选择合理的配光角度，增加灯光的利用率，减少能耗。

iopeNet 照明子系统通过不同的控制模式和多种线路设计来合理地控制开灯时间，以降低能耗。在可借用外部光线的区域安装上照度感应器和调光型照明灯具，使其在可以利用外部光线的时间段里自动降低照明灯具的输出功率，达到节能的目的。公共区域的照明经常会昼夜常明，造成极大的浪费，在这些区域安装热感应器，当检测出该区域无人后，在达到规定的时间后自行关闭照明，达到节能的目的。

3.4 中央控制系统

中央控制系统是对声、光、电等各种设备进行集中控制的设备。可用按钮式控制面板、计算机显示器、触摸屏和无线遥控等设备，通过计算机和中央控制系统软件控制投影机、显示器、功放、话筒、计算机、笔记本等设备。当把几个独立的中央控制系统相互连接起来，就可构成网络化的中央控制系统，可实现资源共享、影音互传和相互监控。

3.5 投影机及弧形屏幕

弧形屏幕也可称为柱形幕或环形幕，是虚拟现实、仿真系统专用屏幕，适用于多通道视景仿真系统。在视景仿真应用环境中，与平面幕相比有更大的视角，会使用户产生强烈的沉浸感，应用效果比平面幕好得多。配以松下集团优秀的投影机产品，播放中国建筑设计研究院宣传片、iopeNet 宣传片，从概念形态上向参观者展示企业及产品的精神概念、功能概念。屏幕投影画面如图 5 所示。

图 5　弧形屏幕投影画面

3.6 视频会议系统

作为目前最先进的通信技术，只需借助互联网即可实现高效高清的远程会议，在持续提升用户沟通效率、缩减企业差旅费成本及提高管理成效等方面具有得天独厚的优势。现已部分取代商务出行，成为远程办公最新模式。

4 结束语

iopeNet 节能体验中心可以在较短的时间内让参观者对 iopeNet 技术有一个直观的认识，对未来智能建筑的发展趋势有一个清晰的了解，有效推动智能建筑的普及。通过体验中心展示 iopeNet 技术，推广智能建筑的概念，提高全社会的节能意识，切实达到降低能耗，节能减排的最终目的。同时，体验中心也将作为面向各界的窗口，是有效收集和整理各方意见的快捷渠道。对于推动 iopeNet 技术的不断完善和发展大有裨益。

建筑机电设备开放式通信协议—iopeNet 研究（一）

欧阳东[1]　吕　丽[1]　黄吉文[2]　满容妍[2]　肖昕宇[1]

1　中国建筑设计研究院，北京 100044；

2　松下电器研究开发（中国）有限公司 PEW 中国系统技术中心，北京 100084

【摘　要】　本文综述了《建筑机电设备开放式通信协议研究——iopeNet》项目的产生、研发、成果及应用推广的过程，并对其技术原理、实施方案、优越性、先进性、创新性及发展前景和计划进行了介绍。

【关键词】　开放式　通信协议　iopeNet　节能　智能建筑

【Abstract】　This paper summarizes the process of the generation, research and development, achievements, application and promotion of the project "Researches on Open Communication Protocol for Building Mechanical Electrical Plumbing（MEP）Equipment——iopeNet", and introduces the technical principle, implementing scheme, superiority, advancement, creativity, prospect and planning of iopeNet.

【Keywords】　open, communication protocol, iopeNet, energy saving, intelligent buildings

1　引言

近年来，随着智能化楼宇的逐渐增多，各种各样与建筑相关的设备网络被广泛应用。因为网络设备的种类繁多，造成相互之间的不兼容而导致的能源消耗，已经成为了各个智能楼宇建设中关注的焦点。如何能运用一种网络协议就能达到多种网络设备共融，已经成为新的设想。因此该课题针对适合我国的开放式设备网络以及如何制定与之相对应的开放式通信协议进行了深入研究，提出了"开放式建筑机电设备网络通信协议——iopeNet"这一概念。

2　开发 iopeNet 的背景

在中国，很多的电气设备网络都在各自的领域中拥有着实际的工程业绩，从建筑设备设计的角度看，要想提高建筑物的节能，只通过设备本身属性的改良和个人节能意识的提高必然是有限的，要想进一步提高建筑物自身的节能，就需要通过建筑物能源管理来实现。而以往通过 BCAnet 和 LonWorks 以及 EIB 等来架设的楼宇设备网络，由于自身的产品的不兼容性导致了能源消耗上的浪费，由于在中国众多世界通用的规格并存，从建筑电气设备网络设计的立场出发，十分希望出现一种能实现多种规格的自由组合。于是，能够自由的互相连接并最终实现设备控制的整合，从而从能源管理方式上达到产业资源优势互补，达到节能降耗的目的便成为了我们开发新型通信协议的原因。由此研发新型的——开放式机电设备通信协议就很必要了。

3　iopeNet 的概念

iopeNet 是在办公大厦等大型建筑物、公园以及其他特定地区内，用于照明、空调、安全等环境控制的开放式建筑电气设备控制网络。

在设计楼宇设备控制系统的设备网络时，为了应对各种环境的条件，通常我们需要 BACnet、LonWorkS 以及 EIB 等设备网络模式，而这些网络设备模式在统一整合一个智能楼宇中的各个部分的功能时，要达到互通互联，还需要采用各种具备专用规范特点的子系统网络。因此出现了开放式设备系统网络通信协议——iopeNet 的构想理念。

iopeNet 是认可设备系统中存在的多个标准，运用开放式网络模式和 IPv6 网络等方式，以提高通信方式迥异的子系统之间的互操作性为目的而开发出的通信方式。上面已经谈到中国广大的市场空间，诸多商家的各种标准的子系统进入到中国，因此 iopeNet 的开发成为一种必然。

iopeNet 课题由中国建筑设计研究院、日本松下电工株式会社、全国智能建筑技术情报网共同承担，由中国建筑设计研究院（集团）院长助理欧阳东、全国智能技术情报网吕丽秘书长和松下电器研究开发（中国）有限公司黄吉文所长担任课题负责人。旨在开发一种有效可行的开放性设备网络的结构和与之相适应的开放式通信协议，提高楼宇自动化系统的智能化程度，实现不同设备和不同系统之间的互操作和互连——"iopeNet"通信协议。

通过引进日本先进的节能技术和设计方法，共同开展针对中国建筑机电设备网络及节能设计的研究，提高机电系统设计及机电工程实施质量，达到机电设备节能的目的，并作为今后节能设计的范本。2006 年 1 月～2008 年 12 月，双方共同完成了《建筑机电设备开放式网络协议》这一课题。

图 1　签署第二届日中节能环保综合论坛主要合作项目协议　　图 2　签署进一步进行《iopeNet 合作研究发展框架协议》

4　iopeNet 的内容

4.1　课题背景

住房和城乡建设部课题《建筑机电设备开放式通信协议》（06-k5-42）由中国建筑设计研究院、日本松下电工株式会社、全国智能建筑技术情报网共同承担，课题负责人由欧阳东、黄吉文和吕丽担任。旨在开发一种有效可行的开放性设备网络的结构和与之相适应的开放式通信协议，提高楼宇自动化系统的智能化程度，实现不同设备和不同系统之间的互操作和互连。课题于 2006 年 2 月启动，2007 年被列为国家发改委的中日节能环保示范项目。该课题首次提出了"iopeNet——开放式建筑机电设备网络"这一全新概念。

在课题研究阶段，课题组主要致力于 iopeNet 概念的形成和 iopeNet 通信协议技术标准规格书基础篇和照明应用篇的制定，并先后制作了两版包含 BACnet、LonWorks、CAN、Modbus 等九种通信协议在内的模型演示系统以验证效果；共召开了 14 次课题工作会议，确定了 iopeNet 的五年推广计划，课题于 2008 年 6 月 26 日通过住建部科技司的验收。2008 年 12 月 12 日，中国建筑设计研究院与日本松下电工株式会社签署了《进一步加强 iopeNet 开放式通信协议研究合作的框架协议》，开始着手将研究成果转化为社会、经济效益兼具的商业模式，在随后的 2009 年、2010 年，正式进入技术推广应用阶段。2009 年，项目获得住房与城乡建设部华夏科技进步二等奖，并开始筹建 iopeNet 技术应用中心，建设 iopeNet 样板工程，将技术成果转化为产品，进入市场；计划于 2011 年进入普及阶段，实现共同发展科技进步事业、为行业做贡献的目标。

4.2　iopeNet 的特点

4.2.1　技术特点

1）全新概念的设备网络

iopeNet 是指支持多框架、开放式标准、支持 Web 技术（IT）的综合型设备网络。

2）提供了采用 Web 技术的连接接口

- 使设备网络通信协议能够与 TCP/IP 相连接；
- 使众多现有的设备网络通信协议之间能够相互连接。

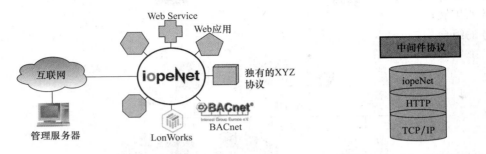

图 3　iopeNet 设备网络　　　　　　　　　图 4　iopeNet 网络协议构造

3）可同时支持多种通信协议

iopeNet 通过子系统、互联网进行连接，其网络通信包括从子系统向服务器进行的通信、从服务器向子系统进行的通信及子系统之间的通信。

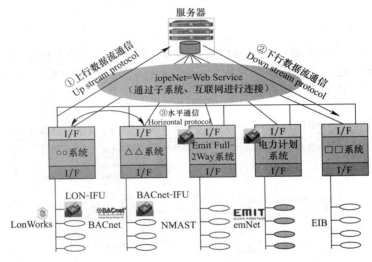

图 5　iopeNet 网络通信结构

4）通过可插拔模块与独有设备通信

通过灵活应用 iopeNet 模块，可以与采用独有协议的设备进行连接。

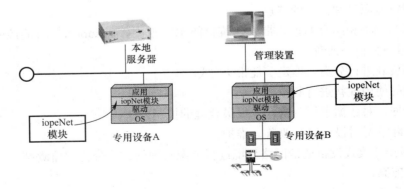

图 6　iopeNet 可插拔模块

5）分散设备的联动

通过采用了分布式技术的体系结构，可以实现：

- 服务的注册、发现；
- 服务的扩展；
- 服务的组合。

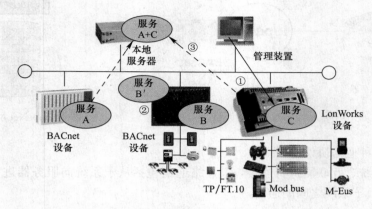

图 7　iopeNet 分布式体系结构

6）支持 IPv6

预计今后 5～10 年内，IPv4 地址资源将枯竭，同时，在 IPv4＋NAT 环境下，难以进行外部访问，设备的网络设定也存在问题，工程成本将增大。iopeNet 将 IPv4/IPv6 双协议栈作为基本设计，可以在将来加以使用，无疑可以避免以上问题。

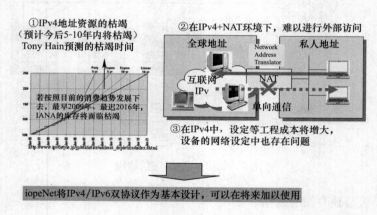

图 8　iopeNet 支持 IPv6

4.2.2　现实建筑能源管理方式的特点

iopeNet 将技术与服务相结合的理念带入建筑物能源管理中，而 iopeNet 将能源管理周期分为四个阶段，即计划→测量→分析→改善。

1）对要测量的负载进行分类，确定节能推进计划。

2）对目标负载的使用现状进行测量。

3）通过采集数据，对数据进行分析，选择最合理的控制方法。

4）最后根据实际情况对设备进行改善、维护。

通过构筑 iopeNet 开放式设备通信网络环境进行能源管理的方式分为"监测型""控制型"。

4.3　系统技术方案

为构筑 iopeNet 网络，项目开发了一种 iopeNet 单元——区域控制单元（Area Control Unit，以下简称 ACU）。通过将 ACU 接入各个子系统，实现统一的系统管理平台。ACU 是一个嵌入式控制器，具有多种物理接口，包括 RS232、485，LonWorks、以太网接口等多种接口。除 iopeNet 网络协议之外还可搭载 BACnet、LON、NMAST 等多种设备系统网络通信用中间软件。其软件特征还包括：

- 操作系统采用 Linux；
- 可适用多种设备网络协议；
- 适用下一代网络协议 IPv6；
- 利用 Web 浏览器简单进行设置。

4.4 课题实验过程

为验证上述技术方案，课题组在课题研究期间，先后制作了两版模型系统，对 iopeNet 技术加以验证。模型内包含了现在智能建筑中的大部分系统，包括电梯、空调、给排水、自动门、门禁、照明、广播、电力计量和火灾报警在内的共九个子系统。每个子系统都采用了不同的通信协议，包括了 BACnet、LonWorks、Modbus、CC-Link、CAN、NMAST、emNet、RS232 专用通信协议共九种通信协议。ACU 将这些通信协议统一转化成 iopeNet 协议，实现各个子系统端到端的通信。

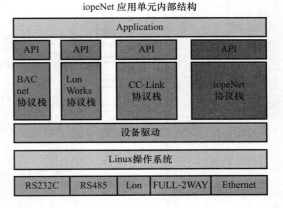

图 9　iopeNet 应用单元内部结构

在第一代模型中采用了 LonWorks、BACNet、CC-Link、Modbus、NMAST、R/W、RS232 等七种目前常用的现场总线通信协议。

图 10　iopeNet 第一代模型系统照片

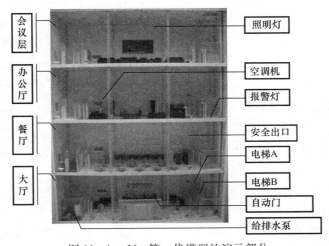

图 11　iopeNet 第一代模型的演示部分

第二代模型增加了 CAN 和专用协议，可以方便的实现由现场总线网络到 IPv6 网络的连接，同时在系统内可以实现各控制网络的通信、实现互联互动。

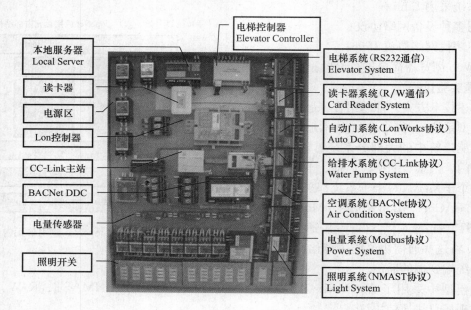

图 12　iopeNet 第一代模型的控制箱部分

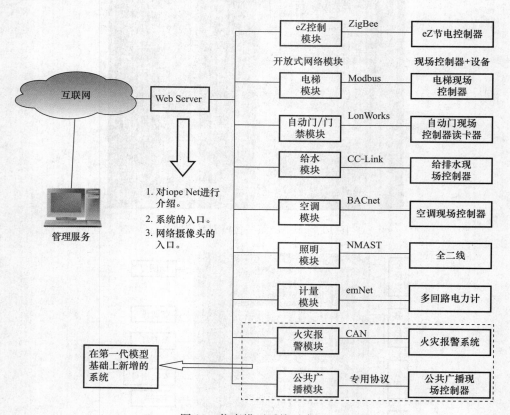

图 13　仿真模型系统示意图

试验结果表明：通过 ACU，模型系统实现了以下功能：

（1）采用 Web Service 技术，对采用 BACnet、LonWorks、CAN 等作为通信协议的子系统进行监视控制。

（2）将子系统通信协议统一转化为 iopeNet 协议，实现子系统之间的互连互操作。（待续）

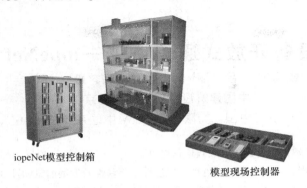

iopeNet模型控制箱　　　模型现场控制器

图 14　iopeNet 第二代模型示意图

图 15　iopeNet 第二代模型的演示部分

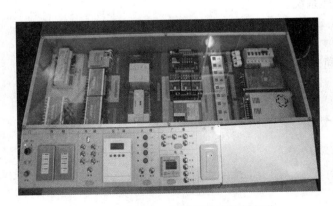

图 16　iopeNet 第二代模型的控制箱部分

图 17　iopeNet 网关＋SD 卡＋软件

建筑机电设备开放式通信协议—iopeNet 研究（二）

欧阳东[1] 吕 丽[1] 黄吉文[2] 满容妍[2] 肖昕宇[1]

（1. 中国建筑设计研究院，北京 100044；

2. 松下电器研究开发（中国）有限公司 PEW 中国系统技术中心，北京 518000）

【摘 要】 本文综述了《建筑机电设备开放式通信协议研究——iopeNet》项目的产生、研发、成果及应用推广的过程，并对其技术原理、实施方案、优越性、先进性、创新性及发展前景和计划进行了介绍。

【关键词】 开放式 通信协议 iopeNet 节能 照明控制 区域照明

【Abstract】 This paper summarizes the process of the generation, research and development, achievements, application and promotion of the project "Researches on Open Communication Protocol for Building Mechanical Electrical Plumbing（MEP）Equipment——iopeNet", and introduces the technical principle, implementing scheme, superiority, advancement, creativity, prospect and planning of iopeNet.

【Keywords】 open, communication protocol, iopeNet, energy saving, lighting control, area lighting

1 iopeNet 的科技创新

2008 年 6 月 15 日，由建设部科技信息研究所对项目成果进行科技查新，查新报告结论显示：未见与本项目特点完全相同的系统研究的文献报道。

2008 年 6 月 26 日，项目通过专家验收，验收委员会专家对于项目成果给予了高度评价，验收意见总结了该项目成果有以下创新。

1.1 技术方面的创新

（1）针对我国智能建筑目前存在多种通信协议，难以实现互连互操作等问题，提出了可以将不同架构融合在一起的全新概念的"开放式建筑机电设备网络"。

（2）制定了与之相对应的开放式通信协议，填补了国内建筑机电设备开放式通信协议的空白。与其他通信协议相比，具有轻量、容易解析、实时性高、与 Web 浏览器亲和性高等多种优点。

（3）填补了国内建筑机电设备开放式通信协议的空白，具有较强的针对性、实用性和较高的应用推广价值。

1.2 应用方面的创新

（1）可连接性：该设备网络支持 IPv6（互联网协议第 6 版），可构筑更为先进的广域建筑机电设备网络，实现对大型楼宇或区域的综合管理，提高节能效果。其应用实例奥运中心区照明控制系统是世界上首次使用基于 IPv6 技术的大规模数字照明网络管理系统。

（2）可组合性：通过采用开放式通信协议，可实现不同子系统间的协同控制，如照明、空调和百叶窗系统的联动，可提高综合节能效率。

（3）可扩充性：该设备网络可支持多种使用不同通信协议（包括 BACnet、LonWorks 等在内）的系统，并具有可扩充性，可轻松接入不同的子系统。

2 项目的主要成就

2.1 项目技术成就

课题成果包括以下几个方面：

（1）制定建筑机电设备开放式通信协议方案；

（2）开放式设备网络的标准框架和相应模块的设计；

（3）基于开放式通信协议的模型系统的构建。

成果表达的方式：

（1）课题研究报告；

（2）软件；

（3）试验模型。

电梯用IIU
电梯控制系统
测试用控制面板
现场控制器
蜂鸣器
开/关门用
直流电机
运行用步进电机

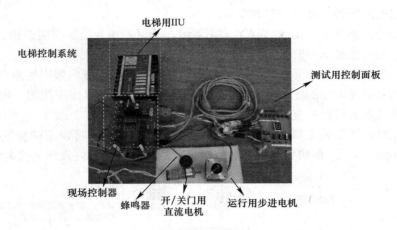

图 1　系统实物照片

2.2　自主知识产权及注册商标

开放式建筑机电网络通信协议——iopeNet，已在日本完成了商标注册。

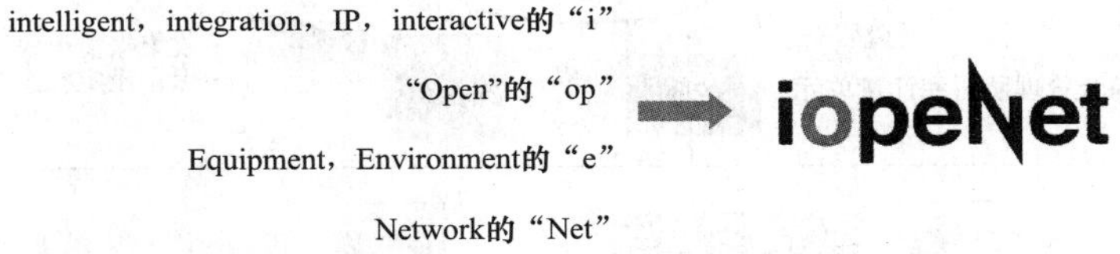

intelligent，integration，IP，interactive的“i”
“Open”的“op”
Equipment，Environment的“e”
Network的“Net”
iopeNet

图 2　iopeNet 的商标含义

2.3　发表多篇关于该项目的学术论文

在课题研究开发期间，就 iopeNet 各方面的内容，在科技学术期刊上发表了大量论文。如：

（1）《日本开放式设备系统网络的现状与推广普及 iopeNet 的建议》（作者：福永雅一）

文中主要介绍了楼宇自动化、互操作开放式系统、开放式网络通信协议、节能等问题。重点在于首先提出了成立 iopeNet 推进中心的构想，使厂商、SI、高等院校直接达到优势互补。

（2）《iopeNet 技术在照明控制模块中的应用》（作者：王智涌、葛西悠葵）

文中主要介绍了 iopeNet 的技术特点及其在照明控制模块中的应用、位置和电文传输等问题。

（3）《开放式建筑机电设备网络课题介绍》（作者：满容妍、肖昕宇）

文中重点介绍了 iopeNet 课题的制定到实施的基本过程。并提出了 iopeNet 今后的发展方向。

（4）《设备网络技术的新展望》（作者：山本和幸）

文中重点介绍了开发 iopeNet 的目的、iopeNet 的基本概念和具体构成。

（5）《综合性设备系统通信网络 iopeNet 概要》（作者：中尾敏章、佐藤俊孝、天野昌幸）

文中主要介绍了综合性设备网络、嵌入式技术、iopeNet 协议构成等问题。

2.4　项目技术应用实例

iopeNet 技术可应用于大规模区域的照明监控、动态能耗监测系统以及系统集成平台。其中 iopeNet 的β版协议已经成功应用在北京奥林匹克公园中心区的照明监视控制系统中。该系统基于 iopeNet 和 IPv6 网络，实现了对中心区的照明监视控制，充分体现了“科技奥运”的理念。同时，该项目也实现了三个第一：

- 第一次在国际奥林匹克运动后实现多达 $97hm^2$ 的大规模区域照明；
- 第一次在大规模区域实现基于 IPv6 的数字化照明的网络管理；

- 第一次实现多达 2 万多部的大规模照明设备协同工作。

奥林匹克公园中心大道的照明控制部分灯具数量多、分布广，这使得系统对延时很敏感。同时控制复杂、维护困难，对节能的要求相对也较高。针对这些情况，UAMS 系统把整个系统分成了多个区域，再在每个区域下划分照明控制系统和计量管理系统，如系统图，每个区域下都有 4 类单元，分别是区域单元、管理单元、照明控制单元及计量管理单元。

（1）照明控制单元：连接 FULL—2WAY 照明系统，为区域单元提供照明监控、日程控制等服务。

（2）计量管理单元：通过 RS485 与"计量管理系统"相连，收集并储存电量、电压、电流等数据。

（3）区域单元：与照明控制单元、计量管理单元相连接，实施区域内照明的监视与控制，并对电量进行监视。此外利用 iopeNet 的 β 版协议与中心服务器进行通信，可以传送照明、电量的状态值，并根据中心服务器提出的要求来执行相应的照明控制。

（4）管理单元：对区域单元下属的机器及报警记录实施管理，并将设定的数据自动保存在各单元中。此外，还采用 iopeNet 的 β 版协议与中心服务器进行通信，将区域内发出的报警传送至中心服务器。

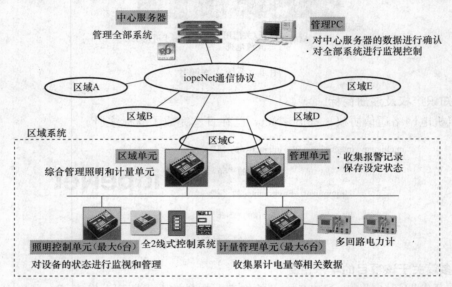

图 3　北京奥林匹克公园中心区 UAMS 区域照明系统功能结构图

北京奥林匹克公园中心区的采用了松下电工的UAMS区域照明系统。

➤采用iopeNet设备网络，实现了广域范围的照明监视控制

➤节省能源、提供更安全舒适的环境

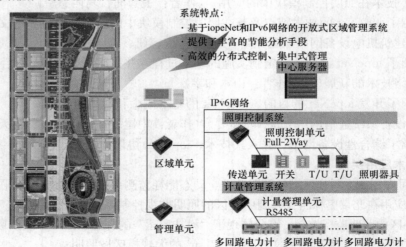

图 4　北京奥林匹克公园中心区 UAMS 区域照明系统示意图

通过约 500 台系统模块的相互连接，对大约 1.8 万盏照明灯具实施分布控制、集中管理，结合照明控制，对系统用电量进行监视分析，照明节能效果能够达到 22.95%。

iopeNet 可组建能耗动态监测系统，对楼宇能耗进行动态监测。

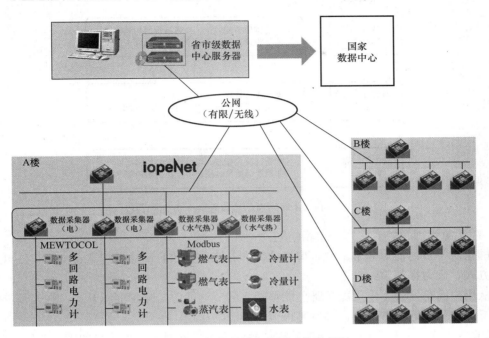

图 5　iopeNet 能耗动态监测系统示意图

iopeNet 还可组建系统集成平台，对各子系统进行统一管理。

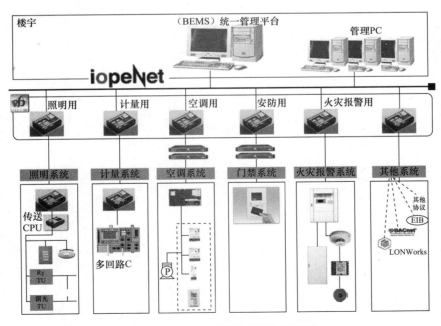

图 6　iopeNet 系统集成平台示意图

2.5　社会经济效益的优势

项目研究成果填补了国内建筑机电设备开放式通信协议的空白，为建筑机电设备开放式的网络建设提供了创新思路，目前正致力于将研究成果转化为兼具社会效益和经济效益的商业模式。对于设计单位来说，可实现设计的再利用，提高设计效率；对于建设单位来说，该项目不仅符合国家建筑节能政策，还可减少应用软件的开发量，节省开发费用；对于使用单位来说，可通过节能降低成本，目前北京奥林匹克公园中心区的照明控制系统已采用 iopeNet 的 β 版通信协议，根据概算，照明节能效果能够达到22.95％；对于生产厂商来说，可采用标准模块及通信协议，降低生产成本。

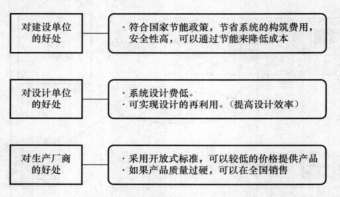

图 7　iopeNet 网络通信协议在各个方面的益处

iopeNet 在能源管理领域有广阔的市场空间：

首先，国家对于节约能源非常重视，中央政府和各级地方政府都通过制定各类法律法规条文和财政补贴政策的方式，大力提倡节约能源；

其次，从用户的角度讲，采用能源管理能够切实的节约能源，减少能源开支，在当前能源价格不断走高的前提下，为了降低成本，用户必然寻求节约能源的途径；

最后，iopeNet 作为一种专门进行能源管理的解决方案，同时满足了用户的需求和国家政策的导向，必然获得广阔的市场空间。

日本开放式设备系统网络的现状与推广普及 iopeNet 的建议

松下电工株式会社　福永　雅一

【摘　要】　在本刊特辑中我们介绍了"iopeNet"的相关技术以及应用系统，本文以日本开放式业务流程为基础提出方向性建议。具体来讲，是建议设立 iopeNet 推进中心以及尽早成立以此为目的的筹备委员会。

【关键词】　楼宇自动化　互操作　开放式系统　开放式网络　通信协议　节能

【Abstract】　This paper propose about the diffusion of "iopeNet"（so far introduced the related technology and application systems in the special issue on this magazine）based on the current of Japanese market's open system. Concretely suggest the establishment of 'iopeNet promotion center' to lead iopeNet activity and the foundation of "iopeNe arrangement committee."

【Keywords】　building automation，interoperability，open system，open network，communication protocol，energy saving

1　引言

在设备的监视、控制系统中，通过借助以互联网为主要手段的 IT（信息技术），由传统的厂商各自独立的集中型系统向可应对多厂商、开放化的分散型监控系统的研究取得了长足进步。近几年，由于 BACnet 和 LonWorks 网络等通信标准化工作的普及，使得空调、照明、防灾等各类子系统之间的兼容性（互操作性）得以确保，从而促进多厂商化、开放化进入了实际商务应用阶段。

而另一方面，没能实现在所有设备系统之间的互通互联的统一性通信协议，还同时存在着多个标准和厂商固有系统的现状，从设备系统的特性来判断，这种倾向今后还将持续下去。特别是目前正在处于向全球化发展过程中的中国市场，可以预测将出现诸多标准并存的现象发生。iopeNet 正是针对这一问题提供的适合中国国情的综合解决方案技术，文本将探讨推广这一技术的方法。

2　iopeNet 是什么[1]

iopeNet 是认可设备系统中存在的多个标准，运用开放式网络技术和 IPv6 通信技术等方式，以提高通信方式迥异的子系统之间的互操作性为目的而开发出的通信方式。我们认为像中国市场这样，全世界各国的厂商携带各自标准的子系统和设备进入市场这一情况，推广该技术的必要性显得尤为突出。图 1 是 iopeNet 的简单概念图。

然而即使是这种有效的技术，在推广普及过程中单单凭借技术上的优越性是不够的，推广普及的方法和框架也是很重要的组成部分。因此，首先我们了解一下此前日本市场中开放化的普及工作的框架。

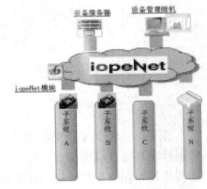

图 1　iopeNet 架构

3　日本的开放化潮流

3.1　市场情况与分类

日本的设备系统可划分为三大类：担任整体设备监视、控制的 BAS（Building Automation System）中央监控配电箱；以空调设备为主体的机械施工类以及以照明和卫生设备为主体的电气施工类。其概要如图 2 所示。

如何利用目标楼宇以及设施是由中央监控配电箱厂商全权掌控的，因此，之前一直是由计算机厂商、空调控制系统厂商、照明/电气控制系统厂商各自开发了 BAS 产品，并逐步拉开订单竞争之帷幕。

而对于业主以及该建筑设备的设计者（在中国相当于设计院类的单位）来说，系统本身就像是黑匣子一样，处于无法正确地判断其成本投入是否恰当的状况。在这种情况下，20世纪90年代后半期美国的开放化发展趋势逐渐显现，出现了以设计事务所为核心并主导的BACnct和以开始亲自设计自家公司大楼等大型建筑商的设计部门为主导并推广的LonWorks。图3所示意的就是日本的系统收订单的简单业务流程，可以说是追求系统的多厂商化的上游方面（业主和设计事务所）主导通信方式的开放化工作的起点。

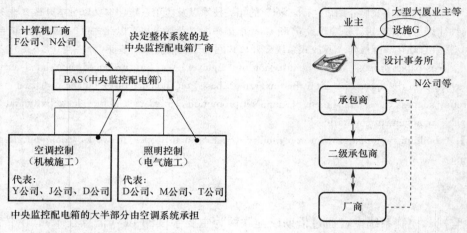

图2　日本的情况与分类　　　　　　　　　　图3　日本的收订单业务流程

但是，由于BACnet及LonWorks通信方式的设计，没有考虑到设备相互间的互通互联，因此，在现实中正如图4所示，是在专门敷设的BA网中构成BACnet，并在以空调控制为核心的总线中使用像LonWorks那样的分层式系统结构。

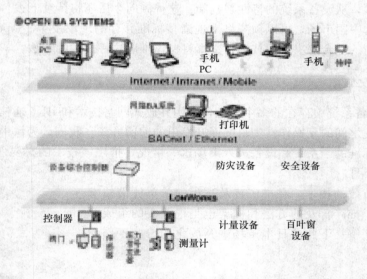

图4　日本标准的开放式系统

此外，近期为了应对需求较高的节能以及构建放心、安全系统的要求，像图4所示的系统构成在实现扩展性和互通互联方面就显得力不从心了。因此，在日本以高等院校为中心又开始对像图1所示的iopeNet架构那样可包容多协议的系统扩张功能进行重新探讨。

尽管如此，BACnet和Lon Works毕竟影响了日本的设备系统的市场，因此，在以下章节里，简单地回顾一下这两者的发展过程。

3.2　BACnet-IEIEj/p[2]

BACnet是美国ASHRAE（美国采暖、制冷和空调工程师协会）在1995年制定的楼宇设备监视/控制设备之间的通信协议，也是美国国家标准学会的工业产品规格（ANSI），同时 ISO 也将其认定为国际标准规范。在日本，以电气设备学会为中心开展对美国版 BACnet 规范书的翻译及其内容的分析工作，并在其中追加 UDP 的采用以及美国没有包括的计量对象内容等，将其改编为适合于日本楼宇的系统且编制完成了 BAS 标准接口的规格（将其称为 BACnet—IEIEj/p）。由此与过去的系统相比，不同系统之间的各部分的连接成本都有递减。目前在日本，主要厂商之间定期召开技术联络会、交流会。初期的领头军是设计事务所等单位，而维持并继续开展这项工作的则是参与规格编制的厂商方面的系统设计者，这一点值得关注。

3.3　LonWorks[3]

LonWorks 是美国 ECHELON 公司开发的智能分散控制网络技术，在日本特别是应用于以空调为主的楼宇系统中非常普及。各设备上都拥有一个叫做神经元芯片（Neuron Chip）的 LSI 进行自主控制和通信。最初作为总线的标准化而设计的色彩比较浓厚，目前的着力点则向充实的网络连接功能的 i—Lon100 等产品转移了。通过搭载神经元芯片，使得不同厂商之间在设备层次即可实现连接。而作为希望通过多厂商化方式来降低机器成本的大型楼宇业主的设施部门，本公司承担了领军职能，并开展了推广普及工作。另一方面，美国 ECHELON 公司很早就瞄准了全球性的推广目标，主要是对以 SI（系统集成商）和厂商为中心的 LonMark International（推广普及 LonWorks 工作的团体）的设立提供支持，以及致力于 LonMark America、LonMark UK 等在不同国度、不同地区的分支机构组织的形成和扩大规模。在日本 2003 年也成立了 LonMark Japan，目前约有近 60 家左右的企业参加，形成了日本开放化通信事业的先驱梯队。引入日本市场最初是由业主方面率先进行的，但现在是由 LonMark Japan 等组织机构支持其推广普及工作的。

4　关于 iopeNet 的推广普及方面的建议

4.1　成立推进中心

以上分析了日本市场中设备系统的开放式通信业务实现的流程。那么中国市场又如何呢？一部分动向显示倾向于以欧美厂商为主体的通信标准化，但似乎并没有形成真正的主流。要想真正地在商务水平上开展的话，还是应该像日本那样，需要遵照业主或设计院等的意愿开展。同时在中国开展该项工作，保持与国家（政府）之间的良好关系尤为重要。

2008 年 6 月，iopeNet 的研究内容被提交到建设部国家项目审核，获得很高评价。因此，目前由中国建筑设计院的外部组织全国智能建筑技术信息网牵头，正在呼吁建立由厂商、SI、高等院校等参加的推进中心。

多单位集结在一起的目的并不单纯地在于多厂商化，同时也是为了实现中国正在面临的节能这一大目标。因此推进中心就不是单纯地解决设备系统通信的标准化问题，而是利用该技术来验证各类楼宇、区域等的节能效果[4] 以及确定实际应用的范围，从这个意义上来说这是一个前所未有的新型的机构组织。

4.2　节能应用专家组

按 4.1 中内容构想的推进中心是由厂商组、SI 组、设计院组等子工作组构成的，希望能够在各工作组内部开展课题讨论以及在工作组之间开展课题论证，以尽早实现 iopeNet 的推广和普及。但仅靠这一个举措，以日本为例来看仍然与传统的开展方式没有什么大的区别。因此，此次成立推进中心的一个大的目标就是：将其定义为在中国开展节能实践，并设置探索建筑物、区域等设备系统的节能工作的专家组等。也就是说在 iopcNet 推进中心内设立子工作组，并需要进一步明确中心的目的、职能。

4.3　为设立推进中心而组建筹备委员会

虽说成立 iopeNet 推进中心只是一句话即可表达，但是还存在其运作规则、产品认证、系统质量等诸多课题。而同时中国在节能法的改订以及能源结构的调整等方面的市场发展速度很快，需要尽早提出一个应对的方法。因此，建议首先成立筹备委员会，以设定推进中心的工作框架及活动目标、开展包括工作组的作用与职能在内的基本设计工作。该筹备委员会由全国智能建筑技术信息网的成员、主要 SI、厂商、高等院校等组成，召集约十几名的成员，同时参考欧美及日本等国开展的各项活动内容，摸索出适合中国市场的最佳运营方案，为制定令后推进中心的活动指导方针发挥重要作用。筹备委员会的工作活动时间最长以半年为宜，应尽早启动。

5　结束语

关于促进并开展 iopeNet 工作，已经获得批准成为日前正在开展的中日政府之间（国家发展与改革委员会与经济产业省）的中日节能、环境论坛的商业模式推进的主要课题之一，而 2007 年 9 月在北京举办的第 2 届论坛上，就中国建筑设计研究院与松下电工之间关于推进 iopeNet 工作所需要的技术研发、商品开发方面所需要的相互合作进行了确认。

但仅依靠这两家单位是无法实现这一目标的，今后仍需要更多的商务伙伴参与，共同开展这项工作。期待着本文所提出的 iopeNet 推进中心能够担任起与中国所倡导的实现节能与经济发展并行的"协调型循环社会"的一羽之力。

参考文献

［1］　山本和幸等. 通信协议标准规范［J］. 智能建筑电气技术 2008，2（2）：28-30.
［2］　日本电设工业会. 当前的开放式网络 BA 系统［J］. 电设技术，2007，661（12）.
［3］　LONWORKS 网络实现指南［J］. 设备与管理，2002（6）副刊.
［4］　寺野真明等. 开放式网络协议与节能［J］. 智能建筑电气技术 2008. 2（2）：31-33.

设备网络技术的新展望

松下电工株式会社　山本和幸

【摘　要】　中国的建筑设备网络采纳了世界各国的众多方式。在国际标准化领域中允许多个标准存在，这些标准之间的互通互联问题亟待解决。本篇论文提出一个基于全新概念的 iopeNet 方式。

【关键词】　设备网络　开放式　国际标准　全球认可　iopeNet

【Abstract】　Many facility control network systems of the world have been introduced to China，and adopted to many specilicalions. Many specilicalions have also approved as international standards，interconnection problems of these specifications need to be solved. This paper introduces the new concept to solve these problems，named "iopeNet".

【Keywords】　facility control network，open，international standard，global approbation，iopeNet

1　引言

中国的建筑设备网络采纳了世界各国的众多系统，它们发挥着各自的特点分享着这片市场。在国际标准领域中，多种规范的并存带来了这些标准之间如何互通互联的问题，而这一问题又不是轻而易举可以解决的，我们预想这种情况将会使市场出现混乱。本篇论文介绍一种能解决这一问题的全新的开放式思路，我们将其命名为 iopeNet。

2　三大主要楼宇设备网络

在楼宇设备网络领域中，BACnet、EIB（European Installation Bus)/KONNEX 及 LonWorks 在世界范围内广为人知。在这里简单回顾并介绍这些技术的历史变迁及特点。

2.1　BACnet

BACnet 在 1995 年成为美国 ASHRAE 行业标准的楼宇设备网络，其作为 ISO 国际标准在楼宇建筑行业、建筑师当中具有广泛影响，在 2003 年向当时没有信息通信专家参加的 ISO/TC205（建筑环境设计）提交方案后成为国际标准。因此对于标准化组织 lSO/TC205 来说，BACnet 是楼宇控制网络的唯一国际标准。

2.2　LonWorks

LonWorks 是成立于 1988 年的美国 Echelon 公司研发的楼宇设备网络，大约 1993 年进入日本等亚洲地区。它的核心技术是在 1 个 LSI 芯片中搭载了 3 个 CPU 的 LSI。1995 年前后进入英国，其后进入北欧以及意大利。由于当时在德国已经逐步普及了后文所述的 EIB 规范，因此该技术并没能获得市场准入。美国的 IEEE802 委员会 2004 年开始着手标准化工作，于 2007 年向 ISO/lEC JTCl 提交了国际标准化建议方案，该方案于 2008 年被批准作为国际标准正式出版。

2.3　EIB（European Installation Bus）

这是在 19 年前的 1990 年最先发布的概念性楼宇/住宅设备网络，1994 年成为德国国内的标准规范，1997 年与欧洲其他规范一起被批准为欧洲标准化组织 CENELEC 的规范，并更名为 KONNEX（KNX）规范。其媒介是 2 线、无线、PLC。1995 年开始在中国尝试推介。2006 年成为 ISO/IEC JTCl/SC25 的国际标准。

3　全球范围的市场

我们将全球的楼宇控制网络的开展情况简单地归纳在图 1 中。尽管世界各地都已经广泛普及推广了 BACnet，但同时 LonWorks 和 EIB 在不同区域内占有各自的市场。由于中国的市场很大，BACnet、

LonWorks、EIB 这三大主要楼宇设备网络都占有相当的市场份额。

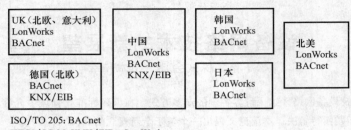

ISO/TO 205: BACnet
KTC1/SC 25: KNX/EIB、LonWorks

图 1　全球楼宇控制网络的普及情况

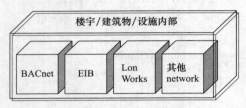

图 2　一栋楼宇中存在多个规范规格

虽然上述三大主要楼宇设备网络已经成为国际标准，但是此外还有很多其他已经推出的楼宇设备网络规格/规范，同时未公开的也不在少数。正如图 2 所示，在一栋楼宇、建筑物、设施内部存在着多个规范、规格。到底是否允许像这样多个标准规范、规格同时存在呢？在国际标准化领域中是认可多个标准同时存在的。

3.1　IEC 行政通令：AC（2008）17：“IEC 全球认可政策”

2008 年，IEC 在向各国发放的通知文件 IEC 行政通令/Administrative Circular：AC（2008）17："lEC 全球认可政策"（IEC Global RelevancePolicy）中，记述了以下几点内容：

（1）国际标准必须与各国的具体国情和市场需求相吻合；

（2）不能扰乱国际市场秩序，破坏公平竞争，阻碍技术的发展；

（3）当其他地区/市场中存在不同需求或者规范时，不能超越其需求和范围，必须符合各国的实际情况和市场的需要；

（4）对于已经普及的系统，不能强行排斥，也不会排斥。

3.2　JTC1 奈良总会通过决议 49

2008 年 11 月召开的 JTC 1 奈良总会上通过的 49 号决议（Resolution 49 at the 23rd Meeting of JTC1 in NARA：Clarification on Consistency of Standard vs Competing Specifications）中，就"整理有关标准的统一性和竞争规格的关系"规定如下：

（1）JTC1 希望从技术的先进性和应用的广泛性出发，不断地致力于技术革新，对现有标准进行改进，并将得到广泛应用的规范整理为相关文件。

（2）尽管需要减少规范种类的数量，但如果市场需求需要多个标准应对，这与 ISO 和 IEC 的单一标准原则并不矛盾。

（3）不能勉强选择唯一标准，以免破坏技术革新的正常周期。

3.3　国际标准的国际通用性

国际标准的国际/市场通用性是指像上述 ISO 通知文件以及 JTC1 决议中所提示的那样，需要理智地对待与标准相关的市场情况，即：认可多个规范规格的存在，不强行统一为一个规格，因为目前还没有任何依据可以证明在多个规范中到底哪一个是最佳规范，而且将多个规范整合为一个规范的工作量远远超出重新制定一个新的规范等。

4　多个设备网络之间的互通互联

既然确认了可允许多个规范/规格存在，其结果就是在实际应用中存在着多个设备网络。在这种情况下，它们之间就需要解决互通互联的问题。目前在实际应用过程中对多个设备网络的系统进行整合时已然发生了类似问题。

作为国际标准的 BACnet、LonWorks、EIB 的楼宇设备网络之间互通互联方案如图 3 所示。其中 n 是规范规格的数目，n(n－1)/2＝3。在进行互通互联时需要准备将其相互连接的 3 种网关设备。

在实际设计楼宇设备控制系统时，设备网络中不仅仅采用 BACnet、LonWorks、EIB，同时还会用到各种具备专用规范特点的子系统网络。因此，就必须开发出能够应对各种环境条件的网关产品。如图 4 所示，网关种类为 n(n－1)/2≈n²，互通互联的逻辑性推理（Interoperability）数、产品的种类将呈几何级数增加，缺乏现实性。

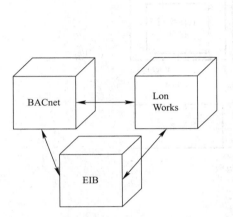

图 3　多个规范互通互联的连接数

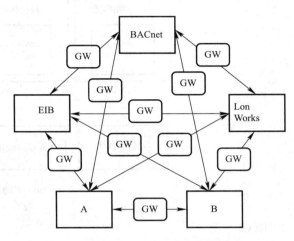

图 4　互通互联的几何级数扩大

另一方面，在单个的设备网络中，可以通过互联网技术的进步，以实现个别设备网络的广域连接为目的，决定互联网接口的技术规范。但即便在这种情况下，网关的数量也需要 n 种，并且还没有考虑不同设备网络之间的互通互联问题。

5　iopeNet 的构成

5.1　iopeNet 的概念

在设计楼宇设备控制系统的设备网络时，为了应对各种环境条件，不仅需要 BACnet、LonWorks、EIB，还需采用各种具备专用规范特点的子系统网络。因此，在 2007 年提出了 iopeNet 概念并进行了互通互联试验 1）、2），这一概念涵盖了上述内容，并以互联网为介质实现了相互间的广域连接。

iopeNet 如图 5 所示，不是已有的楼宇设备网络，而是通过互联网与各种设备网络相连接的通信协议，其规定点仅仅是与互联网之间的接口。因此，将这一规定与已有的设备网络的规定结合在一起才能实现 iopeNet 的网关。在这个意义上来说，通信协议的规范就只有一种。

由此，与 iopeNet 连接的已有设备网络并不局限于已经作为标准规范公布了的 BACnet 或者 LonWorks，即使是未公布的通信协议的子网，只要是拥有该规范的厂商也可以与 iopeNet 相连接。

在此之前被称之为开放式的设备网络规范，就是指该规范只要是公布的，则任何人都可以使用，这就叫做开放。相对来讲，iopeNet 的开放之意义在于这是一种"任何人都可以连接"的"开放"，其含义与之前的大不相同。

5.2　iopeNet 的具体构成

iopeNet 的具体构成如图 6 所示。iopeNet 的通信协议只规定了需要与互联网相连接。互联网与各设备网络

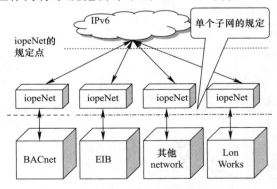

图 5　iopeNet 的基本概念构成

之间的连接则需要插入区域控制单元（Area Control Unit、ACU）。ACU 与各设备网络之间的连接是通过各设备网络的通信协议来规定的。因此，仅依靠 iopeNet 的通信协议规范是不能设定 ACU 的，必须要通过组合后的设备网络来设定。

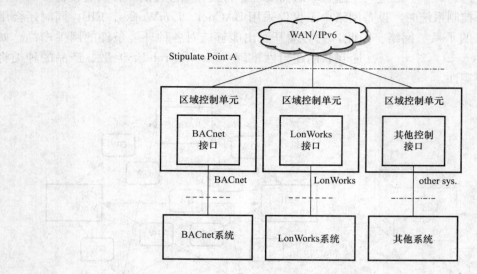

图 6　iopeNet 的基本构成

6　结束语

在楼宇设备网络领域中，BACNet、LonWorks、EIB/KONNEX 的知名度很高，都已经通过认证，成为国际标准规范。中国采用了这些世界通用方式，同时由于楼宇设备的多样化、智能化，仅仅依靠一个协议要想实现从楼宇管理到节能计划和测量这样非常广泛的解决方案就变得越来越难了。而解决这一现存问题的方法就是我们提出的通过下一代互联网 IPv6 技术来实现互通互联和广域化的起源于中国的广域设备系统网络协议 iopeNet。该项提案已于 2006 年作为国家项目启动，其牵头示范项目就是在 2008 年北京奥运公园中心区室外照明设备中的应用。令后，我们希望通过进一步的详细研究和论证，将这一开放式系统加以推广。

参考文献

［1］　山本和幸，福永雅一，黄吉文，开放式综合设备网络［J］. 智能建筑电气技术，2007，1（4）：80-82.
［2］　山本和幸，福永雅一，黄吉文，天野昌幸. 通信协议标准规格［J］. 智能建筑电气技术. 2008，2（2）：28-30.

综合型设备系统通信网络 iopeNet 概要

松下电工株式会社　中尾　敏章/佐藤　俊孝/天野　昌幸

【摘　要】　本篇论文介绍的是，将建筑物内部中分散存在的各类机器设备所属的原有网络在上层组成一个可联动的设备系统通信网络，即 iopeNet。它具有能够轻松地搭载于嵌入式设备、组成结构重量轻、能够确保设备之间进行实时通信、与 Web 浏览器之间具有很高的融洽性等特点。

【关键词】　综合设备网络　嵌入式技术　iooeNet　通信协议　JSON　Bayeux　JavaScript　照明控制系统

【Abstract】　A universal device network called iopeNet is introduced in this paper. It can provide the simple，real time，P2P，flexible web access communication mechanism based on the embedded technology for the deviccs in the building. Based on this common platform, the various kinds of devices with their own special network structure can communicate with each other freely, and the abundant supervision and control services can be provided.

【Keywords】　universal device network, embedded technology, iopeNet, communication protocol，JSON，Bayeux，JavaScript，lighting control system

1　前言

近年来，在中国经济增长趋势显著的城市地区，兴起了建造智能化楼宇建筑（以下，简称为楼宇）的热潮。在这样的楼宇中分别采用照明控制系统、空调控制系统等各类系统，这些系统在原有网络中充分发挥其各自的特点。但是如何解决由于设备间互通互联所需要的综合系统构建问题，还有待研究。

因此我们在这里介绍一种新开发的系统，它能够通过对已有建筑设备系统网络的相互连接，对整个建筑物实施监视和控制，能够与互联网之间建立起具有很高兼容性，即开放式通信协议，我们称之为iopeNet。

2　设备系统网络中的课题

2.1　在嵌入式设备上的搭载

嵌入式设备，特别是传感器或者控制设备等的最重要的问题就是成本问题。即使将控制方面应用的网络进行 IP 化改造，也无法接受由此而带来的大幅度的成本增长。

2.2　网络环境的限制

iopeNet 是一种在上层即可将现场通信进行整合的 Web 服务技术，其主要用途是对设备进行综合监控。在需要进行远程综合监控时，实施监控的控制器与被监控的目标控制器大多是分别存在于各自不同网络中的。这种情况下，由于在通信路径中有 NAT 路由器或者防火墙介入，无法实现从服务器一侧到控刮器一侧的直接连接。

即使在这种非对称式的网络结构中，也必须依靠能够实现上述实时通信的通信协议。

2.3　与浏览器的对应

近几年，研发出了能够搭载 WEB 服务器，通过普通浏览器进行监控的组合型控制器。

一般来说，在设计设备之间的通信协议时，并不是以 Web 浏览器为通信对象的。但是，如果通信协议也能够支持 Web 浏览器的话，就能够从浏览器直接向设备发送数据，因而使得应用程序开发阶段较容易地进行纠错，在浏览器一侧对多个设备的 Web 服务进行，就可在一个画面中进行显示，这是其中一个优点。

3　iopeNet 协议

3.1　iopeNet 的方针

在上一节所述目标的基础上，设定了实现 iopeNet 的基本方针。

3.1.1　与低资源设备的对应

在 Web 服务中对于对象数据的结构描述语言中，XML 或 JSON 的应用十分广泛。从协议的理解和扩展的观点来看也希望使用这些语言。当我们比较 XML 与 JSON 的时候，发现后者的电文的文字位数短，并且典型性的数据结构分析模块程序的容量也较小。而 JSON 的数据结构分析模块容量是几个 kB（kilobyte）～10kB，在 Ethernet 中可以比较容易地加载到有通信功能的设备上。因此我们选择了 JSON。

3.1.2　保证实时性

为了确保从互联网一侧到局域网一侧的通信的实时性，我们选择了 Bayeux，它提供使用了 JSON 的 comet 通信。在基于 Bayeux 的通信中，用于不间断地受理事件的 connection（图 1 中虚线）与用于协议控制或请求发送的 connection（图 1 中实线）两种连接并用。在图 1 中所表示的是，当设备 1 位于互联网一侧，设备 2 位于局域网一侧的情况下，设备 2 实时地获取设备 1 发出的警报信息的案例。

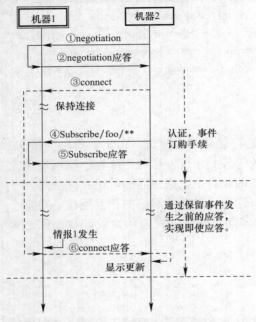

图 1　基于 Bayeux 的通信序列案例

这种通过保留根据要求做出的应答，当事件发生时将该信息一并向用户发出应答的方式，即便是在安装有 NAT 路由器或防火墙的网络环境下，也能够及时地报告设备 1 的事件（警报）。

3.1.3　与 Web 浏览器之间的融合性

我们考虑将 Web 浏览器作为监控装置的情况。将多个设备的 Web 服务组合起来实现一个整体性的监控应用程序，这叫做糅合（Mashup），其实现技术之一是 AJAX。AJAX 可实现基于进行 HTTP 通信的 JavaScript 的非同步通信，并将其通信结果在动态 HTML 中进行动态显示。由此我们认为 iopeNet 也可以应用在基于 JavaScript 的通信中。

将 Web 浏览器作为监控装置时，除具有信息提示功能之外，还希望其具备控制指示终端的功能。对于通过网络进行不同机器处理的请求的技术被称之为 RPC（Remote Procedure Call）。从 Web 浏览器向控制器请求处理时也同样使用 RPC 技术，并以其中的 JSON-RPC 为基础对 io-peNet 进行规定。

3.2　iopeNet 的层的构成

在上述方针的基础上，大致整理分出 iopeNet 由基础层和应用层两个大层组成。

基础层规定发送和接收 JSON-RPC 定义的电文对象（以下称之为消息对象）所需要的框架。应用层通过依靠基础层中消息对象的信息传递，实现应用功能的扩展。

3.3　基础层：应用系统之间的相互通信

基础层中的相互连接的方式有以下三种：上行数据流（upstream）通信、下行数据流（downstream）通信、水平（horizontal）通信。

（1）上行数据流通信

上行数据流通信是，将请求消息对象打包到 HTTP 请求通信包中，将响应消息对象打包到 HTTP 响应通信包中的通信方式。

（2）下行数据流通信

下行数据流通信利用 Bayeux，首先从局域网一侧向互联网一侧发送基于 Bayeux 的 HTTP 请求通信包。

（3）水平通信

水平通信是指在同一网段或可实现通信的网段之间进行相互通信的方式。需要互为 HTTP 用户和

HTTP 服务器。

（4）对 Web 浏览器进行的通信

由于 Web 浏览器无法成为 HTTP 服务器，因此即便是在同一网段上也无法实现水平通信方式。这种情况下，由 Web 浏览器向控制器进行上行数据流通信。此外，如果需要控制器向 Web 浏览器进行通信的话，即进行下行数据流通信。

3.4 应用层：基本序列

在应用层中，通过对消息对象的发送和接收实现应用功能。本节对应用层中的消息对象的通信方式和照明控制系统中的具体案例进行介绍。

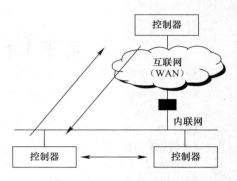

图 2 采用 iopeNet 实现应用系统之间相互连接

3.4.1 请求/响应方式

是指针对已经捆绑了请求消息对象的 HTTP 通信包，在HTTP 响应通信包中将响应消息对象打包后发出应答信号的通信方式。能够实现这一方式的就是上行数据流通信及水平通信。

使用案例包括询问照明控制模式状态以及该状态的应答信号等。

3.4.2 仅发生请求的方式

仅发生请求的方式是指请求消息对象即时已经被发送出去，但对方只是接收该信号，不发送响应消息对象的信号的一种通信方式。三种通信方式下皆可实现。

使用案例包括状态变化通知事件、控制器无需应答而重新启动的条件要求等。

3.4.3 非同步方式

双方向都采用仅发生请求方式，在这些设备之间进行通信的方式。应用于无法实现请求/响应通信的下行数据流通信中发送模拟性请求/响应通信的时候。还可用于发出响应信号的处理过程需要一段时间的场合等。三种通信方式下皆可实现。

使用案例包括从互联网一侧的服务器向内联网一侧控制器发送全照明模式状态的询问等。

3.4.4 多消息对象方式

可以将多个消息对象一次性地捆绑到一个通信包中。进行一次多发消息对象，可降低系统开销。

当控制器开始启动时，为实现控制器方面的照明控制状态与服务器方面的照明控制状态保持同步，需要一次性发送信号时适合使用该种方式，这也是使用案例之一。

4. 结束语

通过这种开放式协议 iopeNet，可以实现各种设备系统网络之间的联合和联动，设计能将已有系统的作用进行有效利用的综合系统也变得容易。今后我们计划利用这种组合方式的优越性，开展提供解决方案的工作。

需要提及的是，本项研究工作系中华人民共和国建设部科技项目《关于建筑机电设施方面开放式通信协议的研究》，得到中国建筑设计研究院共同参与并推进。

参考文献

［1］ 山本和幸，福永雅一，黄吉文，天野昌幸. 通信协议的标准规范［J］. 智能建筑电气技术，2008，2（4）：28-30.
［2］ 寺野真明，十河知也，福永雅一，黄吉文：开放式通信协议与节能［J］. 智能建筑电气技术，2008，2（4）：31-33.
［3］ 信息家电安全性技术委员会. 实现信息家电 IPv6 的最低条件要求规范草案 ver. 4. 2［OL］. HTTP://www.tahi.org/lcna/docs/IPv6-min-spec/IPv6-min-spec-ver42. htm.

基于 iopeNet 技术的建筑能源管理

松下电器研究开发（中国）有限公司 PEW 中国系统技术中心　满容妍

中国建筑设计研究院智能工程中心　刘　炜

【摘　要】 本文阐述了建筑能源管理的含义及重要性，提出了基于 iopeNet 技术进行建筑能源管理的应用方式。

【关键词】 智能建筑　iopeNet　通信协议　开放式综合设备网络

【Abstract】 This document illustrates the meaning and the importance of building energy management, proposes building energy management applications based on iopeNet technology.

【Keywords】 intelligent building, iopeNet, Communixation protecal, open integrated facility network

引言

"到 2020 年单位 GDP 排放比 2005 年下降 40％～45％。"这是我国政府在 2009 年 11 月最新提出的控制温室气体排放的行动目标。与此同时，国家发改委也明确提出了要加快建设以低碳为特征的工业、建筑和交通体系，促进低碳经济发展。在这样的背景下，"低碳建筑"的思想在国内越来越受到重视。所谓"低碳建筑"，不仅需要在施工建造阶段采用各种手段减少能源的使用，还需要在建筑物使用过程中，通过科学的手段进行能源管理，实现更高效的节能。因此，我们提出基于 iopeNet 技术实现建筑能源管理的概念，从综合管理和节能服务的角度提升建筑能源管理水平，为推动"低碳建筑"的发展提供强有力的支持。

1　建筑能源管理

以往我们提到的建筑节能，更多的是通过设备本身和提高个人的节能意识来实现。但这种方式产生的节能效果有限，如果想要进一步地提高节能效果，就比较困难了。

那么如何实现持续高效的节能呢？那就需要通过建筑能源管理来实现。建筑能源管理本身包括了利用太阳能、风能的"创能"、利用蓄电池的"蓄能"和"节能"。本文所提到的基于 iopeNet 的建筑能源管理，是指通过对设备进行一元化管理的方式实现的建筑能源管理（不包括创能和蓄能），包含了非住宅和住宅在内。从广义上来看，非住宅和住宅所包含的系统（设备）都是相似的，比如照明、空调等，只是控制复杂度、手段有所不同而已，从能源管理的角度讲，两者是相通的。

2　关于 iopeNet

为实现建筑能源管理，我们提出了对于建筑物（包括住宅和公共建筑）或特定区域实施一元化设备管理的全新理念，而实现这一理念的便是中国建筑设计研究院与 Panasonic 历时 3 年共同研发出来的 iopeNet 开放式建筑机电设备控制网络，如图 1 所示。通过该网络，可以在住宅、办公楼、公园以及其他特定区域内，针对照明、空调、安防等各子系统提供开放式的建筑机电设备管理平台。iopeNet 采用可以轻松支持嵌入式产品的轻量化协议，通过多协议实现对各厂商/各类别设备的综合管理，实现多系统间的相互通信，通过这种一元化管理将产生规模管理效益，从而提高节能效果。

iopeNet 是构建在 IP 技术上的综合设备控制网络。为满足日益增长的远程管理需求，iopeNet 支持 IPv6。IPv6 相比 IPv4，具有广泛的地址空间，安全性也更有保障。因此，通过 iopeNet 不仅可以对单个建筑实施能源管理、更可以将管理的范围扩展到体育场馆、各类公共建筑、社区乃至整个城市。iopeNet 以能源技术与信息技术的结合为建设生态友好型城市提供了有效的手段。

3　基于 iopeNet 实现建筑能源管理的方式

为实现建筑能源管理，至少需要具备以下两个条件：①能够定量地准确掌握（监测）能源管理中所

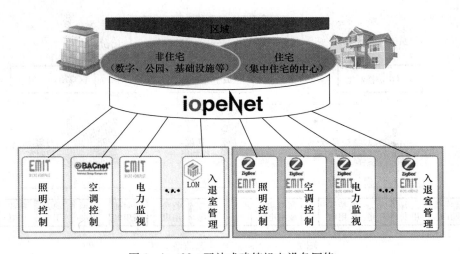

图 1　iopeNet 开放式建筑机电设备网络

注：是美国供暖，制冷和空调工程师协会（ASHRAE）的注册商标。

是美国埃施朗（Echelon）公司的注册商标。

需的数据；②能够根据掌握的准确信息采取具体的处理（控制）措施。

在非住宅领域，目前智能建筑中由于通信协议的不统一，不同协议的设备底层数据难以采集，这已成为掌握管理数据的一大障碍，因此迫切需要一种开放式通信协议，而 iopeNet 正符合这种需求。不仅如此，iopeNet 还将技术与服务相结合的理念引入到建筑物能源管理中。我们将节能周期划分为四个阶段，即计划、测量、分析、改善：

① 对要测量的负载进行分类，确定节能推进计划；

② 之后对目标负载的使用现状进行测量；

③ 通过采集数据，对数据进行分析，选择最合理的控制方法；

④ 最后根据实际情况对设备进行改善、维护。

这种能源管理方式也可在家庭、小区网络化的条件下，引入到住宅能源管理领域。例如通过无线或其他技术，将家用电器接入网络，通过物业管理中心对家庭能耗进行监测、管理，以及提供相关的服务。

下面，我们把通过构筑 iopeNet 开放式设备通信网络环境进行能源管理的方式分为监测型和控制型两大类[2]，分别对它们的特点进行介绍。

3.1　"监测型"节能

监测型节能通过长期不断地监测能源使用状况、设备使用信息等，检查出设备老化、调试不佳以及设备使用过程中出现的问题，对其进行改进、实现优化配置。根据情况，有时还要通过更换、改造设备来提高节能效率。

这种"监测型"模式还可通过 IPv6 技术延伸为远程建筑群管理模式，不仅可以成为那些在各地分布有办公机构的企业的管理工具，更可以使用户通过远程享受到由专业人员提供的能源管理服务。

随着我国政府对建筑节能重视程度的加深，一些地方政府也开始实施建筑电能监测试点工程。基于 iopeNet 的能耗动态监测系统可以满足上述需求，如图 2 所示。底层计量设备对各个建筑的照明插座、空调、动力、特殊用电分别进行测量，通过 iopeNet 开放式网络平台将采集上来的数据统一转换为 iopeNet 数据通信，最终汇总到节能总控制中心。不仅可以在网页上看到当日、月、季、年的电量统计，还可以清晰地看到用电量的数据对比，方便管理部门了解建筑用电的整体情况，制定节能计划。

3.2　"控制型"节能

"控制型"节能是指除了根据掌握的实际情况采取合理措施之外，还能充分发挥开放式设备管理平台优势的节能应用。下面介绍的是利用日光节能方面的应用实例。日光利用是一项被认为今后很有发

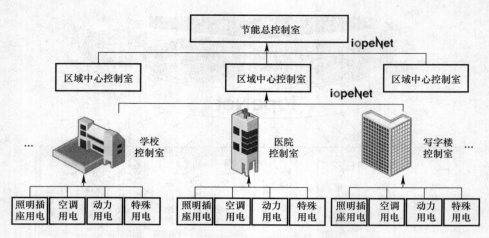

图 2　iopeNet 能耗动态监测系统

展潜力的应用自然资源型节能技术。该技术通过在白天开关百叶窗的方式，积极利用日光，削减照明能耗。但是，存在的问题是：如果积极利用日光，将会导致热量流入室内，进而增加空调能耗。

　　传统的照明系统与空调系统之间缺乏相互协调，不能对它们同时进行控制使总能耗最小。但在开放式系统平台条件下，通过专用算法实现设备之间的协调控制则变成了可能，不同设备间能够相互通信，联动自然成了一件轻而易举的事。如图 3 所示，协调控制系统能够对每个楼层的百叶窗、空调、照明系统进行集成化处理，使之相互协调联动，实现"控制型"综合节能。

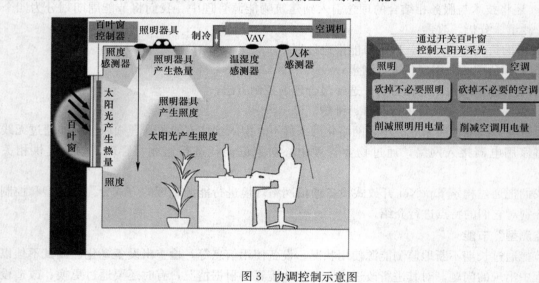

图 3　协调控制示意图

4　结束语

　　随着我国节能减排力度的不断深入，建筑能源管理必将成为一个不可或缺的重要环节。iopeNet 作为建筑能源管理的解决方案，通过运用开放式通信协议，灵活对应各种设备，保证系统使用安全，为用户提供兼具节能和管理的高附加值服务。

参考文献

［1］　Panasonic 集团. 绿色创意报告［M］. 2009.
［2］　寺野真明，十河知也，福永雅一，黄吉文. 开放式通信协议与节能［J］. 智能建筑电气技术，2008，2（2）：31-33.

附录 建筑电气和智能化及建筑节能标准目录

公共建筑节能设计标准 GB 50189—2005

橡胶工厂节能设计规范 GB 50376—2006

绿色建筑评价标准 GB/T 50378—2006

建筑节能工程施工质量验收规范 GB 50411—2007

水泥工厂节能设计规范 GB 50443—2007

平板玻璃工厂节能设计规范 GB 50527—2009

烧结砖瓦工厂节能设计规范 GB 50528—2009

建筑卫生陶瓷工厂节能设计规范 GB 50543—2009

有色金属矿山节能设计规范 GB 50595—2010

钢铁企业节能设计规范 GB 50632—2010

建筑工程绿色施工评价标准 GB/T 50640—2010

水利水电工程节能设计规范 GB/T 50649—2011

节能建筑评价标准 GB/T 50668—2011

电子工程节能设计规范 GB 50710—2011

有色金属加工厂节能设计规范 GB 50758—2012

火炸药工程设计能耗指标标准 GB 50767—2013

可再生能源建筑应用工程评价标准 GB/T 50801—2013

农村居住建筑节能设计标准 GB/T 50824—2013

小水电电网节能改造工程技术规范 GB/T 50845—2013

绿色工业建筑评价标准 GB/T 50878—2013

供热系统节能改造技术规范 GB/T 50893—2013

机械工业工程节能设计规范 GB 50910—2013

民用建筑热工设计规程 JGJ 24—86

严寒和寒冷地区居住建筑节能设计标准 JGJ 26—2010

夏热冬暖地区居住建筑节能设计标准 JGJ 75—2012

既有居住建筑节能改造技术规程 JGJ/T 129—2012

居住建筑节能检测标准 JGJ/T 132—2009

夏热冬冷地区居住建筑节能设计标准 JGJ 134—2010

民用建筑能耗数据采集标准 JGJ 154—2007

公共建筑节能改造技术规范 JGJ 176—2009

公共建筑节能检测标准 JGJ/T 177—2009

城镇供热系统节能技术规范 CJJ/T 185—2012

民用建筑绿色设计规范 JGJ/T 229—2010

建筑能效标识技术标准 JGJ/T 288—2012

建筑照明设计标准 GB 50034—2004

供配电系统设计规范 GB 50052—2009

低压配电设计规范 GB 50054—2011

通用用电设备配电设计规范 GB 50055—2011

电热设备电力装置设计规范 GB 50056—93

建筑物防雷设计规范 GB 50057—2010

电力装置的继电保护和自动装置设计规范 GB/T 50062—2008

电力装置的电测量仪表装置设计规范 GB/T 50063—2008

交流电气装置的接地设计规范 GB/T 50065—2011

火灾自动报警系统设计规范 GB 50116—98

电气装置安装工程　高压电器施工及验收规范 GB 50147—2010

电气装置安装工程　电力变压器、油浸电抗器、互感器施工及验收规范 GB 50148—2010

电气装置安装工程　母线装置施工及验收规范 GB 50149—2010

电气装置安装工程　电气设备交接试验标准 GB 50150—2006

火灾自动报警系统施工及验收规范 GB 50166—2007

电气装置安装工程电缆线路施工及验收规范 GB 50168—2006

电气装置安装工程　接地装置施工及验收规范 GB 50169—2006

电气装置安装工程　旋转电机施工及验收规范 GB 50170—2006

电气装置安装工程　盘、柜及二次回路接线施工及验收规范 GB 50171—2012

电气装置安装工程　蓄电池施工及验收规范 GB 50172—2012

电气装置安装工程　35KV 及以下架空电力线路施工及验收规范 GB 50173—92

电子信息系统机房设计规范 GB 50174—2008

民用闭路监视电视系统工程技术规范 GB 50198—2011

有线电视系统工程技术规范 GB 50200—94

电气装置安装工程　低压电器施工及验收规范 GB 50254—96

建筑电气工程施工质量验收规范 GB 50303—2002

综合布线系统工程设计规范 GB 50311—2007

综合布线系统工程验收规范 GB 50312—2007

智能建筑设计标准 GB/T 50314—2006

智能建筑工程质量验收规范 GB 50339—2013

建筑物电子信息系统防雷技术规范 GB 50343—2012

安全防范工程技术规范 GB 50348—2004

入侵报警系统工程设计规范 GB 50394—2007

视频安防监控系统工程设计规范 GB 50395—2007

出入口控制系统工程设计规范 GB 50396—2007

电子信息系统机房施工及验收规范 GB 50462—2008

视频显示系统工程技术规范 GB 50464—2008

红外线同声传译系统工程技术规范 GB 50524—2010

视频显示系统工程测量规范 GB/T 50525—2010

公共广播系统工程技术规范 GB 50526—2010

建筑物防雷工程施工与质量验收规范 GB 50601—2010

智能建筑工程施工规范 GB 50606—2010

建筑电气照明装置施工与验收规范 GB 50617—2010

会议电视会场系统工程设计规范 GB 50635—2010

建筑电气制图标准 GB/T 50786—2012

会议电视会场系统工程施工及验收规范 GB 50793—2012

电子会议系统工程设计规范 GB 50799—2012

民用建筑电气设计规范 JGJ 16—2008

体育场馆照明设计及检测标准 JGJ 153—2007

体育建筑智能化系统工程技术规程 JGJ/T 179—2009

住宅建筑电气设计规范 JGJ 242—2011

交通建筑电气设计规范 JGJ 243—2011

金融建筑电气设计规范 JGJ 284—2012

基于电能管理型断路器的能源管理系统

管瑞良　陈　平　沈闰龙　常熟开关制造有限公司（原常熟开关厂），江苏 常熟 215500

【摘　要】 本文介绍了常熟开关制造有限公司自主设计开发的新一代电能管理型断路器和能源管理系统，对电能管理型断路器的性能和能源管理系统的架构、功能、特点等作了详细的阐述。

【关键词】 电能管理；断路器；能源管理系统

1　引言

中国是一个发展中国家，人口众多，人均能源资源相对匮乏。人均耕地只有世界人均耕地的 1/3，水资源只有世界人均占有量的 1/4，已探明的煤炭储量只占世界储量的 11%，原油占 2.4%。同时，中国的用电量保持攀升，但是效率低下，据国际能源署报告，从一次能源到有效电力消费的价值链上，损耗接近 80%。

因此，积极提高能源使用效率，就能够大大缓解国家能源紧缺状况，促进中国国民经济建设的发展。而且提倡节能是贯彻可持续发展战略、实现国家节能规划目标、减排温室气体的重要措施，符合全球发展趋势。

2　能源管理系统

能源的计量、监测与管理，是实现节能减排的基础。因此，在国家的各种相关政策中，均对能源管理提出了明确的要求，例如，按照《中华人民共和国节约能源法》的规定，用能单位应当加强能源计量管理，建立能源消费统计和能源利用状况分析制度，对各类能源的消费实行分类计量和统计。

能源管理系统是信息化系统的一个重要组成部分，实时监控企业各种能源的详细使用情况，为节能降耗提供直观科学的依据，为用户查找能耗弱点，促进企业管理水平的进一步提高及运营成本的进一步降低。使能源使用合理，控制浪费，达到节能减排，节能降耗，再创造效益的目的。通过数据分析，可以帮助用户对每个用电区域以及主要耗能设备进行实时考核，杜绝浪费，并可以帮助用户进一步优化工艺，以降低单位能耗成本。

对于大多数用户来说，能源消耗大部分为电能消耗，因此能源管理系统主要面向的是电能管理。而电能管理的第一步就是实现监测功能，通过智能化的监测设备实现对现场层用电数据的采集。

常熟开关制造有限公司最新研发的电能管理型断路器产品，就是专门应对能源管理系统的需要而开发的，并且相比传统的仪表监测方案有很大的改进。

3　电能管理型断路器介绍

（1）CW3 电能管理型智能万能式断路器

常熟开关制造有限公司全新推出的 CW3 系列智能型万能式断路器，该断路器是本公司设计人员把丰富的断路器研发经验、成熟的配电技术与人性化设计相结合的新一代产品，断路器可应用于各种低压配电领域，不但可实现对线路的保护，还可实现对电动机（断路器满足 GB50055 对电动机保护要求）、发电机（断路器满足 GB755 对发电机保护要求）等设备的保护，为用户提供了更安全、更可靠、更全面的低压配电保护方案。

CW3 在性能上相比以往产品有了较大提升，I_{cu}（额定极限短路分断能力）＝I_{cs}（额定运行短路分断能力）＝I_{cw}（额定短时耐受电流），部分指标甚至超过国外同类产品，确保系统选择性，提高了运行可靠性。

CW3 导入最先进的断路器智能化管理理念，断路器可监测内部温度、内部附件、本体、抽屉座运行状态（专利技术），提供全面电力运行智能管理和保护，控制器种类多样化，方便用户选择。其中 EQ 型智能脱扣器具备电能管理功能，拥有电流、电压、功率、频率、电能、相序、需用值测量以及附加保护功能，参数可进行连续设定，同时还具备谐波分析和故障波形捕捉功能。

图 1　CW3 智能型万能式断路器及
配套的 EQ 型智能脱扣器

CW3 电量参数采用有效值测量，测量精度高，电压精度 0.5%，电流精度 1.5%，功率精度 2.5%。

（2）CM5 电能管理型智能塑壳断路器

更好地适应智能电网的发展，常熟开关制造有限公司在国内塑壳断路器上率先实现能量管理、功率测量、电能测量、谐波分析，并内置通信功能，这就是最新型的 CM5 能量管理型智能塑壳断路器。

CM5 电能管理型智能塑壳断路器全系列采用双断点结构、高限流性能、专利技术确保大电流高电压（AC690V）的分断与保护的稳定可靠，全系列分断能力最高至 $I_{cu}=I_{cs}=150kA/AC400V$，AC690V 可达 40kA，相比传统产品在性能上实现了成倍的飞跃。

CM5 电能管理型智能塑壳断路器配备了最新的 iP 型控制器，使其在测量方式上有了重大的改进，互感器采用双线圈结构，增加了更多的测量功能，可测量电流、电压、频率、功率、谐波等，电流精度 1.5%、电压精度 0.5%、频率精度 0.1Hz、功率精度 2.5%、谐波精度 5%，实现了在紧凑体积下的高精度测量。CM5 采用全范围有效值电流测量，可有效提高电流测量的准确性和抗谐波能力。

图 2　CM5 电能管理型智能
塑壳断路器（iP 型控制器）

4　基于电能管理型断路器的能源管理系统的优势

基于电能管理型断路器的能源管理系统相比传统基本仪表的能源管理系统具有非常大的优势，主要表现在：

（1）使用电能管理型断路器设备更精简，组网更方便，可靠性更高。

传统的断路器回路要实现电能监测需另外加装测量仪表及电流互感器，如果需要对断路器的状态进行采集的话，还需要安装断路器辅助，并连接到仪表的数字输入端子，相比直接使用电能管理型断路器的方案，不仅设备数量多，而且安装得二次线路繁多，可靠性也受到影响。

而使用电能管理型断路器的话，由于电能管理型断路器已经内置高精度互感器，并且集成了现场总线通信接口，因此只需要将一根通信线与该断路器相连接，就可以实现对该回路的各种电力参数的测量以及该回路的控制，简单实用，可靠性高。

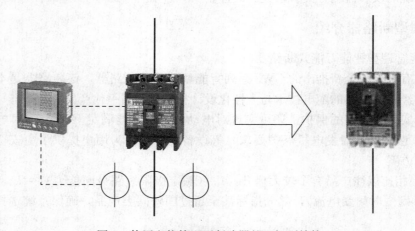

图 3　使用电能管理型断路器的现场更精简

（2）实现电能管理型断路器还能完美兼容配电监控系统功能，实现完整的四遥功能。

电能管理型断路器是在智能可通信断路器的基础上发展起来的，因此，电能管理型断路器具备全部智能可通信断路器的监控功能。

电能管理型断路器可以实现断路器合分闸、报警故障状态的实时上传；当断路器发生跳闸时，能存储相应的故障记录以供追溯（CW3 EQ型还能提供故障波形的录波功能）；可以在上位机上进行参数的远程整定；在远程操作断路器合分闸。这些功能，是传统的仪表加断路器方案无法完整提供的。

近年来，能源管理系统得到了飞速发展，和配电监控系统之间其实已经不再独立，两个系统有互相融合的趋势，而电能管理型断路器恰恰符合这一发展趋势。

（3）使用电能管理型断路器能实现更高级的电能管理功能。

能源管理系统的除了常规的监测、记录功能外，更主要也更具备一定技术难度的是分析、指导功能，而使用电能管理型断路器可以让能源管理系统实现更多的相关功能。

例如，当主电源发生停电时，备用电源投入工作，但是由于备用电源的容量有限，因此需要对备用电源的供电回路进行智能化的选择。选择的依据首先是该回路的优先级，并追溯该回路在停电前以及近期的用电历史数据，确定是否能将该回路投入使用，确定完成后对该回路进行遥控操作，操作完成后需要马上进行第二次确认，比较该回路当前实际的用电是否超标，判断备用电源的剩余容量，多次确认后再进行下一回路的投切处理。

这种自动化投切需要对断路器状态进行实时的监测，为了确保可靠性，在执行的过程中需要对各种参数进行多次确认，而电能管理型断路器完全可以满足这些需求，并且可靠性高。

5 基于电能管理型断路器的能源管理系统

综上所述，基于电能管理型断路器的能源管理系统能够比传统的能源管理系统实现更多的功能，并且大大提高系统的可靠性。

基于电能管理型断路器的能源管理系统组网也更加的灵活，大大减少了现场连接线的数量，做到了简单可靠。可以方便的通过RS-485、以太网、Zigbee等多种形式进行组网，方便上位计算机进行通信处理。

基于电能管理型断路器的能源管理系统可以很方便的实现对配电系统的监控管理，借助电能管理型断路器的四遥功能，实现对配电系统状态的完全控制。

基于电能管理型断路器的能源管理系统能够实现更加高级的管理功能，可以实现自动化负载投切管理功能，大大提高用电效率。

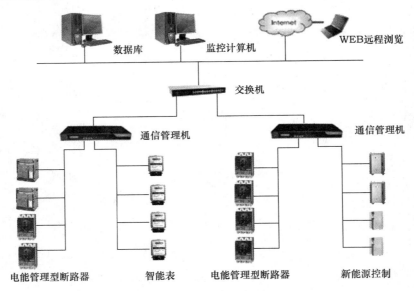

图 5　基于电能管理型断路器的能源管理系统网络图

6 小结

节约电能是当今大势所趋，随着相关政策的不断出台，以及用户对节能方面观念的不断更新，能源管理系统会有巨大的发展空间，而常熟开关制造有限公司将继续秉承科技兴企、以用户为本的指导思想，致力于优质断路器产品的研发、生产及销售，努力为能源管理系统提供完善的解决方案。

参考文献

[1] CW3 系列智能型万能式断路器样本. 2012.
[2] CM5/CM5Z 系列塑料外壳式断路器样本. 2012.
[3] Riyear-PowerNet 配电监控系统样本. 2010.
[4] 《中华人民共和国节约能源法》. 2007.
[5] 《民用建筑节能条例》. 2008.

新型智能化电力仪表

随着电子技术及微处理器技术的飞速发展，新型智能化电力仪表的发展也是日新月异，在显示、处理、存储及通信联网方面，得到长足发展。电力仪表从应用上分为供配电环节和末端三箱两部分。从安装方式上主要有嵌入式、壁挂式和导轨式。下面我们就供配电及末端三箱用新型多用户智能电力仪表作详细介绍。

数字电力仪表从诞生之日起，其目的就是取代老式机械指针表。由于智能数字电力仪表读数直观，CT、PT 变比可自由设定，方便项目订货及现场安装，极大减少订货品种数量，电流表变比订一种规格就可现场设定满足所有要求。加上测量精度高，隔离性强，大量取代原指针式仪表。习惯上把直接取代指针仪表的数字电力仪表叫作普通数显表。

电力仪表除了显示功能以外，现场还需要将仪表通信联网，实现现场数据的远程采集存储，开关状态量接入仪表实现远方监测现场状态，通过仪表控制现场断路器及辅助开关的分与合，甚至通过通信网络远程调校整定上下限报警及其他保护参数，即四遥功能：遥测、遥信、遥控、遥调，并可方便的接入现场 DCS 系统及 SCADA 系统中。新型智能仪表在完成取代指针式仪表的基础上，充分发挥电子技术和微处理器技术的优势，开发了丰富的扩展功能模块，在普通数显表的基础上，通过选配所需的功能模块，或功能模块的组合，满足复杂的现场运行需要。通常把可选附加功能模块的单电参量测量数字电力仪表叫作可编程智能电测表，把多电参量测量计量并可选附加功能模块的数字电力仪表称为多功能网络电力仪表。这里，以广州汉光电气有限公司生产的新型智能电表为例，介绍一下各扩展功能模块的功能：

可编程智能电测表，型号：PA866KY-963AI/CK4J3M1

基本型号定义解析：

PA	866K	Y—	42	3	AI
基本类别	特许型号	显示方式	外形代号	三相	交流电流
		Y—：液晶	96=96×96	空为单相	AU=交流电压
		空：LED	80=80×80		P=有功功率
			72=72×72		Q=无功功率
			48=48×48		PF=功率因数
			96B=96×48		H=频率
					DI=直流电流
					DU=直流电压

扩展功能模块定义解析：

CK4J3M1

C	K4	J3	M1	F	X
RS48 通信	4 路开关量输入	3 路开关量输出	1 路 4-20mA 模拟量输出	复费率电能	谐波分析
C2=双路 RS485	K8=路开关量输入	可选 J1-J4	可选 M2，M3，M4		2-31 次

C：通信功能，是仪表通信组网所必备功能，遥测、遥信、遥控及遥调功能都是建立在通信功能的基础之上。通信协议有 RS-485 MODBUS-RTU 标准协议，也可支持国标 DLT/645-2007 协议。

K：开关量输入，也叫数字量输入，英文缩写为 Di。即将断路器、接地开关、隔离开关等分合状态量送入仪表，仪表可在显示屏上直观的以图形显示出各路开关量的状态，还可通过通信接口，将前端各开关位置状态送监控后台。开关量通常成对出现，智能仪表最高可接入 8 路开关量输入。

J：开关量输出，也叫数字量输出，英文缩写 Do。开关量输出控制方式一般分就地和远控两种，就地主要用于越限报警控制，远控用于遥控接通分断断路器或接触器等开关，实现远程送电断电或开机停机。以广州汉光产品为例，最多具有 4 路开关量输出，且每路的用途均可编程指定，体现出极大的灵活性。

M：模拟量输出，一般用 4～20mA 的直流电流信号变化，反映现场电流、电压、功率、功率因数及频率的变化，送入后台 DCS 系统，主要用于实时性要求比较高的工业现场控制场所。广州汉光智能仪表最多可带 5 路模拟量输出，配合电能脉冲，可以满足全电量的实时模拟输出，具有强大的扩展能力。

F：复费率电能计量：随着能源消耗的不断增长，过量碳排放给地球环境带来极大压力和影响，温室效应致全球变暖；大量硫化物致频繁酸雨袭击；粉尘颗粒物加剧雾霾。推行复费率电能计量，把一天分为多个时段，每个时段定义尖、峰、平、谷费率，通过价格杠杆引导，错峰平谷，调节高峰用电，提高低谷用电量，提高发电、输电配电利用率。

X：谐波测量分析：工业及民用现场，现在越来越重视供电用电质量，电网中谐波含量若高，会给用户造成严重损失。反之用户非线性设备使用也会产生大量谐波电流返送污染电网。谐波的测量分析需求越来越迫切。一般监测 2～21 次可满足要求，广州汉光谐波测量分析仪表，可监测 2～31 次谐波电压电流含量。

以上主要介绍了传统变配电室常用嵌入式安装仪表。随着现代城市商业综合体及智能建筑的快速发展，对配电计量仪表的发展提出了更高的要求，尤其是末端三箱计量箱上，对外观、体积和安装方式改进创新要求更加迫切。在外观上，要改变传统计量电表"傻大粗"的印象，要精细时尚，与商场酒店等公共智能大厦环境协调搭配；体积上要小巧，以便高密度安装；安装方式上，除了传统的挂壁式、嵌入式安装外，还需要更方便的安装方式。广州汉光顺应现代建筑电气发展趋势，适时推出了 HDS 系列单、三相导轨式安装多功能电表。

HDS 系列单、三相导轨表，表壳采用精密注塑工艺，外观精致，体积小巧，标准 35mm 导轨安装，与微断匹配，单相宽度 4 个模数，三相宽度 7 个模数。与传统末端三箱计量壁挂表相比，可节省一个计量表箱，并使计量与配电微断模块一体化，特别适合使用在空间紧凑，整体环境档次高的酒店、写字楼、商业建筑需要精确计量的场所。在专业领域，如互联网云计算数据中心、通信基站及 IDC 机房等需要高密度计量的场所，得到广泛应用。

HDS 系列单、三相导轨表，在功能上也采用模块化设计，电参数可选电压、电流、功率、功率因数及电度显示计量。扩张功能包括：分时复费率电能计量，RS485 通信、有功脉冲输出采集，可方便将末端计量纳入系统能耗监控平台，根据采集用电数据，通过模型分析处理，优化末端用电方案，达到节能减排目标。

随着用电管理自动化水平的普及，特别是电力商品预售概念不断得到用户认可，在用电管理上，预付费得到极大推广应用。传统预付费最大的好处是用电管理方方便，解决了抄表难进门，收费难到位的老大难问题，用户上门购电，自主"充电"，欠费停电，为用电管理部门节省大量人工成本，彻底解决拖欠电费。

传统预付费模式是建立在 IC 卡插卡基础上，通过卡的物理位移（用户到充值管理中心），完成数据的转移。这种通过时空转换方式的购电用电数据处理，越来越暴露出其落后：

（1）掉卡、坏卡、卡不良。

（2）停电后只有赶快拿卡到购电处购电，并回到电表位置，才能恢复用电。

（3）用电管理处须备读写卡器。

（4）方便购用电的多点售电管理成本高。

（5）无法了解用户用电信息。

在充分了解挂壁式 IC 卡电表局限的基础上，广州汉光独具创意、大胆构思、锐意创新，推出 PD866-Z 系列带预付费功能的多用户智能电表装置，结合网络接口软硬件，可自由选择外接刷卡显示充值和无卡网络充值，满足从单一费控计量到校园一卡通电控或小区一卡通电控，甚至实现智慧节能城市的供用电管理需求。该产品采用工业级 ARM 芯片及高精度电能计量芯片，计量精度 0.5 级，内部对 18-36 路出线回路实时监测计量，向上通过 RS485 通信接口或以太网联网传输，化繁为简，实现高效组网。装置可选配中文显示模块，翻页轮显每户购用电信息，直观易读。装置预留 IC 感应卡及一卡通接口，增加相应刷卡装置，可灵活自由构成多种方案的多用户预付费电表装置系统。

一、型号说明

PD866-Z□S□D/型号定义解析，见下表

PD866-Z	□S	□D	↙	Y	F	C 或 T	X
广州汉光：多用户智能电表装置	可选 1-12 户三相表	可选 1-36 户单相表	其后为附加功能	预付费	复费率	C：485 通信 T：TCP/IP 通信	X：分体式带显示终端

注：
1. 一户三相等于三户单相，反之亦然。以此原则换算组合，最大不超过 36 户单相或 12 户三相或其中单三相的组合。
2. 附加功能可单选可组合。
3. 集成总进线多功能计量功能，方便核对线路损耗，及时发现用电异常
4. 集成可选电气火灾漏电监控功能，末端配电计量一表完成

二、电气功能特点及结构

（1）单、三相回路自由组合，设计应用灵活方便；

（2）计量型、复费率型、费控型、联网费控型及 IC 卡、一卡通多种应用模式可选择；

（3）12、18 及 36 回路三种外形规格，组合应用，满足不同出线回路，经济高效。

（4）预装式设计，施工接线只要接入总线线及各路出线，分路并联在多用户计量装置内连接，提高现场施工安装工效，省工省时。

（5）直接接入，互感器接入型可选。互感器接入型可自由设定电流倍率 CT，自动换算一次电流和电度，读数直观，方便管理及用户抄表。

（6）模块化带背光的液晶中文显示，可显示表号、栋号、区号；可显示总用电量，剩余电量等，直观易读。计量显示电度位数高达 8 位。可编程的多种显示方式。

（7）高精度测量显示，全电量监测型可测量电流、电压、电功率、功率因数，电度。

（8）可选分时复费率功能，具备八时段四费率设定计量功能，高精度时钟芯片，误差小于 0.5S/d。分时复费率电能计量保存 3 个月。

（9）多种通信扩展接口模块，可选双 RS485、RS485 与以太网口，满足各种现场扩展联网需要。

（10）开关量输入输出模块，接入联网监控，实现遥信遥控及报警功能。

（11）防窃电专利：通过总进线与三相出线电流的比较，及时发现窃电事件，并以事件记录方式记录时间日期。

（12）预付费费控型，具有多种控制功能：

a：过载保护设定控制：当出线用电容量大于过载设定容量时，延时预设时间后跳闸断电。

b：广播送电或广播断电功能，当管理需要全部送电或全部断电时，通过相应控制命令，装置可实现送电或断电功能。

c：定时断送电功能，可设定多个时段，每时段定义断送电控制，适合学校公寓，商业中心不同时段需要重复断送电的场所，实现可编程的自动断送电功能，降低管理人员工作强度，实现管理自动化。

d：恶性负载识别功能，可根据用户实际，设定恶性负载功率。发生接入恶性负载时，执行识别并且跳闸，且跳闸次数，自动恢复时间间隔可编程设定，实现"先教育、后惩戒"。

e：剩余电量不足时，具多种提醒功能可选：装置本体声光报警，外接查询刷卡显示器上声光报警以及系统层面的短信报警模块，满足人性化管理需要。

（13）模块化组合安装应用：现场为分层分区安装时，根据数量可选 12、18、36 户型；现场为集中安装时，根据数量，可选多个 36、18、12 户型的组合。

（14）可选停电抄表供电功能，实现停电抄表。

（15）全模块式机壳，表面极化处理，外观时尚精美，彻底改变多用户计量装置傻笨粗的形象，特别适合智能大厦，酒店商场、写字楼的分层分区及集中计量场所。

三、技术参数：

项　目	性能参数
准确度等级	有功 0.5 级
输入电压	单相，3＊220V/380V
电流规格	直接接入 5（20）A，10（40）A，15（60）A，20（80A；互感器接入 1.5（6）A
频率	50Hz，60Hz
工作电压范围	0.7 倍至 1.2 倍额定电压：0.7Un-1.2Un
温度	工作：－10℃－50℃，储存：－20℃－70℃
功耗	电压回路：＜1.5VA，电流回路＜4VA/相（最大电流时）
时钟精度	≤0.5S/d
通信协议	MODBUS-RTU 或 DLT/645-2007 或以太网接口
外形尺寸	分 A 型、B 型、C 型，对应 12、18、36 路电表

数据中心配电系统谐波治理效果分析

张同星　王海涛　（山东华天电气有限公司，山东，济南 250101）

【摘　要】　本文主要以数据中心的配电情况为例，对其主要负荷—UPS、中央空调等产生的电能质量问题进行分析，针对该问题提出解决方案，并对其进行系统仿真，最终通过实际的应用案例进行验证。

【关键词】电能质量　UPS　谐波　有源电力滤波器　趋肤效应

一、概述

当今社会，随着工业技术的发展，以 UPS 为代表的电力系统新设备被广泛应用，由于其含有大量的非线性电子元件导致电能质量问题日渐突出。所谓电能质量，普遍意义指优质供电，是关系到电气设备工作（运行）的供电指标。电力谐波是危害电能质量的重要因素，已受到供用电双方的高度重视，采取有效措施治理电网中的谐波，不仅可以提高电能质量，还能达到节能降耗的效果。目前解决配电系统中电力谐波最行之有效的手段就是采用有源电力滤波器，对电能质量进行综合治理。

二、山大华天有源电力滤波器介绍

山大华天 HTQF 系列有源电力滤波器，是山东华天电气有限公司采用国内外最新技术和研究成果，自主开发研制的一种用于动态抑制谐波、动态补偿无功功率及三相功率不平衡的新型电力电子装置。其具有四种工作模式可以设定："滤波优先"、"无功优先"、"只滤谐波"、"只补无功"，用户可根据配电系统的具体情况灵活选择工作模式。HTQF 系列有源电力滤波器采用发明专利《交错滞环跟踪补偿电流发生器及其控制方法》，通过补偿电流发生器纹波交错对消技术，大幅降低了输出电流中的开关纹波，从而降低了输出电感，提高了变流器的电流跟踪能力，同时降低了输出电抗器的损耗和噪音，避免对配电网造成二次污染。该设备还采用发明专利《一种有源电力滤波器装置及其控制方法》，对电能质量治理产品与电力系统中的电容器发生谐振的问题进行研究、分析、提出合理的解决方案，避免了电能质量治理产品与电力系统中电容器的自激震荡，提高了设备的适应能力。目前 HTQF 系列有源电力滤波器已广泛应用于轨道交通、石油化工、冶金矿山、汽车制造、移动通信及新能源等多个行业，为打造绿色电网，服务低碳经济贡献一份力量。

三、数据中心配电网谐波状况分析

1. 配电系统总体描述

根据对数据中心配电系统的电力参数和工作状况测试发现，由于数据中心主要负荷为 UPS、中央空调及开关电源，尤其是大容量 UPS，致使大量的 5、7、11 等高次谐波注入到配电系统中，较高的谐波畸变因子导致电压、电流波形发生畸变，严重影响了配电设备的正常工作，同时对整个配电系统的安全运行带来了隐患。

2. UPS 产生谐波的原因

UPS（Uninterruptible Power Supply）的中文意思为"不间断电源"，是一种含有储能装置，以逆变器为主要元件，稳压稳频输出的电源保护设备，主要由整流器、蓄电池、逆变器和静态开关等几部分组成，结构图见图 1。其中整流器作交直变换给蓄电池提供充电电压，其产生的谐波与整流设备的脉冲数（也就是可控硅的个数）有

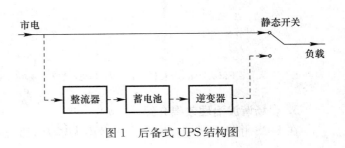

图 1　后备式 UPS 结构图

关，见图 2。目前的 UPS 常见的脉冲数是六脉冲和十二脉冲，对于六脉冲的 UPS 其主要的谐波以 5、7 次谐波为主，对于十二脉冲的 UPS 其主要的谐波阶次为 11、13 次。

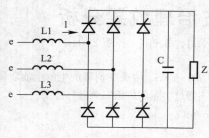

图 2-1　六脉冲整流器

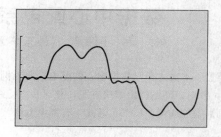

图 2-2　负载电流波形

四、配电系统谐波治理方案设计及效果介绍

1. 谐波治理方案设计

针对 UPS 配电线路，该机房共有 4 台 200kVA 的 UPS，每两台并机使用，且配电线路较长。由于 UPS 电力谐波含量较高，频谱较广，同时功率因数只有 0.86，采用有源电力滤波器进行谐波、无功综合治理，效果最好，性价比最优。

针对配电线路较长这一特点，建议采用就地补偿的方式进行谐波治理，有以下几个优点：

（1）由于趋肤效应和临近效应，高次谐波对输电线的影响较大，发热也较严重，采用就地补偿，可以大大减少输电线路中的谐波含量，降低线路损耗和绝缘老化，避免安全事故发生。按照电力谐波源的频谱规律，配电线路对谐波电流的等效阻抗约为其对基波阻抗的 2 倍，电力变压器绕组对谐波电流的等效阻抗约为其对基波阻抗的 10 倍。因此 30% 的电流谐波含量，可导致配电线路损耗增加 20%，电力变压器铜损增加 90%。

（2）由于低压侧配电支路众多，强、弱电接线复杂，线性负载与非线性负载并存，谐波对相邻配电支路的干扰在所难免，其中既有电力方面的，也有信号方面的。采用就地补偿方式，可消除谐波的临近干扰，提高设备运行的安全性和可靠性。

2. 现场数据仿真分析

根据现场测试数据进行模拟仿真，得出系统电气参数波形图及谐波治理效果如下：

通过仿真结果可以看出，采用有源电力滤波器进行谐波治理后，配电室电压和电流波形正弦度明显改善，说明谐波畸变因子得到有效抑制。

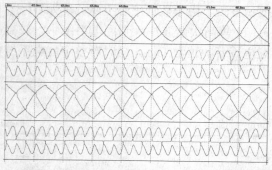

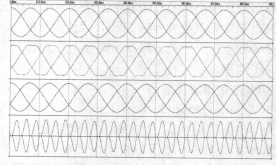

从上至下依次为配电室电压波形、配电室电流波形、现场UPS电压波形、现场UPS电流波形。

3. 现场谐波治理效果介绍

在 UPS 并机进线端各安装了一台山大华天 HTQF 系列 200A 有源电力滤波器，谐波治理效果如图。

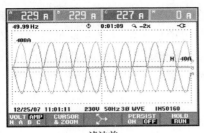 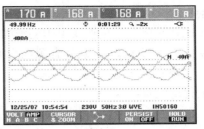

滤波前　　　　　　　　　　　　滤波后

相电流波形

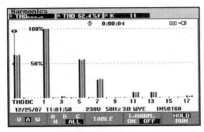 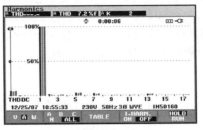

滤波前　　　　　　　　　　　　滤波后

相电流谐波分析

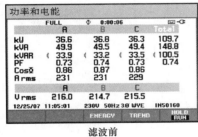 

滤波前　　　　　　　　　　　　滤波后

功率电能表

　　将相电流谐波分析柱状图数据导入 FLUKE 分析软件，得出谐波电流数据见下表：

10kV 级非晶合金与常规干变损耗比较　　　　　　表 1

	相电流（A）			谐波电流（A）			5 次谐波电（A）			7 次谐波电流（A）			电流总畸变率 THD%		
	A	B	C	A	B	C	A	B	C	A	B	C	A	B	C
无滤波器	231	231	229	120	120	120	107	105	107	50.4	52.6	50.4	62%	62%	63%
有滤波器	172	170	169	13.3	12	12.7	7	6.1	6.7	6.1	4.1	5.1	7.8%	7.1%	7.5%

　　由表中数据和相电流波形可知，无有源电力滤波器时，UPS 进线电流波形畸变严重，电流总谐波畸变率 THD 为 62%，因整流器脉冲数为 6 脉冲，且输入电抗很小，5、7 次谐波电流含量较高。有源电力滤波器运行后，5、7 次谐波电流得到有效滤除，电流总谐波畸变率 THD 降为 7.8%，总电流下降了 60A，降幅达 26%。

　　由功率电能表数据可知，有源电力滤波器启动前后，负载的有功功率基本不变，视在功率和无功功率显著降低。由于滤波器对系统中存在的大量基波无功和谐波无功进行了补偿和治理，UPS 的效率得到提高，功率因数 PF 由 0.74 提高到 0.98。

　　测试数据表明采用有源电力滤波器治理谐波后，产生同样的有功功率所需的电流只有原先的 74%，即 UPS 在工作过程中的单位耗能降低，或出力相同时消耗有功功率降低。谐波治理在经济上的收益是不言而喻的。

五、综述

　　电力谐波是现代企业用电质量中的一个突出问题，它不仅会导致用电设备绝缘老化、损耗增加、干扰通信，甚至还会引起火灾和爆炸，严重影响了生产企业的安全运行。对于配电网中谐波含量较高的用电场合，用电环境比较恶劣，采用有源电力滤波器进行电能质量治理是必要且行之有效的手段。通过以上实用案例，采用山大华天 HTQF 系列有源电力滤波器能够有效的治理电网中存在的各次谐波，提升系统的功率因数，大幅降低配电线路及设备的附加损耗，提高了配电环境的安全性和可靠性，达到了节能降耗的目的，值得广泛推广应用。

参考文献

[1]　FLUKE434/435 电能质量分析仪使用手册. 美国 FLUKE 公司，2004.
[2]　王兆安等. 谐波抑制和无功功率补偿. 机械工业出版社，2005
[3]　罗安. 电网谐波治理和无功补偿技术及装备. 中国电力出版社，2006
[4]　GB/T 14549—1993 电能质量 公用电网谐波

臻于至善，您值得信赖的产品

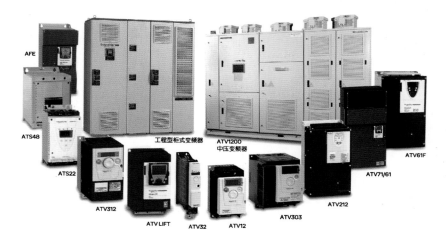

AFE
ATS48
工程型柜式变频器
ATV1200 中压变频器
ATV61F
ATS22
ATV71/61
ATV312
ATV212
ATV LIFT
ATV32
ATV12
ATV303

施耐德电气变频器系列

ATV212为HVAC量身定制的变频器
0.75 - 75 kW
> 电流谐波畸变率THDI<35%
> 集成多种楼宇用通讯协议
> 专为暖通系统设计的新特性
  - 同步电机控制
  - 涡旋压缩机管理

ATV6系列高性能标准转矩变频器
0.37 - 630kW
> 超强的过载能力
  - ATV61 120% 60秒
  - ATV61F 110% 60秒
> 内置EMC滤波器（380V产品）
> 标配直流电抗器
> 超宽的工作环境温度范围
> 超宽的电压范围，最大允许电网跌落：50%

ATV61,71PLUS低压工程型柜式变频器
90 - 2400 kW
> 高性能，更加专注于大功率范围的机型
> 高可靠性，优化设计的冷却系统
> 可立即使用的柜型加上灵活配置的方案，
  充分满足应用需求
> 经过全负载测试的元器件组合的高效系统

ATS 高性能软起动器
4 - 900kW
> ATS48专利转矩控制技术
> ATS22内置旁路接触器
> 有效的降低水锤和压力波动
> 防止应力过大以及皮带打滑

ATV1200高压变频器
315 - 16200 kVA
3.0/6.0/10kV及特殊电压
(2.4kV,3.3kV,4.16kV,6.6kV,11kV)
> 多脉冲整流THDI<3%
> PWM单元串联，无需输出滤波器
> 对电机绝缘无冲击，完美正弦波
> 更多优异配置来自您对操作细节的关心：
  - 配置高效变压器
  - 配置安全机械逻辑锁
  - 独特的功率单元柜观察窗设计
  - 配置10英寸大型液晶触摸屏，中英文
    可选操作界面

新一代产品

ATV610
标准负载通用型
ATV630
轻重载通用型

广泛适用于不同领域

冶金、矿业、水泥、石化、水处理、食品饮料、汽车制造、
交通与市政、船舶、纺机、起重、金属加工、塑机、HVAC、
建材机械、物料搬运、包装、印刷、电梯、电子加工、
新能源等领域

简易从容，源自创新

即刻在线注册，下载更多专业资料
就有机会赢取三星 Galaxy Note® III
登录www.SEreply.com，输入活动编码：52387F，
或拨打400-810-8889

Schneider Electric™
施耐德电气

立德现在 筑梦未来

瑞立德 = 人车出入安全管理整体解决方案

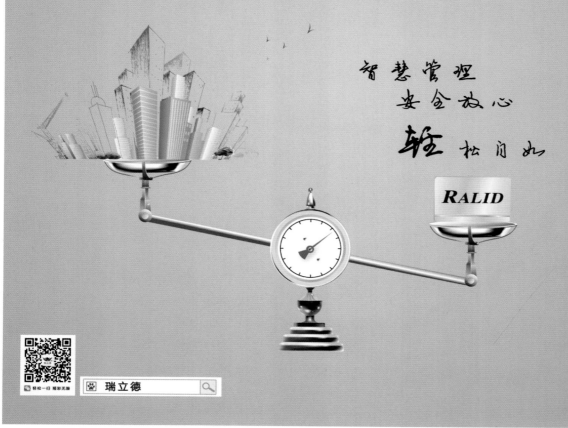

智慧管理
安全放心
轻松自如

RALID

瑞立德

安全之**重**任

我们为您"**跷**"起！

优势：
- 拥有完整的产品线
- 各子系统全部为RALID自主知识产权
- 产品在高端商业综合体、大型公共建筑有成功应用的案例
- 良好的软件二次开发能力
- 优秀的技术服务团队，能对客户的需求做出及时响应

地址：广州市天河北路906号高科大厦A座2601室
电话：020-38259598
网站：www.ralid.com

云集行业精英 共创业界辉煌

中国建筑节能协会
建筑电气与智能化节能专业委员会

CABEE

中国建筑节能协会是经国务院同意、民政部批准成立的国家一级协会，由住房和城乡建设部主管。其下属分会"建筑电气与智能化节能专业委员会"由中国建筑设计研究院负责管理。专委会组建了"双高专家库"，现有专家140余名。

主要职能：

1. 协助政府部门和中国建筑节能协会进行行业监督管理；

2. 协助中国建筑节能协会组织优秀项目评选活动；

3. 收集本行业设计制造、工程设计及施工、经营管理、经济信息等方面的信息，进行开发利用和实现信息资源共享；

4. 积极组织技术业务培训和研讨班，开展咨询服务，协助人才开发；组织技术开发和业务建设，拓宽业务领域和开展多种形式的协作；

5. 编辑出版有关技术刊物和资料（含电子出版物）；组织信息交流，宣传党和国家有关工程建设的方针、政策；

6. 开展国际间经济技术和管理等方面的合作与交流活动；

7. 向政府主管部门反映会员单位和工程技术人员关于政策、技术方面的建议和意见；

8. 承担政府有关部门委托的任务。

挂靠单位：中国建筑设计研究院

中国建筑节能协会建筑电气与智能化节能专业委员会秘书处联系方式

电　　话：010-57368799/98/95
传　　真：010-57368794
E—mail：xiaoxy@cadg.cn　jzdqjn@163.com
网　　址：www.ib-china.com（中国智能建筑信息网）
　　　　　www.znjzdq.cn（中国建设科技网）
通信地址：北京市西城区德胜门外大街36号A座中国建筑设计集团4层
邮　　编：100120

HOKO®

智能配电监控产品及能效管理系统

诚招区域合作伙伴!

HDS 导轨式智能电表（终端）

PD866EZ 多用户智能电表装置

PD866E 挂壁式电能表

HWS 智能温湿度控制器

PD866E系列 多功能电力仪表

HKZ系列 开关状态智能操控装置

HCWK 低压开关接点测温装置　　HCWS 高压开关设备无线测温系统

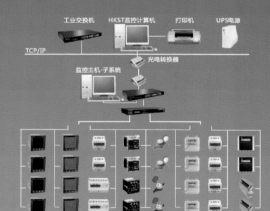

◆HKST6000建筑能源管理系统

可实现：
1、大型公建或智能楼宇耗能信息管理
2、能耗数据的实时监测
3、建筑能耗分项计量及分析（水、电、气、冷热量、温度等）
4、建筑设备用能情况的同、环比分析
5、建筑能效策略的诊断及优化，导入节能增效模型，提供优化方案。
6、对各能耗机电设备进行监视和控制

◆HKST2008远传抄表管理系统

◆HKST2010能源费控管理系统

◆HKST2006变配电监控及能效管理系统

　　HKST变配电监控及能效管理系统是我公司面向广大智能楼宇、工业智能配电用户推出的集高、低压变配电系统一体化智能监控完整解决方案。集监视、测量、计量、控制、保护、网络通讯和综合管理等多种自动化功能于一体。

◆HKST2008远传抄表管理系统

◆HKST2010能源费控管理系统

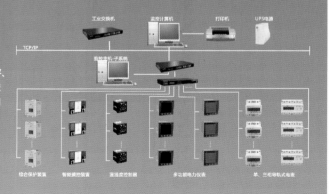

· 专注 · 专业 · 专家 ·

HOKO "产品稳定可靠，服务优质高效"

www.gz-hoko.com

广州汉光电气有限公司
GuangZhou HOKO Electric CO., LTD.

市场部：020-81609299　81609298　　传真：020-81609088
客服部：020-62751526　15151288888　E-mail:service@gz-hoko.com